本教材获海南热带海洋学院教材基金资助

Marine Functional Food

海洋功能食品

主 编 王 卉

副主编 徐小雄 张铁涛

中国海洋大学出版社

·青岛·

简　介

本教材分4个模块，共10章，主要阐述了海洋生物活性物质的结构、种类和功能，海洋功能食品的生物资源，海洋食品的保健功能及评价方法，功能食品生产的新技术，各类海洋功能食品的加工工艺和开发过程。

本教材可供食品科学与工程、营养与检测、食品质量与安全等专业的本科生和研究生使用，也可供食品生产企业的技术人员参考。

图书在版编目（CIP）数据

海洋功能食品 / 王卉主编. —青岛：中国海洋大学出版社, 2018.10（2023.2重印）

ISBN 978-7-5670-1815-0

I.①海…　II.①王…　III.①海产品—水产食品—疗效食品—食品加工　IV.①TS254.4

中国版本图书馆CIP数据核字（2018）第108727号

海洋功能食品

出版发行	中国海洋大学出版社
社　　址	青岛市香港东路23号　　邮政编码　266071
网　　址	http://pub.ouc.edu.cn
出 版 人	杨立敏
责任编辑	姜佳君
电　　话	0532-85901040
电子信箱	j.jiajun@outlook.com
印　　制	青岛瑞丰祥印务有限公司
版　　次	2019年3月第1版
印　　次	2023年2月第2次印刷
成品尺寸	185 mm × 260 mm
印　　张	23
字　　数	490千
印　　数	1001～1300
定　　价	69.00元
订购电话	0532-82032573（传真）

发现印装质量问题，请致电13589308532，由印刷厂负责调换。

前　言

随着生活水平的提高、健康意识的增强，人们对具有保健功效的食品寄予较高的期望，希望通过食用可以达到预防疾病的目的。同时包括保健产业和医药产业在内的健康产业在国家经济发展中的地位越来越重要。海洋食品具有丰富的营养、独特的保健功效以及潜在的药用价值，开发高附加值的新型海洋功能食品成为食品开发与生产领域的一大热点。为促进我国海洋功能食品的开发，编写了本教材。

本教材的编写采用教学模块法，贯彻"以能力为本位，以应用为目的，以学生为主体"的原则，突出了"学以致用"。本教材的每章开始前都设有学习重点和目标，使教师讲授和学生学习有侧重点；并设有案例引入正文。每章后设有"讨论思考题""案例分析题"和"知识拓展"，让学生在学习完正文内容后进行自我测验，将知识灵活运用到实际案例中。通过对本教材的学习，学生能了解海洋功能食品的有关知识，为从事海洋功能食品的研发和生产打下坚实的基础。

海洋功能食品的研究与开发涉及营养学、药学、生理学、预防医学、食品科学与工程、生物工程等学科和领域。本教材分4个模块，共10章，主要阐述了可用于研发、生产海洋功能食品的生物资源，海洋生物活性物质的结构、种类和功能，海洋食品的保健功能及评价方法，功能食品生产的新技术，各类海洋功能食品的加工工艺和开发过程。本教材可作为食品科学与工程、营养与检测、食品质量与安全等专业的本科生和研究生的教材，也可供食品生产企业的技术人员参考。

本教材编写分工如下：王卉编写第一章、第二章、第三章、第四章；徐小雄编写第五章、第六章、第八章、第九章、附录；张铁涛编写第七章、第十章。全书由王卉统稿。

由于书中内容多，涉及面广，编者水平有限，在编写过程中难免出现疏漏和错误，敬请读者批评指正。

编　者

2017年3月

目　录

模块三　海洋食品的保健功能及评价

模块四　海洋功能食品的开发利用

模块一

海洋功能食品和活性物质基础篇

第一章 绪 论

课前准备

本章重点和学习目标：

（1）了解海洋生物的多样性、物种分布的特点。

（2）掌握功能食品的基本特征和要求，以及海洋生物功能因子的性质、特点。

（3）熟悉功能食品的中医中药理论。

（4）了解海洋功能食品的开发现状和发展趋势。

导入案例：

海洋功能食品的开发和利用

人类对食品的要求，首先是吃饱，其次是吃好。当这两个要求都得到满足后，就希望所摄入的食品能对自身的健康有促进作用，于是功能食品应运而生。功能食品是指对机体防御机能、生理节律、免疫力、疾病预防及病后康复等具有明显调节作用的食品。其特征是具有食品的形态，可按平常的方法进食，并且因含有功能成分，食用后明显表现出具体的生理调节效果。功能食品代表了当代食品产业发展的潮流，被称为"21世纪食品"。功能食品受到推崇，体现了人们消费理念的提升。

海洋中蕴藏着丰富的生物资源，是人类的宝库。海洋生物在生长及代谢过程中蓄积的多种天然产物，具有增强免疫力、抗肿瘤、抗病毒、抗菌等多种生物活性。它们具有调控机体生理功能的作用，其中不少生物活性物质具有维持生命最佳状态的重要意义。例如，贝类中含有的牛磺酸具有促进营养物质的吸收和代谢、提高人体免疫力、增强抗氧化能力等功效，海参中的海参多糖、海参皂苷等活性成分具有抗癌作用。开发和利用这个宝库已成为当今世界研究的热点。

利用海洋生物资源进行海洋功能食品的开发，潜力巨大。采用现代科学技术手段从海洋生物中提取具有生理调节功能的物质，生产功能食品，将会产生重要的经济效益和社会效益。目前国内外利用海洋生物活性成分已研制多个系列的功能食品，如鱼油功能食品、海洋蛋白功能食品、海藻功能食品、贝类功能食品等。由于陆生资源的日益匮乏，海洋生物作为新型功能食品的来源已日益受重视。

问题：

（1）什么是功能食品？

（2）海洋功能食品有哪些功效？

（3）简述海洋功能食品产业的发展前景。

◆ 教学内容 ◆

第一节 功能食品的概念、分类及中医理论

一、功能食品的概念

（一）功能食品的定义

在我国，功能食品（Functional Food）又叫保健食品（Health Food），两个概念等同，并据同一法规予以管理。功能食品是指具有特定的保健功能或者以补充维生素、无机盐等营养物质为目的的食品，即适合特定的人群食用，能够调节机体功能，不是以治疗疾病为目的，并且对人体不会产生任何急性、亚急性或者慢性危害的食品。功能食品包括增强机体体质（激活淋巴系统、增强免疫能力等）的食品、预防疾病（糖尿病、高血压、冠心病、肿瘤和便秘等）的食品、恢复健康（防止血小板凝集、控制胆固醇、调节造血功能等）的食品、延缓衰老的食品和调节人体其他机能（神经传导、吸收和代谢等）的食品等。

尽管功能食品的定义在世界各国有所不同，但一般认为它具有3个基本属性：食品基本属性，即有营养且食用安全；修饰属性，即具有色、香、味，可以使人产生食欲；功能属性，即对人体的生理机能有一定的调节作用。

（二）功能食品的基本特征和要求

（1）功能食品必须是食品，要具备食品的特征。

（2）功能食品的功能不仅必须是具体的、明确的，而且是经过科学验证的。同时功能食品不能取代人体必需的各类营养物质，其食用也不能代替正常的膳食摄入。

（3）功能食品是针对需调整机体某一方面功能的特定人群而研制生产的。

（4）功能食品必须要与药品相区别，因为它不以治疗为目的，不能代替药物。

（5）功能食品的配方组成和用量必须具有科学依据。

（6）功能食品的研发和生产必须具有法规依据。

（三）功能因子

所谓功能因子（Functional Factor）是指功能食品中起生理作用的成分，也称为生物活性成分。显然，研究这些生物活性成分是生产功能食品的关键。功能因子的构效、量

效关系和作用机制的研究，是开发第三代功能食品的关键。

1. 功能因子的分类

目前功能食品包含的功能因子有活性多糖、多不饱和脂肪酸（PUFA）、活性肽、活性蛋白质、功能性甜味剂、类脂、胆碱、皂苷、黄酮类、维生素、无机盐、乳酸菌、植物固醇、大蒜素等，这些成分中有的参与生理过程，有的具备防病治病功能。

2. 功能因子的量效关系

功能因子的剂量不同，会产生不同的功效。例如，黄鲫蛋白抗菌肽能显著抑制人前列腺癌、肺癌和食道癌细胞的增殖能力，而要达到相同的抑制效果，所需的黄鲫蛋白抗菌肽浓度有很大差异。

3. 功能因子的作用机制

不同功能因子由于结构不同，稳定性不同，作用机制也就不同。例如，连续5 d以2 mg/kg的剂量向已移植肿瘤的大鼠腹腔注射香菇多糖，结果表明香菇多糖对肉瘤的抑制率达83%；而采用经脱脂水解后得到的较小分子香菇多糖，相同剂量下对肉瘤的抑制率更高，达97%以上。大豆低聚肽稳定性好，难以变性，加热不凝固，酸性条件下不沉淀。大豆蛋白具有降低血清中胆固醇的作用，其作用机制在于其分解后的大豆低聚肽可以抑制肠道中胆固醇的吸收，并能够促进胆固醇排出。在移植了肿瘤的小鼠身上对香菇多糖做示踪实验，发现其不具有直接杀伤肿瘤细胞的功能，而是作为T细胞的促进剂，通过刺激抗体产生来提高机体的免疫功能，从而达到抗肿瘤的功效。

4. 海洋生物功能因子的性质特点

（1）种类繁多，结构特异。海洋生物生活在特定的空间和流动的环境中，具有独特的生活方式和进化过程，生物体成分构成以及代谢产物有许多特点，其中的功能因子对生理活动的调节也有许多独到之处。人类已从海洋生物中发现了将近万种的天然产物，其中大多数具有不同功能的生物活性。这些海洋生物功能因子主要有多糖类、脂类、蛋白质和肽类、生物碱类、萜类、皂苷、大环内酯类、多醚类等（表1.1），并且每一类又含有很多结构不同的化合物。以萜类为例：仅从凹顶藻属中就分离得到26种新型碳架结构的萜类；从海绵中分离了150多种二倍半萜，占目前所知的二倍半萜的2/3以上；从南海软珊瑚中分离到的2个四萜化合物，其结构具有双十四元环碳架，在陆生生物中从未被发现过。海洋生物中的有机卤化合物也很多，另外还有胍类衍生物，它们在陆地生物中都很少见。

（2）含量微，活性强。例如，鱼体内西加毒素的含量只有1 ~ 10 µg/kg，Scheuer小组从1 100 kg爪哇裸胸鳝的75 kg内脏中分离出西加毒素1.3 mg。河鲀毒素（Tetrodotoxin，TTX）的含量也很少。当然，也有含量高的功能因子，如鱼油中的ω–3 PUFA多不饱和脂肪酸、牡蛎中的牛磺酸、海带中的褐藻多糖与碘等，这些可从生物体中直接提取加以利用。生物活性强的突出代表是各种海洋生物毒素，如河鲀毒素的毒性比一些人工合成的毒素大上千倍，石房蛤毒素对神经的麻痹作用比可卡因大10 000倍，西加毒素、刺尾鱼毒素和沙海葵毒素的毒性更强。另外，一些海洋生物酶也显示有极强的活性，有的在高温和低温环境下都能展示出很强的催化作用。

（3）副作用小，活性普遍。很多海洋生物功能因子几乎无毒。对琼脂、几丁质、卡拉胶、岩藻多糖硫酸酯、褐藻胶等进行毒理学实验，即使受试动物给药量达10 g/kg，也没有任何毒性反应。来自海洋生物的PUFA和膳食纤维也几乎无毒。海洋生物功能因子的生理活性有很多例证：美国国家癌症研究所（NCI）对来自海洋的化合物进行抑制肿瘤活性筛选，发现海洋生物功能因子有抗KB细胞和P388白血病细胞的活性。日本科学家对很多海洋微生物进行抗菌活性筛选，发现所研究的海洋微生物物种有27%具有抗菌活性，说明许多海洋微生物都具有抑制或杀死其他种类微生物的活性功能物质。

表1.1　已发现的海洋生物功能因子的作用、结构类型和生物来源

功能作用	主要结构类型	主要生物来源
抗肿瘤类	酰胺类、核苷类、聚醚类、大环内酯类、萜类、肽类	海绵、软珊瑚、柳珊瑚、海鞘、海兔、苔藓虫
抗心血管疾病	多糖类、PUFA、萜类、喹啉酮类、核苷类、肽类	海藻、鱼类、珊瑚、海绵
抗病毒类	多糖类、杂环类、萜类、核苷类、脂肪酸类、糖酯类、丙烯酸类、生物碱类、溴苯酚类	海藻、海绵、珊瑚、海鞘
抗菌、消炎类	多糖类、β-胡萝卜素类、多肽类、吲哚类、酮类、N-糖苷类	海藻、海绵、珊瑚、海鞘、细菌、真菌
镇痛、神经毒素（海洋毒素）	脂肪酸类、氨基酸类、蛋白质类、生物碱类、萜类、大环内酯类、皂苷类、聚醚类	微藻、鱼类、棘皮动物、贝类

二、功能食品的分类

功能食品的原料及功能因子种类多样，产品的生产工艺、产品形态及对机体生理功能的调节作用也不尽相同，所以市场上功能食品琳琅满目。功能食品的分类有多种方法，在我国目前主要按其对人体功能的调节作用来分类。

1. 按消费对象分类

（1）日常功能食品：根据不同的健康消费群（如婴儿、学生和老年人等）的营养要求和生理特点而设计，目的是促进人体生长发育、维持活力等，强调食品在调节人体生长和免疫功能等方面的作用。

（2）特种功能食品：主要针对一些特殊消费群的身体状况，强调食品在预防疾病和促进健康方面的调节功能，如提高免疫力的功能食品、减肥功能食品和美容功能食品等。

2. 按科技含量分类

（1）第一代产品（强化食品）：仅仅根据食品中的营养成分或添加的强化营养物质来判定该食品的功能，并没有经过科学验证。

（2）第二代产品（初级产品）：指经过动物及人体的实验，确切知道其具有某种生理调节功能的食品。

（3）第三代产品（高级产品）：不仅要经过动物和人体实验证明其产品具有某种生理调节功能，而且要搞清楚具有该项功能的功效成分和该成分的结构、含量、作用机制及在食品中的配伍性和稳定性。

发达国家和地区的市场上主要是第三代功能食品，而在我国大多数是第一代或第二代功能食品，第三代功能食品仅占约10%。所以，我国的功能食品要打入国际市场，必须以发展第三代功能食品为今后研究开发的重点。

3. 按所选用的原料分类

大致可分为植物类、动物类和微生物（主要是益生菌）类。目前所选用的原料种类主要从原卫生部公布的《既是食品又是药品的物品名单》《可用于保健食品的物品名单》《可用于保健食品的益生菌菌种名单》中选择。

4. 按功能性因子的种类分类

可分为多糖类、肽与蛋白质类、功能性油脂类、自由基清除剂类、功能性甜味料类、维生素类、微量元素类、益生菌类及其他（如植物甾醇、皂苷、二十八烷醇）类功能食品。

5. 按调节人体机能的作用分类

可分为抗氧化食品、增强免疫力食品、辅助降血糖食品、辅助降血脂食品、辅助改善记忆力食品、促进排铅食品、缓解视疲劳食品、缓解身体疲劳食品、清咽功能食品、辅助降血压食品、改善睡眠食品、促进泌乳食品、提高缺氧耐受力食品、减肥食品、对辐射危害有预防功能的食品、改善生长发育食品、改善营养性贫血食品、增加骨密度食品、对化学性肝损伤有辅助保护功能的食品、祛黄褐斑食品、祛痤疮食品、改善皮肤水分食品、改善皮肤油分食品、对胃黏膜有辅助保护功能食品、通便功能食品、调节肠道菌群食品和促进消化功能食品，共27种。

6. 按产品的形态分类

可分为口服液类、饮料类、冲剂类、片剂类、胶囊类、微胶囊类和酒类功能食品等。

三、功能食品的中医理论

在我国中医药古籍中已有一些关于亚健康的概念描述，如"圣人不治已病治未病，不治已乱治未乱，此之谓也。夫病已成而后药之，乱已成而后治之，譬犹渴而穿井，斗而铸兵，不亦晚乎。"这里的"未病""未乱"与当今的"亚健康"概念十分相似。

此外，在我国医药文献中可找到很多有关功能食品初始概念的描述。唐代孙思邈提出："为医者，当晓病源，知其所犯，以食治之，食疗不愈，然后命药。"战国的《山海经》记载："榠木之实，食之多力；楝木之实，服之不忘；狌狌食之善走；蒝服之不夭。"这里的"多力""不忘""善走"及"不夭"换作现代术语即表明食物具有增强体力、增强记忆力、抗疲劳和延年益寿的功效。

可见早在几千年前，我国就提出了"亚健康"的概念和与现代功能食品相似的论述。只是因为与中医有关的食疗资料较为分散，又仅仅依据实际经验，缺乏现代科学实验分析及论证。加之研究食品"健身养生"和"防病治病"的中医理论与现代营养学理论存在较大差距，限制了功能食品中医理论的发展。

（一）中医理论与功能食品的关系

中医理论与功能食品有着密切的联系。从病症发展的不同时期、生理发育的不同阶段、疾病发生的不同性质等角度看，二者密切结合。

1.病症发展的不同时期

应用传统中医功能食品保持人体健康和防治疾病，基本上可分为预防、保健、治疗、康复4个方面。这四者之间为相互关联及相互影响的关系。

（1）预防。预防疾病包括3个方面：① 合理饮食，增强体质以达到预防疾病的目的。例如提倡全面膳食，控制饮食，注意饮食宜忌。② 加强某些营养物质的摄入以预防某些疾病的发生。例如，用添加钙的食品预防佝偻病，用添加碘的食品预防甲状腺肿大。③ 利用某些食品的特殊功能用于某些疾病的预防。例如，用山楂预防动脉硬化，用大蒜预防肠道传染病。

扁鹊和孙思邈认为：为医者，当须洞晓病源，知其所犯，以食治之，食疗不愈，然后命药。以此为准则，以保健食品为主，预防疾病的发生。

（2）保健。"保健"一词，《辞海》的解释为"对个人和集体所采取的预防疾病、保护并增进健康的综合性措施"。历代中医药文献中记载的保健功能有百种，如明目、聪耳、益智、乌发、安神、轻身、固齿、美容颜、肥人、壮阳、生津、润肺、益寿等。除了合理饮食、适量运动等保健措施外，使用保健食品也是保健的一个重要办法。可根据个人需要选用具有相应功能的保健食品。

中医理论中与美容相关的描述有很多。例如，"润泽""润颜色""润肌肤""润肤""润皮毛""润肌""润肌肉""悦色""悦颜""悦颜色""悦泽""悦泽人面""益颜色""美颜色""好颜色""媚色""理颜色""和颜色""驻颜"等描述，均与美容功能有关。具有此类功能的食药有兰草、牡蒿、薯蓣根、海松子、豆黄、酒糟、白瓜子、米酒、紫菀、地肤子、驼肉、大麦、络石、羊熟脂、牛乳、淡菜、大豆黄卷、麻仁、薇菜、胡桃、荞麦、无心草、巨胜子、撒馥兰、荔枝子、杨摇子、黄矮菜、落葵、无漏果、胡芝麻、白芝麻、松子、雁脂、麋肉、覆盆子、天门冬、菟丝子、何首乌、络石茎叶、君迁子、莲蕊须、麦门冬、羊胫骨、奶酪、豌豆、栝楼、桃花、李花、五味子、莲实、莲汁、仲思枣、樱桃实、椰子瓤、红白莲花、黑大豆、白菊、茵陈蒿、高良姜、莱菔子、藁本、松脂、菌桂、旋覆花、石钟乳、卷柏、远志等。

（3）治疗。治疗的作用主要为"祛邪"与"扶正"。此阶段原则上应该以药疗为主，以食用保健食品为辅。然而，也应注意药疗和食疗不同之处，"药性刚烈，尤若御兵"，"若能用食平疴，适情遣疾者，可谓良工"。要根据具体的病症酌情施治，对大多数急症、重症，当以药疗为先，而对大多数慢性病、轻症，又应该以食用健食品为主。例如，高血压患者经药物治疗后，血压得到了控制，就可逐渐减少药量，转而采取以食用保健食品为主的治疗方案。

（4）康复。康复包括疾病后期和病后2个时期。不同的康复时期，中医和保健食品的联系也不相同。人体的状态可分为疾病状态、亚健康状态和健康状态。这三者之间的区别是相对的，三者也是可以相互转化的。所谓亚健康，可以理解为健康透支状态，即身体确有各种不适但又没有发现器质性病变的状态。根据世界卫生组织（WHO）的调查，全世界亚健康人口约占75%。现代企业中，由于整日操劳和应酬，处于亚健康状态的人数更是高达85%以上。这些人常有腰膝酸软、四肢无力、情绪低落、心情烦躁、食欲不振、大便干燥、头晕目眩、失眠健忘、易患感冒等表现，医生又无法确诊为何病。保健食品主要适用于亚健康人群。健康状态时应以食为主，疾病状态时应以药为主。

2. 生理发育的不同阶段

以益智类的功能食品为例：大脑及智力的发育都需充足的营养，且不同时期具有不同的发育特点，若17岁青年的智力发育完全，则4岁时已有50%的智力，7岁时就达90%。所以，从出生前3个月到7岁是智力发育的主要时期。在此时期内，用药是不适合的，最可行的办法是根据妊娠、婴幼儿和少年不同时期的生理特点，分别给予最适合消化吸收的益智类食品。常用益智类食品有芝麻、大枣、核桃、奶蛋品、动物肝脏、鱼肉、胡萝卜、绿叶蔬菜、苹果、黄花菜等。同样地，青年、中年、老年，以及女性的经期、白带期、孕期、产后、更年期等不同生理阶段，在食用功能食品时，都须区别对待。纯食物性的和纯中药性的、含药的和不含药的功能食品间的搭配比例应该有所不同，功能食品的剂型种类也应该有所区别，例如，老年人宜采取糜粥疗法等。

3. 疾病发生的不同性质

人体器官、组织及整体的机能低下是导致疾病的重要原因。中医把这种病理状态称作"正气虚"，所引起的病症称作"虚证"。虚证根据症状及病因的不同，还可分为心虚、肝虚、脾虚、肾虚、肺虚、血虚、气虚等。此时应"虚则补之"，如猪骨髓补脑、当归羊肉汤补血、银耳益气、黑芝麻乌发生津等。内部功能紊乱或外部致病因素侵袭人体皆可使人发生疾病。如果病邪较盛，中医称作"邪气实"，其证候则称作"实证"。如果同时又有正气虚弱的表现，则为"虚实错杂"。此时既要对病情进行全面的调理，又要去除病因，即所谓"祛邪安脏"，如薏米祛湿、山楂消食积、赤小豆治水肿、蜂蜜润燥、猪胰消渴等。疾病性质不同要选用不同的食物或者药物，有时应以食为主，有时应以药为主。

此外，无论是利用食物、功能食品或是中药都必须注重其中所含的有效成分和药理作用。在我们日常食用的食物、功能食品或是中药中，不仅有丰富的营养物质，而且还有许多有益于身体的生物活性物质，如抗感染的甘草酸及抗肿瘤的人参皂苷等。这些因素在中医和功能食品相结合应用时是必须考虑到的。

（二）中医保健有效物质资源及传统理论和现代技术的融合

中医养生保健的基础理论是指导我国功能食品发展的重要理论依据之一，特别是秦汉以后2 000多年来的养生保健理论，如阴阳调和、正虚邪实、重视预防、药食同源同性、重视肾脾功能等主张，以名言警句形式广为流传并深入人心。此外，中药学收载了《食物本草》中的补品、上品、验方与药膳，以及历代各个名家养生保健典籍，是我国功能食品发展的重要理论宝库，有待发掘、整理、验证和应用。这些理论突出了我国功能食品鲜明的特色。

随着我国中医药研究技术的逐渐发展以及国际竞争压力的增大，我国功能食品行业逐渐沿着传统养生理论和现代技术融合的道路发展。传统的中医药文化是我国功能食品行业取之不尽、用之不竭的源泉。我国的传统养生文化在日本、韩国、泰国、新加坡等国家，都有非常高的认可度。用现代的生物和医药技术阐释传统养生理论的精妙内涵，发掘中药的有效成分，是我国功能食品业自主创新和获得自主知识产权的独特道路，也是最容易取得成功且成本相对较低的道路。

第二节 海洋生物资源的多样性

一、海洋生物资源的特点

海洋生物资源是海洋中的一类可更新、可再生的特殊资源，具有其自身特有的属性及变化规律。概括起来，海洋生物资源具有多样性、波动性、移动性、共享性、隐蔽性和再生有限性等特点。

（一）多样性

海洋覆盖了地球表面积的约71%，环境复杂多变。地球生物中有相当大的一部分生活在海洋，由于新的物种不断被发现，目前尚不清楚海洋生物占生物总数的比例。但有一点可以肯定：海洋生物极富多样性。它们几乎涵盖了各个生物类别，包括微生物、植物、无脊椎动物、鱼类、四足类、鸟类和哺乳动物。

（二）波动性

一切生物的生长、发育及代谢都与其生长的环境密切相关。海洋生物对栖息水域的环境因素，诸如盐度、温度、水流、溶氧量、饵料生物和营养盐等的变化有较强的敏感性，因而其数量常出现波动。

海洋生物虽然对环境变化较敏感，但也有一定的耐受范围，环境变化超出该耐受范围就会严重影响海洋生物的生长和繁殖，甚至引起大量的死亡，导致其数量发生波动。人类的捕捞同样会引起生物群体特性的变化，如个体的生长加快、个体组成变小、性早熟等。

（三）移动性

海洋生物按照其生活方式可分为浮游生物、游泳生物及底栖生物三大类。除了少数底栖生物营固着生活以外，绝大多数海洋生物都具有在水中漂动或游动的习性，这是海洋生物资源与森林、草原及矿物资源不同的。一般来说，甲壳类和头足类的移动范围比较小，鱼类和哺乳类的移动范围比较大，特别是溯河产卵的大麻哈鱼及大洋性鱼类，有些能移动近2 000 km。因此，具有较强游动性的海洋生物资源不能单纯由一个区、一个国家来管理，对于跨区域、跨国家的海洋生物资源须由相关区域或国家共同管理才能奏效。

（四）共享性

在国家或区域未加管辖前，某一海域中蕴藏的海洋生物资源是不属于任何个人或集团所有的，不仅人人都可自由利用它，而且任何人无权排斥他人去利用，这就是海洋生物资源的共享性（或称为财富公共性）。

（五）隐蔽性

由于海洋生物栖息于水中，其资源数量多少或数量变化一般不可能用肉眼直接观察到，只能通过某些数量指标来反映。因此，海洋生物资源具有隐蔽性。

（六）再生有限性

海洋生物资源具有再生有限性。一方面，它可通过海洋生物自身的繁殖、生长及死亡等过程，使资源得到更新及再生；但另一方面，由于受到生态环境中生物或非生物因素的制约，其再生能力又是有限的。

海洋生物资源能够通过自身的调节不断更新及再生的特性就称作再生性。由于海洋生物资源本身的再生能力有一定的限度，因而每年渔获量也应有一定的限度，持续过量捕捞会使资源衰竭，甚至枯竭。

二、海洋生物的多样性

生物多样性（Biological Diversity或Biodiversity）是生物与环境形成的生态复合体以及与此相关的各种生态过程的总和。生物多样性是人类赖以生存的条件，是经济社会可持续发展的基础，是生态安全和粮食安全的保障。依据生态系统内生物群落结构及功能特点，生物多样性分为物种多样性、遗传多样性和生态系统多样性3个层次。物种多样性是生物多样性的主要构成要素之一，是生物多样性研究的主要内容，一般是指一定区域内发现的物种数量。它与海洋生物活性物质的研究最为密切。海洋生物多样性不仅为人类提供了生存所需的食物、药品、能源和工业原料等，同时对调节、稳定环境，维持生态平衡具有关键作用。

（一）遗传多样性

任何生物个体都有决定其大小、形状、颜色等特征的基因。每一个物种都有一个共同的基因群，称之为基因库。一个物种的不同个体从基因库里获得了不同基因而发育起来，从而产生了遗传多样性。基于这种遗传多样性，生物得以进化并适应其所处环境的变化。

海洋生物的遗传多样性是海洋生物不同种群间或同一种群不同个体间遗传变异的总和。一方面，自然界内所有生物都能准确地复制自己的遗传物质，将自己的遗传信息一代一代地传递下去，保持遗传性状的稳定性；另一方面，自然界和生物本身有许多因素都能影响遗传物质复制的准确性，因而导致不同程度的遗传变异。随着遗传变异的积累，遗传多样性的内容也就不断地得到了丰富。

由于各种群的遗传组合类型都是有限的，因而种群在自然选择、突变和遗传漂变过程中常会出现遗传趋异。这样，有些种群就具有一些其他种群中所没有的特别的基因型或等位基因，在一个种群中极其罕见的等位基因也许在另一个种群内却异常丰富。这些生物本身适应性的改变，使生物在所处的特殊环境条件下更容易成功繁衍。

海洋生物的遗传多样性是海洋生物不断演化的基础，种群内的遗传变异反映了物种演化的潜力。一个物种的遗传变异越丰富，对环境变化的适应性就越强。反之，遗传多样性贫乏的物种的适应性通常较弱。

（二）物种多样性

一切海洋生物的生长、发育和代谢无不与海洋环境密切相关，因此海洋生物的多样性离不开海洋环境的多样性。从寒带到热带，从表层海水到深层海底，从低盐海区到高盐海区，海洋环境表现出巨大差异。同陆地环境相比较，海洋具有特殊的盐度、压强、含氧量、光照、温度、营养等特点。由于海洋环境复杂，海洋生物的多样性较高。

海洋生物物种的多样性因所处海域的不同变化很大，对于已发现的海洋生物，其分布具有明显的区域性。一般而言，海洋生物物种多样性最高的地区是热带海域，而两极地区海域的生物多样性较低，如珊瑚、海藻、螺、虾、蟹和鱼类等许多生物类群在热带海区的多样性比寒冷海区的要高得多。四大洋的生物种类和数量存在很大差异。南极海区的地方性物种数量明显多于其他北冰洋。在同一个大洋内，不同海区的物种多样性也有很大不同。而且底栖生物数量明显多于其他水层生物数量，尽管海水生境要比底栖生境大许多。就近海与深海而言，近海中生物的种类要明显多于深海，各种生物的密度也远远高于深海。

近海海洋生物栖息的生境是多种多样的，如海草床、沉积带、红树林、珊瑚礁与河口等，这些都对海洋生物的物种多样性及数量分布产生较大影响。美国卡罗来纳和弗吉尼亚两个生物区系的滨海湿地中淡水沼泽与咸水沼泽，灌木、树丛、森林和潮间带的比例差异很大，因而形成了两地间生物多样性的差异。同样是珊瑚礁，由于珊瑚的种类不同、位置不同，栖息的生物种类和数量也会存在很大差异。即使在同一区域的不同河口，水质、水量与潮汐流向不同，也会影响到生物的栖息环境，生物种群也会发生很大变化。

（三）生态系统多样性

生态系统多样性是最高层次的生物多样性，指在某一特定环境中的生物及与之相互作用的非生物环境的总和。海洋生物的生态系统多样性与海洋生物群落的多样性有关，以下简要介绍全球海洋生物群落及其特征。

1. 近海生物群落

近海生物群落包括从潮间带到大陆架边缘内侧的水体和海底的所有生物。与大洋相比，近海海水的温度、盐度、光照条件以及其他环境因素等变化较为强烈而复杂，呈现明显的不稳定性。但这些环境因素的变化幅度，由潮间带近岸向外到大陆架内缘，逐渐变小。因此，生活于近海的海洋生物对环境变化都具有较强的适应能力，而且呈现明显的季节变化和种群交替规律。

近海的生物主要包括浮游生物、游泳生物和底栖生物。浮游生物包括浮游藻类和浮游动物（桡足类、磷虾类、水母类、栉水母类等）。游泳生物主要包括鱼类、爬行类、甲壳类和哺乳类中的一些种类。有些鱼类具有洄游习性。世界渔场几乎都位于大陆架及附近海域。底栖生物包括底栖植物（大型藻类、红树）和底栖动物（虾、蟹、螺、蛤等）。近海的底栖动物种类非常丰富，几乎包含各门类的动物，不同海洋底质生活着不同类型和具有不同生态特性的种类，形成了非常庞大而复杂的组合。

近海生态环境虽复杂而多变，但它为不同类群、不同生活习性的生物提供了良好的生存空间。这里生物资源丰富，生产力较高，渔获量占海洋总渔获量的80%以上。

2. 大洋生物群落

大洋生物群落包括从大陆架边缘外侧直至深海整个海域内的海洋生物。大洋生境和近海相比，相对较稳定。但由于水深、光照等的影响，水体上层的环境诸因素变化较大，但随着水深增加趋于相对稳定。

在上层水域（水深＜200 m），浮游植物以微型浮游种类占优势，浮游动物则以终生浮游动物为主。大洋上层的游泳动物种类非常丰富，经济价值极高的金枪鱼、乌贼等主要分布在这一水层。中层水域（水深200～1 000 m）以大型鳕鱼和磷虾为主，其中磷虾是海洋动物食物链的重要环节。深层水域（水深＞1 000 m）的生物组成以鱼类为主，其次为无脊椎动物中的多毛类、甲壳类、棘皮动物、端足类、等足类等。在万米水深的海沟内，已发现有多毛类、海葵、端足类、等足类和双壳类生物。深海生物的数量随着海水深度的增加而递减，只有在靠近大陆架的深海区生物量才较高。深海底栖生物的生物总量虽然很少，但物种多样性很高，包括蛇尾类、海百合类、硅质海绵和鼎足鱼等。

3. 热泉生物群落

热泉喷出液中含有丰富的硫化氢和硫酸盐，这一特殊环境内生物群落的特征是硫化细菌极其丰富。除此之外，热泉口附近还生活有铠甲虾、双壳类、与细菌共生的巨型管栖动物、腹足类、管水母和一些鱼类。硫化细菌能够通过化能合成作用进行有机物的生产，从而为滤食性动物提供饵料。由这些生物构成的特殊的热泉生态系统，被称作"深海绿洲"。

4. 河口生物群落

河口为地球上两大水域生态系统之间的过渡区。不同的河口类型及河口所处地域、气候或者底质差异的影响，使河口区环境复杂并且有很大波动。

河口的生物种类组成较贫乏、简单，生物的物种多样性相对较低，只有广盐性、广温性和耐低氧的生物种类才能生存。但就某些生物种群的个体数量而言，其丰度则很高。河口海湾是许多海洋生物最重要的养育场。该区域不仅受河流和潮流的影响，并且风的作用使得底质的沉积物（营养物质）重新悬浮，这就确保了该区域较高的生产力。再者，由于河口水域往往浅而浑浊，制约着捕食者追捕鱼、虾和蟹幼体的能力。许多暖温带、亚热带及热带的具有经济价值的种类，都阶段性地依赖于海湾及河口等海域。

5. 红树林生物群落

红树林生物群落是由红树植物（Mangrove Plants）大片生长成林，与其他植物及动物共同组成的一个相互联系的集合体。红树植物是能够适应并抵御高盐度海水，以特殊的"胎生"方式繁殖后代，在潮间带生活的为数不多的木本种子植物。它们分布在热带、亚热带隐蔽的或与风相平行的淤泥沉积且呈酸性的岸带，尤其是在河口及三角洲地区较多。

由于受海水温度和潮汐影响，不同地区红树林群落的组成和同一区域内不同种类红树植物的分布都有明显的差异。红树植物大多适宜生长于年平均水温24～27℃的范围，我国福建厦门以北海水的年平均水温低于21℃，所以这些海域红树林的物种组成及数量都不如海南岛。大量红树植物树叶自然脱落，再被分解形成的有机碎屑是浮游生物及底栖生物的良好饵料，从而形成了以"腐屑食物链"为特征的生态系统。

6. 珊瑚礁生物群落

珊瑚礁是由造礁珊瑚和造礁藻类共同组建的，广泛分布于亚热带或热带浅海。珊瑚礁海域形成了特殊的生态环境，生活着丰富的礁栖动、植物，它们共同组成了珊瑚礁生物群落。珊瑚礁生物群落的物种多样性是所有生物群落中最高的，几乎所有海洋生物的门类都有代表种类生活在珊瑚礁环境中，它们各自占有适合自身生存的生态位。

综上所述，全球海洋的生物群落主要包括近海生物群落、大洋生物群落、热泉生物群落、河口生物群落、红树林生物群落及珊瑚礁生物群落，不同海洋生物群落与相应的非生物环境共同组成了多样化的生态系统。

当今人类正面临着人口剧增、资源匮乏、环境恶化三大问题。随着陆地资源的日益减少，占地球表面积约71%的海洋已成为资源可持续利用和21世纪社会发展的重要领域。丰富的海洋资源为人类社会继续向前发展提供了美好的前景。在海洋资源中，除金属与非金属矿床、海水动力、石油及天然气等资源外，海洋生物将是现在及将来人类所依赖的最直接、最主要的资源。海洋生物可以满足人类大部分的蛋白质需求，也是重要的新药来源；多样的海洋生物还为人们提供了多种观赏生物及景观；海洋生物光合作用固定二氧化碳，有效缓解了全球气候变暖的问题。

随着科学技术及国际贸易的不断发展，人类的影响已经波及远洋。从南极企鹅体内检测到DDT，蓝鲸处于濒危状态，海洋遭受溢油的污染，等等。然而，生态系统受害最严重的还是近岸海域。同时海洋生物多样性的丧失远不如陆地生物多样性的丧失那样引人注意，海洋物种、遗传、生态系统多样性的丧失成为全球性危机。

海洋是生命的摇篮，养育着多姿多彩的海洋生物。珊瑚礁，就如热带雨林一样，以较高物种多样性而著称。而且，地球上测得的最大生产力在北太平洋的海藻床。最近有证据表明，深海生物多样性也很高，在海底热泉口群落被发现的20年内，鉴定出超过20个新科或者新亚科、50个新属及上百个新种。从看似无特色的大洋中心水域至结构复杂的红树林海岸，海洋生态系统的多样性至少可以与陆地生态系统相匹敌。

海洋生物的多样性还表现在其化学成分的多样性。在特殊的海洋环境中，海洋生物为了在生存竞争中求得个体及种群的生存和延续，经过长期的演化，产生了种类繁多、功能特殊、结构新颖的生物活性物质，这些物质对海洋生物的生态联系、信息传递、化学防御和进攻机制等，往往具有极为重要的作用。海洋生物所含生物活性物质的多样性，是海洋生物最重要特征之一。

可是，人类对海洋生物多样性的了解一直十分有限。直至1938年，人们才发现腔棘鱼这个被认为是生命进化过程中的关键物种依然生活在印度洋，而在此之前只知道它的化石。直到1977年，才于东太平洋发现热泉口，同时发现了此处生活着此前人类一无所知的特殊动物类群，且热泉口具有非常复杂的生态系统。科学家估计，在深海底部可能存在约100万个未被描述的物种。对海洋的认识，以及对海洋生物多样性的深入研究将会是人类在开发利用海洋过程中的一项长期且必要的任务。

三、我国的海洋生物资源

（一）概述

我国既是一个幅员辽阔的大陆国家，又是海域宽广、岛屿众多、海岸线曲折、海洋生物资源丰富的国家。我国海域位于西太平洋，靠近大陆边缘的近海有渤海、黄海、东海和南海，大陆海岸线长达18 000多千米，海区内有大小岛屿11 000余个，南北纵跨热带、亚热带和温带3个气候带。我国海域物种数量繁多，尤其是节肢动物。栉水母动物、动吻动物、扁形动物、鳃曳动物、螠虫动物、星虫动物、帚虫动物、毛颚动物、棘皮动物、腕足动物、半索动物为海洋特有。我国海域已知的物种数量比淡水多，但比陆地少，物种数由北往南递增。我国海域既包括很多热带海洋生物分布的北缘，又包括一些温带海洋生物分布的南界。

（二）我国海域的生物分布特征

1. 渤海

渤海为我国的一个半封闭内海，其北、西、南三面被陆地所环绕，依次邻接辽宁、河北、天津和山东，通过渤海海峡和黄海相连通，海峡南北宽约105 km。渤海有30多个岛屿，其中比较大的有南长山岛、砣矶岛、钦岛和皇城岛等，总称庙岛群岛或者庙岛列岛。其间构成8条宽窄不同的水道，扼渤海咽喉，是京津地区的海上门户，地势极为重要。渤海古时称为沧海，又因地处北方，也有北海之称。渤海的面积比较小，约7.7万平方千米。渤海平均水深为18 m。渤海水温变化受到北方大陆性气候的影响，2月在0℃左右，8月达到21℃。严冬来临，除秦皇岛及葫芦岛以外，沿岸大面积冰冻。3月初融冰时还常常伴有大量流冰发生，平均水温11℃。由于大陆河川大量淡水的注入，渤海海水的平均盐度在我国四大海域中是最低的，仅为30。渤海沿岸有辽东湾、渤海湾和莱州湾。辽河、海河及黄河等河流从陆上带来大量有机物，使这里成为盛产黄花鱼、对虾、蟹等的天然渔场。辽东半岛南端老铁山角和山东半岛北岸蓬莱角的连线是渤海和黄海的分界线。

渤海的浮游生物区系属于北太平洋温带区系东亚亚区，多为广温低盐种类。曾有调查记录了浮游植物120多种，以硅藻为主，优势种有角毛藻、圆筛藻、根管藻和中肋骨条藻；浮游动物约100种，优势种类有中华哲水蚤、真刺唇角水蚤、小拟哲水蚤、强壮箭虫等。

渤海的底栖生物属于印度洋–西太平洋区系的暖温性种。渤海记录的底栖植物有100多种，优势种类有褐藻、绿藻和红藻，其中尤以紫菜、海带及石花菜等居多；记录的底栖动物有近300种，以菲律宾蛤仔、毛蚶、褶牡蛎、文蛤、中国明对虾为主。渤海三大海湾所蕴藏的虾、蟹和双壳类软体动物资源丰富，经济种类生物量大，可形成渔业。例如，中国明对虾年捕获量可以达到1万吨，三疣梭子蟹的产量为我国近海之首。主要经济贝类有牡蛎、毛蚶、贻贝和扇贝。名贵的棘皮动物有刺参。

游泳动物以鱼类为主，尚有虾、蟹及头足类的一些物种。渤海的鱼类区系是黄海区的组成部分，鱼类多达150种，半数以上属暖温带种，其次为暖水种。主要经济鱼类有带鱼、小黄鱼、黄姑鱼、真鲷、鳓鱼和鲅鱼等。主要渔场有辽东湾渔场、渤海湾渔场和莱州湾渔场等。

2. 黄海

黄海西临山东半岛和苏北平原，东边是朝鲜半岛，北端是辽东半岛。因为古时黄河水流入，搬运来大量泥沙，使海水中的悬浮物增多，海水透明度变小，呈现黄色，黄海之名由此而得。黄海面积约38万平方千米。海洋学家按黄海的自然地理等特征，习惯将黄海分作北黄海以及南黄海。北黄海是指山东半岛、辽东半岛和朝鲜半岛间的半封闭海域，平均水深为44 m，最大水深在白翎岛的西南侧，为86 m。长江口到济州岛连线以北椭圆形半封闭的海域，称为南黄海，总面积达30多万平方千米，南黄海的平均水深是45.3 m，最大水深位于济州岛北侧，约为140 m。黄海的水温年变化小于渤海，为15～24℃。黄海海水的盐度也较低，为32。黄海位于寒暖流交汇处，水产资源非常丰富，由于沿岸的地势平坦，面积宽广，适合晒盐。如著名的长芦盐区、辽东湾一带以及烟台以西的山东盐区，都为我国重要的盐产地。长江口北岸的启东角和韩国济州岛西南角的连线是东海和黄海的分界线。

黄海的浮游生物具有北太平洋暖温带区系以及印度洋–西太平洋热带区系的双重性，但以温带种类占优势，大多数为广温低盐种。曾有调查记录了浮游植物368种，以硅藻为主，优势种类有角毛藻、圆筛藻、根管藻、菱形藻、盒形藻、多甲藻等；浮游动物130种，优势种类有墨氏胸刺水蚤、中华哲水蚤、太平洋磷虾、强壮箭虫等。

黄海的底栖生物以暖温带种类为主。底栖植物的优势种类有褐藻、绿藻和红藻，其中尤以紫菜、海带和石花菜等居多。底栖动物区系有较明显的暖温带的特点，沿岸浅水区的底栖动物主要为广温低盐种，基本上属印度洋-西太平洋区系的暖水性种类。曾有调查记录了底栖动物200多种，以多毛类种最多，其次是甲壳动物、软体动物以及棘皮动物，优势种类有长须沙蚕、不倒翁虫、持真节虫、背褶沙蚕、褐色角沙蚕、细鳌虾、萨氏真蛇尾、钩倍棘蛇尾等。其中，牡蛎、蚶、蛤、贻贝、扇贝及鲍鱼等为重要的经济贝类，中国明对虾、新对虾、鹰爪虾、褐虾及三疣梭子蟹为重要的经济虾、蟹类资源。另外，在该海域中刺参的产量相当可观。

游泳动物以鱼类为主，还有虾、蟹及头足类等。鱼类区系属北太平洋东亚亚区系，是暖温带性，又以温带性优势。主要经济鱼类有带鱼、小黄鱼、鲐带、鲅鱼、鳓鱼、黄姑鱼、太平洋鲱鱼、鳕鱼、鲳鱼、叫姑鱼、白姑鱼、牙鲆等，此外还有头足类（乌贼）以及鲸类（长须鲸、小须鲸、虎鲸）等。主要渔场有海洋岛渔场、石岛渔场、烟威渔场、海州湾渔场、吕泗渔场、连青石渔场、大沙渔场等。

3. 东海

东海东到冲绳海槽，南临南海，西接我国大陆，北连黄海。东海南北长约为1 300 km，东西宽约为740 km。东海海域面积为77万平方千米，平均水深约350 m左右，最大水深约2 700 m。东海海域较开阔，大陆海岸线曲折，港湾众多，岛屿星罗棋布，我国大多数岛屿分布于这里。东海海水透明度比较大，能够见到水下20～30 m。大陆流入东海的江河，长度超过100 km的有40多条，其中长江、钱塘江、闽江、瓯江四大水系为注入东海的主要江河。因此，东海近岸形成了一个巨大的低盐水域，成为我国近海营养盐比较丰富的水域。整体而言，东海的盐度比黄海、渤海的都高，除了长江口海区低于30外，大部分海区的盐度在34以上。因为东海位于亚热带，年平均水温在20～24℃，年温差在7～9℃。与黄海及渤海相比，东海具有较高的水温。东海潮差为6～8 m，水呈现蓝色。又因东海属于亚热带及温带气候，有利于浮游生物的繁殖及生长，是各种鱼、虾栖息和繁殖的良好场所，也是我国海洋生产力最高的海域。东海有我国著名的舟山渔场，盛产大黄鱼、小黄鱼、带鱼、墨鱼。东海的优良港湾很多，如上海港，它位于长江下游的黄浦江口，这里航道深阔，水量充沛，江内风平浪静，利于巨轮停泊。广东南澳岛和台湾岛南端的鹅銮鼻连线是东海和南海的分界线。

浮游生物区系属于北太平洋温带区系的东亚亚区，以暖温带性种类为主。浮游植物总生物量在近河口区域高于外海，季节的变化为春、夏较高，秋、冬较低。曾有调查发现：浮游植物种类在长江口附近有64种，浙江沿岸有261种，优势种类有中肋骨条藻、荣氏角毛藻、圆筛藻、尖刺菱形藻等；浮游动物总生物量夏季最高，尤以长江口外海、舟山渔场及嵊泗渔场一带比较密集，冬季最低，浮游动物在长江口附近有81种，浙江沿岸有223种，优势种类主要有中华哲水蚤、真刺唇角水蚤、太平洋纺锤水蚤、中华假磷虾、肥胖箭虫等。

底栖生物总生物量春季最高，之后依次为冬、夏、秋。沿海底栖植物资源相当丰富，浙闽沿岸有海带、昆布、浒苔、裙带菜、石花菜、紫菜和海萝，闽江口以南海域还生长着种子植物，特别是红树植物。曾有调查发现，底栖动物中棘皮动物的种类最多（136种），其次是甲壳动物（95种）、软体动物（77种）、多毛类（77种）和鱼类（62种）。双壳类及虾类是重要的经济种类，三疣梭子蟹及锯缘青蟹产量也非常高。

游泳动物以鱼类为主。传统的经济鱼类主要为带鱼、大黄鱼和小黄鱼，年捕获量曾经创下15万～50万吨的纪录。另外，鲐鱼、马面鲀、蓝圆鲹、沙丁鱼及头足类的墨鱼（无针乌贼）产量也非常高。近海渔场主要有长江口渔场、舟山渔场、温台渔场、鱼山渔场、闽东渔场、闽南渔场、台北渔场等。其中，舟山渔场是我国最大的渔场，四季都有鱼汛，春有小黄鱼、鲅鱼、鲐鱼，夏有大黄鱼、墨鱼、鲷，秋有海蟹、海蜇，冬有带鱼、鳗和鲨等。

4. 南海

南海是我国最深、最大的海，也是仅次于珊瑚海以及阿拉伯海的世界第三大陆缘海。南海是太平洋及印度洋间的航运要冲，在经济上、国防上都有重要的意义。浩瀚的南海通过巴士海峡、苏禄海及马六甲海峡等，与太平洋及印度洋相连。南海四周大部分是半岛与岛屿，陆地面积和海洋相比，显得非常小。注入南海的河流主要分布在北部，主要有珠江、红河、湄公河和湄南河等。因为这些河的含沙量很小，所以海阔水深的南海总呈现出碧绿色或深蓝色。南海地处低纬度区域，为我国海区中气候最温暖的，海水表层水温高达25～28℃，年温差小（3～4℃），终年高温高湿，长夏无冬。南海盐度是我国四大海区中最大的，为35，南海的自然地理位置适宜珊瑚繁殖。在海底高台上，形成许多风光绮丽的珊瑚岛，如东沙群岛、西沙群岛、中沙群岛及南沙群岛。南海诸岛很早就被我国劳动人民发现并开发，是我国领土不可分割的一部分。南海水产资源丰富，盛产海参、牡蛎、马蹄螺、金枪鱼、鲨鱼、红鳍笛鲷、大龙虾、墨鱼、梭鱼和鱿鱼等。

南海的浮游生物区系属于印度洋-西太平洋热带区系的印-马亚区，以热带种为主，具有热带大洋的特征。曾有调查发现：浮游植物在南海不同的沿海区有104～260种，以硅藻及甲藻为主，优势种类有角毛藻以及根管藻；浮游动物在南海北部沿岸已记录有130种左右，南部有250种，优势种类是桡足类动物。南海底栖生物资源相当丰富，多为热带和亚热带种。底栖植物以大型藻类及红树林为主，经济藻类资源主要有紫菜、羊栖菜、江蓠、麒麟菜、鹧鸪菜、海萝等。南海沿岸众多的红树林构成了具有热带特色的红树林群落。底栖动物资源主要有近江牡蛎、珠母贝、翡翠贻贝、日月贝、杂色鲍、长毛对虾、墨吉对虾、中国龙虾、锯缘青蟹、远游梭子蟹、刺缘参、梅花参、黑海参等。南海各水域底栖动物分布简况见表1.2。

表1.2 南海各水域底栖动物分布简况

水域	特点	种数	优势种类
广东河口区	以亚热带低盐种类为主	319	软体动物、甲壳动物、环节动物等
粤东中西部	多数为南亚热带高盐种类	820	软体动物、甲壳动物、环节动物等

续表

水域	特点	种数	优势种类
粤西沿岸	少数为热带性种类	820	软体动物、甲壳动物、环节动物等
海南沿岸	热带性种类	755	珊瑚类、软体动物、棘皮动物
广西沿岸	近热带性种类	832	棒槌螺、毛蚶等
西沙群岛	热带性种类	135	软体动物、甲壳动物、棘皮动物

南海鱼类资源非常丰富。北部海区鱼类以暖水性为主，暖温带种类比较少，属于印度洋-西太平洋热带区系的中-日亚区；南部鱼类均为暖水性，属于印度洋-西太平洋热带区系的印-马亚区。主要经济鱼类有鲱鲤、蛇鲻、红鳍笛鲷、短尾大眼鲷、蓝圆鲹、马面鲀、金线鱼、沙丁鱼、带鱼、石斑鱼、大黄鱼、海鳗、金枪鱼等。南海的渔场很多，当前主要开发利用的还仅仅是部分近海渔场，如粤东渔场、粤西渔场、清澜渔场、北部湾渔场、西沙渔场等，广阔的外海渔场还有待开发利用。

四、我国海域常见的食用及药用生物

如前所述，我国海域的海洋生物种类繁多，由于篇幅有限，这里仅分类介绍一些常见的食用和药用生物。

（一）海藻类

1. 蓝藻门（Cyanophyta）

蓝藻门生物是最原始、最古老的藻类。由于色素中含有丰富的藻胆素，藻体多呈蓝绿色，故又叫蓝绿藻（Blue-Green Algae）。蓝藻在自然界中分布很广，不仅可生活于海洋，还能在各种淡水水体、悬崖峭壁、阴湿土壤和树皮、盐泽地、高山、冰川上生长。甚至在水温高达85℃的温泉及荒芜贫瘠的沙漠等生物难以生活的地方，只要有阳光照射，蓝藻就能生长。常见的蓝藻有发菜、螺旋藻（Spirulina）、苔垢菜及海雹菜等。

2. 红藻门（Rhodophyta）

红藻门植物因其藻体呈红色而得名，是种类较多、分布较广的藻类。绝大部分红藻生活于海洋中，仅有少数种类生活于淡水。世界各海域都有分布，但主要盛产于温带海区。常见的红藻类植物有石花菜、紫菜、龙须菜、海萝、海柏、麒麟菜、蜈蚣藻、鹧鸪菜、海人草等。

3. 褐藻门（Phaeophyta）

褐藻门植物因含有丰富的色素，故其藻体多呈褐色。褐藻是重要的经济海藻，主要生活于海水中，淡水种类极少。常见的褐藻有海带、昆布、羊栖菜、裙带菜、鹿角菜、海蕴、萱藻、鹅肠菜、铜藻、铁钉菜、海蒿子、马尾藻等。

4. 绿藻门（Chlorophyta）

绿藻门植物因其藻体呈绿色而得名。绿藻约90%生活于淡水，仅10%在海水中生

活。常见的海洋绿藻有砺菜、浒苔、石莼、刺松藻、礁膜等。

（二）鱼类

鱼类通常是指一群终生生活于水中的变温脊椎动物，它们通常用鳃呼吸，用鳍协助运动及维持身体平衡，大多数鱼体有鳞片。

1. 硬骨鱼类

硬骨鱼的骨骼坚硬，是脊椎动物中种类最多的一个类群，达2万种以上，占鱼类总数的90%以上。它们广泛地分布在地球各种水域，体形千变万化，以适应各自的生活环境。硬骨鱼类不仅种类多，而且也有很高的经济价值，约占世界鱼类产量的90%以上。常见的品种有大黄鱼、小黄鱼、鳀鱼、鲱鱼、金枪鱼、竹荚鱼、秋刀鱼、带鱼等。

2. 软骨鱼类

软骨鱼类的内骨骼为软骨，现存约1 000种，约占全部鱼类的3%，广泛分布于印度洋、太平洋和大西洋，但以低纬度海域为主要栖息场所。软骨鱼类多为肉食性鱼类，有些种类（如鲨鱼）特别凶猛，甚至噬人。软骨鱼类有很高的经济价值，肉可供食用，皮可制成皮具，肝脏富含脂肪、维生素A和维生素D，可用来制药，名肴"鱼翅"是鲨鱼的鳍经过加工后制成的。我国沿海所产的软骨鱼类种类很多，现知有200多种，其中鲨鱼约146种，鳐鱼84种，银鲛6种，以栖居在南海的种类最多，东海次之，黄海、渤海最少。常见的种类有白斑角鲨、狭纹虎鲨、燕鳐鱼、花点魟、赤魟等。

（三）软体动物

绝大多数的软体动物具有1个、2个或多个贝壳，故又称贝类。具有外壳的贝类称有壳贝类，没有外壳或者外壳退化、但具有内壳的称为无壳贝类。一些无壳贝类的头部和足部特别发达，足环生于头部前方，故名头足类。目前，在我国海域共记录到软体动物2 557种，大约占我国海域全部海洋生物物种数的1/8以上，常见的种类有文蛤、扇贝、牡蛎、缢蛏、蚶子、贻贝、鹦鹉螺、芋螺、乌贼、章鱼、鲍鱼等。

（四）甲壳动物

甲壳动物因体表包被着一层较坚硬的外壳而得此名。甲壳动物多生活于水中，用鳃呼吸。常见的种类有白虾、龙虾、对虾、蝼蛄虾、毛虾、磷虾、鳌虾、梭子蟹、寄居蟹、毛蟹等。

（五）棘皮动物

棘皮动物因身体表面通常有棘状突起而得此名。全世界共有棘皮动物大约7 000种，我国沿海有近600种，常见的种类有海胆、海星、海参、海百合等。本门许多种类的经济意义和食用价值不大，20余种海参以及几种海胆可供食用，几种海星可药用或做肥料，其余种类开发利用程度较低。但近年的研究表明，许多种类的海参、海星等体内富含多种生物活性物质，即使食用价值不大，也有较大的药用开发前景。

（六）腔肠动物

腔肠动物是较原始的多细胞动物，其身体由内、外两胚层和中胶层构成。本门动物一般为辐射对称，有组织分化及原始神经系统。其最主要的特征为许多触手环绕于口周围，有刺丝细胞或者螯刺细胞，故又称为刺胞动物。目前，在我国海域记录到海洋腔肠动物有1 000多种，常见的种类有海蜇、珊瑚和海葵等。其中，海蜇是我国沿海渔业的重要捕捞对象，从辽东半岛至广东沿海均有分布。它是一种大型食用水母，营养价值很高，早在1 600多年前的晋代就已经被食用。另外，中医里海蜇可入药，有化痰、降压、降湿、清热解毒、润肠等功效。

（七）海绵动物

海绵是最原始的多细胞动物，细胞已分化，但未形成组织。其体形多不对称，千姿百态，可呈现块状、球状、片状、扇状、管状、壶状、瓶状、树枝状等。由于其体内有骨针或海绵丝，体表多有小孔，所以也被称为多孔动物。海绵动物遍布全世界。我国海绵种类繁多，有几千种，约为世界海绵动物种类的50%。大约1%的海绵生活于淡水中。海绵一般不具有食用价值，甚至许多种类有毒。但现代研究表明，海绵含有丰富的生物活性物质，大多具有抗肿瘤活性以及细胞毒性。因此，对海绵次生代谢产物的研究已经成为海洋天然产物研究中最为活跃的领域。

第三节　海洋功能食品开发背景和现状

一、海洋功能食品开发背景

传统海洋食品由于营养丰富、味道鲜美等特点广受人们的喜爱，是重要的食品来源。随着社会物质生活水平以及消费水平的提高，人们对食品的功能性要求逐渐加强，普遍希望能通过饮食品质的改善来优化营养结构、增强体质、保证身体健康。面对新时期人们对饮食的新要求，海洋食品凭借其优质的营养成分、独特的保健功效和潜在的药用价值（表1.3）而得到重视。通过精深加工进一步提升海洋食品的功能、开发高附加值的新型海洋功能食品成为食品开发和生产领域的一大热点。世界范围内对海洋功能食品的市场需求日益旺盛，消费群体逐渐扩大，贸易前景十分广阔。

表1.3　我国南方主要海洋生物资源的中药功效和其他用途

资源	中药功效和其他用途
中国明对虾	有补肾壮阳、滋阴息风功效
中国龙虾	有滋阴柔筋、补肾壮阳、健胃功效
中国鲎	有清热解毒、明目、杀虫止血功效，可提取"鲎试剂"
珍珠	有安神定惊、清热明目、解毒、收敛生肌功效
合浦珍珠母	有安神定惊、平肝潜阳、清肝明目、止血功效

续表

资源	中药功效和其他用途
黑海参	有滋补强壮、补肾壮阳功效
紫海胆	有清热消炎、制酸止痛、散结软坚功效
海蛇	有滋补强壮、通络活血、祛风除湿等功效
大海马	有舒筋活络、补肾壮阳、安神镇静、止咳平喘功效
尖海龙	有补肾壮阳、通筋活络、催产功效
螺旋藻	有抗菌、抗癌、增强免疫力、保护肠胃等功效
褐藻	有降血压、抗癌等功效，可提取褐藻胶、甘露醇、碘、氯化钾等或作为医药、工业原料
红树植物	民间方法中已涉及外用或内服治疗某些疾病

　　然而，现阶段我国的海洋功能食品开发仍处于起步阶段。与传统的海洋食品相比较，我国的深加工海洋功能食品市场占有率相对较低，海洋食品产业整体利润率偏低。据有关资料报道，我国水产品加工的利润率仅仅是10%～18%（日本是113%，美国为91%，印度为44%），这严重制约了我国海洋食品产业的发展以及海洋生物资源的高效利用。海洋食品资源的高值利用是指以海洋生物为对象，综合利用现代生物技术以及食品工业新技术，通过功能活性物质制备、目标结构改性、安全质控及产业化开发等手段，发展海洋食品精深加工技术，以提高海洋食品的附加值，获得海洋功能食品和高端生物制品，满足社会对海洋食品营养化、多样化、安全化和优质化的需求。海洋生物资源的高值利用既能够保证食品安全，缓解社会食品及药品资源日渐枯竭的问题，又可作为海洋产业新的突破口，带动相关产业的整体发展。因此，海洋生物资源的高值利用研究已成为食品科学领域的热点，并被列入《国家"十二五"海洋科学和技术发展规划纲要》，成为国家的重要战略。海洋功能食品开发是实现海洋生物资源高值利用的主要途径。

　　当前，社会对功能食品的要求是效能明确、安全健康、作用显著。因此，如何在精深加工过程中保持和优化食品风味的同时，保持并且提高食品特殊的生物活性效能，是当前食品产业发展面临的重要问题。以海洋生物资源为原料的海洋功能食品渐渐成为引领功能食品开发热潮的研究重点。和陆地生物相比，海洋生物生存环境的特殊性，使其在生长、代谢过程中会产生大量独特的天然产物。随着海洋生物科学的发展，人们发现这些产物中含有对人体具有重要生理调控功能的成分，具有抗菌、抗病毒、抗癌、免疫等多种功能。例如，海藻中的牛磺酸具有降低血压的功效，海参中的海参素及刺参酸具有抗癌作用。这些生物活性物质使依托海洋生物资源开发高效价、高性能的功能食品成为可能。海洋功能食品就是以海洋生物为资源而开发的功能食品，是利用海洋生物技术，通过分离、纯化、原位富集等技术从海洋生物中提取出活性功能因子，制成的具有明确功效及显著效果的功能食品。通过海洋功能食品的开发，能有效实现对海洋生物资源低成本、高附加值的合理利用。

二、海洋功能食品开发现状

1. 海洋功能食品开发

海洋功能食品有着巨大的应用价值以及开发潜力。"十二五"期间，我国在海洋经济发展方面，着力推进海洋功能食品开发从资源依赖型向技术带动型、从数量增长型向质量效益型转变的进程。作为海洋研究的新兴领域，海洋功能食品以及高端生物制品的研制可作为推进这一转变的突破口和支柱。近几年，我国海洋功能食品的研究与开发应用已取得了较大的进展，研制出的一系列产品已投入市场。

20世纪80年代以来，随着分子光谱、高分辨质谱、核磁共振谱、高压液相层析等现代精密仪器及海洋生物技术、分子快速筛选方法等高新技术的应用，世界范围内已从海洋动植物和微生物中分离得到了近4 000种天然功能因子，如不饱和脂肪酸、牛磺酸、几丁质、维生素和无机盐等，具有提高免疫力、抑制免疫、抗肿瘤、强心、抗菌、抗病毒、消炎、降血脂、降血压、益智、预防阿尔茨海默病以及美容等功效。

我国已研制成的具有保健功能的海洋食品包括鱼肝油、"脑黄金"、鱼蛋白和以海洋贝类中的牛磺酸为主要成分的"力多精"等。但是，与已获得的生物活性成分相比，海洋功能食品的种类显然较少。所以，利用已获得的海洋生物活性成分进行深加工，制成保健功效显著和风味独特的海洋功能食品，是当前最重要的研究领域。

2. 海洋仿生重组营养功能食品

长期以来，海洋食品加工都采用晾晒、冻干等比较简单的方式，但这些加工方式制成的海洋食品附加值较低，并且粗放的废弃方式造成了大量资源的浪费。随着食品加工高新技术的发展，低值海洋食品资源的深度综合开发利用成为可能，尤其是仿生海洋食品成为当前的研究热点。仿生海洋食品是指以海洋生物为主要原料，利用仿生食品加工新技术及功能重组食品加工技术等食品工程手段，从风味、形状、营养成分上模仿天然海洋食品加工而成的一种新型食品。仿生食品可有效、合理地利用资源，风味、口感和天然海洋食品极为相似，营养价值也不逊于天然海洋食品，并且价格低廉、食用方便，增加了人们对不同类型海洋食品的选择自由度。仿生食品加工可利用发酵及细胞培养的方法进行各种优质初级食品和精细食品的模拟合成，还能够借助现代生物技术，添加人体自身难以合成的营养成分；对人体难以消化的某些成分，预先处理，促进人体对其的吸收。目前已有的仿生食品包括仿生虾肉、蟹肉、鲍鱼、鱼子酱、鱼翅、海蜇皮、海参、海胆等。仿生食品具有巨大的发展潜力，必将成为具有广阔市场的新型海洋食品。

3. 海洋食品资源深度加工利用

传统海洋食品资源加工过程的粗放性造成了鱼骨和虾、蟹壳等原料中大量营养成分的浪费，还造成了对环境的潜在污染。利用食品加工新技术对此类资源进行深度开发，可获得高附加值海洋产品，极大地提高海洋食品加工的综合收益。利用稳定化复配、超临界萃取、膜分离、分子蒸馏、微胶囊化、包埋等食品加工新技术，可从海洋生物中获得活性肽、壳聚糖、几丁质等许多有益人体健康的活性物质和一些呈味物质、香味成分等。利用美拉德赋香矫味、稳定化复配、微波干燥灭菌等技术，可制备出有浓厚鲜味的保健海鲜调味剂；利用分子蒸馏技术通过去腥、脱色、提纯加工精制鱼油，再经部分氢化就可作为人造奶油的原料，提高其价值；利用现代分离技术从鱼骨中分离软骨素和黏多糖等功能成分，可以进一步加工成高附加值的功能食品；利用包埋技术和微胶囊技术加工鱼油，能制成便于携带及使用并且更具保健功能的粉末油脂。

第四节　海洋功能食品的发展趋势

一、海洋功能食品领域存在的问题

（一）海洋功能食品行业存在的问题

1. 企业规模较小，产业化程度较低

海洋功能食品产业化及加工程度较低，和一些已实现生产基地化、加工品种专用化、加工技术高新化、质量体系标准化和生产管理科学化的食品加工领域相比较，海洋功能食品以初加工产品为主，精深加工产品较少，并且大多数企业处于小规模分散经营状态。分散的经营造成了行业内缺少龙头企业，生产经营成本高，知名品牌少，产品质量不稳定，难以形成竞争优势。

2. 产品低水平重复严重，社会认知度不够

目前我国海洋食品加工业主要处于简单加工阶段，深加工海洋食品的市场占有率比较低。据统计，经卫计委批准的功能食品中，90%为第二代功能食品，活性成分的构效、量效关系及机制不太清楚，导致产品质量不高，低水平重复现象严重。并且市场现有的海洋功能食品功能较集中，抗疲劳、调节免疫和调节血脂的功能食品占总数的60%。如此集中的产品功能，使消费者对产品的认知度不够，市场销售艰难。

3. 产品质量参差不齐，标准化、规范化不够

海洋功能食品生产企业规模小，资金投入不足，因此设备简单，产品质量参差不齐，且存在为了获得较高利润而掺假的现象。假冒伪劣产品引起了人们对功能食品的质疑，影响了民众对整个行业的信任度，使得功能食品行业多次出现信任危机。因此，产品的规范化和标准化尤为必要。产品鱼目混珠的现象严重正是由于缺少规范，标准体系建立不够完善。我国海洋食品加工的部分标准陈旧，有些领域仍无标准。现行的标准从数量、内容、水平、时效性以及涉及范围来看，远不能满足海洋功能食品行业发展的要求，相关的标准体系有待完善。

（二）海洋功能食品研发存在的问题

1. 精深加工技术及装备欠缺

海洋功能食品的开发以及高端生物制品的创制都依赖于新型精深加工技术及设备的应用。在海洋功能食品的加工技术方面，我国主要产品还是大量依靠机械脱水、制罐加工、浸渍加工和冷冻保鲜等传统工艺，真空冷冻干燥、速冻保鲜、气调保鲜、生物发酵等高新技术的应用范围仍相对较小。因此，食品加工及生物加工的新技术、新设备如何应用于海洋食品精深加工领域还需要加强研究。

2. 活性成分相关功能的研究有待深入及细化

海洋生物高值利用的物质基础是功能活性物质的制备和对活性成分功效的深入研究。当前从海洋生物中已经分离得到了几千种具有不同生物活性的成分，但其中大部分仍只停留在分离提取的层面，具体功效研究仍然有欠缺，这严重影响了海洋功能食品的开发速度以及产品种类。海洋功能食品开发的关键点是海洋生物功能活性成分的应用，然而应用的前提是对活性成分的功能以及活性强度的了解。新型海洋生物功能活性成分的功能研究及富集研究是海洋功能食品开发的限制因素。

3. 适应市场需求的产品开发有待加强

我国海洋功能食品的加工技术创新成果转化率以及科技贡献率低于西方国家，技术创新成果的转化率亟待提高。这一问题产生的主要原因是我国海洋功能食品科研工作者缺乏以市场为导向的研发理念，进行了大量重复性研究，不能真正满足人们对海洋功能食品多样和多层次的需求。因此，适应市场需求的海洋功能食品开发有待加强。

二、海洋功能食品开发的发展趋势

海洋功能食品产业发展的出路在于开发附加值高的精深加工食品，而高端海洋功能食品的研发有如下趋势。

1. 海洋食品产业化开发的关键加工技术设备研究

现代生物技术和食品精深加工技术设备的综合利用是新型海洋功能食品的开发基础。营养保持和风味增强都依赖现代分离、提取、纯化和制造技术。实现我国海洋功能食品生产技术的更新，研制开发第三代保健食品，生产出一系列高附加值、高档次的新型海洋功能食品是当前研究的重要趋势。近年来，生物工程、微波、电子、酶工程、超临界萃取、膜分离、超高压处理、超微粉碎、微胶囊以及现代分析检测等高新技术，由于能够保持营养成分、高效、安全等优势，在新食品研发中得到广泛的应用。这些新技术向海洋功能食品领域的引入能促进海洋功能产品附加值的提升及研究开发水平的深入。

2. 海洋生物功能活性成分的综合、细化研究

海洋食品资源是一个多样、复杂的体系，海洋食品功能活性成分的研究具有复杂性。海洋功能食品研究是一个多学科交叉的研究领域，与多学科的发展紧密联系，如微生物学、食品学、海洋生物学、生物酶学、药理学等。这些学科的最新研究成果，有助

于更深入了解功能成分的结构并细化特殊功能成分的功效，成为开发新型海洋功能食品的基础。基于这些学科的最新进展，海洋功能食品定向性功能筛选、海洋产品稳定化复配技术、海洋生物活性物质修饰和改造技术、活性成分的构效关系、活性多肽及小分子肽的可控酶解、功能成分的协同作用评价研究等已成为当前海洋功能食品开发领域研究的趋势。

综上所述，海洋生物资源的高值利用研究任重而道远，新型海洋功能食品的开发已经成为实现海洋食品资源高值利用的重要途径，是当今极具发展潜力的海洋食品新领域。随着新型加工技术的发展、功能成分研究的深入、社会认知程度的提高和市场环境的日趋成熟，海洋功能食品将成为海洋食品加工业的发展趋势。

课后训练

一、讨论思考题

（1）举例说出20种海洋生物资源。

（2）海洋生物物种分布的特点是什么？

（3）功能食品的分类方法有哪些？

（4）功能食品有哪些调节人体机能的作用？

（5）海洋功能食品的功能因子有哪些？

（6）举例说出10种海洋功能食品。

二、案例分析题

螺旋藻功能食品

20世纪90年代风靡世界的螺旋藻健康食品是一种纯天然微藻食品。螺旋藻是一类蓝藻，在海水和淡水中均有分布。螺旋藻是低热量食品，富含植物性蛋白质、天然叶绿素、维生素、无机盐、纤维素、胡萝卜素等。近年研究发现，螺旋藻对糖尿病、高血压、肠胃病、贫血症有良好的治疗效果，并且具有抗癌、抗肿瘤、降血脂、增强免疫系统功能、减肥、抗衰老、减缓重金属及药物引起的肾中毒的作用。研究还发现，螺旋藻能抗辐射，适合作为运动员、宇航员的营养食品。螺旋藻富含人体本身不能合成的8种必需氨基酸，特别是亮氨酸、赖氨酸、异亮氨酸含量高，能弥补谷物中赖氨酸的不足。所以，螺旋藻是优良功能食品的来源。近年来，螺旋藻功能食品的开发利用已经引起广泛重视，一些国家如日本、德国、美国等极其重视螺旋藻的开发利用。我国也开始研究与开发螺旋藻，如深圳海王药业公司生产的海王牌螺旋藻，就是以螺旋藻为原料制成的一种海洋功能食品。

问题：

（1）根据以上案例，如何评价螺旋藻的利用价值？

（2）还有哪些海洋生物被用于功能食品生产？

知识拓展

功能食品发展前景

《中共中央关于制定国民经济和社会发展第十三个五年规划的建议》清晰地勾勒出2016~2020年我国的发展目标。规划提出推进健康中国建设：深化医药卫生体制改革，实行医疗、医保、医药联动，建立覆盖城乡的基本医疗卫生制度和现代医院管理制度；理顺药品价格；实施食品安全战略。

大健康产业是具有巨大市场潜力的新兴产业。然而与日本、美国等很多发达国家相比，我国的大健康产业仍处于起步阶段。统计数据显示，美国的健康产业占GDP比重超过15%，日本、加拿大等国家的健康产业占GDP比重超过10%，而我国的健康产业仅占GDP的4%~5%。

美国、日本、欧洲等国家和地区是世界保健品的主要消费市场。主要原因是这些地区的人均收入较高，对具有保健功效的食品期望较高，希望从中能够达到预防疾病的目的。我国保健品消费市场空间巨大，消费者用于保健品方面的平均花费只占总支出的0.07%，而欧美国家的消费者用于保健品方面的平均花费占总支出的25%，相差甚远。

我国消费者具有健康意识，这和人们长期重视养生有关，也与我国现有的发展环境有关。目前，我国消费者无论是对保健品的关注程度还是消费升级意愿，排名均居全球前列。2011年，营养保健品在我国消费者消费支出中的排名还排在前十名之外，排在前列的是旅行、度假、婴儿产品、服装等。到了2013年，营养保健品在我国消费者消费支出中的排名已经跃居第二位。2011~2015年，我国保健品消费市场实现了年均10%~11%的增长，预计未来几年的年均增长率还将保持在11%左右。而人口老龄化、层出不穷的食品安全及质量问题、环境污染等，也不断提高了消费者对保健品的需求。

近几年，我国城乡居民的保健品消费支出正在以较快速度增长，远远高于发达国家的增长速度。特别是食品工业领域的"十三五"规划编制完成，保健品产业有了更宏伟的发展前景。从大的环境看，保健品产业在未来10~20年是极其有潜力的产业。未来几年我国营养保健品产业的销售收入将继续保持增长态势，预计到2020年，我国保健品产业的销售收入将达4 803亿元。

第二章 海洋生物活性物质

课前准备

本章重点和学习目标：

（1）掌握海洋生物中各类活性物质的来源、结构和性质。

（2）了解海洋生物中各类活性物质的生理功能。

导入案例：

海洋食品中的活性物质

海洋生物具有独特的营养价值，含有多种生物活性物质，越来越多地成为人类保健功能食品和药品的重要来源。

海洋生物富含易于消化的蛋白质。氨基酸的组成决定了食物蛋白的营养价值，海洋中鱼、虾、蟹、贝等生物蛋白质含量高，含有人体所必需的8种氨基酸，尤其是赖氨酸含量比陆地植物性食物高出许多，而且易于被人体吸收。日本等国研制的功能鱼蛋白、浓缩鱼蛋白、"海洋牛肉"等，均以鱼类为主要原料制成。

海洋生物中含有比较多的不饱和脂肪酸，特别是含有一定量的PUFA，是禽畜肉及植物性食物所比不上的。这类脂肪酸有助于防止动脉粥样硬化。以鱼油为原料制成的保健食品及药品对心血管疾病有特殊疗效。

海洋生物是人体所需无机盐的宝库。海鱼、海虾中钙的含量是禽畜肉的几倍甚至几十倍，海带中富含碘元素，鱼肉中的铁最易被人体吸收。用鱼骨等加工制成的"生物活性钙""海洋钙素"等对防治缺钙有显著效果。

海洋不仅为人类提供食品，而且是人类未来的"大药房"。据估计，从海洋生物中提取制成的药品已达到2万种。海洋药物按其用途大致可以分为抗癌药物、心脑血管药物、愈合伤口药物、抗微生物感染药物、保健药物等。

海洋生物活性物质功能独特、结构新颖，是新药研究开发的重要领域。美国国家癌症研究所每年筛选3万个新的抗癌化合物，其中有5%来自海洋生物。已发现的3万多种海洋活性化合物结构新颖，种类多样，如萜类、皂苷类、聚醚类、多糖、小分子多肽、生物碱、核酸及蛋白质等。这些活性物质主要作用包括抗肿瘤、抗菌、抗病毒、延缓衰老、调节免疫和防治心血管疾病等。

海洋药物研制正在成为各国新药研究的新热点，海洋药物资源的开发利用已经取得令人瞩目的进展。美国、日本和英国等国家迄今已在海洋生物中发现并提取了3 000多种具有医用价值的生物活性物质，在研制抗病毒、抗细菌、抗癌和抗心血管疾病药物方面已取得了明显的成果。

问题：

（1）根据以上案例，你认为有哪些海洋生物活性物质？

（2）根据以上案例，海洋生物活性物质有哪些功效？

（3）分析海洋生物活性物质的开发前景。

教学内容

第一节　海洋生物多糖

多糖（Polysaccharide）是所有生命有机体的重要组分，在生命有机体维持代谢、贮藏能量、控制细胞分裂和分化、调节细胞生长和衰老等方面有重要作用。多糖是以糖苷键结合的糖链，是由超过20个单糖组成的高分子碳水化合物，可用通式$(C_6H_{10}O_5)_n$表示。由相同的单糖构成的多糖称为同多糖，由不同的单糖构成的多糖称作杂多糖。多糖可以水解，在水解过程中，往往产生一系列的中间产物，最终完全水解得到单糖。多糖链中单糖的支链分子上也可带有非碳水化合物基团，如硫酸基、酰胺基、氨基等，这种多糖分子在溶液中带有阳离子或阴离子，前者称为碱性多糖，后者称为酸性多糖。酸性多糖或碱性多糖已不再称为碳水化合物，而称为糖的衍生物。

来源于海洋动、植物及微生物中的多糖称为海洋生物多糖。大多数的海洋生物多糖具有生物活性，如增强免疫、调血脂、降血糖、抗肿瘤、抗凝血、抗衰老、抗病毒、抗炎等，具有开发成为保健食品、药物、载体材料等应用在医药卫生领域的潜力。海洋多糖具有来源丰富、结构特殊和种类多样等特点。按其来源可分为海藻多糖、海洋动物多糖及海洋微生物多糖三大类。

一、海藻多糖

海藻是海洋中有机物的制造者和无机物的天然富集器，是天然活性糖类的生物反应器。海藻中多糖含量丰富，占藻体干重的50%以上。根据多糖在藻体内存在的位置，可将其分为细胞间黏多糖、细胞壁多糖及细胞内贮存多糖。细胞壁多糖的主要成分是海藻纤维素，在藻体中起到骨架支撑作用；细胞内贮存多糖为海藻淀粉，起到贮存能量的作用；细胞间黏多糖是具有阴离子特性的硫酸多糖，为维持海藻的生命活动所必需的基础物质。其中，细胞间黏多糖是海藻所特有的生物活性多糖，在陆地植物中尚未发现有这类黏多糖。

海藻活性多糖多具有高分子阴离子化合物的特性，如含有羧基和硫酸基。在构成海藻多糖的单糖中，除常见的存在于高等植物中的D-葡萄糖、D-半乳糖、D-木糖、L-阿拉伯糖、L-鼠李糖、D-葡萄糖醛酸、D-半乳糖醛酸等中性糖外，还有像L-岩藻糖、3,6-内醚半乳糖、6-O-甲基-D-半乳糖等海藻特有的糖类，以及D-甘露糖醛酸、L-葡聚糖醛酸等特异的糖醛酸等。由于海藻在分类学上包含红藻、褐藻和绿藻等多个门，因此不同来源的海藻多糖不仅在结构上存在差异，而且在物理、化学性质上也有差异。

1. 褐藻糖胶

褐藻糖胶（Fucoidan）是存在于褐藻细胞间、可以用热水或者稀酸提取的硫酸多糖，为目前海藻生物活性多糖研究的热点之一。褐藻糖胶是褐藻（如昆布、海带）中所特有的多糖成分，在自然状态下，呈黏稠状液体，看似糖胶，因而得名。褐藻糖胶的化学结构为硫酸化的岩藻聚糖，或称作含岩藻糖的硫酸多糖（Fucose-Containing Sulfated Polysaccharide），简称为岩藻聚糖硫酸酯。其组成以L-岩藻糖及硫酸酯为主，另外还含有少量半乳糖、木糖、甘露糖、鼠李糖、葡萄糖、糖醛酸等。由不同种类褐藻制得的硫酸多糖，其单糖的组成、硫酸酯含量及糖醛酸含量差异较大。例如，墨角藻属的褐藻糖胶中含有岩藻糖56.7%、硫酸基38%、半乳糖4%、木糖1.5%及糖醛酸3%。裙带菜褐藻糖胶中含有岩藻糖14%～24%、硫酸基6%～68%、糖醛酸8%～10%，其中还有少量的半乳糖、木糖、阿拉伯糖，特别是含有阿拉伯聚糖硫酸酯。研究表明，褐藻糖胶具有多种生物活性，其生物学作用与其化学组分特别是硫酸根含量密切相关。

2. 褐藻胶

褐藻胶由α-L-古罗糖醛酸和β-D-甘露糖醛酸中的1种或2种交替地或无规则地通过1,4键合（部分为1,5键合）而形成的多糖可溶性盐，聚合度约680。褐藻胶广泛存在于巨藻、墨角藻、海带和马尾藻等上百种褐藻的细胞壁中，多数以钙盐和镁盐的形式存在。褐藻胶的制备方法是用碳酸钠水溶液提取，然后用盐酸或者氯化钙精制，最后转化成钠盐或者铵盐。

褐藻胶可以用作食品的增稠剂、医药及化妆品的乳化剂和胶黏剂、药片的分散剂、纺织品印染浆料的增稠剂、乳化体系的稳定剂、整理浆及纸的胶料等，还可制成离子交换纤维、医用手术线和防火织物纤维。

3. 琼脂

琼脂（Agar），又名琼胶、洋菜（Agar-Agar）、石花胶、海东菜、冻粉、燕菜精、寒天、大菜丝、洋粉，是一种植物胶，常由海产的石花菜、江蓠、麒麟菜等制成，是无固定形状、无色的固体，可溶于热水。它在食品工业中广泛应用，亦常用作微生物培养基。

琼脂为结构复杂的水溶性多糖，由琼脂糖（Agarose）及琼脂果胶（Agaropectin）组成，琼脂糖为不含硫酸酯（盐）的非离子型多糖（图2.1），是形成胶凝的组分；而琼脂果胶没有胶凝的作用，是带有硫酸酯（盐）及葡萄糖醛酸的复杂多糖，也是商业提取中经常去掉的组分。在琼脂制备过程中经反复的冻结、融化，可以使大部分可溶性琼脂果胶除去。琼脂糖是由1,3连接的β-D-吡喃半乳糖和1,4连接的3,6-α-L-吡喃半乳糖残基反复交替连接的链状结构。因此，琼脂糖的分子恰好为卡拉胶基本重复单元的镜像，但不含有卡拉胶的硫酸盐基团。琼脂果胶含有硫酸盐基团，其中一部分可以经碱处理被除去而转变成琼脂糖。商品琼脂一般含有2%~7%的硫酸酯（盐），0~3%的丙酮酸醛以及1%~3%的甲乙基，甲乙基主要连接在D-半乳糖的C6或L-半乳糖的C2位置上。甲乙基的存在有助于提高琼脂的胶凝强度和成胶温度，而硫酸酯及丙酮醛基团的存在则使其凝胶强度减弱，在琼脂提取时用碱处理可以除去部分硫酸酯。通常，石花菜及鸡毛菜等红藻有较高的琼脂糖含量和较低的甲乙基含量，而江蓠一般含较多的硫酸酯，因此，琼脂的成胶能力取决于品种来源、硫酸酯含量和提取条件等。

琼脂是目前世界上应用最广泛的海藻胶之一。它在食品工业、日用化工、医药工业、生物工程等许多方面有着广泛的用途，琼脂用于食品中能明显改善食品品质，提高食品档次。由于它的凝固性、稳定性，以及能够和一些物质形成络合物等物理化学性质，可用作凝固剂、增稠剂、乳化剂、悬浮剂、保鲜剂和稳定剂，广泛应用于制造饮料、冰激凌、果冻、糕点、软糖、肉制品、罐头、粥羹糊类食品、银耳燕窝、凉拌食品等。琼脂在化学工业、医学科研可用作培养基、药膏基等。

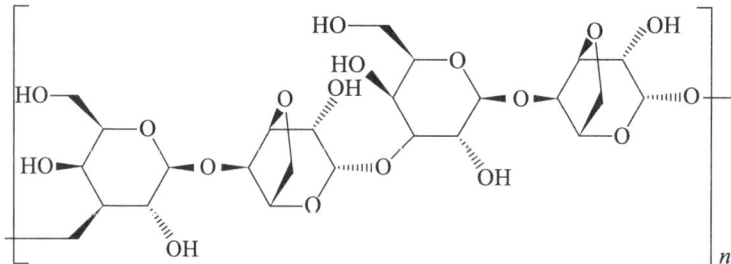

图2.1　琼脂糖结构图

4. 卡拉胶

卡拉胶（Carrageenan），又称鹿角菜胶、角叉菜胶、爱尔兰苔菜胶，是一类从海洋红藻（包括角叉菜属、麒麟菜属、杉藻属及沙菜属等）中提取的多糖，是多种物质的混合物。卡拉胶由硫酸基化的或者非硫酸基化的半乳糖和3,6-脱水半乳糖通过α-1,3糖苷键及β-1,4键交替连接而成，在1,3连接的D-半乳糖C4上带有1个硫酸基（图2.2）。按照其重复二糖的结构特征，3,6-内醚半乳糖、硫酸基或取代硫酸基的数量，由α-1,3键或者β-1,4键D-半乳糖连接的比例，可分为不同的类型，具有不同的结构特征、水合性、胶凝强度、成胶和融化温度及与其他胶体的协同性。一般来说，κ-卡拉胶结构中的硫酸基约为25%，3,6-内醚半乳糖的含量为34%；τ-卡拉胶中硫酸基和3,6-内醚半乳糖含量分别为32%及30%；λ-卡拉胶含有35%的硫酸基，而3,6-内醚半乳糖的含量极低。κ-卡拉胶及τ-卡拉胶的结构中交替连接的3,6-内醚半乳糖单位，趋向于采取螺旋状结构，多糖分子相互扭转，如拧成绳一样，形成双螺旋体，以氢键相互紧密连接，其相对分子质量为20万～60万。

　　卡拉胶稳定性强，其干粉长期放置也不易降解。它在中性及碱性溶液中非常稳定，即使加热也难以水解，但在酸性溶液中（尤其是pH≤4.0）卡拉胶易发生酸水解，胶凝强度和黏度降低。值得注意的是，在中性条件下，长时间高温也会导致卡拉胶水解，胶凝强度降低。所有类型的卡拉胶都可以溶解于热水和热牛奶中。溶于热水中能够形成黏性透明或者轻微乳白色的易流动溶液。卡拉胶在冷水中只能够吸水膨胀但不能溶解。根据卡拉胶的这些性质，在食品工业中通常将其用作增稠剂、悬浮剂、胶凝剂、乳化剂及稳定剂等。卡拉胶的这些应用与其流变学特性有着较大的关系，所以准确掌握卡拉胶的流变学性能及其在各种条件下的变化规律，对生产具有重要的意义。

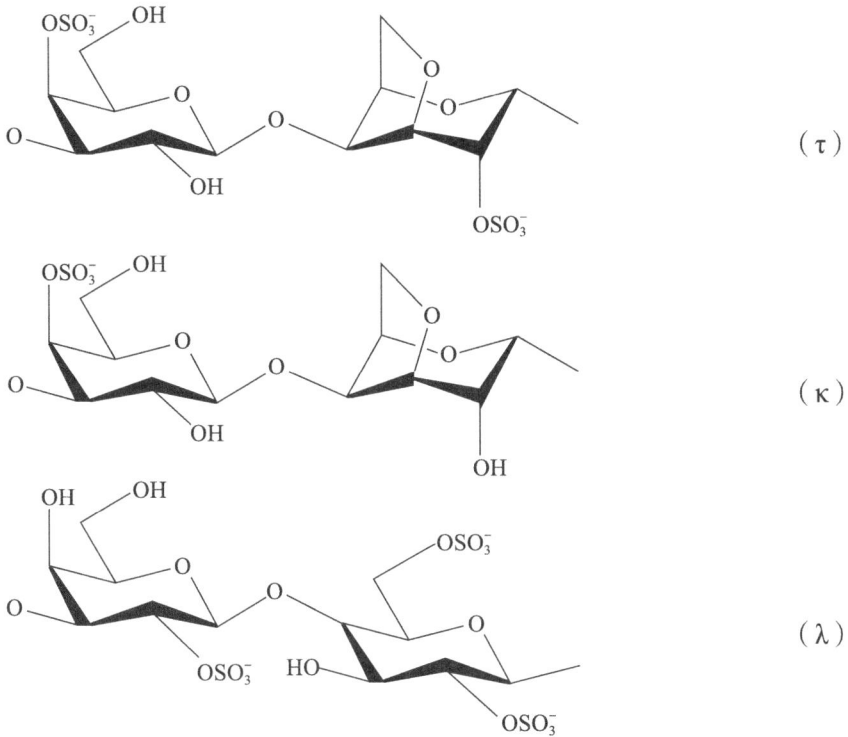

图2.2　卡拉胶结构图

5. 绿藻多糖

　　绿藻多糖主要存在于细胞间质中，多数为水溶性硫酸多糖，也存在于细胞壁中。绿藻细胞壁微纤维主要由木聚糖或者甘露聚糖构成。细胞壁多糖不易溶于水，用酸提或碱提的方法可得到组分单一的木聚糖、甘露聚糖、葡聚糖等。水溶性硫酸多糖是绿藻多糖的主要成分，其组分及结构随绿藻种类的不同而不同，可分为2类，一类是木糖-阿拉伯糖-半乳糖聚合物，另一类是葡萄糖醛酸-木糖-鼠李糖聚合物。

6. 螺旋藻多糖

螺旋藻多糖（PSP）是从螺旋藻中分离得到的一种水溶性生物活性物质，为无色或淡黄色粉末。其分子由鼠李糖、岩藻糖、半乳糖、甘露糖、木糖、葡萄糖及葡萄糖醛酸等构成。螺旋藻多糖的结构组成较复杂，蛋白质约为50%，结合多糖形成糖蛋白。含有较多的极性基团，易溶于水、稀酸和稀碱，不溶于醇和油脂。螺旋藻多糖有很多独特的生理功能，对一些疾病有较好的疗效。

7. 海藻多糖的生物活性

（1）免疫调节活性。自20世纪70年代以来，人们对糖类物质的生物学功能有了新的发现，认识到多糖和糖复合物参与了细胞各种生命活动的调节。海藻多糖可调节机体免疫系统功能，对特异性免疫及非特异性免疫均起着不同程度的增强作用。海带多糖可增强小鼠的体液免疫和腹腔巨噬细胞的吞噬功能，促进淋巴细胞的转化，并且对大鼠红细胞凝集也有明显的促进作用。褐藻胶是小鼠B淋巴细胞的有丝分裂原，能激活B淋巴细胞的增殖，还对淋巴细胞的转化起促进作用。利用大鼠红细胞免疫功能缺陷模型，观察给予海藻多糖以后动物模型的红细胞免疫功能及自由基损伤的变化状况。实验结果表明，海藻多糖对大鼠红细胞免疫有明显的调节功能，还能提高免疫力弱的小鼠红细胞C3b受体的活性，从而提高红细胞C3b受体花环率和免疫复合物花环率。螺旋藻多糖能提高机体非特异性的细胞免疫机能，并且能促进机体特异性体液免疫的功能，提高抵御病菌或病毒入侵的能力，促进胸腺、脾等免疫器官的发育，促进免疫血清蛋白的合成，消除免疫抑制剂对免疫系统的抑制作用。总的来说，螺旋藻多糖能提高免疫力、促进蛋白质合成和改善造血功能，这些功能是其抗衰老的重要原因之一。

（2）抗氧化活性。近年来研究表明，过多的活性氧自由基对吞噬细胞以及其他组织、细胞和生物大分子有破坏作用，而脂质过氧化加速又可能造成正常细胞的破坏及死亡。海藻硫酸多糖（SPS）具有清除活性氧的功能，是非常有效的自由基清除剂。褐藻提取物有较强的抗氧化活性，在酶浓度为30 mg/L时，对DPPH自由基清除效率高达95.5%，明显高于茶多酚和人工合成抗氧化剂BHT对DPPH自由基的清除效率（73.0%以下）。褐藻多糖（BSP）在体外具有较强的清除光照、H_2O_2及Fenton反应产生的羟自由基（·OH）、光照核黄素及黄嘌呤/黄嘌呤氧化酶产生的·O_2^-的作用，是一种很好的抗氧化剂。螺旋藻多糖通过抑制机体内自由基氧化反应，减少脂质过氧化作用，降低组织脂褐素的形成，能达到减缓机体衰老的效果。

（3）抗辐射活性。研究表明，海藻多糖对辐射损伤细胞有明显的保护效果。在研究海带多糖对大鼠的辐射防护作用时发现，海带多糖处理组能够明显调节辐射损伤大鼠的免疫功能，脾淋巴细胞凋亡率明显低于模型组，并呈显著的量效关系。海藻多糖抗辐射作用的机制可能和以下几个方面有关：首先，多糖为细胞膜的重要组分，海藻多糖可强化细胞膜，防止射线对巨噬细胞的损伤；其次，巨噬细胞膜上含有多糖受体，海藻多糖与之结合，活化膜上相关分子，启动信号传导途径，从而增强巨噬细胞的活性和功能；此外，由于多糖具有一定的清除自由基功能，降低了辐射所致的继发性氧化损伤。

螺旋藻多糖能促进DNA修复合成作用、增强骨髓细胞增殖活力，有优良抗辐射功能，可减弱放疗、化疗副作用，对电离辐射损伤具有明显的防护功能，能使受辐射小鼠的存活率提升63%，对移植性及体内癌细胞有明显抑制效果。

海藻多糖还具有抗病毒、抗肿瘤、抗菌、抗炎、降血糖、降血脂、延缓衰老等生物活性。此外，海藻硫酸多糖表现出一些蛋白多糖的特性，这些硫酸多糖及蛋白多糖发挥抗凝血酶作用，主要是通过肝素辅助因子Ⅱ传递。羊栖菜多糖不仅具有较好的降血糖作用，且可作为降血脂药物的功能成分，对高血脂患者、由高血脂引起的动脉粥样硬化患者、冠心病患者和肥胖人士的健康产生非常有益的影响。螺旋藻多糖对体内腹水型肝癌细胞有显著的抑制作用：药物治疗组抑制率为54%，螺旋藻多糖处理组抑制率达91%。研究表明，螺旋藻多糖虽不能够直接杀伤癌细胞，但对癌细胞中的DNA、RNA和蛋白质合成具有抑制作用，且抑制效果随作用时间延长而加强。

二、海洋动物多糖

与所有动物多糖一样，海洋动物多糖的组成主要是黏多糖（氨基多糖）。来自海洋动物的多糖种类很多，如目前研究较为深入的壳聚糖。

（一）几丁质、壳聚糖

1. 几丁质的结构与性质

几丁质（Chitin）又称为甲壳质、甲壳素，主要从甲壳动物的外壳中提取。纯几丁质是一种无毒无味的白色或灰白色半透明固体，在水、稀酸、稀碱及一般的有机溶剂中难以溶解，因此限制了它的应用和发展。后来人们在研究探索中发现，几丁质经浓碱处理脱去其中的乙酰基就变成可溶性的甲壳胺或壳聚糖（Chitosan）。壳聚糖的化学名是聚-1,4-2-氨基-2-脱氧-β-D-葡萄糖，或者简称为聚氨基葡萄糖。壳聚糖由于大分子结构中存在大量氨基（图2.3），溶解性与化学活性得到改善，因此它在营养、保健和医疗等方面具有广泛的应用价值。几丁质是地球上含量极高的一种自然资源，也是自然界中迄今被发现的唯一带正电荷的动物纤维素。由于分子结构中带有阳离子基团，因而对带负电荷的各类有害物质具有强大的吸附作用。它也能够清除人体内的"垃圾"，达到预防疾病、延年益寿的目的。

2. 几丁质的分布

（1）节肢动物：主要为甲壳亚门，如虾、蟹等，含几丁质可高达58%～85%；其次

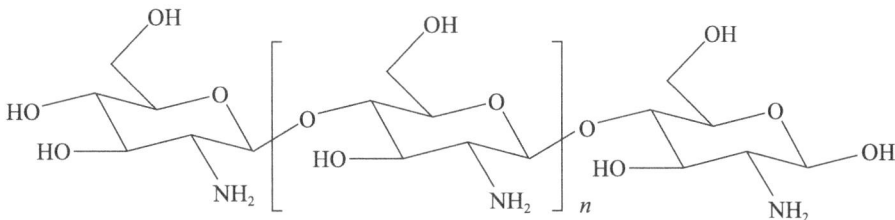

图2.3 壳聚糖结构式

是昆虫纲（如蝗、蚊、蝇、蝶、蚕等蛹壳含几丁质20%～60%）、多足纲（如蜈蚣、马陆等）、蛛形纲（如蜘蛛、蝉、螨、蝎等，几丁质含量达4%～22%）。

（2）软体动物：主要为腹足纲（如鲍、蜗牛）、多板纲（如石鳖）、掘足纲（如角贝）、头足纲（如乌贼、鹦鹉螺）、瓣鳃纲（如牡蛎）等，几丁质含量达3%～26%。

（3）环节动物：包括毛足纲（如沙蚕、蚯蚓）、原环虫纲（如角虫）和蛭纲（如蚂蟥）3个纲，有的含有几丁质极少，而有的则高达20%～38%。

（4）原生动物：简称原虫，为单细胞动物，包括肉足虫纲（如变形虫）、鞭毛虫纲（如锥体虫）、纤毛虫纲（如草履虫）、孢子虫纲（如疟原虫）等，含几丁质较少。

（5）腔肠动物：包括钵水母纲（如海蜇、海月水母、霞水母等）、水螅虫纲（水螅、筒螅等）及珊瑚纲等，一般含几丁质很少，但有的也能达3%～30%。

（6）其他动物的蹄、足、关节的坚硬部分，以及肌肉和骨的接合处均有几丁质存在。

3. 几丁质、壳聚糖的生物活性

（1）降低血糖。糖原合成是机体贮存多余葡萄糖的一个重要途径，胰岛素可通过激活糖原合成酶——磷酸酶来促进肝脏及肌肉中糖原的合成。研究发现，患糖尿病的大鼠，其肝糖原合成酶的活性变弱。在血糖异常时，低分子量壳聚糖能进入胰岛，促进胰岛细胞的修复，提升胰岛素的分泌，提高外周组织对胰岛素的敏感性，从而促进糖原合成，起到降低血糖、调节机体糖代谢的作用，但对正常的血糖、血胰岛素水平则没有影响。

（2）降血压、降血脂。动物实验及人体观察结果证实，壳聚糖有一定的降血压功能，壳聚糖结构中的氨基和食盐中的Cl^-结合，可以促进Cl^-排出体外，从而抑制血管紧张素转化酶（ACE）的活性。因而，壳聚糖可以被认为是一种ACE抑制剂。研究发现，几丁质、壳聚糖对Ⅰ、Ⅱ期高血压患者还有一定的缓解眩晕、头痛、心悸、失眠、耳鸣和烦躁等症状的功能。同时，壳聚糖能促进钙离子及铁离子在小肠的吸收，体内Ca^{2+}浓度升高，在一定程度上可促进Na^+排出体外，使血压降低。血液中的脂肪滴带负电荷，当带正电荷的几丁质或壳聚糖与其结合时，在脂肪滴周围会形成天然屏障，几丁质的降解物以及壳聚糖具有良好的吸附功能和螯合分子的能力，可阻断脂肪分子进一步分解，限制脂肪滴被吸收。低浓度几丁质和壳聚糖还能抑制脂肪消化酶活性，使脂肪在小肠内难以被吸收而以脂肪微粒的形式排出体外。几丁质和壳聚糖在小肠内和胆汁酸相结合，破坏脂类乳化，减少人体吸收。以上功能降低了机体中血脂的含量。

（3）免疫调节。体内巨噬细胞的含量及T淋巴细胞的活性可影响人体免疫调节作用，几丁质和壳聚糖可促进巨噬细胞生成，活化T淋巴细胞。几丁质、壳聚糖所带的阳性基团，吸引单核细胞从血液中游出，在组织中聚集形成巨噬细胞，同时几丁质、壳聚糖直接刺激局部某些组织，促使细胞增生，继而演变成巨噬细胞。在偏酸性的体内环境，癌细胞生长增殖加快，而淋巴细胞不活跃。研究发现，在pH7.4的体液中，淋巴细胞活性最强，能直接杀死癌变细胞。几丁质、壳聚糖中的氨基能吸附H^+，提高体液中$HCOO^-$浓度，使体液pH偏向碱性，创造出有利于淋巴细胞攻击癌细胞的环境，对改善内环境极其有效。

（4）抑制肿瘤。几丁质、壳聚糖主要是通过增强机体非特异性免疫功能而对肿瘤起到抑制作用，壳聚糖的结构不同导致它们在抑制肿瘤方面起到不同的作用。壳聚糖对DNA有很强的亲和力，可以抑制宿主细胞对病原体的反应，不仅具有一定的抑制肿瘤功能，还可降低化疗药物的毒副作用。目前的研究还发现，诱导肿瘤细胞凋亡可能是壳聚糖抑制肿瘤的又一个重要机制。

（5）抑菌。几丁质、壳聚糖聚合物具有广谱抗菌及抗病毒活性，对不同的微生物，其抑制作用的机制可能不同，其作用方式主要有改变细胞膜的通透性、损伤细胞壁、改变蛋白质和核酸分子、抑制酶的作用、抑制代谢、抑制核酸的合成。

根据革兰氏染色法，细菌分为革兰阳性菌和革兰阴性菌。几丁质、壳聚糖对这2种细菌的抑菌机制不同，对于革兰阴性菌，主要是由小分子的壳聚糖渗透入细菌细胞内，吸附细胞内带负电的细胞质，并引起絮凝作用，破坏细菌细胞正常的生理活动，从而起到杀灭细菌的作用。对于革兰阳性菌，主要是由聚合成大分子的壳聚糖吸附于细菌细胞表面，形成一层高分子阻断膜，阻止营养物质向细胞内运输，从而起到抑菌和杀菌作用。

4. 几丁质、壳聚糖在食品工业中的应用

（1）保鲜剂。用几丁质、壳聚糖制成的无毒、高效、可降解的果蔬涂膜保鲜材料可防腐抑菌，延长果蔬贮存期限。美国和加拿大等国从20世纪80年代起开始研究壳聚糖对果蔬的保鲜，已取得了一定成果。美国以壳聚糖作为水果保鲜剂，在水果上喷洒其溶液，保鲜期可达9个月。目前，我国果蔬保鲜主要采用气调保鲜与化学保鲜，由于技术落后，操作不当，每年果蔬产后损耗达到25%～30%，所以几丁质、壳聚糖涂膜保鲜剂已成为研究及开发的热点。研究表明，应用壳聚糖保鲜膜可以较好地抑制贮藏期短的果蔬（如猕猴桃、梨、黄瓜、草莓、蘑菇和西红柿等）的腐烂变质，延长贮存时间。另外，壳聚糖还可作为腌菜、面条、果冻、米饭等的保鲜剂。

（2）保健食品。几丁质、壳聚糖具有降血脂、降血压、增强免疫力等作用，按一定比例添加在保健食品中，可以起到抗癌、减肥、调节微量元素等功效。几丁质、壳聚糖被认为是继卵磷脂、螺旋藻等第二代保健食品之后的第三代保健食品。几丁质、壳聚糖还能改善肠道微环境，促进肠道益生菌增殖，具有爽口的甜味，但能值比蔗糖低很多，且不增加胰腺的负担。由于这种特性，几丁质、壳聚糖广泛用于口香糖、牛奶巧克力、牙膏、牙粉等生产，不仅有良好的口感，且能起到预防龋齿及牙周病、止血、愈合伤口及消除口臭等作用。另外，将可溶性壳聚糖添加在食品中，还可以帮助人体吸收所需无机盐如钙、锌、铁等。

（3）饮料澄清剂。目前在果汁加工业中，果汁澄清通常是采用果胶酶与淀粉酶水解，结合助凝剂、膨润土或硅胶等处理来完成，操作复杂、费用高、周期长，且不能从根本上解决果汁在贮藏过程中出现的非生物性浑浊以及部分果汁品种褐变的问题。果汁大部分呈弱酸性，含大量带负电荷的纤维素、果胶、单宁和多聚戊糖等物质，壳聚糖在稀酸溶液中带正电荷，由于正负电荷间的静电相互作用，果汁中带负电荷的悬浮物吸附于壳聚糖表面，小颗粒悬浮物聚成大颗粒，当超过液体对它的承载浮力时，就会发生沉降，过滤后即得到澄清的果汁。有研究表明，壳聚糖在雪莲果汁和甘薯饮料、山楂汁等果蔬汁澄清中起到较好的作用。壳聚糖也可以用于食醋澄清，用量6 g/L就可以有效防止食醋在贮藏期间发生浑浊、沉淀现象，且对食醋的风味影响很小。另外，在中药提取液中，用几丁质、壳聚糖作为澄清剂也有着广阔的应用前景。

（4）可食用包装膜。目前，食品工业中普遍使用的聚合包装膜因含有不能天然降解的材料，容易对环境造成污染。几丁质与壳聚糖具有良好的成膜性及生物降解性，与多糖物质结合后，可以形成具有阻湿性和阻氧性的薄膜。例如，日本人在淀粉类物质的水溶液中加入几丁质与壳聚糖，混匀制膜，制得一种淀粉-几丁质-壳聚糖的复合膜，此膜不溶于水、耐油、抗张强度高，可用于包装固体、半固体或者液体食品。壳聚糖膜用于食品包装中可有效防止食品氧化、阻隔CO_2、抑制细菌生长、防水防潮，膜耐油性好、机械延展性高、柔韧性较好，且膜体透明，可用于糕点、果脯、方便面调料及其他方便食品的内包装，延长食品货架期。

（5）其他用途。由于几丁质、壳聚糖是呈阳性的天然聚合物，在食品工业方面，可应用于饮用水净化、食品废水处理等，还可作为天然的食品乳化剂，添加在各类食物里，如冰激凌、果酱等。几丁质、壳聚糖还可以作为肉制品的抗氧化剂、固定化酶的载体等。

（二）硫酸软骨素

1. 硫酸软骨素的结构

硫酸软骨素（CS）为以共价键连接在蛋白质上形成蛋白聚糖的一类糖胺聚糖。硫酸软骨素广泛分布于动物组织的细胞表面和细胞外基质，糖链由交替的葡萄糖醛酸及N-乙酰半乳糖胺（又称N-乙酰氨基半乳糖）二糖单位组成，通过一个似糖链接区连接在核心蛋白的丝氨酸残基上（图2.4）。

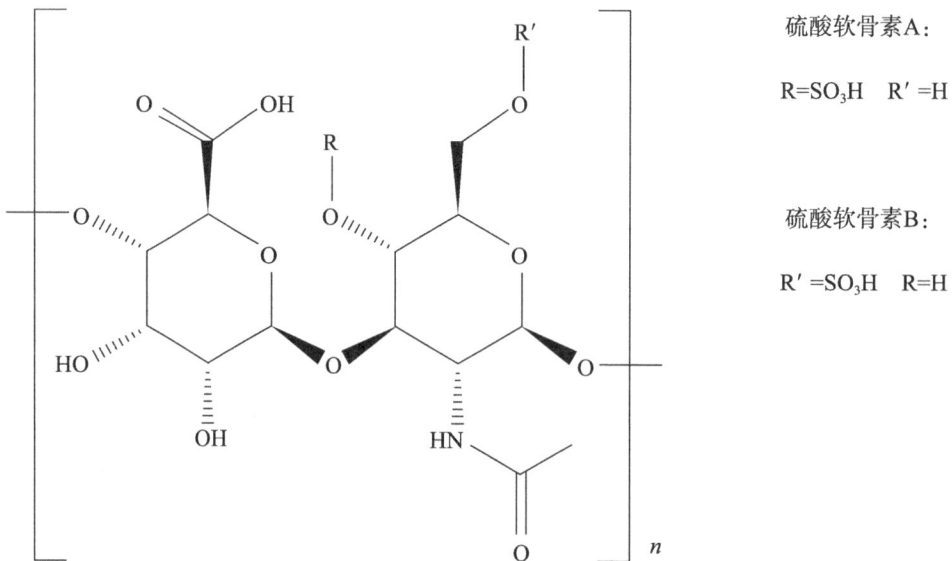

硫酸软骨素A：

R=SO₃H   R′=H

硫酸软骨素B：

R′=SO₃H   R=H

图2.4　硫酸软骨素结构式

硫酸软骨素发挥着很多重要的生理功能。虽然多糖的主链结构并不复杂，但就硫酸基、硫酸化程度及2种差向异构糖醛酸在链内的分布来说，呈现高度的不均一性。硫酸软骨素的精细结构决定着功能的特异性以及与多种蛋白质分子的相互作用。

2. 硫酸软骨素的作用

（1）在医学上的主要应用是作为治疗关节疾病的药品，与氨基葡萄糖配合使用，具有止痛、促进软骨再生的作用。

具体地说，硫酸软骨素能发挥垫衬作用，缓和行动时的冲击与摩擦，将水分吸入蛋白多糖分子内，使软骨变厚，并增加关节内的滑液量。软骨素的重要功能之一就是作为输送介质，把重要的氧气和营养物质输送到关节，帮助清除关节内的废物，同时排出二氧化碳和废物。由于关节软骨并无血液供应，因此所有的充氧、滋养和润滑作用皆来自滑液。

（2）硫酸软骨素对眼角膜胶原纤维具有保护功能，能促进基质中纤维的生长，增强通透性，加速新陈代谢，改善血液循环，促进渗透液的吸收和炎症的消除。其聚阴离子具有强的保水性，能改善眼角膜组织的水分代谢，对角膜有较强的亲和力，能在角膜表面形成一层透气保水膜，改善眼部干燥症状。通过促进基质的生成，为细胞的迁移提供构架，有利于角膜上皮细胞的迁移，从而促进角膜损伤的愈合、渗出液的吸收和炎症的消除。

（3）通过高科技深加工，可以治疗三叉神经痛、神经性头疼、冠心病、心肌缺氧、心脑血管疾病、心绞痛、关节痛、动脉粥样硬化和肝炎等症。硫酸软骨素还具有抗凝血及抗血栓形成的功效，也可辅助治疗肝脏功能受损、高血脂和因链霉素引起的听觉障碍。

（4）可以作为保健品、食品中的添加剂，具有增强人体体质、抗病原菌、改善听力等作用。能改善肌肤干燥、美容、抗衰老，还可以抑制小肠对脂质和葡萄糖的吸收以达到减肥的效果。

（三）肝素

1. 肝素的结构

肝素因首先从肝脏中发现而得名，主要从牛肺或猪小肠黏膜提取。肝素是一种由葡萄糖胺、N-乙酰葡萄糖胺、L-艾杜糖醛酸和D-葡萄糖醛酸交替组成的黏多糖硫酸酯（图2.5）。相对分子质量为1 200～40 000，抗血栓及抗凝血活性与其相对分子质量有关。肝素具有强酸性，并带大量负电荷。

肝素为一种酸性黏多糖，主要是由肥大细胞及嗜碱性粒细胞产生。肺、心、肝、肌肉等组织中含量高，一般情况下血浆中含量甚微。无论在体内还是在体外，肝素的抗凝作用都很强，所以临床上它作为抗凝剂被广泛使用。

2. 肝素的作用

（1）抗凝血：① 促进抗凝血酶Ⅲ和凝血酶的亲和力，加速凝血酶的失活；② 抑制血小板的黏附聚集；③ 促进蛋白C的活性，刺激血管内皮细胞释放抗凝物质与纤溶物质。

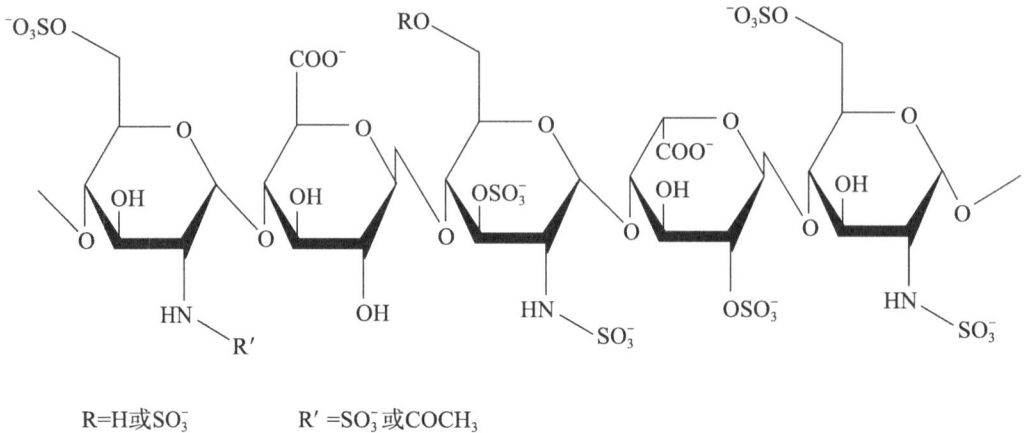

R=H或SO₃⁻   R′ =SO₃⁻或COCH₃

图2.5 肝素结构式

（2）抑制血小板，提高血管壁的通透性，并可以调控血管新生。

（3）具有调血脂的作用。

（4）可以作用在补体系统的多个环节，以抑制系统过度激活。与此相关，肝素还具有抗炎、抗过敏的功能。

3. 肝素的临床应用

（1）当需要快速达到抗凝效果时，肝素是首选药物。它可以用于外科预防血栓形成、妊娠者的抗凝治疗、预防急性心肌梗死患者发生静脉血栓栓塞症，并可预防大块前壁透壁性心肌梗死患者发生动脉栓塞等。

（2）肝素的另一个重要临床应用是在肾脏透析和心脏手术时维持血液体外循环畅通。

（3）用于治疗各种原因引起的弥散性血管内凝血（DIC），也可用于治疗肾病综合征、肾小球肾炎、类风湿性关节炎等。

（四）透明质酸

1. 透明质酸的结构与性质

透明质酸（Hyaluronic Acid，HA），又叫玻尿酸，是一种酸性黏多糖。透明质酸带有负电荷，在动物体内存在于大部分的软结缔组织中。它的水溶液为黏弹性流体，填充在细胞之间和胶原纤维空间中，且覆盖在某些表皮组织上。其主要功能是保护及润滑细胞，调节细胞在此黏弹性基质上的移动，稳定胶原网状结构并保护其免于受到机械性的破坏。透明质酸是一种高分子聚合物，是由D-葡萄糖醛酸和N-乙酰葡糖胺为单位组成的高级多糖，D-葡萄糖醛酸与N-乙酰葡糖胺间由β-1,3-配糖键相连，双糖单位间由β-1,4配糖键相连（图2.6），双糖单位可以达25 000个之多。在体内的透明质酸相对分子质量为$5 \times 10^3 \sim 2 \times 10^7$。

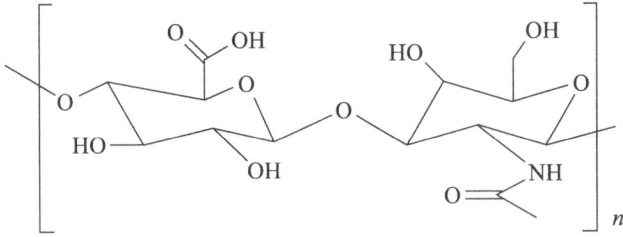

图2.6 透明质酸结构式

2. 透明质酸的作用

（1）皮肤的抗衰老因子。透明质酸是人体皮肤表皮和真皮的主要基质成分之一，对皮肤的新陈代谢起到重要作用。透明质酸使水分进入细胞间隙，并且与蛋白质相结合而形成蛋白凝胶，将细胞黏合在一起，以使细胞代谢正常进行，起到保护细胞不受病原菌侵害、保持细胞水分、加快恢复皮肤组织、减少疤痕、提高创口愈合能力、增强免疫力等功能。皮肤中透明质酸的减少或损坏，可能造成皮肤失水、起皱而失去弹性，使表皮衰老。因此，透明质酸又被称作抗衰老因子。

（2）阻止细胞分化。透明质酸是增殖细胞及迁移细胞胞外基质的主要成分，特别是在胚胎组织中。透明质酸使细胞易于运动迁移及增殖，并且阻止细胞分化。在发育过程中，透明质酸的作用主要是防止细胞在增殖够数或迁移到位之前过早进行分化。

（3）医疗作用。在医药方面，透明质酸用于关节炎治疗，非甾体消炎药，眼科、心外科手术的辅助药品，在治疗烧伤、烫伤、冻伤和制备人造皮肤等方面，起着独特的作用。

（五）海参多糖

1. 海参多糖的结构和性质

海参含有多种生物活性物质，海参多糖是其中重要的一类。在海参多糖中，目前研究较多的是刺参多糖，其次是玉足海参多糖等。海参多糖为海参体壁的重要成分，其含量可以占干海参总有机物的6%以上，最高可达到31%，其在组织中的含量之高且多糖的硫酸化程度之大在动物中尤为罕见，而传统中药阿胶、龟板胶、鹿角胶及鳖甲胶中的总硫酸多糖含量仅占0.2%。海参的多糖含量和组成等是衡量海参营养价值最重要的化学指标。不同种类的海参、同种海参的不同生长期及同种海参的不同组织中海参多糖的含量都有很大差别。

刺参多糖主要有2种：一是海参糖胺聚糖，或者叫黏多糖（Holothurian Glycosaminoglycan，HG），是由D-N-乙酰氨基半乳糖、L-岩藻糖和D-葡萄糖醛酸组成，是一种带分支的杂多糖，其水溶液分子中带有阴离子，因而呈酸性，相对分子质量在$4 \times 10^4 \sim 15 \times 10^4$；另一种称为海参岩藻多糖（Holothurian Fucan，HF），是由L-岩藻糖构成的直链多糖，相对分子质量在$8 \times 10^4 \sim 10 \times 10^4$。虽然刺参中2种多糖组成的糖基不同，但在它们的糖链上都有部分羟基发生硫酸酯化，且硫酸酯基占多糖的含量均在32%

左右。进一步研究证明，在HG中，岩藻糖支链由2个岩藻糖通过1,3糖苷键连接，岩藻糖支链和糖醛酸物质的量几乎相等，约20%支链在多聚物主链的糖醛酸上，余下的支链以1,4或1,6糖苷键连在*N*-乙酰氨基半乳糖上。

2. 海参多糖的药理作用

（1）抗凝血、抗血栓。HG具有抗血栓的功能，在体外有明显的抑制血小板解聚作用，因为它使血小板聚集体不能通过脏器及组织中的毛细血管，导致血液中的血小板减少。药理研究显示，家兔注射HG后，血循环中血小板数量明显减少。由于血小板的聚集在早期凝血过程中有重要作用，因此血液循环中血小板数量的大量减少使得动物早期凝血功能异常，主要是影响血液凝结的内在通路。HG的抗血栓作用是由于提高血纤维蛋白酶的活力，防止单位血纤维蛋白的聚合，并改变血纤维蛋白的结构。HG对血小板的凝集作用并不会抑制血小板的活性和代谢，也不会发生形态与功能的变化。

（2）抗肿瘤作用。刺海参中的HG能明显提高机体的免疫力，抑制癌细胞生长。HG能抑制多种实验动物肿瘤的生长，对T795肺癌和MA-737乳腺癌生长的抑制率分别高达60%和79%以上，同时还能抑制MA-737乳腺癌的人工肺转移以及Lewis肺自然转移。HG可促进骨髓造血，提高癌瘤细胞的血流量，增加药物在癌瘤组织中的浓度。因此海参所含丰富的海参多糖及微量元素等具有很好的抗癌作用。

（3）调节免疫功能。HG能促进人的白细胞增加，增强机体的细胞免疫功能，促进淋巴细胞增殖，提高脾、胸腺指数，具有较强免疫活性，可以改善由于使用药物引起的机体免疫功能低下。

（4）预防病原菌感染作用。能够抑制多种霉素以及黏蛋白，使致癌性真菌和黄曲霉素被抑制，降低致癌活性，其高钙含量有防癌作用，可阻断癌细胞繁殖周期，增强机体免疫力。

（5）延缓衰老、增强记忆力作用。氧自由基的增多是导致机体衰老的主要原因。超氧化物歧化酶（Superoxide Dismutase，SOD）能够通过清除氧自由基起到延缓衰老的作用。药理研究显示，花刺参提取物能明显提高小鼠红细胞SOD活性，具有延缓衰老的作用。

（6）可以降血脂，预防动脉粥样硬化以及冠心病的发生。海参多糖具有多种生物活性，在医学中有广泛应用，随着研究逐步深入，海参有可能成为开发新型药物的资源。

（六）鲨鱼软骨多糖

1. 鲨鱼软骨多糖的结构和性质

在软骨多糖中，硫酸角质素与硫酸软骨素与一个多肽骨干以共价键结合在一起，多肽骨干成为核心蛋白，蛋白多糖单体以一定间隔交错出现在透明质酸长丝的两侧。鲨鱼软骨中的酸性多糖由透明质酸、硫酸角质素、软骨素、4-硫酸软骨素、6-硫酸软骨素、肝素等组成，二糖重复单位中至少有一个带负电荷的羧基或者硫酸基。鲨鱼软骨多糖化学组成与结构呈不均一性，是由于其生物合成中的不完全修饰反应，4-硫酸软骨素、6-硫酸软骨素等双糖单位中所含硫酸基的数量和位置并不严格一致。鲨鱼软骨多糖不是单纯的葡萄糖醛酸与乙酰氨基半乳糖的二糖单位聚合体，在分子中还含有葡萄糖、果糖、半乳糖、甘露糖、鼠李糖、木糖，其在糖链中的结合方式及位置有待深入研究。

2. 鲨鱼软骨多糖的生理药物活性

鲨鱼软骨多糖具有连接蛋白质的独特寡糖顺序，这些寡糖的修饰，在一定程度上形成了黏多糖分子的不均一性及特异性。黏多糖的生物合成开始于核心蛋白上，经多种糖基转移酶与有关修饰酶的作用，构成多种具有特定顺序的重复单位的线形分子。黏多糖特有的聚阴离子及它们在溶液中的不同构象是它们多种生物学作用的基础。鲨鱼软骨多糖分子通过众多羟基和水的高度亲和性给予组织高度弹性，所携带的阴离子基团易与 Na^+、K^+、Ca^{2+}、Mg^{2+} 等离子结合。鲨鱼软骨多糖是在动物生长过程中产生的，在有机体的生物学过程中起着重要作用。

（1）抗凝血作用。鲨鱼软骨多糖均具有比较缓和的抗凝血作用，其机制可能与抑制凝血因子有关。鲨鱼软骨多糖具有抗凝血作用以及抗凝血酶样作用，延长凝血时间，其作用机制和肝素类似。冠心病是由于冠状动脉硬化引起冠状动脉阻塞造成的心肌缺血，而在动脉粥样硬化的病因中，血液凝固过程与改变、血小板凝集及血栓形成是重要的危险因子。所以将鲨鱼软骨多糖应用于冠心病的治疗及预防具有重要意义。

（2）降血脂作用。鲨鱼软骨多糖有阻碍脂蛋白透过动脉壁以及澄清动脉壁脂质的作用，也可降低血浆胆固醇与甘油三酯的功能。通过甘油三酯部分水解酸性黏多糖形成脂肪酸，使大分子复合物形成较小的分子，抑制脂蛋白生成，所以对血脂过高引起的血清混浊有澄清的作用。另外，研究结果表明：酸性黏多糖可以抑制磷酸二酯酶活性，提高环磷酸腺苷（cAMP）浓度，激活脂蛋白酶，加快脂质的分解。

（3）抗炎症和抗病毒的作用。许多黏多糖可提高溶酶体膜的稳定性。资料表明：硫酸软骨素对大鼠心肌、主动脉的结缔组织有明显的抗炎功效，并且能保护红细胞，抑制细胞破裂。鲨鱼软骨多糖在一定程度上可以抑制肉芽肿、水肿，可解热、镇痛。机体免疫机能和炎症反应有密切关系，而酸性黏多糖可以通过多方面作用提高免疫机能。此外，鲨鱼软骨多糖能够阻止抗原–抗体复合物的形成，控制补体系统并能吸附病毒。

（4）抗衰老作用。鲨鱼软骨多糖能够提升免疫力、改善机体环境，促进长寿有关基因的表达，抑制衰老基因的表达。

（5）抗肿瘤活性。酸性黏多糖具有一定的抗肿瘤活性，特别是鲨鱼软骨中含有一种抑制肿瘤新血管形成的因子，肿瘤生长是依赖血管的，所以，抑制血管生成可以抑制肿瘤的生长及转移。鲨鱼软骨通过抑制细胞骨架的形成，阻碍内皮细胞迁移，因而抑制血管的生成。近年来人们研究发现，鲨鱼软骨中不仅有血管生成抑制因子，还有能够对肿瘤细胞的生长起着直接抑制作用的抗肿瘤因子。

几种海洋动物多糖的来源、结构及生物活性见表2.1。

表2.1　部分海洋动物多糖的来源、结构及生物活性

多糖名称	来源	结构	主要活性
鲍鱼多糖	杂色鲍	由D-葡萄糖、D-半乳糖以及少量L-岩藻糖、D-木糖、葡萄糖醛酸组成；是杂多糖；是硫酸酯多糖	抗肿瘤、提高免疫力
梅花参多糖	梅花参	由氨基半乳糖、己糖醛酸、岩藻糖和硫酸基组成	类肝素抗凝剂，具有抗凝血、抑制血小板聚集，可明显促进造血功能的恢复与增强；防治急性放射性损伤的功能；是一种作用较强的免疫促进剂
黑海参多糖	黑海参	动物酸性杂多糖，内含硫酸酯基，有葡萄糖（36.7%）、岩藻糖（16.4%）、葡萄糖醛酸（34.2%）、木糖（7.22%）及一些未知成分（5.47%），单糖之间苷键是α-型	对皮质神经元凋亡具有抑制作用
糙海参多糖	糙海参	是一类酸性黏多糖，分子中同时具有氨基与羧基	延长小鼠急性脑缺血的死亡时间
海刺参黏多糖	刺参	是酸性黏多糖，含氨基半乳糖、葡萄糖醛酸、岩藻糖、硫酸基	广谱抗癌、抗病毒、抗辐射、提高免疫力、抗凝血
玉足海参多糖	玉足海参	HL-S是聚岩藻糖硫酸酯，平均相对分子质量为84 000；HL-P是硫酸黏多糖，其组成有氨基半乳糖、葡萄糖醛酸、岩藻糖、硫酸基，平均相对分子质量为50 000	HL-P对牛凝血酶有较强抑制作用，同时抑制多种小鼠移植瘤的生长
陶氏太阳海星黏多糖	陶氏太阳海星	平均相对分子质量为$2.84 \times 10^4 \sim 2.87 \times 10^4$	代血浆，提高免疫力，对血凝时间及血清胆固醇也有影响

续表

多糖名称	来源	结构	主要活性
泥鳅多糖	泥鳅	由一个高聚糖（MAP，19.1%）和一个寡糖（MAO，80.9%）组成	免疫调节作用，降血糖和调节血脂、清除自由基、抗炎、降黄疸
鲨鱼软骨多糖	鲨鱼	含有N-乙酰半乳糖（29.9%）、葡萄糖醛酸（27%）、硫酸基（13.5%），其主要成分为硫酸软骨素类多糖	抗癌作用
三角帆蚌多糖	三角帆蚌	含有糖醛酸、硫酸基	抑制肿瘤作用
河蚌多糖	河蚌	是酸性黏多糖，主要由葡萄糖、半乳糖、氨基葡萄糖、葡萄糖醛酸组成	防治肿瘤，治疗眩晕、盗汗、高血脂、慢性肝炎，抗凝血、降血脂，对心血管系统也有明显的药理效应

三、海洋微生物多糖

海洋微生物的生理及遗传特性与海洋动植物有极大的差异，是开发新型多糖类免疫调节剂的重要来源。与海洋动植物多糖相比，虽然海洋微生物活性多糖的研究较少，但到目前为止，国内外学者取得了一些研究成果。其中，比较著名的海洋微生物多糖是日本学者发现的海洋黄杆菌胞外多糖，被命名为Marinactan，具有很强的抗肿瘤活性。这种海洋细菌是在1983年由日本微生物化学研究所的Umezawa等发现的。当时，他们对1 083株海洋细菌产生的多糖的性能进行了较为系统的研究，发现167株海洋细菌能明显地产生胞外多糖，其中一株分离自海藻表面的湿润黄杆菌（*Flavobacterium uliginosum* MP-55）特别具有开发价值，其产生的胞外多糖具有非常强的抗肿瘤活性。这种活性多糖经化学分离与纯化，在色谱上仅出现单一的峰，是一种天然的杂多糖，由果糖、甘露糖与葡萄糖构成，其物质的量比是7∶2∶1。经药理实验表明，Marinactan具有明显的抗小鼠S180实体瘤功能，其抑瘤率达到70%~90%，同时能够延长携带有各种哺乳动物肿瘤小鼠的寿命，显著提高脾脏抗体形成细胞的数量。在体外，Marinactan能促进淋巴细胞的转化作用，活化巨噬细胞。目前，该多糖已经作为治疗肿瘤的佐剂应用在临床上。

此外，厦门大学研究人员在对分离自厦门海域的996株放线菌进行研究时，筛选出能产生活性多糖的菌株，这些海洋微生物多糖具有免疫调节活性。他们从厦门海区潮间带动植物和底泥分离得到的177株海洋细菌中筛选出一株高产胞外多糖的1202菌株，其产生的胞外多糖可显著提高小鼠的脾指数，促进小鼠脾淋巴细胞合成IL-2，且对小鼠肉瘤S180有较强的抑制作用。

四、多糖的构效关系

结构是活性的基础，当多糖结构发生改变以后，多糖的生物活性也会受到影响，甚至活性消失。研究多糖的构效关系是寻找生物活性多糖以及开发多糖药物的基础。多糖的结构可以分为一级、二级、三级和四级结构。一级结构中糖基的组成、糖基排列顺序、相邻糖基的连接方式、异头物构型以及糖链分支等的不同，可能导致多糖生物活性的不同。二级结构是指骨架链间通过氢键结合所形成的各种聚合体，只是关系到多糖分子中主链的构象，并不涉及侧链的空间排布。多糖链一级结构的重复顺序由于糖单位的一些基团之间的非共价相互作用，导致有序的二级结构空间有规则的构象即为三级结构。四级结构是指多聚链间非共价键结合形成在空间相对定位的聚集体。多糖的组成、相对分子质量、糖苷键类型、分支度、溶解度及高级结构等都可在不同程度上影响多糖的活性。

1. 多糖的组成与活性的关系

不同来源的生物多糖，因多糖组成的差异而表现出不同的生物活性。来自海洋褐藻的活性多糖，主要是硫酸化的岩藻聚糖，其组成以L-岩藻糖及硫酸酯为主，另外还含有少量半乳糖、木糖、甘露糖与糖醛酸等，为一类酸性杂多糖；来自海洋红藻的活性多糖，主要是半乳聚糖，其组成主要通过D-或L-型半乳糖及衍生物聚合而成；而来自菌类的抗肿瘤活性多糖，其主链大多为$1,3-\beta-D-$葡聚糖，侧链为$\beta-1,6$糖苷键连接的葡萄糖基。

多糖上的取代基对多糖的生物活性常常产生巨大的影响，其中，影响最大的取代基是硫酸基。研究表明，硫酸基是许多抗凝血多糖所必需的结构，是影响多糖抗凝血活性强弱的主要因素之一，分子中的硫酸根含量越高，其活性越强。硫酸多糖的抗肿瘤与抗HIV活性也和其结构中的硫酸基多少呈现高度正相关，一般每个糖基需要 2 ~ 3 个硫酸基才可获得较高的活性，而且随硫酸化程度的增加而加强。另据报道，多糖的乙酰基及所处的位置也对多糖的活性有影响，如多糖3-O位具有乙酰基时，其抗肿瘤活性最强，而5-O位乙酰化使活性显著降低，若全部乙酰化则使活性消失。其机制不详，有待研究。

2. 多糖的分支度与活性的关系

多糖支链的分支度（Degree of Branch，DB），也称为取代度（Degree of Substitute，DS），是指多糖中平均每个糖单位所具有的分支数目。分支多糖的生物活性受其分支度的影响，而且存在着最佳的DB值。例如，具有生物活性的$1,3-\beta-D-$葡聚糖，DB值在 0.20 ~ 0.33 的分子具有较高的生物活性。另外，多糖的活性也受到支链长度的影响，例如从真菌*Phytophthora parasitica*中分离的具有$1,3-\beta-D-$葡聚糖结构的多糖，支链为葡聚三糖时，其抗肿瘤活性远远高于葡聚二糖支链。

3. 多糖的相对分子质量与活性的关系

多糖的生物活性与其相对分子质量有直接关系。对硫酸多糖而言，相对分子质量在 5×10^3 ~ 10×10^3 的多糖具有抗HIV的活性，在此范围内其活性随相对分子质量增加而增强；对壳聚糖而言，相对分子质量在1×10^3左右时具有较强的活性，而当分子聚合度大于10时其抗肿瘤活性迅速降低；对1,3-β-D-葡聚糖而言，相对分子质量在$100 \times 10^3 \sim 200 \times 10^3$的多糖具有较高的生物活性，而相同来源的相对分子质量在$5 \times 10^3 \sim 10 \times 10^3$的多糖片段则没有生物活性。可见，相对分子质量对多糖生物活性的影响是非常复杂的，不同的多糖的生物学活性有其最佳相对分子质量范围。

4. 多糖的溶解度与活性的关系

多糖溶于水是发挥其生物活性的前提。例如：溶于水的海藻黏多糖组分具有生物活性，而不溶于水的细胞壁多糖与贮藏性多糖则不具有生物活性；不溶于水的1,3-β-D-葡聚糖，生物活性不太高，但将其部分羧甲基化后，其水溶性提高，抗肿瘤活性也明显提高；几丁质不溶于水，经脱乙酰处理后变成水溶性的壳聚糖后，产生了生物活性。

5. 多糖的高级结构与活性的关系

多糖的高级结构与功能的关系至今仍不十分清楚，但一般认为，多糖的高级结构对于多糖活性的影响比一级结构重要。某些多糖须具备螺旋立体结构才具有活性，如果其立体结构受到破坏，则活性丧失。例如，含有单螺旋结构的1,3-β-D-葡聚糖具有抗肿瘤功能，而1,3-α-D-葡聚糖仅具有带状结构的单链构象，沿着纤维轴伸展而不呈现螺旋结构，则不具有抗肿瘤活性。

总之，多糖种类的多样性和其结构的复杂性，决定了多糖的化学结构和生物活性之间关系的复杂性和研究难度。虽然近年来人们在多糖的构效关系上取得了不少的进步，但是研究还不够深入和系统，有待进一步研究阐明。

第二节　海洋生物脂类

一、海洋脂类的性质与分类

由脂肪酸与醇反应生成的酯及其衍生物统称为脂类（Lipid），是一类一般不溶于水而溶于脂溶性溶剂的化合物。脂类分为两大类，即脂肪（Fat）和类脂（Lipoid）。

1. 脂肪

即甘油三酯或三脂酰甘油（Triacylglycerol），它是由1分子甘油与3分子脂肪酸通过酯键相结合而成。人体内脂肪酸种类较多，生成甘油三酯时可以有不同的排列组合，因此，甘油三酯具有多种形式。贮存能量和供给能量是脂肪最重要的生理功能。1 g脂肪在体内完全氧化时可以释放出38 kJ（约9.08 kcal）能量，比1 g糖原或者蛋白质所放出的能量多2倍以上。脂肪组织为体内专门用于贮存脂肪的组织，当机体需要时，脂肪组织中贮存的脂肪可以被动员分解以供给机体能量。此外，脂肪组织还可以起到保持体温、保护内脏器官的功能。

2. 类脂

类脂包括磷脂（Phospholipid）、糖脂（Glycolipid）、胆固醇及其酯（Cholesterol and Cholesterol Ester）三大类。磷脂是含有磷酸的脂类，包括由甘油构成的甘油磷脂（Phosphoglyceride）和由鞘氨醇构成的鞘磷脂（Sphingomyelin）。糖脂是含有糖基的脂类。这三大类类脂为生物膜的主要组成成分，构成疏水性的屏障（Barrier），分隔细胞水溶性成分与细胞器，维持细胞正常结构和功能。此外，胆固醇还是脂肪酸盐与维生素 D_3 及类固醇激素合成的原料，对调节机体脂类物质的吸收，尤其是脂溶性维生素（A、D、E、K）的吸收以及钙、磷代谢等均起着重要作用。

海洋功能脂类是指对人体有一定保健功能、药用功能，有益健康的一类油脂类物质，或是指那些属于人类膳食油脂及为人类营养所需要的并且对人体的健康具有促进作用的一大类脂溶性物质。包括主要的油脂类物质甘油三酯，其他油溶性营养物质如维生素E、磷脂、甾醇等，以及低能量的脂肪替代品。

以二十碳五烯酸（EPA）与二十二碳六烯酸（DHA）为代表的PUFA是指碳原子数多于或者等于18，并且含有2个或者2个以上双键的一类脂肪酸（图2.7）。通常根据第一个双键的位置把PUFA分为3类：n-3（也称ω-3）类PUFA，即从甲基端数第1个双键的位置在第3碳位的PUFA，如DHA（22:6n-3）、二十二碳五烯酸（22:5n-3，DPA）和EPA（20:5n-3）；n-6（也称ω-6）类PUFA，是指第一个双键的位置在从甲基端数的第6碳位，例如花生四烯酸（20:4n-6，AA）和γ-亚麻酸（18:3n-6，GLA）；另外还有第1个双键的位置在第9碳位的n-9（也称ω-9）类PUFA。我们日常摄入的脂肪主要是动物油脂与植物油脂。其中，动物油脂中的脂肪酸以饱和脂肪酸为主，植物油脂主要包括ω-6类的不饱和脂肪酸，而ω-3 PUFA含量非常少。研究发现，以EPA和DHA为代表的ω-3 PUFA在人体的营养、健康及发育等方面起着重要作用。

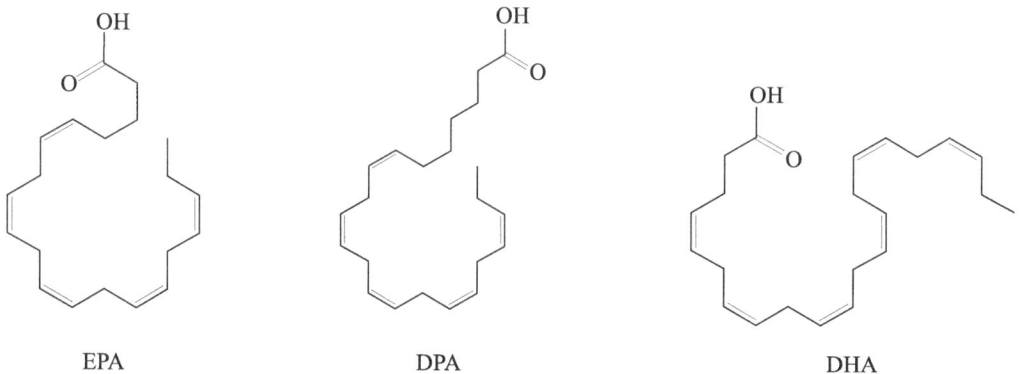

图2.7　EPA、DPA和DHA

二、DHA和EPA

1. DHA和EPA的生理功能

20世纪80年代，丹麦科学家发现格陵兰岛上的因纽特人的心血管发病率显著低于周边国家居民，这与他们饮食中含有丰富的ω-3 PUFA有关。这一发现引起了人们对ω-3 PUFA的高度重视。随着医学等相关学科的发展，人们对ω-3 PUFA，特别是DHA与EPA的生理及药理作用有了进一步的了解。

（1）防治心血管疾病。DHA与EPA可抑制内源性胆固醇和甘油三酯的合成，提高脂蛋白脂肪酶的活性，促进周围组织对极低密度脂蛋白（VLDL）的清除，减少血清中甘油三酯、胆固醇及低密度脂蛋白（LDL）的含量，增加高密度脂蛋白（HDL）的含量。DHA与EPA还能通过提高血小板和血管壁的前列腺素（PG）的含量而发挥抗血栓功能。这些功能均能降低心血管疾病的发病率。

（2）抗癌作用。DHA与EPA具有优良的免疫调节作用。研究表明，DHA能促进T淋巴细胞的增殖，提升细胞因子TNF-2、IL-1β和IL-6的转录，而这些细胞因子表达的提升可促进免疫系统的功能，从而增强免疫系统对肿瘤细胞的杀伤力。另外，DHA与EPA结构中含有多个双键，为脂质过氧化的天然底物。脂质过氧化产生的活性氧能增加肿瘤细胞对治疗药物的敏感性，产生的自由基和脂质过氧化物则可以抑制肿瘤相关基因的表达，缩短染色体端粒，促进肿瘤细胞的死亡。

（3）促进神经系统和视觉系统的发育。DHA存在于人类乳汁中。研究表明，DHA能够促进婴幼儿的神经及视觉系统的发育，另外，在胎儿的大脑形成及心血管系统的生成中也具有重要作用。而胎儿与婴幼儿合成的DHA远不能满足大脑迅速发育的需要，必须从食物中得到补充。所以，提倡和鼓励母乳哺育和为孕妇和婴幼儿补充适量的DHA。

（4）生物体的重要成分。DHA在大脑与视网膜组织的细胞膜中含量丰富。在视网膜外侧部分的棒状细胞中，DHA含量可以达到细胞总脂的60%以上；在人脑组织的细胞中，DHA占总脂的10%左右。所以，DHA是人体视觉与神经系统细胞膜的重要组成成分。

另外，DHA与EPA是很多鱼、虾、贝类幼体所必需的脂肪酸，所以可以作为水产养殖饵料的添加剂。研究表明，饵料中添加一定比例的DHA与EPA，可明显提升海水鱼、虾和贝类幼体的成活率与生长速率。另外，DHA还影响色素的形成与沉淀，因而在防止白化方面也有重要功效。水产饵料中DHA与EPA含量的高低已成为评价饵料营养价值高低的重要指标。目前，市场上供应的来自鱼油的DHA与EPA制品，有70%被用作水产养殖饵料的添加剂。

正是因为ω-3 PUFA具有诸多生理功能，一些国家与科研机构已建议人们增加膳食中ω-3 PUFA的比例，成人每天最好能摄入1.0～1.5 g的ω-3 PUFA。国际上对ω-3 PUFA保健食品与药品的研制和开发十分重视。日本批准DHA作为治疗高脂血症的临床用药。目前，国外市场上销售的DHA与EPA产品已有几十种，涉及奶粉、面包、饮料类及水产养殖饵料等，商业价值巨大。

2. DHA和EPA的生物资源

在自然界中，EPA和DHA主要存在于海洋生物中。尽管EPA和DHA在海洋鱼类、贝类脂肪组成中占有很高的比例，但有科学家认为EPA和DHA并非由鱼类自身合成，而是由海洋浮游生物和与之共生的海洋微生物合成后，通过食物链的作用而蓄积在海洋鱼类、贝类等海洋动物体内的。

海洋生物的EPA和DHA含量因生物种类、海域环境和捕捞季节等因素的不同而呈现较大的差异。不同来源的海洋生物油脂中的EPA和DHA含量差异见表2.2。

表2.2 不同来源海洋生物油脂中的EPA和DHA含量

生物名称	EPA/%	DHA/%	生物名称	EPA/%	DHA/%
太平洋鱿鱼	12.2	39.4	带鱼	5.8	14.4
乌贼	14.0	32.7	鲐鱼	8.0	9.4
鳕鱼	16.5	29.5	秋刀鱼	4.9	11.0
大眼金枪鱼	3.9	37.0	海鳗	4.1	16.5
马鲛鱼	8.4	31.1	牡蛎	25.8	14.8
鲣鱼	10.4	26.5	扇贝	17.2	19.6
黄鳍金枪鱼	5.1	26.5	毛蚶	23.1	13.5
鲨鱼	5.1	22.5	缢蛏	15.0	20.6
大麻哈鱼	8.5	18.2	文蛤	19.2	15.8
黑鲔	8.7	18.8	青蛤	18.4	11.3
远东拟沙丁鱼	16.8	10.2	梭子蟹	15.6	12.2
日本鲭	9.1	16.1	对虾	14.6	11.2
小黄鱼	5.3	16.3	小球藻	35.2	8.7
竹荚鱼	8.3	12.7	螺旋藻	32.8	5.4

由表2.2中可以看出，海藻类和冷水性鱼类、贝类中EPA和DHA的含量较高，是ω-3 PUFA的优质食物来源。一般而言，鱼类的油脂中DHA含量高于EPA（远东拟沙丁鱼除外），且洄游性鱼类（如鳕鱼、马鲛鱼、鲣鱼、金枪鱼、鲨鱼等）的DHA含量高达20%~40%。对于藻类和贝类（扇贝和缢蛏除外），EPA含量高于DHA，特别是小球藻和螺旋藻，其EPA含量高达30%以上，远远高于DHA。

到目前为止，尽管人类获得ω-3 PUFA的食物来源还局限于海洋食品，但最新研究表明，通过基因工程技术可将海洋生物的ω-3 PUFA功能基因转入其他生物体内，并表达生产ω-3 PUFA。据2004年2月《自然》杂志报道，美籍华裔科学家康景轩采用基因工程技术首次在哺乳动物体内成功合成了ω-3 PUFA，使动物组织里的脂肪酸组分达到对健康最有利的比例。

（1）鱼油。目前，商业上DHA与EPA的主要来源是脂肪含量高的海洋鱼类。在这类鱼油中，DHA和EPA的质量分数可达到20%~30%。然而，鱼油的质量会随着鱼的种类、栖息地和捕鱼季节的不同而不同，非目的脂肪酸、鱼腥味和环境污染也影响着鱼油的品质。另外，鱼油还具有易氧化、加工成本高等缺点，且随着渔业资源的日益减少，鱼油将很难满足人们对DHA与EPA等ω-3 PUFA的需求。所以，人们一方面努力开发精炼鱼油的技术，另一方面也在积极寻找ω-3 PUFA的新资源。

（2）海洋微生物。研究发现，尽管一些海洋鱼类自身能合成DHA与EPA等ω-3 PUFA，但它们体内积累的DHA与EPA主要来源于食物，海洋微生物才是ω-3 PUFA的原始提供者。因此，在海洋微生物中寻找ω-3 PUFA的新资源逐渐成为新的研究热点。"微生物油"以及"单细胞油"的概念开始被提到。目前，已分离出多种富含DHA与EPA的海洋微生物，主要是一些低等的海洋真菌与微藻。

微生物油和鱼油相比具有一些鱼油不可比拟的优点：① 筛选出的产油微生物都含有非常高的PUFA含量；② 微生物油的氧化稳定性能比较好；③ 产油微生物一旦被分离，即可通过生物技术手段扩大培养，不必担忧资源紧缺；④ 从微生物中提取的PUFA没有鱼腥味，并且有些微生物含有的不饱和脂肪酸成分单一，降低了分离过程中相互间的干扰。另外，产油微生物的基因组还可通过生物技术手段加以改造，进一步提高其生产PUFA的能力。因此，利用微生物生产DHA与EPA具有广阔的前景。

（3）从南极磷虾中提取。南极磷虾营养价值高并且数量庞大，是目前国内外PUFA资源开发的重点。其体内油脂富含磷脂和PUFA，占其湿重的4.40%左右。近年来，我国南极磷虾的捕获量不断增加，但是利用率比较低，主要用于养殖业饵料。

南极磷虾脂质成分。为了适应极端环境，南极磷虾体内的脂质组成具有特殊性。脂类主要包括甘油酯、磷脂、虾青素、维生素和甾醇等，磷脂类占20.4%~32.7%，极性非磷脂类占64%~77%，甘油三酯类占1.0%~3.2%。

南极磷虾脂质中脂肪酸的组成。虾油作为现代海产油新的补充，具有独特的脂肪酸组成，与深海鱼油相比，其ω-3 PUFA含量较高，且主要集中在磷脂中。南极磷虾脂肪酸的组成主要是EPA和DHA，而且EPA与DHA的比例符合人体的需求。

南极磷虾脂质的功能特性。研究证明，南极磷虾油具有抗氧化作用和降血脂功能，而且可以显著改善大鼠学习记忆能力。南极磷虾油能增加人体血液中EPA和DHA的含量，比鲱鱼油和橄榄油的效果好，而且食用南极磷虾油不会造成副作用。

3. 鱼油功能食品

鱼油制品的功能取决于其中PUFA的含量。提取分离及精制手段的进步，淡化了鱼油本身的腥臭味，降低了其过氧化值，使得PUFA制品成为一种对人体健康有重要作用的功能食品。这些产品按其化学形式分为3类：① 天然鱼油精制后制成的胶丸，即甘油酸型；② 鱼油经水解后制成的游离脂肪酸，即酸型；③ 鱼油经酯-酯交换生成的脂肪酸甲酯与乙酯，即酯型。

目前，鱼油粉末化技术的应用提升了鱼油的稳定性，扩大了鱼油作为食品添加剂的应用范围。鱼油功能食品发展迅速，品种繁多（表2.3）。已上市的液态食品有鱼油液剂、软胶囊、调味汁、饮料；固态食品有鱼油制品、混合制品、肉制品、咖喱素、豆腐等；乳制品有鱼油蛋黄酱、人造奶油、冰激凌、豆乳等。

表2.3 部分鱼油功能食品简介

名称	特点
EPA乳剂	由含EPA的鱼油、水和亲水蛋白组成，通过乳化使鱼油成为口感细腻的口服乳剂，可预防心血管疾病
复方鱼油乳剂	由鱼油、维生素E、精制磷脂等制成的复方乳剂，磷脂和鱼油产生协同作用，增强鱼油防治动脉硬化的作用
复方鱼油胶丸（Ⅰ）	鱼油、豆甾醇、维生素E等制成的明胶胶丸，鱼油与植物甾醇产生协同作用，使血液中胆固醇的浓度降低
复方鱼油胶丸（Ⅱ）	鱼油、苹果纤维、维生素E等制成的明胶胶丸，具有预防便秘、减肥、降低胆固醇的作用
复方鱼油胶丸（Ⅲ）	鱼油、鸡蛋蛋白粉、维生素E等制成的明胶胶丸，具有降低血液中的甘油三酯的作用
鱼油饮料	将鱼油微囊添加到各种饮料中，所制得的产品呈天然乳浊状，微囊分散均匀、口感细腻，长期饮用有一定的保健作用
豆腐	将鱼油微囊添加到豆乳中，混合后加入凝固剂而制得。长期食用可增强人体的抗病能力
畜肉香肠	将鱼油微囊添加到碎畜肉中，辅以调味料、水等，混匀，灌肠衣而制成，产品无不良气味

三、海狗油

海狗是海洋哺乳动物，体内脂肪层厚，可以生活于加拿大北部北极圈内最低-50℃的高寒水域。从20世纪90年代起，人们对海狗的脂肪油——海狗油的成分及保健功能进行了大量研究，而且推出了很多海狗油产品。

海狗油中的活性物质同样是PUFA，含量可达21.04%，是自然界动物PUFA含量最高的。其中，EPA为4.61%，DHA为8.83%，DPA为3.3%。日本学者研究认为，EPA对血管壁内层细胞的促生长功能，其实是在转变为DPA后发挥作用的，同时DPA也是一种抗血管硬化的重要因子。DPA是人类初乳中存在的长链不饱和脂肪酸，也是人脑神经细胞的重要成分之一，特别对婴幼儿神经系统、视力的发育与记忆力的增强是必不可少的。海狗油中的EPA、DHA、DPA含量丰富，其保健作用基本上同鱼油，如健脑益智、降低血脂浓度、软化血管、增强免疫力、降低血压、抗前列腺疾病、抑制血小板聚集、降低血糖等。

第三节 海洋生物蛋白质、活性多肽、氨基酸及糖蛋白

一、优质海洋生物蛋白源

浩瀚的海洋孕育了大量极其宝贵的海洋生物资源，已经成为21世纪人类天然的"蛋白质仓库"。随着现代生物技术、食品科学和营养学等学科的发展，国内外已开发了大量的生物蛋白资源，主要包括海洋鱼类、贝类、藻类等可食用的海洋经济生物资源。

（一）海洋鱼类蛋白

利用海洋鱼类蛋白的历史已有多年，采用水解与酶解等方法用水产低值鱼类及下脚料来生产鱼粉及酸贮液体鱼蛋白制品，其营养价值与使用安全性已经得到广泛认可，在国内外已被普遍应用于饲料工业，成为海洋鱼类蛋白综合利用的主要方式之一。利用水解或酶解等现代生物技术获得的鱼蛋白提取物，含有高品质的蛋白质及功能性多肽，具有与人体肌肉组织相似的氨基酸组成，有较高的营养价值，可作为新型的蛋白强化剂广泛地应用于食品工业及饲料工业，开发保健食品与营养食品。鱼类蛋白具有代谢效率高和代谢负担低的特点。

（二）海洋贝类蛋白

海洋贝类中含有大量的功能蛋白质，具有广阔的开发前景。我国近岸可食用经济贝类主要为牡蛎、贻贝、扇贝、文蛤、毛蚶、蛤仔、竹蛏、波纹巴非蛤等，蛋白质平均含量占湿重的10%以上，最高可达到13.67%（马氏珍珠贝），蛋白质平均含量占干重的50%以上，最高可达到81.82%（紫蛤），说明贝类蛋白质具有成为蛋白质强化剂的巨大潜力。贝肉酶解提取物含有大量的蛋白质、多肽、氨基酸（如牛磺酸）等有益成分，已被应用于制作保健功能饮料、调味料、保健食品、营养食品等产品，其安全性已得到证明。

（三）海洋藻类蛋白

1. 海藻蛋白

我国可食用海藻资源非常丰富，主要有海带、紫菜、羊栖菜、螺旋藻等经济藻类。海洋藻类已被广泛地应用在功能食品、海洋药物、动物饲料、化学化工等生活领域和日

常工业，具有巨大的应用潜力及极高的经济价值。据分析测定，海藻的干物质中，粗蛋白的含量在10%～48%，高者可达到60%以上。海藻蛋白是优质的植物蛋白，含有18种氨基酸，其中人体必需的8种氨基酸和WHO推荐的标准氨基酸模式一致，可与蛋清蛋白、大豆蛋白等陆源性蛋白相媲美。

2. 藻胆蛋白

某些海藻中不同类型的藻胆蛋白以连接多肽按一定的次序组合在一起，形成高度有序的超分子复合体——藻胆体，存在于光合膜的表面，作为光合作用能量吸收和传递的功能单位。藻胆体相对分子质量为$7 \times 10^6 ～ 15 \times 10^6$，形状与大小和藻的种类密切相关。藻胆蛋白主要存在于红藻、蓝藻、隐藻和少数甲藻中，其主要功能是作为光合作用的捕光色素复合体，在一些藻类中藻胆蛋白也可作为储藏蛋白，使藻类在氮源缺乏的季节得以生存。细菌、藻类及高等植物的光合作用的共同特征是有很多"天线分子"，这些"天线分子"吸收光能并通过非放射性过程将激发能传递到含有叶绿素的"反应中心"，在红藻、绿藻、蓝藻和隐藻中，藻胆蛋白就充当这种"天线分子"的角色。已知的藻胆蛋白主要可以分为四大类：藻红蛋白（Phycoerythrin，PE）、藻蓝蛋白（Phycocyanin，PC）、藻红蓝蛋白（Phycoerythrocyanin，PEC）、别藻蓝蛋白（Allophycocyanin，APC）。

科学研究表明，藻胆蛋白既可作为天然色素用于食品、化妆品、染料等的生产，又可制成荧光试剂，用于临床医学诊断、免疫化学与生物工程等领域中，具有很高的开发、利用价值。藻胆蛋白作为一种新型的荧光标记物，在荧光免疫分析方面有着广阔的应用前景。其应用领域主要包括流式细胞荧光测定、荧光激活细胞分类、荧光免疫检测及单分子检测等。在可溶性抗原、抗体检测方面的研究则开展比较少。

（四）其他海洋生物蛋白

海洋虾蟹类及棘皮动物中也蕴涵巨大的蛋白质开发潜力。以中国明对虾为例，其肌肉中含原肌球蛋白与副肌球蛋白，虾肉同时具有补肾壮阳与滋阴健胃的作用，在增强病人机体免疫功能方面，具有重要的应用价值。海参体内含有50多种对人体生理机能有益的营养成分，蛋白质含量高，18种氨基酸中有8种是人体自身无法合成的必需氨基酸。大量研究已经证明，海洋生物蛋白为地球上最优质的蛋白资源，由于海洋生物特殊的生活环境，其氨基酸组成均衡合理，非常接近人体需求，极易被人体有效吸收与利用，具有陆源性蛋白所不可比拟的优越性。

（五）SOD

1. SOD的应用

SOD是广泛存在于动植物体内的一种金属酶，其应用价值不可小觑。临床上可用SOD治疗或预防下列疾病：急性炎症和水肿、氧中毒（进入高压氧舱的工作人员，可预先注射SOD）、肺气肿、自身免疫性疾病、辐射病、老年性白内障。

SOD是生物体内氧自由基的天然清除剂，具有重要的医用价值，可作为食品、药品和日化产品的添加剂。SOD被批准用于临床使用，它对一些疾病、年龄或者伤害造成的硬化和纤维化组织显示出强大的修复能力。SOD已被成功地应用于控制心脏病的加重、放疗后的辅助治疗、治疗严重的风湿性关节炎。例如，丹麦研究人员通过注射SOD治疗风湿性关节炎。

SOD被广泛应用于化妆品添加剂，如利用SOD制造的SOD蜜、SOD面膜、SOD蛇粉等化妆品，目前已有数百种产品。

SOD也可作为一种补充食品。人们想尽各种方法使SOD在人体内保持较高的水平，即促进体内SOD的合成，或者直接摄入外源SOD。在海藻类的海洋食品中，螺旋藻含有极高的SOD，每10 g新鲜螺旋藻中含有10 000～37 500单位的SOD。

2. SOD的功效

（1）抑制心脑血管疾病。机体的衰老与体内氧自由基的长期积累密切相关。SOD可清除人体内过多的有害的氧自由基，是对健康有益的功效成分。它具有调节血脂的保健作用，可以预防高血脂引起的心脑血管疾病，预防动脉粥样硬化，减少脂质过氧化物的含量。

（2）抗衰老。年龄的增长与某些体外因素会造成机体产生的自由基超过机体正常清除的能力，导致衰老。另外，人在衰老过程中还会出现色素沉淀、体力衰退等迹象。抗氧化剂的补充有助于降低氧化的速度，减慢衰老的脚步。SOD能够清除自由基，因而可以延缓衰老。

（3）防治自身免疫性疾病。SOD对各种自身免疫性疾病都有一定的疗效，如红斑狼疮、硬皮病、皮肌炎、类风湿关节炎等。患者应该在急性期病变未形成前使用，疗效比较好。

（4）治疗肺气肿。肺气肿患者亦可使用SOD，但是应该在病变初期肺弹性纤维尚未受到损害时使用，疗效比较好。

（5）辐射病的治疗及辐射防护。SOD可用来治疗因放疗引起的皮肌炎、膀胱炎、红斑狼疮和白细胞减少等疾病，对有可能受到电离辐射的人员，也可以注射SOD作为预防措施。

（6）预防老年性白内障。应在进入老年期前就开始常服用抗氧化剂，或经常注射SOD。一旦形成白内障，则应该手术摘除，此时使用SOD无效。

（7）抗疲劳。过多的自由基在体内残存，会让人注意力不集中，易产生疲劳感。SOD对学生和上班族提振精神和集中注意力等成效明显。

（8）消除癌症治疗的副作用。接受化疗的癌症患者抗氧化能力会大大下降，当抗氧化能力低到某个程度，自由基就会损害细胞和机体功能，因此癌症患者应及时补充抗氧化剂来维持体力。日本厚生省和美国国家癌症研究所均建议使用抗氧化剂来预防癌症或者治疗因氧自由基破坏细胞所造成的病变，降低抗癌药物所引起的副作用，如食欲不振、呕吐、掉发等。

二、海洋生物活性肽

1. 海洋生物活性肽的来源

生物活性肽（Biological Active Peptide）是指具有优化机体代谢环境以及有益于机体健康的一类多肽。按照其来源可以分为天然存在的活性肽、蛋白酶解活性肽及化学合成的活性肽。天然存在的海洋生物活性肽主要从深海细菌、真菌、微藻以及海洋软体动物中分离，这些活性肽结构复杂多样，参与生物体的重要生命活动，具有极大的基础研究和临床应用价值，是一类很重要的新药来源。目前研究主要集中在芋螺、海绵、海葵、海藻等少数几种海洋生物中。天然海洋生物活性肽含量少、提取较难，不足以大量生产来供给所需；化学人工合成又费时费力，成本昂贵。因此，海洋生物活性肽一般由蛋白质酶解制得，通常含有3 ~ 20 个氨基酸残基。酶解前的蛋白质没有生物活性，但是通过酸、碱或者酶水解释放的多肽具有生物活性，其活性取决于氨基酸的组成和排列顺序。人们已经从海洋生物和海洋加工的副产物中提取出许多不同种类的生物活性肽。来源于海洋生物或者海洋加工副产物的生物活性肽，由于具有安全、无毒副作用且价格竞争力强等优点，在功能食品的开发中极具潜力。

2. 海洋生物活性肽的功能特性

（1）抗高血压。高血压是全世界最常见的心血管疾病之一。目前商品化的抗高血压类药物大都是人工合成的，均有一定的副作用。因此，寻找安全、天然的抗高血压药物来替代合成药物成为目前抗高血压研究的迫切需求，其中降血压肽作为天然抗高血压药物潜力巨大。降血压肽是一种血管紧张素转换酶抑制剂（ACEI），可抑制血管紧张素转换酶活性，从而使血压下降。以海洋蛋白为原料制备降血压肽的研究越来越多，从带鱼、沙丁鱼、明太鱼、金枪鱼、海参、文蛤和对虾等海洋动物分离得到部分海洋降血压肽。

（2）抗氧化。自由基在机体氧化反应中产生，具有强氧化性并对人体有害。目前存在许多人工合成的抗氧化剂，如BHA、TBHQ、BHT及PG等。但人工合成的抗氧化剂对人体健康存在潜在危害，所以必须严格控制使用量。所以在食品工业中寻找安全无毒的天然抗氧化剂替代人工合成抗氧化剂显得非常重要。从各种海洋生物蛋白水解液中分离得到的多肽，具有有效的抗氧化能力。目前国内外报道已经从牡蛎、蓝贻贝、乌贼、长尾鳕、鳕鱼和竹荚鱼等海洋动物中分离得到抗氧化活性肽。这些海洋生物抗氧化活性肽能够有效地清除机体内的自由基与活性氧，或通过阻断脂质过氧化过程中的自由基链式反应来预防氧化造成的机体损伤。

从洪德堡鱿鱼分离得到的生物活性肽在亚油酸自氧化体系中的抗氧化活性要显著高于α-生育酚，已经接近BHT的水平。目前海洋多肽作为抗氧化剂的作用机制尚未明确，但是一些研究发现：组氨酸含量较高的海洋多肽，具有金属离子螯合作用；海洋多肽结构中芳香族氨基酸的酚羟基基团能够作为有效的电子供体；疏水性氨基酸在很大程度上决定抗氧化活性肽的效力，如明胶肽富含疏水性氨基酸，其疏水性增强了明胶肽的抗氧化性和乳化效果。

海洋抗氧化肽将会在保健品和药品行业，以及作为人工合成抗氧化剂替代品方面具有很大开发潜力，特别是在功能食品中添加无毒副作用的海洋抗氧化肽，将会成为食品行业一个新的研究方向。

（3）抗凝血。血流通畅是维持生命的必要条件。在生物体内同时存在着凝血机制与溶血机制，这2种机制须维持在一定的平衡状态，才能保持血液流通顺畅。肝素作为抗凝血药物已经有50多年的历史，目前主要应用于预防静脉血栓栓塞性疾病。但是以肝素为代表的大多数传统抗凝血药物均会有一些副作用，所以限制了其广泛、长期应用。从海洋蠕虫、蓝贻贝、海星、赤贝及黄鳍金枪鱼等海洋生物中分离得到了具有抗凝血活性的肽。从海洋生物中分离到的抗凝血肽没有细胞毒性，作为保健食品与药品的功能成分都具有巨大潜力。

（4）抗菌。抗菌肽是生物体内经过诱导产生的一类具有生物活性的小分子多肽，相对分子质量通常低于10×10^3。自1981年人类首次从昆虫中分离得到抗菌肽以来，迄今已发现或合成了超过5 000种具有抗菌作用的蛋白质与多肽。海洋生物种类众多，其中海洋无脊椎动物仅依靠先天免疫机制抵抗入侵病原体，因此内源性抗菌肽丰富，也成为开发天然抗菌肽的重要来源。目前已报道从牡蛎、蜘蛛蟹、美洲龙虾、青蟹及绿海胆等海洋无脊椎动物的血淋巴中分离出抗菌肽。近年来有关微生物对传统抗生素类物质产生抗药性的报道越来越多，因此目前急需开发新的抗菌类药物。海洋抗菌肽由于具有原料来源广泛、抑菌谱广和无毒副作用等优点，具有巨大的开发潜力。但是目前海洋抗菌肽存在分离纯化较难、提取步骤烦琐以及成本较高等问题而限制了其开发应用，因此提高生产效率、降低成本，得到稳定、安全的海洋抗菌肽将会对未来抗菌肽的发展与应用起到关键性的作用。

（5）其他。海洋抗癌多肽具有活性高和稳定性好等特点，是肿瘤医学的一个研究热点。目前研究显示从海洋动物提取的化合物中很多具有抗癌活性。从海兔体内分离得到的抗肿瘤肽对人乳腺癌及肺癌有显著疗效；从文蛤中提取出的抗癌肽能有效抑制体外培养的人卵巢癌细胞株、肺癌细胞株、宫颈癌细胞株、肝癌细胞株和鼻咽癌细胞株等的增殖。高F值寡肽是一种具有高支链氨基酸含量与低芳香族氨基酸含量组成的小肽混合物，具有减轻与消除肝性脑病症状、治疗苯丙酮尿症、抗疲劳、改善手术后和卧床病人的蛋白质营养状况、解酒等功能。目前利用海洋蛋白制备高F值寡肽的研究比较少，因此进一步开发海洋蛋白资源具有重要的现实意义。另外，海洋生物活性肽，如免疫活性肽、钙螯合肽的研究也取得了一定的进展，从海鲫鱼及明太鱼中提取出抗骨质疏松肽，即钙螯合肽，适合乳糖不耐症人群食用，也可以作为乳制品中高钙添加剂的替代品。

3. 海洋胶原蛋白肽

胶原蛋白是动物结缔组织中主要的结构蛋白，也是细胞间质重要的功能蛋白。近年来，胶原蛋白与活性肽已经广泛应用于医疗、食品、生物、化妆品、皮革、饲料、影像等诸多领域。畜禽来源的动物组织是人们获得天然胶原蛋白和活性肽的主要途径，但近年来由于口蹄疫、疯牛病、禽流感等畜禽疾病的发生，使人们对陆生哺乳动物胶原蛋白及制品的安全性产生了质疑。另外，宗教信仰也限制了来源于牲畜的胶原蛋白的应用，寻找其他胶原蛋白来源越来越迫切。

海洋渔业加工过程中会产生大量的下脚料，包括骨、皮、鳞、鳍等，其重量约占原料鱼的50%。这些下脚料中含有丰富的胶原蛋白，如不进行有效处理，不仅会造成环境污染，而且会导致资源浪费。以海洋渔业加工的下脚料作为原材料，开发高附加值的海洋胶原蛋白肽，不仅可变废为宝，而且可增加海洋水产加工业的附加值。因此，目前海洋胶原蛋白肽的开发利用已经成为世界各沿海国家海洋开发的一项重要内容。

海洋胶原蛋白肽主要存在于海洋动物的结缔组织中，对机体及脏器起着支撑、保护与连接等作用，其含量和海洋动物的种类、年龄、营养状况，以及提取部位、季节等有关。海洋生物中主要有Ⅰ型与Ⅴ型胶原蛋白，其中Ⅰ型含量最多，相对分子质量约为3×10^5。在生物体内，海洋胶原蛋白由3条左手螺旋结构的多肽链组成，并且形成牢固的右手超螺旋结构。胶原蛋白分子间与分子内存在醛胺缩合交联、醇醛缩合交联、醛醇组氨酸交联等交联形式，形成一种超分子的高级结构——网状胶原纤维。这些交联使得胶原蛋白分子内的超螺旋结构与分子间的网状纤维结构很稳定，从而使其在动物体内实现支撑器官、保护机体的功能。

海洋胶原蛋白一级结构的氨基酸序列以Gly–X–Y周期性的排列形式为主，所以其甘氨酸的含量较高，为25%～30%，位于X、Y位置的脯氨酸与羟脯氨酸约占25%。海洋胶原蛋白还含有Zn、Cu、Ca、Fe、K、Na等无机盐。另外，海洋胶原蛋白中的色氨酸及蛋氨酸等必需氨基酸含量低，从传统营养学的角度来说海洋胶原蛋白为一种不完全蛋白质。

近年来，人们不断地发现海洋胶原蛋白肽的生理功能，如保护胃黏膜、抗溃疡、抗过敏、抗氧化、降血压、促进伤口愈合、抗衰老、增强骨强度、预防骨质疏松、降低血清中胆固醇含量、预防关节炎、调节免疫、促进角膜上皮损伤的修复和促进皮肤胶原代谢等多种生物活性功能。

（1）延缓皮肤衰老。胶原蛋白为人体皮肤真皮层的主要组成成分，它和少量弹性蛋白共同组成规则的胶原纤维网状结构，使皮肤具有一定的弹性与硬度。另外，胶原蛋白还是皮肤表皮层和表皮附属器官（毛发等）的营养供应站，为表皮输送水分。随着年龄的增长，人体自身合成胶原蛋白的能力不断降低，导致胶原蛋白流失，真皮层胶原蛋白所形成的规则网状结构渐渐发生变形、固化与粘连，甚至发生崩解，造成皮肤水分减少、变薄、失去弹性与光泽、产生皱纹等老化现象。海洋胶原蛋白肽能够为人体胶原蛋白的合成提供优质的氨基酸原料，特别是脯氨酸与羟脯氨酸等，促进胶原蛋白的合成，补充人体皮肤流失的胶原蛋白，从而实现保持皮肤水分、延缓皮肤衰老的功能。目前，以胶原蛋白作为主要原料开发的美容功能食品日益受到人们的推崇，这类食品符合现代人"从内到外"追求美丽的观念。

（2）改善骨骼健康。胶原蛋白是人体骨组织的重要组成物质。人体骨组织由1/3有机成分与2/3无机成分组成，胶原蛋白大约占骨有机成分的80%，对维持骨结构完整与生物力学特性有着非常重要的作用。骨胶原蛋白分子之间相互交联形成骨胶原纤维网状结构，骨骼中的钙质以羟基磷灰石的形式存在，并以骨胶原为黏合剂固定下来，所以骨胶原是骨骼必不可少的成分。另外，血浆中来自胶原蛋白的羟基脯氨酸是将血浆中的钙运输到骨组织的运载工具。当人体骨胶原蛋白代谢出现异常，如骨胶原合成不足或者骨胶原纤维网状结构被破坏时，钙质将无法沉积而造成骨钙流失，严重时会导致骨质疏松等疾病。人体摄入足够的胶原蛋白能促进骨骼胶原蛋白的代谢，维持骨胶原网状结构，进而降低骨钙的流失，防止骨质疏松等疾病的发生。研究表明，人体补钙应结合补充胶原蛋白，才能达到比较理想的效果，人体摄入足量的胶原蛋白有助于提高机体摄取钙质的能力，满足对钙质的正常需要。小鼠实验发现，结合了钙的胶原蛋白制剂能够明显增强小鼠骨密度，促进生长发育，具有改善骨质疏松的功能，其补钙效果要优于常规补钙剂，证明了胶原在帮助钙吸收方面的重要作用。

（3）调节血压作用。医学研究及临床观察表明，高血压的形成和ACE密切相关。ACE能将没有提升血压作用的血管紧张素Ⅰ（十肽）的羧基端水解掉2个氨基酸，使其生成具有升高血压作用的血管紧张素Ⅱ（八肽）。并且，ACE还能够使舒缓激肽从羧基端水解掉二肽，使其丧失降血压功能。抑制ACE活性的降血压药物目前得到广泛应用。然而人工合成的ACEI会引起不良反应，所以天然ACEI成为研究热点。国内外相关研究证明，海洋胶原蛋白肽对ACE活性具有较强的抑制作用，具有良好的降压功效。

（4）保护胃黏膜。消化道中胃黏膜的损伤会引起胃出血，海洋胶原蛋白肽因为具有降低胃黏膜血流量、促进血液循环及血液凝固效果，因而引起人们的关注。大量实验证明，海洋胶原蛋白肽具有保护胃黏膜的功能。海洋胶原蛋白肽预防胃溃疡的可能机制主要有促进胃黏膜细胞增殖、提高胃黏膜值，缓冲胃酸对溃疡面的刺激，促进血小板的凝聚而具有止血作用，减少其他因素对胃黏膜的直接损伤。海洋胶原蛋白肽来源广泛，价格低廉，无毒副作用，适合开发保护胃黏膜的功能食品。

（5）抗氧化活性。相关研究表明，海洋胶原蛋白肽具有抗氧化功能。对从阿拉斯加鳕鱼皮中提取的明胶进行分阶段酶解，从酶解产物中分离得到2种具有高抗氧化活性的肽，这2种肽分别含有13与16个氨基酸残基，进一步实验证明后者具有抗氧化活性。

海洋胶原蛋白肽作为具有高度生物安全性的新型功能食品，由于其独特的生理功能与优良的加工特性，近年来渐渐成为功能食品行业研究与应用的热点。海洋胶原蛋白肽具有容易吸收的特点，其消化吸收率近100%，优于未经水解的大分子胶原蛋白。而且，海洋胶原蛋白肽还具有低致敏性、低抗原性、高热稳定性、高可溶性等特点。海洋胶原蛋白肽具有延缓衰老、美容护肤、壮骨等保健作用，特别适合儿童、妇女与中老年人食用。海洋胶原蛋白肽既可以单独作为功能食品直接食用，也可以与其他原料复配制成复方产品，如制作成酸奶、谷物蛋白棒和果冻等。目前市面上的海洋胶原蛋白肽产品在功能上主要集中在补钙、美容、强壮骨骼、提供肠内营养、调节免疫等方面。其产品形式上多样化，剂型主要有咀嚼片、口服液、粉剂、软胶囊、颗粒等。目前市场上已有许多公司生产了以海洋胶原蛋白肽为原料的功能食品，受到市场的青睐。

4. 肌肽

肌肽是一种天然的水溶性二肽，以较高的浓度存在于有氧代谢最活跃而且细胞不分裂的组织，如肌肉与脑，由β-丙氨酸与L-组氨酸在肌肽合成酶的作用下合成。肌肽的含量在海洋硬骨鱼类鳗鲡亚目的肌肉中为7~25 μmol/g，在海洋哺乳类动物须鲸与齿鲸的肌肉中分别为6~13 μmol/g与10~20 μmol/g，并且一般在白肌纤维中的含量比红肌纤维中的高。肌肉与脑部中，肌肽pK值约7.1，且pH＜3.0时仍能保持完整。

肌肽有多种生物学功能：

（1）缓冲生理pH。肌肽为理想的生理pH缓冲剂，这种pH缓冲能力对游泳能力强的鱼类与鲸具有重要的意义。在捕食及逃避敌害等激烈的厌氧运动时，糖酵解反应过程中生成的ATP进一步水解生成的氢离子会使肌肉pH降低，而组氨酸二肽能够维持肌肉内部的酸碱平衡，使厌氧运动能力保持在一定水平。

（2）螯合金属离子。肌肽具有螯合金属离子的能力，形成络合物。在体内，Cu^{2+}可以催化由H_2O_2引起的还原型辅酶NADH的氧化，Fe^{2+}促进生成氧自由基，引起过氧化反应，而肌肽能有效结合这些二价金属离子，从而减少了这类反应的发生。而且肌肽与Cu^{2+}、Zn^{2+}、Co^{2+}的络合物还具有类似SOD的活性。肌肽和Zn^{2+}的络合物还具有药理学功能，如能治疗胃溃疡、减轻胃黏膜损伤、有效抑制幽门螺旋杆菌的生长繁殖、促进伤口愈合等。

（3）抗氧化功能。肌肽具有抗氧化作用。肌肽的抗氧化机制包括以下几点：① 肌肽具有缓冲生理pH的功效，降低因体系pH变化而产生的脂过氧化；② 肌肽具有螯合金属离子的作用，能抑制由金属离子，尤其是铜离子引起的脂肪氧化；③ 肌肽具有捕捉·OH、清除过氧化自由基和淬灭单线态氧的作用，可抑制由非金属引起的脂肪氧化。

（4）抗衰老功能。蛋白质变性可以由体内一种叫作糖基化的化学反应引起，对机体衰老有加速作用。人到了老年，大约有1/3蛋白质被糖基化，衰老与蛋白质上羰基的过多积累有关。肌肽能竞争性地和醛糖或者酮糖发生糖基化反应，从而保护了蛋白质与其他一些肽类；肌肽能和由丙二醛（MDA）、次氯酸产生的羰基反应，从而避免蛋白质和蛋白质或者蛋白质和DNA之间产生交联作用，也起到了保护细胞的作用（因为MDA会对细胞产生毒性），从而延缓衰老。这类反应被称作肌肽化（Carnosinylation）。

（5）调节其他代谢紊乱。肌肽还具有神经调节作用，为体内重要的神经肽，对稳定细胞膜、控制细胞动态平衡等起着重要作用。而且，肌肽还具有抗疲劳的功能。氧自由基及其引发的脂质过氧化反应可攻击细胞膜和线粒体膜等生物膜，造成能量、离子代谢紊乱，从而造成机体运动能力下降，导致运动性疲劳。乳酸是糖无氧酵解的产物，长时间剧烈运动使肌体内的乳酸过多累积，其解离出的H^+使肌细胞pH降低，导致疲劳产生。而肌肽一方面能够清除氧自由基，另一方面又能够缓冲生理pH，维持细胞pH在正常生理水平，因此具有抗疲劳的能力。

5. 谷胱甘肽

谷胱甘肽（Glutathione，GSH）是由谷氨酸、半胱氨酸与甘氨酸构成的含有巯基的三肽，具有抗氧化作用与整合解毒作用。半胱氨酸上的巯基是谷胱甘肽活性基团（故谷胱甘肽常简写为GSH）。谷胱甘肽有还原型（GSH）与氧化型（GSSG）2种形式，在生理条件下以GSH占绝大多数，谷胱甘肽还原酶催化两型之间的互变。在生物体中真正起活性作用的是GSH。GSH广泛存在于动植物及微生物细胞中，在酵母、小麦胚芽和动物肝脏中含量丰富。海洋鱼类、贝类含有人体所需的氨基酸，最突出的是牛磺酸、甘氨酸、谷氨酸，在人体内可以被利用合成谷胱甘肽。

谷胱甘肽生物活性的主要表现：

（1）谷胱甘肽可以清除体内的自由基，起抗氧化作用。

（2）谷胱甘肽可提高人体免疫力。谷胱甘肽在老年人体内抗衰老、维护健康、延迟细胞老化所发挥的功效比在年轻人体内更明显。

（3）谷胱甘肽还可保护血红蛋白不受自由基、H_2O_2等氧化，使它持续正常发挥运输氧的作用。红细胞中的血红蛋白在H_2O_2等氧化剂的作用下，其中的Fe^{2+}被氧化为Fe^{3+}，使血红蛋白转变为高铁血红蛋白，失去携带氧的能力。还原型谷胱甘肽既能够直接和H_2O_2等氧化剂反应，生成水与氧化型谷胱甘肽，又能将高铁血红蛋白还原为血红蛋白。人体红细胞中谷胱甘肽的含量很多，这对保护红细胞膜上蛋白质的巯基处于还原状态、防止溶血具有重要作用。

（4）谷胱甘肽能保护酶分子中巯基，有助于酶活性的发挥。谷胱甘肽还可预防乙醇侵害肝脏所导致的脂肪肝。

（5）谷胱甘肽对由于放射线、放射性药物所引起的白细胞减少等症状有很强的缓解作用。谷胱甘肽能和进入人体的重金属离子、有毒化合物或致癌物质等结合，促使它们排出体外，起到解毒作用。

6. 海洋生物活性肽的应用研究

海洋生物活性肽在人类营养和健康方面有着重要的作用，在功能性新食品及药品中添加海洋生物活性肽，可预防慢性疾病。目前通过酶解海洋生物蛋白制备的降血压肽与抗氧化活性肽的研究取得了较大的进展，并已有产品上市，其他活性肽，如抗菌肽、抗凝血肽与免疫活性肽等尚未得到很好的开发。对海洋生物活性肽的研究目前多数尚处于实验阶段，须进行深入研究。一方面，虽然海洋生物活性肽作为营养食品、功能食品及药品的活性添加成分具有广阔的应用空间，但目前已分离得到的海洋生物活性肽，大多数仅通过体外实验与动物实验被证明安全无毒，但在体内活性与应用效果方面的研究较少。要进一步开发海洋生物活性肽的应用价值，须对其活性进行深入研究。另一方面，可考虑对海洋生物活性肽进行化学修饰，使海洋生物活性肽的活性更强、性能更稳定、更有利于开发利用。

虽然海洋生物活性肽的应用还有些技术问题尚待解决，但我国作为一个海洋渔业大国，海洋生物资源丰富，相信海洋生物活性肽在新型海洋功能食品、保健食品及医药行业中会有巨大的应用潜力。

三、海洋生物氨基酸

（一）牛磺酸

牛磺酸（图2.8）是一种非蛋白质氨基酸，其分子式为$C_2H_7NO_2S_7$，结晶体为柱状，熔点为310℃。它以游离氨基酸的形式广泛存在于动物体内各种组织，并以小分子二肽或者三肽的形式存在于中枢神经系统，但是不参与蛋白质合成。最早在1827年从牛的胆汁中发现了这种含硫氨基酸，因此又称作牛胆碱、牛胆素。

1. 牛磺酸的生理功能

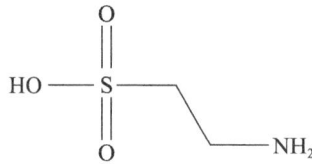

图2.8　牛磺酸结构式

（1）促进营养物质代谢。调节脂类的消化吸收。肝脏中牛磺酸和胆酸结合形成牛磺胆酸。牛磺胆酸通常以盐的形式存在，是消化道中脂类的消化吸收所必需的。它可以增加各种脂肪酶的活性，促进脂肪水解；可以降低脂肪的表面张力，使脂肪乳化成微滴，从而增加和脂肪酶作用的界面，促进水解进行；还能和甘油一酯结合，加速胆固醇、脂溶性维生素等的消化吸收，促进胆汁的分泌，防止胆结石形成。

参与蛋白质、氨基酸代谢。牛磺酸虽然不参与蛋白质生物合成，但可出现在某些小肽中，如脑组织中的γ-谷氨酰牛磺酸。食品中添加牛磺酸可以提高蛋白质的消化率，从而间接促进动物生长发育。

促进糖代谢。细胞对葡萄糖的摄取是细胞内糖代谢的限速步骤，牛磺酸可以促进葡萄糖进入细胞，加速细胞内糖代谢与糖原合成，降低动物血糖水平，其机制和牛磺酸诱导或者抑制某些限速酶活性有关，它可使糖原合成酶的活力升高，而使糖原磷酸化酶活力降低。另外，牛磺酸还可以作用于胰岛素受体，促进胰岛素效应，协同胰岛素对糖代谢的调控作用，参与维持机体葡萄糖自稳态，对糖尿病及并发症具有明显的细胞保护功能。

参与无机盐代谢。研究表明，牛磺酸对Ca^{2+}有调节作用，低钙时可促进Ca^{2+}的内流，高钙时降低Ca^{2+}内流，即牛磺酸具有抗钙超载功能，从而对发生应激性损伤的心肌细胞起保护作用。牛磺酸还可促进肠道对锌的吸收，通过参与无机盐代谢而间接调节脂类代谢，发挥抗氧化功能及其他生物活性。

（2）促进脑的发育，增强记忆力。牛磺酸在哺乳动物的胎儿与新生儿脑中含量高，之后便渐渐减少，至成熟时达到一定的含量，是哺乳动物中枢神经系统中的主要游离氨基酸之一，研究揭示了牛磺酸在大脑发育中的作用及其含量变化规律。癫痫患者大脑牛磺酸浓度降低常伴有谷氨酸代谢紊乱，而牛磺酸可矫正氨基酸平衡失调，能使约1/3对癫痫药具有耐药性的癫痫病患者的发病次数降低50%以上，并且无任何副作用，表明它在成年人大脑中也有一定的作用。动物在缺少牛磺酸时，中枢神经系统发育受阻，智力降低；补充牛磺酸后，不仅脑发育正常，而且学习记忆能力明显增强。

（3）提高机体免疫力。淋巴细胞中牛磺酸的含量占游离氨基酸总量的50%，中性粒细胞中牛磺酸的含量占游离氨基酸总量的76%。免疫细胞中牛磺酸的含量很高，说明牛磺酸和免疫功能密切相关。牛磺酸可与白细胞中的次氯酸反应生成无毒物质，削弱次氯酸对白细胞自身的破坏，从而增强人体免疫力。牛磺酸缺少时可引起机体白细胞数量减少，多核白细胞与单核细胞数量的比值降低，还可使创伤或者坏血病患者的免疫反应受到抑制。

（4）参与神经内分泌的调节。牛磺酸是中枢神经系统中含量最多的游离氨基酸，参与脑神经功能的调节。牛磺酸能显著促进胎儿和婴儿脑细胞的增殖。牛磺酸对神经细胞的分化成熟也起着促进作用，当牛磺酸缺乏时，体外培养的人脑神经细胞的分化成熟过程受到阻碍。

（5）增强心血管功能。牛磺酸能够增加心肌缩力、加强心室功能、抗心律失常、防止充血性心力衰竭、降低血压、抗血乳酸的积累等。

（6）护肝。牛磺酸能中和细菌毒素，减弱次级胆酸的毒性和四氯化碳对肝的损伤，因此是一种良好的护肝剂。

2. 海洋生物中牛磺酸的含量和分布

牛磺酸在鱼类和贝类中含量十分丰富，尤其是贝类。此外，一些海藻中也含有牛磺酸。可以说海洋生物是牛磺酸的天然宝库。表2.4列出了有代表性的鱼类、贝类等海洋生物中的牛磺酸含量。可以看出贝类、甲壳类等的牛磺酸含量比较高，沙虫（干）中牛磺酸的含量更是高达18 370 mg/kg，马氏珠母贝、牡蛎和翡翠贻贝中含量也不少。研究还发现，牛磺酸在海洋生物的不同组织中含量也有所不同。一般来说，鲔鱼、金枪鱼等红肉鱼的血中牛磺酸含量比其他组织高，而比目鱼、真鲷等白肉鱼的各种组织中牛磺酸含量则没有明显的不同。

表2.4　一些海洋生物的牛磺酸含量

生物名称	水分质量分数/%	牛磺酸含量/（mg/kg）	生物名称	水分质量分数/%	牛磺酸含量/（mg/kg）
竹荚鱼	77.8	2 060	紫贻贝	78.9	4 400
黄鲷	76.3	3 470	蝾螺	78.0	9 450
鲱鱼	60.0	1 060	扇贝	82.4	1 160
多春鱼	76.4	650	姥蛤	79.4	5 710
绿鳍鱼	74.2	2 270	海松贝	81.7	6 380
远东多线鱼	71.6	2 160	牡蛎	80.0	8 000 ~ 12 000

生物名称	水分质量分数/%	牛磺酸含量/（mg/kg）	生物名称	水分质量分数/%	牛磺酸含量/（mg/kg）
真鲷	77.4	2 300	马氏珠母贝	80.9	13 830
红鱿鱼	80.6	1 600	翡翠贻贝	82.4	8 020
枪乌贼	77.9	3 420	日本囊对虾	76.9	1 990
赤贝	85.4	4 270	雪蟹	81.8	4 500
蛤蜊	85.9	2 110	沙虫（干）	11.8	18 370

3. 牛磺酸的应用前景

（1）用作食品添加剂。目前，在日本、美国等一些发达国家，牛磺酸已作为一种新型的食品添加剂被广泛应用，如在婴幼儿奶粉、保健食品及饮料中用作强化剂等。目前用作添加剂的牛磺酸主要为合成的牛磺酸，而天然来源的则很少。二者的售价也有着相当大的差别，例如，纯度在98%以上的人工合成的牛磺酸，进口价一般在2 200日元/千克左右，但从天然海产品提取的牛磺酸，纯度只有70%～80%，售价却为2万～3万日元/千克，98%以上的天然品，价格则高达3万～4万日元/千克。我国具有丰富的海洋生物资源，从鱼类、贝类或其下脚料中提取天然牛磺酸，不仅具有巨大的经济效益，也有助于解决因大量的下脚料造成的环境污染问题。富含牛磺酸的复合氨基酸添加剂比牛磺酸纯品的市场前景更为可观。因为复合氨基酸带入了其他有益氨基酸，使营养更为丰富，且提取成本大大降低。

（2）在运动饮料和保健品方面的应用。随着人民生活水平的不断提高，各种群众性体育活动越来越普及，这也为运动饮料提供了广阔的市场。牛磺酸能增强心血管系统功能，因而可作为运动饮料的成分。例如，著名的红牛饮料的主要成分之一便为牛磺酸。另外，牛磺酸在其他方面也有着广泛的应用。研究表明，牛磺酸是珍珠的主要药效成分，并在治疗功能性子宫出血与病毒性肝炎方面得到临床应用。日本学者报道用牡蛎肉的提取物（主要含牛磺酸与锌的螯合物）可以治疗精神分裂症患者。在老年保健方面，牛磺酸可作为一种抗疲劳、抗智力衰退、滋补强身的有效成分。总之，开发应用海洋生物中的牛磺酸资源，是一个值得深入研究的课题。

（二）精氨酸

精氨酸（Arginine，图2.9）化学名为L-2-氨基-胍基戊酸，熔点244℃，无臭，味

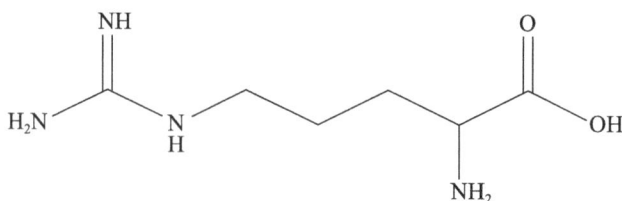

图2.9　精氨酸结构式

苦，白色结晶或结晶性粉末。精氨酸易溶于水，不溶于乙醚，微溶于乙醇。

1. 精氨酸的生理功能

精氨酸不是人体必需氨基酸，但对人体却有重要的生理功能。

（1）有助于将血液中的氨转变为尿素排出体外，对高血氨症、肝脏机能障碍有疗效。在机体发育不成熟或者处于严重的应激状态下，一旦缺乏精氨酸，人便不能维持正氮平衡，导致体内的血氨升高，继而导致昏迷。如果婴儿先天性缺乏维持尿素循环的某些酶，补充精氨酸是很有必要的。

（2）调节免疫功能的作用。精氨酸能防止胸腺退化，增强胸腺功能，尤其对胸腺已萎缩的中老年人效果明显。这就是一些健美运动员要补充精氨酸的原因。精氨酸还能促进骨髓和淋巴中细胞的生长、成熟，增强血液中的单核白细胞对抗原的反应，增加吞噬细胞数量，提高机体免疫功能。

（3）精氨酸也是精子蛋白的主要成分，有提高精子质量和运动能力的作用。成年男性多食用含精氨酸较多的食物，有利于精子量的增加，提高生殖功能。精子产生量少的男性更应多食用富含精氨酸的食物。

（4）促进伤口愈合。精氨酸可以促进结缔组织的形成，修复伤口。

（5）调节血糖。精氨酸能够诱导、刺激肾上腺素的生成，降低血糖。

（6）降低血压。精氨酸能够松弛血管壁平滑肌，修复血管内膜，增强血管弹性，确保一氧化氮充分供应，维持血管通畅，调节血压。

2. 精氨酸的海洋生物来源

中医理论认为海龙、牡蛎、鱼鳔等可以补肾壮阳，这可能与其中的精氨酸有关。海龙的精氨酸含量高达6%。

四、糖蛋白

（一）糖蛋白的结构和分类

糖蛋白（Glycoprotein）是指由链比较短、带分支的寡糖以共价键形式与多肽链某些特定部位的羟基或酰氨基连接的一类结合蛋白质，在生物体内广泛存在于细胞间质、细胞膜、血浆及黏液中。随着糖蛋白许多生理功能的发现，产生了一个新兴学科，即糖生物学（Glycobiology）。糖蛋白中的糖链对蛋白质起重要修饰功能，如影响蛋白质的构象、折叠、半衰期、溶解度、抗原性以及其他生物活性。糖链和蛋白质的相互作用，可提高细胞的专一性识别，调控各种生命过程，例如受精、发育、分化、神经系统及免疫系统恒态的维持等。

在糖蛋白的高级结构中，肽链折叠卷曲形成特定的空间结构，肽链某些特定的氨基酸位点能和糖链结合，糖链作为侧链与亲水基团暴露在空间结构外层。

糖肽键是糖链与肽链的连接键，是糖基异头碳原子上的羟基和肽链氨基酸残基上的酰胺基或者羟基脱水形成的糖苷键，可分为N-糖苷键和O-糖苷键。就糖蛋白的一级结构组成而言，肽链中几乎含有所有常见氨基酸，且以羟基氨基酸居多。糖蛋白中糖的含量差异很大，从0.3%到80%不等。

糖与蛋白的结合物依据糖链的类型不同，分为蛋白聚糖与糖蛋白。蛋白聚糖的糖链是由多个重复的二糖单位组成的线性多糖，其中二糖单位由己糖醛酸与氨基己糖或半乳糖单位组成；而糖蛋白的糖链则是带有分支的寡糖链，其中O–连接寡糖链占50%以上的糖蛋白又称作黏蛋白型糖蛋白。尽管糖链的类型不同，但在全世界发现的200多种单糖中，仅仅有11种单糖出现在糖蛋白中。

（二）海洋生物糖蛋白的生理功能

自从糖蛋白被发现，国内外就对其提取分离纯化技术及不同结构的生物活性进行研究。人们从真菌、河蚬、螺旋藻、霞水母、章鱼、栉孔扇贝、皱纹盘鲍、文蛤、泥蚶、紫贻贝、缢蛏、海兔等海洋生物中提取了糖蛋白，发现海洋生物糖蛋白具有调节免疫、抗衰老、抗肿瘤等功能。

（1）糖蛋白携带某些蛋白质代谢去向的信息。例如，糖蛋白寡糖链末端的唾液酸残基，包含了决定某种蛋白质能否在血流中存在或者被肝脏去除的信息。

（2）寡糖链在信号传递、细胞识别中起关键作用。正常情况下，淋巴细胞应该归巢到脾脏，而切去唾液酸后，却归巢到了肝脏。

（3）抗氧化活性。通过对小球藻糖蛋白的·OH清除能力与类SOD活性的研究，证明小球藻中的多糖CGPⅠ与CGPⅡ均具有抗氧化活性。另外，从牡蛎、覆盆子、油茶籽等多种动植物中提取的糖蛋白在体外与动物实验中皆呈现出良好的抗氧化功能。这为开发抗氧化、抗衰老等功效的保健食品与药物提供了良好的依据。

（4）抗疲劳作用。通过小鼠负重游泳实验与对血清尿素氮、肝糖原含量的测定，证明从霞水母中提取的糖蛋白具有抗疲劳的功能。通过动物实验与人群调查研究，证明α–酸性糖蛋白为一种内源性抗疲劳糖蛋白，并可作为慢性疲劳综合征的诊断标志物。

（5）抗肿瘤和免疫活性。目前使用的抗肿瘤药物会一定程度损害人体的正常细胞，导致机体免疫功能衰退。从天然原料中提取的、具有抗肿瘤和免疫活性、无细胞毒性的糖蛋白具有重大应用价值，对今后此类药物与保健食品的开发奠定了基础。

第四节　海洋生物其他活性物质

一、海洋生物苷类

（一）苷类的性质和分类

苷类，也称为甙类、配糖体，是由糖体（单糖链或者多糖链）和苷元（三萜、甾体或者甾体生物碱）缩合而成的结构复杂的天然化合物，其水溶液经振摇后能产生大量持久性肥皂泡样泡沫，所以也称之为皂苷。大多数苷类化合物具有抗菌、抗病毒、抗肿瘤、强心与溶血作用。但它们的结构较复杂，构效关系的研究比较困难。

通常苷类根据苷元的结构类型分为酚苷、氰苷、醇苷、蒽苷、皂苷、黄酮苷、强心苷、环烯醚萜苷和香豆素苷等；根据糖基的名称分葡萄糖苷、鼠李糖苷、三糖苷、芸香糖苷等；根据糖基的数目分为单糖苷、双糖苷、三糖苷等；根据苷在生物体中是原生的还是次生的，可分为原生苷和次生苷；根据苷键原子不同分为氧苷、硫苷、氮苷、碳苷，自然界中氧苷最为常见。海洋糖苷类主要成分包括甾体糖苷、鞘脂类糖苷、萜类糖苷与大环内酯糖苷等。研究表明，海洋糖苷类大多具有抗病毒、抗炎、抗菌、抗肿瘤、增强免疫力等生物活性。

（二）海洋生物中的苷类

1.海洋棘皮动物的皂苷

海洋棘皮动物海参和海星含有皂苷，皂苷是它们的毒性成分，一般具有抗癌、抗菌、抗炎等作用。从海参中提取的海参苷也称为海参素，从不同海参提取的海参素结构有所不同。海星纲动物中分离得的皂苷为甾体皂苷。

海参皂苷结构复杂，其多样性主要体现在苷元环上的取代基团种类、取代部位及与之相连糖链的单糖数量、类型、连接顺序的不同。根据苷元的结构把海参皂苷分为海参烷型与非海参烷型两大类，区别在于海参烷型皂苷的苷元具有18（20）内酯环，而非海参烷型皂苷没有内酯环或其内酯环位于16或18位。海参体壁内皂苷的含量四季几乎无变化（0.1%～0.5%），在繁殖季节内脏皂苷含量增加80～200倍。海参皂苷与灵芝、人参中的皂苷有相同的药理作用，能加速脂肪分解并抑制脂肪生成，促进造血干细胞（HSC）增殖。海参皂苷还具有下述功能：抑制致病细菌（革兰阴性菌、革兰阳性菌）和致病毒霉菌（毛霉菌、发癣菌、念珠菌、曲霉菌）的生长、抑制组织细胞氧化、调节免疫功能、刺激骨髓红细胞生长、抗原虫（如毛滴虫）、促进排卵与刺激宫缩、具有雌激素活性、抗疲劳、阻断神经肌肉传导，以及用于防止脑瘫、脑震荡、脊椎损伤所引起的痉挛。

海星纲动物中分离得到的皂苷为甾体皂苷，一般具有抗菌、抗炎、抗癌等作用。海星皂苷（图2.10）对海星本身来说，可能是生物防御物质，用于抵抗捕食者的进攻，也可能是用于捕食时麻痹猎物。

人们已经对海星皂苷进行了多方面的生物活性研究，概括起来主要有溶血、抗病毒、抗肿瘤、抗溃疡、抗菌、消炎、降血压和麻醉等活性。另外，海星皂苷还有较强的驱蝇杀虫作用，能够抑制蝇蛆的脱皮而使其死亡，这一作用已应用于渔区。海星皂苷的溶血作用比海参皂苷更加强大。从多棘海盘车（*Asterias amurensis*）中分离得到的海星皂苷A、B能使精子失去移动能力，并间接抑制卵细胞成熟，阻碍排卵。自长棘海星（*Acanthaster planci*）和海燕（*Asterina pectinifera*）中分离出的海星皂苷能抑制流感病毒。从罗氏海盘车（*Asterias rollentoni*）中提取的总皂苷能够提高胃溃疡的愈合率，其疗效高于甲氰脒胍。

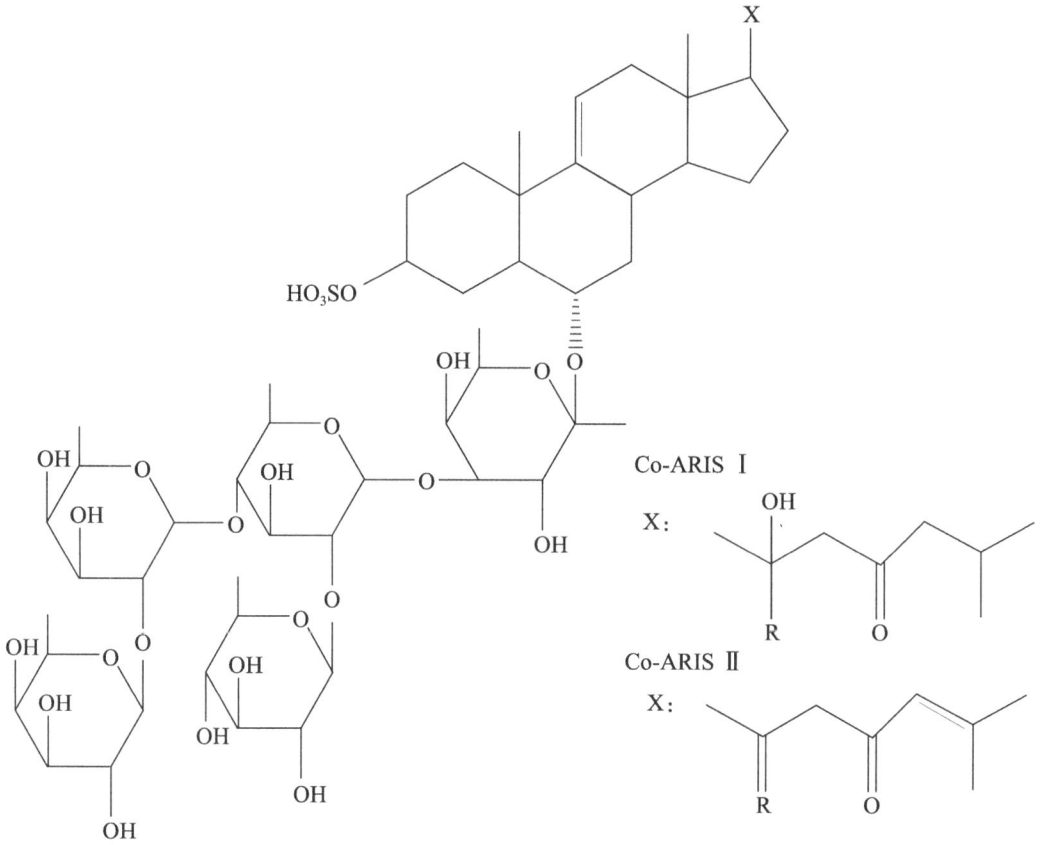

图2.10　海星皂苷结构式
ARIS为一种糖蛋白

2. 脑苷脂类化合物

脑苷脂（图2.11）又称为酰基鞘氨醇己糖苷，是神经鞘脂类的一种，属于中性鞘糖脂，是生物细胞膜中广泛存在的一类含量很低的内源性活性物质。脑苷脂由神经酰胺与

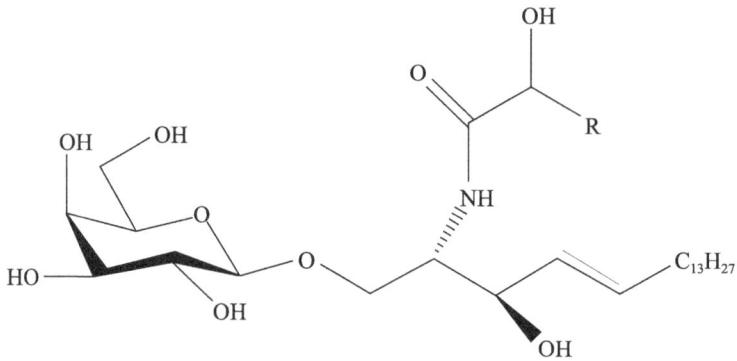

图2.11　脑苷脂结构式

糖2部分组成。神经酰胺是由长链脂肪酸中的羧基和神经鞘氨醇（又称为长链碱）的氨基，经脱水以酰胺键相连形成的一类酰胺类化合物。这类化合物的结构特征表现为含有多不饱和双键，且大多存在于鞘氨醇部分。脑苷脂类是细胞膜的结构成分，存在于哺乳动物的表皮、脑组织、心脏、肝脏及红细胞的膜组织中，在某些高度分化的组织膜表面含量也比较高，如小肠刷状缘、髓鞘等，在一些流感病毒、大型真菌、高等植物中也有分布。

含脑苷脂类化合物的海洋生物比陆生生物少，并且脑苷脂类的含量甚微。但因为海洋特殊的生态环境，海洋生物中的脑苷脂类结构新颖且具有较强的生物活性，这为进一步研究脑苷脂类的合成与构效关系提供了依据。海洋生物脑苷脂类的糖基部分大多由葡萄糖、半乳糖与氨基糖组成。

海洋生物脑苷脂类具有多种生物活性：

（1）调控细胞生长。研究表明，脑苷脂能促进细胞增殖，并且能中和细胞内产生的一些毒素。神经酰胺能通过调节细胞周期与细胞凋亡等机制影响细胞生长。有证据表明神经酰胺在气管平滑肌细胞、HL-60细胞株、巨噬细胞和内皮细胞中能引起细胞凋亡。

（2）肿瘤抑制活性。实验证明脑苷脂类化合物和肿瘤生长密切相关。应用半乳糖脑苷脂配合全身过热疗法，能有效地抑制肿瘤生长，延长正常细胞存活。神经酰胺作为第二信使参与介导肿瘤细胞凋亡。在体外培养的细胞中加入神经酰胺可诱导人大肠癌细胞、白血病细胞、结肠癌细胞、鼻咽癌细胞、肝癌细胞、成纤维细胞等的凋亡。

（3）免疫调节活性。研究发现脑苷脂类作为免疫刺激因子，在肿瘤免疫监视、抗感染等方面具有重要作用。

（4）神经保护作用。脑苷脂类能促进神经元的生长、再生与修复，活化神经细胞膜的Na^+,K^+-ATP酶，促进神经功能的恢复。研究发现，脑苷脂能通过髓鞘传递跨膜信号，有利于髓鞘与轴突之间的功能调节。

（5）心血管保护作用。脑苷脂类具有抑制动脉硬化作用。许多研究证明神经酰胺介导的跨膜信号传导和心血管功能有关，能够调节细胞内的过氧化物与脂质的过氧化反应。神经酰胺也能抑制胆固醇脂转运蛋白（CETP），CETP可导致动脉粥样硬化等心血管疾病的发生。

脑苷脂类化合物由于具有较为多样的生物活性而受到关注。在神经系统疾病方面，脑苷脂类产品已用于神经恢复的治疗。已有报道早期使用脑苷脂治疗急性脑外伤和脊髓损伤效果较好，并可用于脑缺血性疾病及脑水肿的治疗。国外已将脑苷脂类应用于开发改善老年性脑功能衰退的药物。从哺乳动物脑中提取的以脑苷脂为主的鞘糖脂物质还可被加工制成保健营养品，有促进脑生长发育，增强学习、记忆能力及促进脑组织损伤后恢复的功效。脑苷脂类化合物在抗肿瘤方面也显示出一定的应用前景，例如，鞘糖脂可作为肿瘤标记物。脑苷脂类还有望开发一些疫苗（抗HIV的DNA疫苗、蛋白疫苗等）的协同治疗产品，可增强药物抗肿瘤、抗菌、抗病毒、抗寄生虫的能力。目前市场上已出现以脑苷脂类作为辅助剂及食品添加剂的片剂、功能性饮料、保健食品，具有抑制血压上升、增强免疫、抑制癌细胞增殖等作用。应用天然及合成的神经酰胺及其衍生物作为活性添加剂的护肤、护发产品也已见于市场。

二、海洋生物萜类

（一）海洋生物萜类化合物的作用及来源

萜类化合物结构通式为$(C_5H_8)_n$，其碳架可看成是由两个或多个异戊二烯单位连接而成的。萜类化合物广泛存在于自然界中，高等植物、昆虫、真菌、微生物都有萜类成分的存在。许多萜类化合物是中草药中的有效成分。而且它们也是一类重要的天然香料，是化妆品与食品工业不可缺少的原料。一些萜类化合物还是重要的工业原料，例如，多萜化合物橡胶是反式连接的异戊二烯长链聚合物，是汽车工业与飞机工业的重要原料。

从海洋生物中分离的萜类化合物具有多种生物学活性，如抗菌、抗病毒、抗寄生虫、抗肿瘤、镇静及抑制平滑肌，有的还具有健胃等保健作用。

（二）海洋生物萜类化合物的特点

海洋生物产生的萜类是最常见的海洋天然有机物，主要来自海藻、腔肠动物、海绵和软体动物。和陆地天然萜类一样，它们的碳架可看作是以异戊二烯的碳架为单元首尾相连而形成的。

海洋萜类与陆地萜类的主要差别如下：① 陆地生物体主要合成单萜，可以生成许多常见的有香味的植物挥发油，而海洋生物体内主要生成相对分子质量较大的萜类，特别是二萜及二倍半萜；② 海洋萜类分子中含有特殊的官能团，如异氰基（—NC）、卤素基因和呋喃环；③ 海洋萜类，尤其是环状萜类的分子结构较特殊，这是由于海洋萜类的生物合成途径有卤素（常见的是溴）的作用，特别是卤素参与萜类的坏化过程，生成各种各样的卤代萜类。

（三）海洋生物萜类化合物的分类

目前已发现的海洋萜类中仅倍半萜就大约有400种，其中许多具有抗菌、抗癌及其他活性。

1. 海洋倍半萜

海洋倍半萜是由3个异戊二烯单元首尾相连形成的化合物，其分子碳架通常含有15个碳原子。海洋倍半萜含有和碳原子共价结合的卤素，此外还含有异氰基与呋喃环。已发现的含卤素萜类化合物大多为倍半萜。

2. 海洋二萜

海洋二萜是由4个异戊二烯单元首尾相连形成的化合物，其分子碳架通常含有20个碳原子，为最常见的海洋萜类化合物。海洋二萜多数来自海藻与珊瑚，少数来自海绵。海洋二萜与陆地二萜有着显著不同的结构特点：很多陆地二萜在生物体内的合成都是通过链状的醇由质子诱导以"反-反-反"的方式环化而成的，而海洋二萜只有少数例子遵循这一途径。常见的合成方式有以下几种：① 降解二萜，由含20个碳原子的碳架在生物体内通过某种途径失去一个或者几个碳原子而形成，如含有19或18个碳原子的链状降解二萜和环状降解二萜；② 一种链状二萜在其末端接有芳香母体或者碳水化合物残基；③ 按照新的生物合成机制产生的带有复杂环状系统的二萜。

3. 海洋二倍半萜

海洋二倍半萜是由5个异戊二烯单元首尾相连形成的化合物，其分子碳架通常含有25个碳原子。目前已知海绵是自然界中含有二倍半萜最丰富的生物。二倍半萜在陆地生物中极为罕见，只在昆虫的保护蜡与真菌中发现过。从海绵中得到的二倍半萜主要有2类，大多是链状的二倍半萜，还有一些是有新的骨架的四环或者五环二倍半萜。近来又发现了不属于上述2类的新的单环二倍半萜。

4. 海洋多萜

海洋生物中多萜数量非常少。从海洋生物中提取得到的三萜类化合物主要以三萜烯类、三萜皂苷、三萜糖苷等形式存在。海绵和海藻是三萜化合物的主要来源，其中臭椿类三萜最引人关注。目前，从海绵中分离到的臭椿类三萜达到39种。

5. 角鲨烯

角鲨烯（图2.12）是一种脂质不皂化物，最初是在鲨鱼的肝油中发现的，1914年被命名为Squalene，其化学名称为（6E,10E,14E,18E）-2,6,10,15,19,23-六甲基-2,6,10,14,18,22-二十四碳六烯，属开链三萜，又称为鱼肝油萜。

各种鲨鱼的肝脏中均含有角鲨烯。一般认为深海鲨鱼肝中含量较高，如铠鲨肝油中含量为40%~74%；近海鲨鱼中含量低，如翅鲨、扁鲨等含量<1.5%，姥鲨幼鱼含0.031%~0.46%。角鲨烯含量因鱼种不同而变化，即使同种鲨鱼亦存在年龄、种群、地理上的差异。其他动物油脂中也含有较少的角鲨烯，如在猪油、牛脂中含量低于不皂化物的5%。

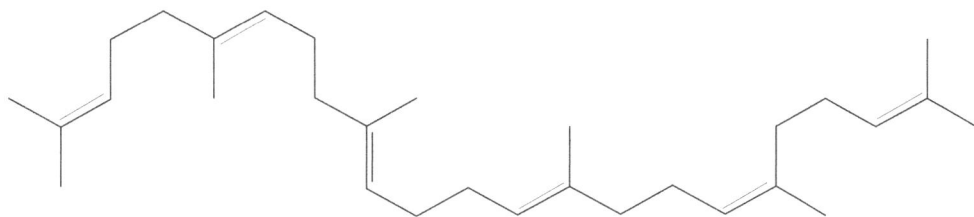

图2.12 角鲨烯结构式

角鲨烯在人体中广泛分布于内膜、肝脏、皮肤、皮下脂肪、指甲、脑等组织、器官内，在脂肪细胞中浓度很高。皮脂中含量也比较多，每人每天可分泌角鲨烯125~425 mg，头皮脂中的分泌量最高。

角鲨烯在植物中分布非常广，但含量不高，大多低于植物油中不皂化物的5%，仅少数含量较多，如每100 g橄榄油含有角鲨烯150~700 mg，每100 g米糠油含332 mg。目前加拿大科学家已经开发出一种可使植物体中的角鲨烯在种子或者其他组织中积累的技术，将种子或其他组织加工成植物油，再提取其中的角鲨烯。

角鲨烯具有多种生理功能：

（1）保肝作用，促进肝细胞再生并且保护肝细胞，从而改善肝脏功能。

（2）增强机体的抗病与抗疲劳能力，提高人体免疫功能。

（3）维持肾上腺皮质功能，促进机体的应激能力。

（4）抗肿瘤，特别是在癌切除外科手术后或者采用放化疗时使用，效果明显，其最大的特点是防止癌细胞向肺部转移。

三、海洋生物甾族化合物

（一）海洋甾族化合物的结构和特点

甾族化合物（Steroid，图2.13）具有甾核，是环戊烷多氢菲碳骨架化合物的总称。几乎所有的生物都能合成甾类化合物。海洋甾族化合物由海洋生物生成，是一类最常见的海洋天然有机物，主要来自藻类。

许多研究证明，单细胞藻类是海洋甾醇的主要生产者，而以藻类为食物的无脊椎动物则起着收集者与改性者的作用。陆地甾族化合物的分子均含有氢化程度不同的1,2-环戊烯并菲母核，有3个支链，其中第10与13位碳上的支链通常是甲基。海洋甾族化合物具有明显不同的支链结构，其中许多是在陆地生物中未发现的。特别是第17碳上的支链，例如，支链中含有环丙烷的柳珊瑚甾醇，支链只有2个碳原子的海星酮。有些甾族化合物还具有不寻常的母核结构，如从海绵中分离出的一种甾族化合物，其母核的A环缩小成为五元环。还有一些含有多个羟基的甾族化合物，如豆荚软珊瑚甾醇。多数海洋非皂化甾醇是没有毒性的，具有降低血液胆固醇含量的能力，能抑制脂肪肝形成与过量脂肪沉淀于心脏中的倾向。

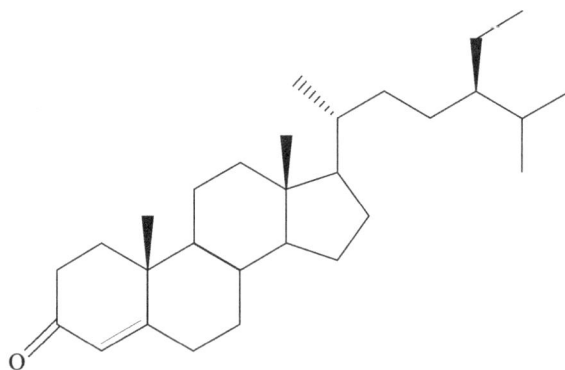

图2.13　甾类化合物结构

多羟基甾醇是一类具有显著生物活性的天然化合物，广泛地存在于海洋生物中，一直引起海洋化学家和药物学家的研究兴趣。近年来，国内外对从海藻、海绵、棘皮动物等分离得到的多羟基甾醇类化合物已有较多的研究报道。它们往往具有多种生物活性，如抗肿瘤、抗炎、抗菌、抗疟疾、保肝、抑制蛋白酶等。

（二）海参甾醇

海参的甾醇有胆甾醇、胆甾-7-烯-3β醇、5α-胆甾-7-烯-3β醇、5α-麦角甾-7,22-双烯-3β醇和豆甾醇。值得一提的是，传统理论认为麦角甾醇一般存在于真菌中，豆甾醇存在于植物中，而在海参组织中也发现了麦角甾醇和豆甾醇。这表明，甾醇在动植物中的分布没有绝对的界限，这对丰富甾体化合物的研究有一定的意义。豆甾醇可以转化为维生素D_2，维生素D_2在调节生命代谢功能上有重要作用，豆甾醇可以有效降低血清中胆固醇的浓度。这些甾醇类化合物具有广泛的生物活性，是海参活血消炎、促进生殖发育的物质基础。

（三）岩藻甾醇

岩藻甾醇（Fucosterol，图2.14），又称2,4-亚乙基胆甾-5-烯-3β-醇，是大量存在于海藻中的一种植物甾醇，为白色针状晶体，相对分子质量为412。溶于非极性有机溶剂，难溶于乙醇、丙酮，不溶于水，可从甲醇中获得晶体。

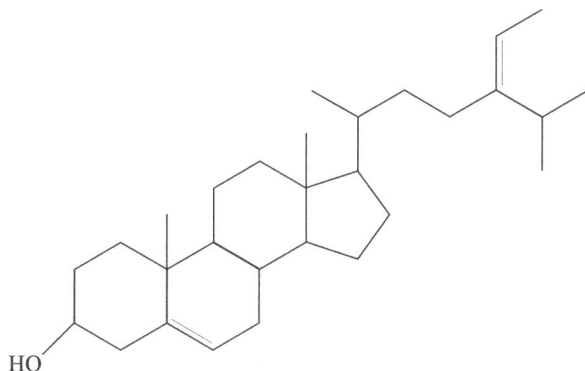

图2.14 岩藻甾醇结构式

岩藻甾醇具有非常重要的生理功能，如维持生物内环境稳定、控制糖原与无机盐的代谢、防治癌症、调节应激反应、显著降低血液中胆固醇等。所以，岩藻甾醇的功能已引起科学家的注意。岩藻甾醇可作为合成激素与药物的原料，如雄激素、雌激素、氢化可的松等，可调节人的生长、发育、生殖，并且具有消炎、止痛等功效。

四、海洋生物色素

很多天然食品具有本身的色泽，这些色泽是食品的重要感官指标，能够促进人的食欲，促进消化液的分泌，有利于消化与吸收。但天然食品在加工保存过程中易褪色或者变色，为了改善食品的色泽，人们常在加工食品的过程中添加食用色素，以改善感官体验。现在常用的食品色素分为2类：天然色素和人工合成色素。天然色素来自天然物质，主要从植物组织中提取，少量来自动物与微生物。人工合成色素是指用人工化学合成方法所获得的有机色素，主要是以煤焦油中分离出的苯胺染料作为原料制成的。而从海洋生物中提取食用天然色素具有极大的潜力。下面介绍海洋生物中具有保健功能的色素。

（一）β-胡萝卜素

1. β-胡萝卜素的来源及结构特点

β-胡萝卜素（图2.15）是类胡萝卜素中的一种。类胡萝卜素是脂溶性四萜烯。目前已知类胡萝卜素有600种以上，其中胡萝卜素有α-、β-、γ-、ε-胡萝卜素。β-胡萝卜素的分子式是 $C_{40}H_{56}$，是橘黄色脂溶性化合物，它在自然界中普遍存在，也是最稳定的天然色素。β-胡萝卜素也被用作一些食品（如人造奶油）的着色剂。β-胡萝卜素的稀溶液呈现橙黄色，有很强的着色力。研究发现，β-萝卜素除可用于维生素缺乏症外，还能够抗癌、防癌与预防心血管病。

盐藻是单细胞真核藻类，是迄今发现的最耐盐的真核生物之一，富含β-胡萝卜素、多糖、维生素、不饱和脂肪酸、二萜、甘油等多种生物活性物质和人体所需的无机盐。盐藻是天然β-胡萝卜素的最佳来源。

2. β-胡萝卜素的保健功能

（1）可转化为维生素A。β-胡萝卜素可作为维生素A的前体，大量服用β-胡萝卜素也不会导致体内维生素A水平的异常增加。

（2）提高免疫力。β-胡萝卜素具有比维生素A更强的免疫促进作用。研究表明，β-胡萝卜素能增强吞噬细胞、淋巴细胞的功能，促进细胞因子释放，具有细胞免疫刺激作用，且可以提高化疗后机体的免疫力。

（3）抗氧化作用。研究表明，β-胡萝卜素够使尘肺患者血液中的谷胱甘肽过氧化物酶（GSH-Px）和SOD活性明显升高，起到抗氧化作用。

（4）预防心脑血管疾病。杜氏盐藻中的β-胡萝卜素能降低血清中胆固醇、高密度脂蛋白胆固醇（HDLC）及低密度脂蛋白胆固醇（LDLC）的水平，升高HDLC与LDLC的比值。此外，还能有效抑制血清和动脉壁MDA的生成。

（5）抗突变作用。研究表明，盐藻中的β-胡萝卜素能抑制γ射线诱发的微核形成与染色体畸变。

（6）抗癌作用。β-胡萝卜素对预防与治疗各种癌症的功效并不完全相同，它对结肠癌、肺癌、咽喉癌、食道癌、口腔癌、皮肤癌等效果较好，并且能通过人体正常代谢降解，使用安全。

3. β-胡萝卜素的应用

β-胡萝卜素可作为营养增补剂和色素。按原卫生部颁布的《食品营养强化剂使用卫

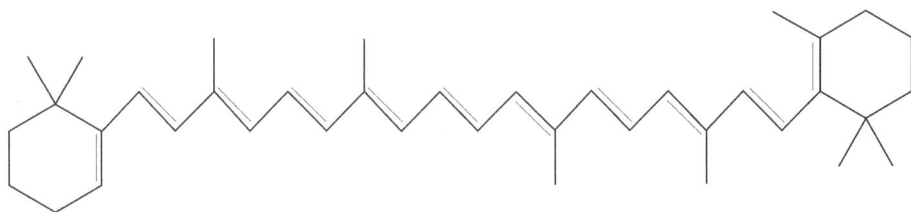

图2.15　β-胡萝卜素结构式

生标准》（GB 14880—2012）规定，β–胡萝卜素可用于奶油及膨化食品，最大使用量为 0.2 g/kg。0.6 μg β–胡萝卜素的生理功能相当于1国际单位（IU）的维生素A。β–胡萝卜素现广泛用作黄色色素以代替油溶性焦油系色素，如用于原本就含有胡萝卜素的干酪、奶油、蛋黄酱等，并且广泛应用于其他食用油脂、起酥油、人造奶油、面包、糕点等。用于油性食品时，常先将β–胡萝卜素溶解于食用油或制成悬浊制剂（含量30%），经稀释后便可使用。为防止β–胡萝卜素氧化，一般添加硬脂酰抗坏血酸酯、α–生育酚、BHA等抗氧化剂。β–胡萝卜素用作色素添加量较少，如用于人造奶油为1.37 mg/kg。β–胡萝卜素在果汁中与维生素C合用，可提高其稳定性。

（二）虾青素

虾青素（图2.16）是一种广泛存在于生物体的红色素，属于类胡萝卜素。虾青素是一种脂溶性色素，在虾、蟹、鲑鱼、藻类等海洋生物中均可找到。

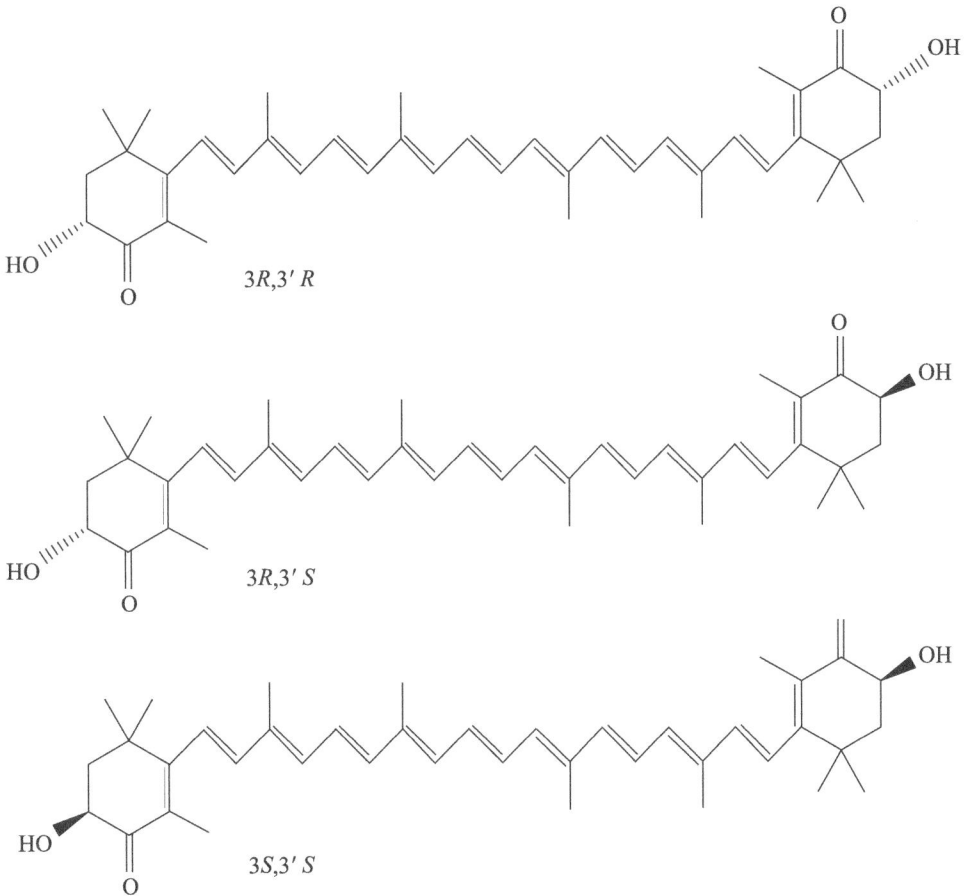

图2.16　虾青素立体异构体

1. 虾青素的存在方式

虾青素可以由某些藻类、细菌、真菌产生。一些水生物种，如包括虾在内的甲壳类动物食用这些藻类与浮游生物，然后把虾青素储存在壳中。这些甲壳类动物又被鱼类（鳟鱼、鲑鱼）与鸟类（朱鹭、火烈鸟）捕食，然后把色素储存在皮肤与脂肪组织中。这就是鲑鱼等动物的肌肉、表皮、羽毛等呈现红色的原因。

虾青素在不同动物的不同组织、器官分布不同。鲑鱼的皮肤、鱼卵、鱼鳞的虾青素以酯化态为主，游离态的虾青素主要分布在肌肉、血浆及内脏器官。小虾体内和海鲤的皮肤的虾青素以酯化态为主。酯化的虾青素是储存在体内未被氧化过的更加稳定的虾青素。雨生红球藻（*Haematococcus pluvialis*）中主要就是酯化的虾青素，被公认为自然界中生产天然虾青素最好的生物。天然虾青素虽存在多种生物体内，如蟹壳、虾壳、红色酵母菌，但含量均非常低，且提取工艺复杂。近几年从红球藻提取虾青素发展很快，因为红球藻生长快、虾青素质量浓度高。目前使用的虾青素大部分是化学合成品。

2. 虾青素的获取途径

（1）通过虾壳粉碎提取：因质量分数太低（$8 \times 10^{-5} \sim 2 \times 10^{-4}$），灰分太多，一般用于饲料添加。

（2）经人工合成：质量分数为$5 \times 10^{-2} \sim 8 \times 10^{-2}$，仅有国际化学巨头Roche、BASF公司能够合成，主要为$3R,3'S$顺式结构，是一种石化产品，仅用于动物染色，在美国已禁止使用于保健品。

（3）红酵母菌发酵法：为$3R,3'R$结构，质量分数通常为$8 \times 10^{-4} \sim 4 \times 10^{-3}$，仅有Igene和ADM公司可以生产，产品含糖量过高，对动物和人都有潜在危险。

（4）红球藻法养殖：为$3S,3'S$结构，质量分数通常为$1.5 \times 10^{-2} \sim 4 \times 10^{-2}$，主要为BioReal（Sweden）AB、Aquasearch、Cyanotech公司生产。生物利用度最高，风险最小。采用超临界液态二氧化碳法提取雨生红球藻中的虾青素，该方法是最有效的提取方式。

（5）植物培养法：2012年，中国科学院昆明植物研究所和北京大学、香港大学合作，培育出世界首例能够高产虾青素的工程番茄新品种，其果实能累积虾青素，含量与雨生红球藻相近，高达1.6%。

3. 虾青素的基本作用

（1）抗氧化功能。虾青素具有保护皮肤与眼睛、预防心血管老化、抵抗辐射、防治阿尔茨海默病与癌症等功效。人体的衰老主要是由自由基造成的氧化所致。虾青素进入人体细胞，直接清除细胞内的氧自由基，提高细胞再生能力，维持人体机能正常发挥。研究人员一直都在开发新的抗氧化物质：第一代抗氧化物质是维生素类；第二代抗氧化物质是β-胡萝卜素、SOD、辅酶Q10等；第三代抗氧化物质是花青素、蓝莓提取物、葡萄籽提取物、绿茶素、番茄红素、硫辛酸等；第四代抗氧化物质就是天然虾青素。研究表明，雨生红球藻中虾青素的抗氧化活性远高于β-胡萝卜素、葡萄籽提取物、硫辛酸、叶黄素、维生素E。

（2）抗癌功能。虾青素能显著抑制化学物质诱导的初期癌变，对暴露于致癌物质中的上皮细胞具有抑制增殖作用与促进免疫功能的作用，如抑制口腔癌、膀胱癌、结肠癌、乳腺癌和胃癌细胞的生长。虾青素还能削弱黄曲霉毒素的致癌性，对黄曲霉毒素诱导的肝肿瘤细胞的抑制效果良好。

（3）保护眼睛和中枢神经。研究表明，虾青素很容易通过血脑屏障与细胞膜，有效地防止视网膜的氧化与感光细胞的损伤，尤其是对预防视网膜黄斑变性的效果较叶黄素更加显著。能对中枢神经系统尤其是对大脑起到保护作用，有效治疗脊髓损伤、缺血再灌注损伤、帕金森综合征等中枢神经系统损伤。

（4）防紫外线辐射。紫外线辐射是导致表皮光老化与皮肤癌的重要原因，虾青素的强抗氧化性可使它成为有效的光保护剂，清除引起皮肤老化的自由基，保护细胞膜与线粒体膜免受氧化损伤，防止皮肤光老化。

（5）预防心血管疾病。研究表明，虾青素在体内具有显著提高HDL与降低LDL的作用，其中HDL可由原来的49.7 mg/dL ± 3.6 mg/dL增加到66.5 mg/dL ± 5.1 mg/dL，所以推测虾青素能减少载脂蛋白的氧化，可用来预防冠心病、动脉硬化和缺血性脑损伤。

（6）增强免疫力。虾青素能显著影响动物的免疫功能，在有抗原存在时，能显著提高脾细胞产生抗体的能力，增强T细胞的功能，刺激体内免疫球蛋白的生成。虾青素有很强的诱导细胞分裂的活性，具有重要的免疫调节功能。

（7）缓解疲劳，增强机体代谢。虾青素可作为抗氧化剂，抑制自由基对机体的氧化损害作用。口服虾青素还可强化需氧代谢，提高肌肉力量与肌肉耐受力，迅速缓解运动疲劳，减轻剧烈运动后产生的迟发性肌肉疼痛。

4. 虾青素的应用

虾青素的晶体呈褐红色。与β-胡萝卜素和维生素E等相比，虾青素有更强的生物活性，可广泛应用于食品、医药、饲料及化妆品等行业。

虾青素主要应用于饲料工业，可用作鲟鱼、鲍鱼、鲑鱼、真鲷、虹鳟、甲壳类动物、观赏鱼类与禽畜类的饲料添加剂，其主要作用如下：

（1）作为天然色素增加食品营养及商品价值。添加到饲料中的虾青素积累在鱼类和甲壳类体内，使成体呈现红色，色泽鲜艳，富含营养，价格比普通成体高出许多倍。肉禽饲喂添加了虾青素的饲料后，蛋黄量增加，皮肤、喙、脚呈现金黄色，极大提高了禽蛋、肉的营养和商品价值。

（2）作为天然激素提高动物繁殖能力。虾青素可以作为天然激素促进鱼卵受精，减少胚胎的死亡率，加快个体生长、成熟，增强生殖力。

（3）作为免疫增强剂改善机体健康状态。虾青素在消除自由基、抗氧化方面的能力均强于β-胡萝卜素，可促进抗体的产生，提高动物的免疫功能。

（4）改善皮肤和肌肉的颜色。虾青素能有效改善观赏动物的体色，提高其观赏价值。

（三）海胆壳红色素

海胆属于棘皮动物门，我国目前已发现的海胆有100多种，常见的有马粪海胆和紫海胆。紫海胆壳为暗绿色，棘为黑紫色，均来自萘醌色素，以其钙盐和镁盐的形式存在。海胆生殖腺中的色素主要为黄酮结构的类胡萝卜素，以蛋白质复合体的形式存在。海胆棘壳含有大量多羟基萘醌（PHNQ）类色素，近年来，研究者发现海胆棘壳中的色素具有明显的抗肿瘤、抗氧化、抗菌及保护心血管等生物活性，还能螯合Fe^{2+}，清除DPPH自由基，抑制脂质过氧化与还原活性。

（四）藻蓝色素

1. 藻蓝色素的来源及结构特点

藻蓝色素是天然色素中为数不多的蛋白质结合色素，它的相对分子质量约为120×10^3。主要着色成分为C-藻蓝蛋白、C-藻红蛋白、异藻蓝蛋白。

可以从红藻与蓝藻，如多管藻、螺旋藻、条斑紫菜、红毛藻、坛紫菜等提取藻蓝色素。不同种类的海藻中藻蓝色素的含量、种类不同，不同生长期的藻类藻蓝色素含量也有差异，一般在生长初期含量比较少，临近成熟时达到最高值，其后逐渐减少。新鲜海藻中藻蓝色素的含量要比晒干和加工后的含量高。尽管可从多种藻类中得到藻蓝色素，但只有大量收获藻类才能够满足提取藻蓝色素的原料需求。螺旋藻是我国目前大规模养殖的微藻物种，藻蓝色素是螺旋藻的光合色素，含量高达干重的20%以上，所以，螺旋藻是生产藻蓝色素经济而有效的首选原料。

2. 藻蓝色素的营养保健功能

（1）营养功能。国内外研究表明，藻蓝色素属于蛋白质结合色素，其氨基酸组成比例十分合理，其中8种必需氨基酸的含量接近或者超过联合国粮农组织（FAO）推荐的标准。藻蓝色素用于食品强化可提高蛋白质的利用率。

（2）帮助人体对铁的吸收。食物中铁的可利用率和其结合方式有关，血红素铁为最有效的可吸收性铁，在动物组织中有60%的铁是血红素铁，而植物性食物中仅有13%～35%的铁可以被人体吸收。日本的研究人员发现：在相似消化条件下，藻蓝色素可与铁形成叮溶性化合物，极大提高人体对铁的吸收，与血红素的相关功能接近。

（3）提高免疫力。动物实验表明，给注射有肝肿瘤细胞的实验小鼠口服螺旋藻藻蓝蛋白后，实验组小鼠的成活率显著升高。进一步的研究发现，实验组小鼠的淋巴细胞活性明显高于对照组和正常小鼠，所以，研究者认为藻蓝蛋白可以提高淋巴细胞活性，通过淋巴系统促进肌体免疫力，提高肌体防病、抗病能力。

（4）促进动物血细胞的再生。藻蓝色素对骨髓造血具有促进作用，可以用于临床辅助治疗各种血液疾病，对白血病也有治疗作用。

（5）抗氧化作用。过氧化脂质（LPO）是细胞膜上的PUFA被超氧阴离子氧化而形成的，是导致细胞功能减退、组织损伤、肌体衰老的重要因素之一。实验表明，光照下藻蓝蛋白能产生自由基，黑暗中则能消除自由基，所以，藻蓝蛋白有产生与清除自由基的双重功能。经特定方法处理使藻蓝蛋白变性后，其产生自由基的能力消失，清除自由基的能力明显提高，用于食品与化妆品可降低人体代谢过程中产生的自由基所造成的细胞衰老、组织损伤等。

经国家主管部门批准使用的天然着色剂品种有40余种，如红曲红、辣椒红、玉米黄、可可色素、高粱红、菊花黄、天然苋菜红、藻蓝等。因此，藻蓝可以广泛应用于饮料、糖果、糕点、酒类等食品的着色，也可用于医疗保健品、化妆品的着色。

（五）鱿鱼墨黑色素

黑色素具有保护体内细胞免受辐射损伤的作用，即光保护功能。鱿鱼墨黑色素是从鱿鱼墨汁中提取的生物活性成分，是多糖-蛋白复合体，其多糖部分主要由等物质的量的葡糖醛酸（GlcA）、岩藻糖（Fuc）和N-乙酰半乳糖胺（GalNAc）构成。鱿鱼墨黑色素能够与蛋白质交联，增强蛋白质的结构，提供机械力并保护蛋白质不被降解。鱿鱼墨黑色素中含有的一些亲核性的基团（如—SH、—NH$_2$），使其获得抗生素特性。日本还研究利用鱿鱼墨黑色素和柠檬酸等原料，来生产去除体内残留重金属的食品。

鱿鱼墨黑色素具有如下生理功能：

（1）抗菌和抗病毒活性。科学家对乌贼属黑色素的功能进行了研究，发现这些黑色素都有一定的抗菌能力，并且还有一定的抗氧化与光保护能力。黑色素在HIV的防御方面也有重要作用，可溶性的黑色素可以防止微生物穿过皮肤和黏膜层，且能抑制HIV，从而缩小感染的范围。2000年，科学家发现鱿鱼幼体的墨能阻止鼠科白血病病毒的逆转录。一种真菌病原体产生的黑色素能促进人体产生抗真菌抗体，并能提高巨噬细胞的抗菌功能，其他真菌黑色素也能起着抗原的作用。

（2）自由基清除剂。鱿鱼墨黑色素是一种优良的自由基清除剂，能有效清除氧自由基、·OH等。在正常的大脑中，神经元黑色素与三价铁离子的螯合量少于最大螯合量，因而黑色素能发挥抑制三价铁离子毒害脑细胞的作用。但是，铁离子新陈代谢异常可使三价铁离子水平高于神经元黑色素的最大螯合量，导致游离铁的产生，游离铁能催化非酶氧化反应，特别是高效的氧化反应，如H$_2$O$_2$氧化成·OH。例如，帕金森病患者的大脑中，三价铁离子水平的升高及神经元黑色素的缺失，往往易造成神经细胞的死亡。

（3）螯合金属离子。鱿鱼墨黑色素具有很强的阳离子螯合能力，它主要通过羧基与去质子化羟基等阴离子起作用。黑色素和金属离子的结合能保护细胞。但是，在高浓度金属离子环境中，黑色素的完整性将受到影响。

五、海洋生物核酸类

（一）核酸

核酸的基本结构单位是核苷酸，核苷酸由核苷和磷酸组成，核苷由碱基和戊糖组成。DNA中戊糖是D-2-脱氧核糖（D-2-Deoxyribose），碱基是腺嘌呤、鸟嘌呤、胞嘧啶与胸腺嘧啶；RNA中戊糖是D-核糖（D-Ribose），碱基为腺嘌呤、鸟嘌呤、胞嘧啶与尿嘧啶。核酸含C、H、O、N、P等元素，与蛋白质相比，核酸一般不含S，而P的含量比较稳定，占9%~11%。核酸是生命遗传信息的携带者与传递者，它不仅对于生命的延续、生物物种遗传特性的保持、细胞分化、生长发育等过程意义重大，而且与生物变异引起的各种疾病，如遗传病、肿瘤、代谢病等也密切相关。因此，核酸的研究为现代生物化学、分子生物学与医学的重要基础之一。

（二）饮食核酸的保健功能

1. 饮食核酸与免疫

从核酸对机体各系统的影响来看，免疫系统是对核酸最敏感、受影响最直接的系统。用无核酸或者低核酸饮食配方饲喂的实验动物，细胞免疫功能低下，条件致病菌就可使其感染。没有核酸饮食会造成T淋巴细胞发育障碍、功能降低，没有细胞免疫反应的发生，同时影响T细胞依赖的体液免疫的生成；补充核酸营养后可以恢复免疫系统的发育与免疫功能。核酸是维持机体正常免疫功能与免疫系统生长代谢的必需营养物质。

2. 饮食核酸与衰老、内分泌

代谢性、退行性疾病的发生与发展和体内过氧化脂质的含量高度正相关。饮食核酸能增加血浆单不饱和脂肪酸与PUFA的含量，PUFA的增加可增强机体对抗自由基的能力。饮食核酸作为遗传物质代谢的原料，具有极强的消除体内自由基、抗生物氧化、全面提高免疫功能和性激素分泌的作用，因此在延缓衰老方面优势显著。

3. 饮食核酸与增殖细胞

饮食中补充核酸有助于肝脏再生与受损伤的小肠恢复功能。通过有无核酸的对比研究证明，一段时期内膳食中如果缺乏核酸，将对人鼠肝脏的超微结构和功能造成不良影响，表明核酸是保持肝脏处于正常生理状态的必需营养物质。血液中的白细胞、红细胞、血小板等是代谢较快的细胞，也需要充足的核酸营养。再生障碍性贫血与放疗、化疗、抗癌药物等引起的贫血均需补充核酸营养，以提高骨髓造血功能与血液成分的代谢活力。

4. 饮食核酸与循环系统

核酸营养对循环系统的作用是阻碍过氧化脂质的形成，降低胆固醇的生成，改善血流，扩张血管，纠正心肌代偿不良，抑制血小板凝集，促进血管壁再生。因此核酸被认为对脑血栓、心肌梗死、高血压和动脉粥样硬化有较好的营养保健作用。

5. 饮食核酸与糖尿病

非胰岛素依赖性糖尿病和生活方式与运动不足关系密切，目前尚无特效疗法，通常对患者使用饮食疗法。如果在普通的饮食疗法基础上，再加上核酸饮食，则对非胰岛素依赖性糖尿病的治疗将收到更好的效果。一是因为糖尿病患者血清中过氧化脂质增加，核酸及代谢产物对过氧化脂质具有较强的清除功能；二是因为核酸的促细胞（包括胰脏的胰岛素分泌细胞）代谢作用。除此之外，核酸的代谢产物腺苷还能抑制糖的分解，使小肠对糖的吸收减少。

除上述作用以外，饮食核酸还有以下优点：提高机体对环境变化的耐受力、减肥、抗疲劳、促进对氧气的利用、提高机体对冷热的抵抗力、促进生殖系统的发育等。对于婴儿、迅速成长期的孩子、老年，以及体弱多病，全身感染，经历外伤手术，肝功能不全，白细胞、T细胞、淋巴细胞降低的人群，可以额外补充核酸类物质。WHO规定，每日膳食中核酸的量最好不超过2 g，扣除食物中的核酸摄入量，每日补充小于1.5 g核酸是适合的。

（三）含核酸的海洋生物活性成分

1. 小球藻提取物

从海藻中能获得核酸等活性成分，具有增强人体免疫能力，促进儿童生长发育，促进人体受伤组织修复，防治胃溃疡、高血压、糖尿病、高血脂等各种功效。

日本将小球藻用作保健食品与某些疾病的辅助治疗药品已经有30多年的历史。我国在20世纪60年代也曾掀起养殖小球藻的热潮，但没有形成规模。近年来，小球藻养殖面积逐渐扩大，产量也有所增加。

2. 鱼精提取物

成熟雄性鱼类的精巢组织称为鱼精，分布在鱼体腹侧，色白，约占活体重量的7%左右，其主要成分是雄性生殖细胞。鱼精长久以来没有被充分利用，但现在已经成为一种重要的制药原料，用鱼精制成的药物正用于治疗人类疾病。

鱼精主要成分是核蛋白、酶类及多种微量元素（较多的有锌、锰、铜、钼等）。鱼精提取物中的主要活性成分是蛋白质、DNA和RNA等。用鱼精DNA制成的片剂与注射液，可用于治疗因使用抗癌药或者放疗而引起的白细胞减少症，也可用于治疗血小板减少、再生障碍性贫血、肝炎、牛皮癣等疾病。

六、海洋生物毒素

海洋生物毒素（Marine Biotoxin）是海洋生物体内存在的一类高活性的特殊代谢成分，一般具有极强的毒性，为海洋生物活性物质中研究进展最活跃的领域。海洋生物毒素资源丰富，分布广，种类多，据估计有1 000多种，其中已经确定结构的有几十种。

一些海洋生物毒素为海洋生物的防御物质，通常活性较强。如河鲀毒素，最初是在1909年因为研究河鲀鱼卵的神经毒性成分而被发现的，但直到1964年才确定其结构为一种复杂的笼形原酸酯类生物碱。可根据化学结构将海洋生物毒素大致分为多肽类毒素、聚醚类毒素和生物碱类毒素等三大类。

（一）多肽类毒素

芋螺毒素（Conotoxin，CTX）为一类由10～30个氨基酸残基组成的多肽，含有2～3对二硫键，是迄今发现的最小的核酸编码的动物神经肽毒素。按作用部位分为 α、ω、μ、δ 等亚型，每种亚型还可细分。α-CTX作用在神经突触后的乙酰胆碱受体（AChR），起阻断作用；ω-CTX专一阻断神经末梢突触前的电压敏感型 Ca^{2+} 通道；μ-CTX专一抑制电压敏感型 Na^{+} 通道，在活化相起作用；δ-CTX专一作用在电压敏感型 Na^{+} 通道，在非活化相起作用，延长动作电位持续时间。

芋螺毒素对靶位分子作用的高度选择性及化学多样性对创新药物的研究开发极有价值。芋螺毒素及其衍生物的药用研究在治疗神经系统疾病方面已经有重大进展，研究中的疾病治疗范围包括癫痫、慢性疼痛、心血管疾病、运动障碍、精神障碍、痉挛、癌症及中风等。芋螺毒素结合于神经与肌肉的受体上，具有高亲和力、高度专一的特点，是神经科学十分有效的探针。临床上芋螺毒素可以用作特异诊断试剂，作为镇痛药具有疗效确切和不成瘾等特点。芋螺毒素对喉部肌肉的快速麻痹有利于气管内插管等手术，多种具有强神经肌肉阻断功能的芋螺毒素在临床麻醉手术作为辅助药物的研究也正在进行。近年来发表的芋螺毒素的医用专利已近百项。芋螺毒素药用的另一重要方向是作为抗癫痫药物。CGX-1007，即Conantokin-G，为一种含有5个羧基谷氨酸的多肽，是N-甲基-D-天冬氨酸（NMDA）受体的拮抗剂，动物实验证实有良好的抗癫痫功能，也已经完成 I 期临床实验。芋螺毒素的药用研究还有其他方向：具有去甲肾上腺素转运蛋白抑制作用的T家族芋螺毒素，可以用于治疗抑郁症及抑制Ct；作用于肾上腺素受体的一些芋螺毒素，可以用于治疗良性前列腺过度增生引起的尿失禁。

（二）聚醚类毒素

聚醚类毒素的结构特点为：杂原子与碳原子的比例很高；结构新颖、特殊，相对分子质量大；活性强、有剧毒；广谱药效、作用机制独特，大多数对神经系统或者心血管系统具有高特异性作用。常见的聚醚类毒素有线性聚醚、聚醚梯、大环内酯聚醚与聚醚三萜等，其中线性聚醚与聚醚梯因为结构庞大、毒性强而著名。聚醚梯类毒素目前已经发现有100余种。线性聚醚以岩沙海葵毒素（Palytoxin，PTX）和西加毒素（Ciguatoxin，CTX）为代表，它们的毒性机制和陆地上的毒素不同。对这类物质的研究为化学与生命科学提供了一些从陆源天然产物中难以得到的信息。聚醚类毒素有望在研制新型心血管药与抗肿瘤药中发挥重要作用。目前日本学者在此领域的研究居领先地位。

1. 岩沙海葵毒素

岩沙海葵毒素又称集沙群海葵毒素，最初从岩沙海葵中分离得到，是一类复杂长链聚醚类化合物，分子中含有高度氧化的碳链，但多数羟基呈游离状态，仅部分羟基形成醚环，属于水溶性聚醚。岩沙海葵毒素神经毒性和心脏毒性较大，且有强烈的溶血作用，对兔的LD_{50}为0.025 μg/kg。

2. 西加毒素

西加毒素的名称来源于西加鱼类，是20世纪60年代由夏威夷大学教授Scheuer首次发现的。该毒素曾经从400多种鱼中分离得到过，但其真正来源是一种双鞭藻——具毒冈比甲藻（*Gambierdiscus toxicus*）。它是一种脂溶性高醚类物质，毒性极其强，比河鲀毒素要强100倍。目前已经发现3类西加毒素，即太平洋西加毒素（Pacific Ciguatoxin）、加勒比海西加毒素（Caribbean Ciguatoxin）和印度洋西加毒素（Indian Ciguatoxin）。西加毒素为电压依赖型Na^+通道的新型激动剂，和Na^+通道受体靶部位 VI 结合，能够提高可兴奋细胞膜对Na^+的通透性，产生强去极化，导致神经肌肉兴奋性传导发生改变，从而引起一系列的药理学与毒理学作用。

3. 刺尾鱼毒素

刺尾鱼毒素（Maitotoxin，MTX）的相对分子质量为3 422，有极为强烈的毒性，半致死浓度（LD_{50}）为0.05 μg/kg，为非蛋白毒素中毒性最强的物质，其毒性比河鲀毒素强约200倍，是岩沙海葵毒素的9倍。

（三）生物碱类毒素

生物碱是一类含氮的有机物，海洋生物碱类毒素主要来源于天然海洋生物次级代谢成分，是一类含有胺型氮功能基和复杂的碳骨架环系结构的具有重要生物活性的碱性有机物。其结构新颖独特，生物活性广泛，如抗肿瘤、抗菌、抗病毒、抗心脑血管疾病、抗阿尔茨海默病和抗骨质疏松症等，因此，它们很有可能成为抗肿瘤、抗病毒和抗菌药物的先导化合物，有良好的药用前景。

1. 河鲀毒素

河鲀毒素是从河鲀中分离出来的一种对电压敏感的Na^+通道外口特异性阻断剂，对神经、肌肉以及浦金野氏纤维等兴奋细胞的膜Na^+通道均具有高度专一性。河鲀毒素最早用于治疗麻风患者的神经痛，是一种较强的镇痛剂，作用较缓且持久，曾代替吗啡、哌替啶等，且无成瘾性，它比常用麻醉药强万倍以上。河鲀毒素是一类高值的生物活性物质，高纯度的河鲀毒素在国际市场的价格为每克几十万美元。河鲀毒素由于可以高选择性、高亲和性地阻断神经兴奋膜上的Na^+通道，作为分子探针，成为鉴定、分离及研究Na^+通道的重要工具。已发现的河鲀毒素有7种天然衍生物，它们因高致死率和对Na^+通道特殊的阻断作用而成为最重要的一类海洋毒素。

河鲀毒素是迄今在自然界中发现的最为奇特的小分子天然产物之一，不仅结构新颖，而且性质独特，微溶于水或酸性溶剂，在碱性溶剂中不稳定。它能以2种平衡体的形式在溶液中存在。河鲀毒素毒性极大，LD_{50}为8.7 μg/kg，是氰化物的1 000倍，局部麻醉作用为普鲁卡因的4 000倍，可以作为某些癌症晚期的疼痛缓解药。然而更有意义的是河鲀毒素的作用机制与陆地发现的毒素不同，极低的浓度就能选择性地抑制Na^+通过神经细胞膜，却允许K^+通过，是神经生物学和药理学研究极为有用的工具。

但河鲀毒素由于毒性较大，且人们对其药物动力学情况知之不多，因此目前尚未得到广泛应用。

2. 石房蛤毒素

此类化合物是由石房蛤（*Saxidomus gigantea*）滤食裸甲藻（*Gymnodinium* sp.）与亚历山大藻（*Alexandrium* sp.）在体内蓄积的毒素，因中毒后会产生麻痹性中毒反应，又称为麻痹性贝毒（Paralytic Shellfish Poison）。目前该类化合物大约有28个，主要分为石房蛤毒素（Saxitoxin，STX）与新石房蛤毒素（Neo-Saxitoxin，Neo-STX）两大类型。石房蛤毒素的LD_{50}是10 μg/kg，为海洋生物中毒性最强的麻痹性毒素之一。

（四）海洋毒素毒性鉴定

传统的生物毒素检测法是动物实验，如小鼠生物分析法（MBA）、大鼠生物法（RBA）。有的方法已经使用了50多年，大多数MBA法是美国官方分析化学师协会（AOAC）指定的检测方法。MBA法的原理是将待检样品的提取液直接向小鼠腹腔内注射，观察临床症状和记录死亡时间。MBA法建立于1937年，是AOAC与欧盟指令91/492/EEC指定的检测方法。

七、海洋生物维生素、无机盐与膳食纤维

（一）维生素

海藻含有多种维生素，主要有维生素B₃、B₁₂、C、E、H。许多海藻，如网翼藻、甘紫菜、裙带菜和浒苔等，含有丰富的维生素C，1 g（干重）藻体可含有3～10 mg，并不逊于很多水果、蔬菜。一般1 g（干重）海藻体内的维生素E含量大约在100 μg以下，但在1 g（干重）墨角藻中则高达600 μg以上。维生素C和E具有抗氧化作用，可以抑制不饱和脂肪酸遭受过氧化物攻击。维生素B₃广泛存在于各种海藻中，在治疗关节炎、失眠和偏头痛上有重要作用。海藻含有维生素H，有助于调节脂肪的代谢。有些海藻还含有维生素A、B₁、B₂、D和K，这些微量维生素也有其特定作用。

鱼肉含有丰富的维生素B，特别是叶酸与维生素B₆，这些维生素都是蛋白质新陈代谢所需要的，对于预防皮肤病与神经系统疾病有重要作用。鱼肝油含有丰富的维生素A与D，这2种物质对人的眼睛、皮肤、骨骼与牙齿都非常重要。

（二）无机盐

海水中含有45种以上的无机元素，而海藻生长在海水里，每天吸收无机元素作为营养物质，所以海藻比陆上植物含有更多种类和数量的天然无机元素。海藻的无机元素以钠、钾、钙、铁含量最多。很多海藻如龙须菜、蕨藻、沙菜、团扇藻、指枝藻和网地藻，含大量的铁、钙，可缓解营养不良。海带含有较多的碘，可用于治疗碘缺乏症。有些海藻含有比较多的镁，该元素可以缓解压力，避免由于紧张引起的心脏病。海藻亦含有微量的铜、锌及锰。

鱼肉含有钾、铁、磷、碘及硒等无机盐。贝类是自然界中含锌极为丰富的食物，而锌对于人体免疫系统正常发挥功能非常重要。虾、鲑鱼及蛤等，都含有大量有助于骨骼的钙。

（三）膳食纤维

膳食纤维是多糖，是构成海藻细胞壁的主要成分，也多分布在细胞间隙中。红藻和褐藻含有丰富多样的膳食纤维，并且大部分为水溶性。纤维的含量及结构因海藻种类而有不同：绿藻的纤维成分与陆上植物大致相同，主要是纤维素；红藻中的为角叉藻聚糖；褐藻中的褐藻聚糖、褐藻酸和海带糖。一般海藻的纤维含量大约为干重的30%～65%，远远大于五谷类、蔬菜类和水果类的平均含量。

膳食纤维特殊的理化性质与生理功能使它在生理代谢过程和预防疾病等方面扮演重要角色。膳食纤维具有调节人体对脂肪等营养物质吸收的作用，对人体营养平衡具有重要意义。

1. 预防心脑血管疾病

膳食纤维能够预防心脏病、糖尿病、肥胖、冠心病、高血压、肝脏疾病，还可以降低血液胆固醇水平和血糖，提高胰岛素敏感性。

2. 改善肠道菌群

许多慢性疾病，如糖尿病、肥胖等与肠道菌群结构失调有关。膳食纤维能够有效促

进肠道中的有益菌（如双歧杆菌）繁殖、改善肠道菌群结构、保护肠道屏障，对慢性疾病具有预防作用。

3. 阻碍重金属吸收

膳食纤维具有阳离子交换功能，能减少或者延缓重金属离子的吸收。膳食纤维对Pb、Cd、Hg及高浓度的Cu、Zn等重金属都具有清除作用。膳食纤维去除重金属离子的机制为吸附、螯合和络合作用。膳食纤维上有丰富的游离—OH与—COOH，可与重金属络合，在体内形成难以吸收的凝胶，有效地抑制重金属在胃肠的吸收。

4. 预防便秘和结肠癌

肠道中的膳食纤维可以提高肠道菌群中益生菌的数量，并且不易消化的膳食纤维可以提高粪便体积，促进规律排便。此外，膳食纤维可通过吸附或螯合等作用吸收有毒的代谢产物，降低有毒代谢物对肠壁的刺激，减少结肠癌等发生的概率。

◖课后训练◗

一、讨论思考题

（1）海藻多糖的生理功能有哪些？

（2）常见的海洋动物多糖有哪些？各有哪些生理功能？

（3）简述DHA、EPA和DPA的结构和生理功能。

（4）常见的海洋生物活性肽有哪些种类？

（5）简述海洋胶原蛋白的生理功能。

（6）常见的海洋生物色素有哪些？各有哪些生理功能？

（7）列举5种海洋生物毒素并说明其生物活性。

二、案例分析题

小周拍片子说膝关节一侧的软骨变薄，医生开了盐酸氨基葡萄糖胶囊、美洛昔康片和关节克痹丸，并建议可同时吃鲨鱼软骨粉。

问题：

（1）医生为什么让小周吃鲨鱼软骨粉？

（2）小周还可以通过补充哪些海洋生物活性物质改善软骨基质状态？

（3）鲨鱼软骨粉除了对关节炎有效外，还有哪些作用？

◖知识拓展◗

海洋生物活性物质在农作物中的应用

科研人员发现有一种海洋生物活性物质，能够对农作物的生长起到促进作用，这种活性物质就是氨基多糖，即壳聚糖。

壳聚糖是迄今发现的自然界唯一带阳离子的天然多糖，它在植物体内未被发现，而存在于昆虫及海洋生物如虾、蟹等的外壳中。植物体内虽然不含有壳聚糖，但含多糖酶。酶在生命过程中具有很重要的作用，它是一切生命活动的催化剂，而壳聚糖可诱导酶的形成。简单地说，壳聚糖是一种独特的活性物质，它进入植物种子后，可增加植物体酶的数量。酶的数量提高了，植物就会生长得更好，具体表现为推动种子发芽、细胞分裂和伸长，增加叶绿素含量，促进光合作用，提高植物免疫力，防止病毒侵袭。

开发利用海洋资源，采用新手段和开辟新途径以提高农作物产量，被列入国家"863计划"，中国科学院海洋研究所承担了这一研究项目。经过科研人员的努力，我国如今已成功掌握了提取海洋生物活性物质壳聚糖的方法，并且对它进行开发利用，制成了可应用于农业的"农乐一号"制剂。这种海洋生物制剂，无论是浸拌植物种子，还是喷洒在植物叶面上，都能起到它的作用。

水稻种子经过320 h的浸泡，吸收海洋生物活性物质，幼苗生长发育明显要比一般种子旺盛。这种幼苗种植后，根系也更发达。

海洋生物活性物质可应用于蔬菜、果树、粮食作物等多种植物。在我国山东、贵州等地的大面积实验表明，水稻、小麦、玉米一般增产幅度在10%左右，部分农作物增产可达30%。

我国是一个农业大国，为保证粮食增产，一般采用施肥施药的方法减少病虫害，但久而久之，往往会造成土壤退化，产生新的污染源。海洋生物活性物质通过调节植物内部节律，促进植物生长发育，达到增产的目的，并且不造成污染，所以说它代表了生态农业未来的发展方向。

模块二

海洋功能食品资源

第三章 海洋功能食品的植物资源

本章重点和学习目标：

（1）熟悉海洋功能食品植物资源的种类、主要有效成分及功能活性。

（2）了解海洋功能食品植物资源的开发和发展趋势。

导入案例：

海藻——21世纪饮食保健的重要来源

在生活水平提高的同时，人们对饮食也有很高要求，不仅仅要吃得好，还要营养均衡，要能有效控制因生活质量提高而产生的"富贵病"，如高血脂、高血压等。海洋动物类食品如鱼、虾、贝等是人们经常食用的食品，而对海藻的开发利用还只在初级阶段。海藻生长于海洋中，含有优质蛋白质，必需氨基酸种类齐全，含量充足，氨基酸组成接近完全蛋白模式，和人体组织蛋白质的氨基酸组成相似。海洋藻类植物含糖量高达40%~70%，不仅能够提供能量，而且所含的岩藻多糖为海藻类植物特有的黏液成分，是陆生植物所没有的。岩藻多糖具有与肝素相似的功能，可抑制动物红细胞凝集反应的发生，可防止血栓与因血液黏度增大而造成的血压上升，对高血压患者十分有益。海带、裙带菜等褐藻中含有丰富的褐藻酸盐，在肠道滞留期间可与体内有害金属或胆固醇结合，将有害物质排出体外。褐藻中的褐藻胶所具有的胶黏性、增稠性、稳定性、耐油性与保健疗效对提高食品质量、改善食品结构、增加食品花色品种也有重要作用。据统计，日本妇女的乳腺癌发病率比欧美和亚洲其他各国低。医学研究者从海藻的抗肿瘤实验发现，褐藻胶在其中起主要作用。红藻中的石花菜、紫菜不仅能食用，还常用来生产琼脂、琼脂素与卡拉胶，它们是食品、化妆品、医药等工业领域的重要原料，可开发成抗癌、抗衰老、美容等产品。海藻富含人体所需的必需氨基酸和糖类，也含有人体所需的脂肪酸，如亚油酸、亚麻酸与EPA，它们具有防治动脉粥样硬化与冠心病的功能。从岩藻多糖中提取的褐藻淀粉硫酸酯则有降低胆固醇的功能，对脂类积聚与动脉粥样硬化具有抑制作用。藻类植物含有丰富的维生素，已经成为提取维生素的重要工业原料。

问题：
（1）根据以上案例，海洋藻类有哪些功能成分？
（2）根据以上案例，海洋藻类食品有哪些功效？

◆教学内容◆

第一节　大型海藻

一、大型海藻的形态特征

大型海藻通常固着在海底或者海水中某些固体结构上，是结构、功能较简单的植物。主要特征为没有维管束组织，没有真正根、茎、叶的分化现象；不开花，无果实和种子；生殖器官没有特化的保护组织，常直接由单一细胞产生孢子或者配子；无胚胎的形成。不同种类的大型海藻形态特征差异非常大，共同点是可通过自身体内的色素体进行光合作用来合成有机物。最常见的大型海藻分属于绿藻、红藻和褐藻。大型海藻的根状固着器只有固着作用，而不能吸收营养。在浅水中常密生成片，在水深50 m以内的海域常形成明显区带。生长于高潮线附近的海藻常暴露在空气中；低潮线以下的海藻则不能长期暴露在空气中，所以不能于海岸生长。

在低潮线以下的浅海区域，海浪的冲击力较缓和，海水中含有丰富的无机盐，阳光充足。无论是红藻还是褐藻，虽然颜色不同，但都含有叶绿素，可利用日光进行光合作用，制造有机物。它们进行光合作用所释放出来的氧气，更是动物们呼吸所不可缺少的。海洋世界之所以如此精彩纷呈，海藻功不可没。

二、大型海藻的营养成分

我国海藻资源丰富，具有经济价值的种类繁多。海藻中含有人体必需的碳水化合物、蛋白质、脂肪、多种维生素和无机盐。大型海藻的营养成分和功效见表3.1。

表3.1　大型海藻生物活性物质的种类及功能

活性物质种类	功能	活性物质种类	功能
γ-亚麻酸	抑制血管凝聚物形成	海带淀粉	抑制肿瘤生长和冠状动脉粥样硬化
β-胡萝卜素	消除自由基，防肿瘤，清血	螺旋藻多糖	增强免疫力，抗癌变
β-类胡萝卜素	调节皮肤色素沉着，防皮肤癌变	褐藻多酚	抗氧化，稳定易氧化药物的效果

续表

活性物质种类	功能	活性物质种类	功能
硒多糖	抑制癌细胞增殖，防癌变	磷脂	降血糖，抑制癌细胞生长
碘多糖	促进神经末梢细胞生长，增智	红藻硫酸多糖	抑制病毒逆转录酶和HIV
锌多糖	调节血液物质平衡，防皮肤癌变	甜菜碱类似物	消解胆固醇，降血压；调节植物生长
游离氨基酸	调节体液pH和物质平衡	乙烯	抗盐碱渗透，促进植物生长
不饱和脂肪酸	调节胆固醇代谢，抗动脉硬化	萜类化合物	调节渗透压，抗盐抗碱
藻蛋白	刺激免疫系统，抗动脉粥样硬化	脱落酸	调节渗透压，促进细胞分裂增殖
褐藻糖胶	抑制乙肝抗原和转氨酶活性，抗凝血	细胞激动素	刺激细胞分裂，促进生长
类毒素	降低动脉血压，减慢心律，兴奋神经	赤霉素	抑制病毒
SOD	消除自由基，维持人体物质平衡	海藻酶	增强细胞分裂活性，调节生长
羊栖菜多糖	抑制致癌物，增强免疫力	海藻过氧化脂	促进植物体吸收无机盐
甾醇	减少肝脂肪，抑制肝脂肪沉积，降低胆固醇	昆布多糖	抑制转氨酶活性，软化血管
氯代萜类	抗菌，抗肿瘤	吲哚乙酸	抗寒，促进种子发芽
凝集素	凝集肿瘤细胞，抗菌	角叉菜多糖	抑制逆转录酶活性，抑制HIV的复制
海带氨酸	降低血压，治疗心脑血管疾病		

1. 蛋白质

大型海藻的蛋白质含量较高，有些种类如甘紫菜的蛋白质含量可达藻体干重的47%。许多大型海藻蛋白质的氨基酸组成与豆类、蛋类蛋白质的氨基酸组成接近，其中，天冬氨酸和谷氨酸是最主要的氨基酸，研究发现，硬石莼中的天冬氨酸和谷氨酸含量分别占总氨基酸的26%和32%。除了常见的氨基酸，大型海藻中还含有一些具有特殊功能的氨基酸，例如，海带氨酸可以调节血脂、降血压，海人草酸是中枢神经系统研究的重要工具药，等等。另外，大型海藻中还含有由甘氨酸、丝氨酸和酸性氨基酸构成的一种多肽，对多种细胞有凝集作用，已应用于临床。

2. 多糖

在传统中药里，几种褐藻经烹煮之后可以用来预防和治疗癌症，这种热水抽提物主要成分为多糖，属于硫酸多糖或者酸性多糖。褐藻含有的诸多抗肿瘤及抗凝血活性成分中，褐藻聚糖是研究得最多的一种化合物。研究表明，多种褐藻如马尾藻和裙带菜的褐藻聚糖，能抑制肿瘤，促进大鼠的免疫抗体机能。褐藻酸为褐藻细胞壁的主要成分，其抗癌活性与所含的古罗糖醛酸及甘露糖醛酸成分有关。红藻的角叉藻聚糖为硫酸盐化半乳糖的聚合物，具有增强免疫力和抗癌的活性。角叉藻聚糖主要来自杉藻、角叉藻、麒麟菜、沙菜和银杏藻。紫菜多糖和海萝多糖也都是具有抗癌活性的硫酸化多糖类。海带与紫菜等海藻体内含糖量高达30%～57%。研究发现，海藻中的多糖不仅能提供能量，而且是海藻独特的黏液成分，是许多陆生植物所没有的。

海藻多糖是海藻细胞壁的主要成分，也多分布于细胞间隙中。膳食纤维具有保健功能。饲料中加入褐藻酸，可以改善大鼠高血脂症状，并防止血液中胆固醇含量的增加。琼脂和角叉藻聚糖能与胆固醇结合，可调控血糖。所以，适度增加海藻纤维的摄取量可降低血液胆固醇、血压及血糖，对心脏、血管的正常活动有帮助，并且有助于预防癌症发生。而且，海藻膳食纤维进入人体胃肠后，由于吸收水分而膨胀，易产生饱足感，避免摄取过多食物而导致肥胖，达到减肥保健效果。膳食纤维在人体内还能帮助消化，促进废物排出，避免体内有害微生物的生长。

3. 维生素

当人体某种维生素不足或者缺乏时，就会引起代谢失调与疾病。海藻含有多种维生素，如维生素B_3、B_{12}、C、E、H。人体维生素B_{12}不足会引起慢性疼痛、贫血和疲劳，甚至精神异常，这种维生素在海藻中的含量虽不多，但在各种藻类中广泛分布。

维生素C与人体败血病、心脏病、癌症、体重减轻等超过70种病症有关。许多海藻，如网翼藻、甘紫菜、裙带菜和浒苔等，含有丰富的维生素C，每克藻体干重可含3～10 mg，并不逊于许多水果、蔬菜。

维生素E与人体多种病症有关，包括肌肉、皮肤、视力、听力问题，癌症和心脏病等。维生素E还能保护肝脏，避免因过度疲劳而发生肝脏损伤。每克藻体干重含有的维生素E不超过100 μg，但墨角藻每克藻体干重含有的维生素E高达600 μg以上。维生素E还具有抗氧化作用，可抑制不饱和脂肪酸遭受过氧化物攻击。

维生素B_3亦广泛存在于各种海藻中，对治疗偏头痛、关节炎和失眠有一定效果。海藻也含有维生素H，有利于调节脂肪的代谢。有些海藻还含有维生素B_1、B_2、D、A和K，这些微量维生素也有其特定功能。

4. 无机元素

海水中含有超过45种无机元素。海藻每日吸收海水中的无机元素作为营养成分，比陆上植物含有更多种和多量的天然无机元素，可以满足人体所需。

海藻中的无机元素以钠、钾、铁、钙含量最多。铁是血红素的成分，缺铁是造成贫血的原因之一。钙是人体骨骼和牙齿的成分，也为维持细胞膜正常功能所需。但每天钙都会有流失，因此必须补充，特别是孩子的成长期更需要补充钙。许多海藻如龙须菜、蕨藻、沙菜、团扇藻、指枝藻和网地藻，含较多的铁与钙，可从中摄取以补充这些元素。人体缺少碘会导致甲状腺机能异常，而海带含有较多的碘，可满足所需。

有些海藻含较多镁，镁元素可缓解压力，避免因紧张引起的心脏病。海藻含有微量的铜、锌和锰，这3种微量元素若在人体内过量积累会造成中毒现象，但肝脏中若缺乏这些元素则会导致肝脏受损。铜能影响铁的吸收，而锰和高血糖、癫痫病的发生有关。人体若缺乏上述主要微量元素，就需要适量补充。日常通过摄取海藻就可补充各种无机元素。

5. 氨基酸

一些可食用海藻如掌藻、紫菜、石莼和坛紫菜等含有较多的蛋白质，大约是藻体干重的20%~39%。海藻含有20余种人体所需的氨基酸，更重要的是，大部分海藻都有含硫氨基酸，如蛋氨酸、牛磺酸、胱氨酸衍生物。

牛磺酸与心跳、脑化学、神经细胞的正常调控、视力有关，蛋氨酸和胱氨酸则能螯合重金属，其硫和氢结合成氢硫基而有去毒作用。牛磺酸有助于脂肪的消化，防止血液和肝脏胆固醇含量的增加，对高胆固醇有改善作用。红藻的含硫氨基酸普遍较绿藻和褐藻的多。石花菜、紫菜、海带、角叉菜、石莼等含牛磺酸的量很高，每100 g（干重）藻体的含量可以达到400 mg。蛋氨酸和胱氨酸则在松藻、石莼、浒苔、紫菜、蜈蚣菜、软骨藻、海带、环节藻和墨角藻等均有较高的含量。食用这些海藻可提供人体需要的特殊氨基酸。

海带等褐藻中含有褐藻氨酸。研究表明，褐藻氨酸降压效果较明显。用"海带根"干品治疗高血压，在接受治疗的158人中，显效的占86人，且患者的血脂也有降低，胆固醇降低者占58%，甘油酸三酯降低者占50.3%。

6. 脂肪酸

海藻脂肪酸含量很少，约占1%~5%，但有一些特殊脂肪酸对人体健康影响很大。海藻除含有少量的动物与高等植物常见的肉豆蔻酸、棕榈酸、月桂酸和硬脂酸等饱和脂肪酸外，大部分是不饱和脂肪酸。例如，羊栖菜、海带和裙带菜含有油酸、亚麻油酸和次亚麻油酸，后两者为人体必需的不饱和脂肪酸。

一般而言，红藻比褐藻、绿藻含更多的PUFA，尤其是EPA。根据分析，海带、紫菜、翅藻及其他海藻含有较多的EPA，这种脂肪酸在深海鱼类的鱼油中含量比较多，除可协助降血压、调节心律和舒缓压力外，还可抑制血液胆固醇含量上升和血小板凝集，防止血栓形成与心肌梗死，对循环系统疾病有预防功能。

有的大型海藻中某种生物活性物质的含量远高于其他海藻（表3.2），如盐藻富含β-胡萝卜素，海人草富含α-红藻氨酸，等等，是工业提取生物活性物质的重要原料。

表3.2　几种大型海藻的生物活性物质含量

海藻种类	活性成分	含量/%	与其他海藻含量比较
海黍子	有机碘	0.31	5~100倍
羊栖菜	游离氨基酸	5.2	10~60倍

海藻种类	活性成分	含量/%	与其他海藻含量比较
鼠尾藻	多酚	3.25	4～120倍
巨藻	细胞激动素	0.01	6～150倍
紫菜	不饱和脂肪酸	1.9	10～100倍
浒苔	甜菜碱	2.2	5～80倍
盐藻	β-胡萝卜素	0.8	10～200倍
螺旋藻	γ-亚麻酸	0.4	10～160倍
微藻	硒多糖	0.2	10～100倍
海人草	α-红藻氨酸	0.8	200倍
海带	褐藻糖胶	2.0	30倍

三、大型海藻功能食品

由于海藻的独特风味与营养价值，其作为功能食品已越来越受到人们的青睐。海藻可预防胆结石、肥胖、便秘、肠胃病等代谢性疾病，并且具有降血压、降血糖、防癌抗癌、预防动脉硬化与血栓形成等作用。

海藻食品分为简单加工与深加工，或直接加工与间接加工2种类型。所谓直接加工食品，是选取可以直接食用的海藻，经净化、软化、熟化、杀菌、脱水、成型、干燥等工艺加工成海藻卷、丝、末、粉和辅以调味的复合型食品。所谓间接加工食品，是以海藻为原料，提取其中的有效成分，或者以海藻的简单加工品为添加剂制成的食品，这是海藻食品开发研究的方向。根据海藻中的多糖、脂肪酸、无机盐、维生素等活性成分的药理特点，人们积极地开发研制海藻保健和仿生食品。各种海藻产品集营养和保健于一身，品种繁多（表3.3）。

表3.3　部分大型海藻功能食品简介

种类	特点
海藻减肥辅助食品	是海藻纤维和其他植物纤维加调味品制成的低热量食品，含有大量的钙、钠、钾、碘、锰等无机盐，呈颗粒状，加水后体积可膨胀100倍。在饭前食用有饱腹感，可以减少进食量。又因纤维物质不易吸收，产生热量低，故有减肥作用。可用于肥胖症，对糖尿病也有较好的功效
海带滋补浸膏	由海带抽提浸出液，经过滤、浓缩，加调味料制成。海带浸膏含有丰富的海藻多糖及钙、铁、钠、钾、磷等无机盐，属于高级补品

续表

种类	特点
海带食品	将海带干燥粉碎成粉末，然后精制成颗粒食品，可降低高血压、防止肥胖、解除便秘、维持血液酸碱平衡
昆布菜冲剂与小球藻昆布菜冲剂	可溶于水，也可与豆浆、汤面等一起食用，容易消化吸收。后者除海带原料外，还加入小球藻
维生素海带	除保证海带本身的营养功能外，还加入适量的维生素B₁、核黄素，更强化了食品功能
裙带菜丝	是具有保健作用的裙带菜方便食品。裙带菜丝保留了原有的绿色，有速溶性，加到面粉里制作的面条显现蔬菜天然的绿色，十分诱人，食用很方便，而且有保健作用，深受消费者的欢迎
裙带菜粉	与裙带菜丝类似，将裙带菜干燥后，经粉碎过筛而成，可直接加入面条、饼干、面包等面制品中
裙带菜饮料	是以裙带菜等为原料生产的饮料，除一般营养外，还具有护发的功效，迎合了消费者爱美的心理
羊栖菜食品	研究证明羊栖菜可以治疗高血压、便秘，还具有预防衰老、保持头发光泽与皮肤润滑的作用，因此羊栖菜粉碎成粉末，加入合理的配料，可以制成多种保健食品

以石花菜、海带等海藻作为添加剂，并利用它们易于成型的特点制作出的一系列风味食品，如海藻胶囊、海藻茶、海藻饮料、海藻面包、海藻挂面、海藻色拉、海藻罐头等，深受大众喜爱，尤其适于做成减肥食品，高血压、心脏病患者的保健食品，糖尿病患者的充饥食品等。

用海带为原料生产的食品有各种调味的海带丝、海带卷、海带酱、海带馅、海带罐头等。海带经过深加工制得的产品在食品工业中的应用也日益增多，例如，藻胶可直接制成深受儿童喜爱的果冻，也可作为辅助原料用于糖果、罐头、冰激凌及面食等。一些开发较成功的保健药用海藻产品已问世，甘糖酯、藻酸双酯钠等褐藻多糖衍生物药物制剂，对高血糖、高血脂、高胆固醇及心脑血管疾病都有良好功效。采用科学方法精制加工而成的海藻天然保健食品，兼有营养和保健双重功能：经常食用可以促进胎儿与婴幼儿的大脑发育，提高儿童与学生的智力、学习与记忆能力，保护视觉正常功能，调节机体代谢，促进免疫功能与抗疲劳能力，保护心肌与肝脏；增强中老年人体力，延缓衰老，预防心血管疾病，可有效降低舒张压，降血脂，防止动脉粥样硬化、肥胖症等。因此是提高智力、防治碘缺乏病、平衡营养与改善人体机能的最佳食品。

四、常见大型海藻

（一）马尾藻

我国常见的马尾藻物种有海黍子、海蒿子、鼠尾藻、匍枝马尾藻等。藻体为黄褐色，多细胞体，含大量墨角藻黄素，贮藏物质为褐藻淀粉和甘露醇。马尾藻在我国约有60种，盛产于广东、广西与海南沿海，特别是海南岛、硇洲岛与涠洲岛，生长于中、低潮间带岩石上。可以用来提取褐藻胶、甘露醇，幼藻可食用、可做饲料。

1. 营养成分

马尾藻的营养成分含量因马尾藻的种类、生长海域等不同而有所差异。马尾藻中脂肪含量比较低，但远高于海带与紫菜。马尾藻中褐藻淀粉含量比较高，经磺化后可以得到褐藻淀粉硫酸酯，可代替肝素，有降血脂与抗凝血功能。马尾藻的碳水化合物除了褐藻淀粉外，主要含有褐藻糖胶、褐藻胶、半纤维素与纤维素等，这些物质的含量高达60%左右，可以作为高活性膳食纤维的优良原料。马尾藻在氨基酸构成比例方面和人体蛋白质较接近，其中必需氨基酸的组成合理，氨基酸评分在80～88之间，远远高于海带与紫菜。马尾藻蛋白中的限制性氨基酸是赖氨酸，这和海带、紫菜相同。马尾藻含有丰富的无机盐与维生素，可以作为钙、铁、锌、碘的良好来源，且马尾藻中钾含量显著高于钠含量，有利于改善人体钾钠平衡，对预防高血压与心血管疾病有重要意义。马尾藻中含有多种维生素，其中B族维生素含量最高。

2. 农业利用

一些国家利用海藻做肥料已有悠久的历史。野生马尾藻作为在我国南海海域大面积生长的褐藻，在农业有着巨大的应用价值。马尾藻提取物中富含的多糖、嘌呤、细胞激动素等，对植物的生殖、生长起到很好的平衡功能，可以大幅度促进植物的抗逆、抗病能力，同时对部分虫害可以起到趋避功能。北京雷力农用化学有限公司于1998年从马尾藻中提取多种有效物质用于生产加工海藻肥，开创了我国海藻肥的先河，也体现了马尾藻的农用价值。

（二）海带

海带生长在海底的岩石上，形状像带子，因此得名，是一类在低温海水中生长的大型褐藻。海带主要为自然生长，也有人工养殖，大多以干制品行销，质量以体短、色褐、质细且肥厚者为佳。海带藻体褐色，一般长2～4 m，最长达7 m。分为固着器、柄部与叶片3部分。固着器是叉形分支，用以附着海底岩石。柄部短粗，圆柱形。叶片狭长，带形。在我国北部沿海和朝鲜、日本、俄罗斯沿海均有分布。我国北部及东南沿海有大量养殖。

1. 营养成分和保健功能

海带有"长寿菜""含碘冠军""海上之蔬"的美誉，是天然的保健食品，在我国有悠久的食用历史，是一类营养价值极高的海藻，而且有着多种药效。近年来，科学家研究发现，海带中含有许多与人体健康有密切关系的组分：

（1）基本营养物质：每100 g干海带中含碳水化合物56.2 g、蛋白质8.2 g、脂肪0.1 g，可为人体提供的热能大约是1 080 kJ（258 kcal）。

（2）膳食纤维：每100 g干海带中含膳食纤维9.8 g。膳食纤维在人体中具有独特的营养作用，它能够促进胃肠蠕动和消化液的分泌，减少有害物质的吸收，还能降低胆固醇的吸收，对高胆固醇血症与动脉硬化起到预防作用。

（3）无机盐。海带中含有种类繁多的无机盐。每100 g干海带中含钾0.76 g、钙2.25 g、磷0.21 g、碘0.34 g、铁0.15 g，另外还含有锌、钴、铜、锶、钛、钒、锰等微量元素。海带是我国主要的碘源，我国的医药、工业用碘主要依靠海带制碘业。

（4）维生素。海带中的维生素含量丰富，如维生素A、D、C、B_1、B_2、B_5、B_6、B_{12}、E、K等，适宜的干燥加工过程可以保证海带较高的维生素含量不受破坏。和其他海藻相比，海带中的维生素B_1、B_6、C含量较高，经常食用海带可补充人体所需要的维生素，预防与治疗维生素缺乏症。

（5）海带多糖。海带的诸多保健功能很大程度上和其中的生物活性多糖有关。海带多糖是存在于海带细胞间与细胞内的一类天然生物大分子物质。目前，从海带中已经发现的海带多糖除了褐藻糖胶外，还有褐藻胶与褐藻淀粉。褐藻胶为褐藻酸、褐藻酸盐类及褐藻酸有机衍生物的统称。但市场上多以其钠盐出售，所以褐藻胶通常是指褐藻酸钠（也称海藻酸钠）。它们是高分子碳水化合物，是颗粒或粉末状的乳白色或淡黄色固体。褐藻糖胶是存在于所有褐藻中的细胞间多糖，它一般以小滴状存在于褐藻组织或黏液基质中，能从叶片表面分泌出来。褐藻糖胶的含量与植物部位有密切关系，海带叶片中的含量比柄部多，且从叶片基部向尖部渐渐增加，叶片边缘比中间部位多。褐藻糖胶的含量也随褐藻种属与产地的变化而变化，也受褐藻的生长时间和季节影响，7～12月份较高，3、4月份较低。褐藻糖胶可以在多个层面、多条途径对免疫系统进行调节，包括对各种细胞因子、免疫细胞、补体的调节等。

2. 食用方法

海带是一种味道鲜美的食品，既可凉拌，又可以做汤。但食用前，应先洗净，再浸泡，然后将浸泡的水与海带一起下锅做汤食用。这样可避免浪费溶于水中的甘露醇与某些维生素，从而保留了海带中的有效成分。通常用清水浸泡2～3 h，为保证海带鲜嫩可口，用清水煮大约15 min即可，时间不宜过久。

3. 适宜人群

大部分人都能食用海带。

（1）缺碘、甲状腺肿大、高血脂、高血压、冠心病、动脉硬化、糖尿病、营养不良性贫血、骨质疏松及头发稀疏者可以多食用。

（2）精力不足、气血不足、肝硬化腹水与神经衰弱者尤宜食用。

（3）碘过盛型甲亢患者、脾胃虚寒者要忌食。

（4）孕期及哺乳期女性不可过量食用海带。

4. 应用价值

（1）除加工为菜肴之外，海带也可以制成海带酱、海带酱油、味精，还可以加工成脆片。海带脆片已成为新的海洋类休闲食品，丰富了海带产品，促进我国海带产业的深精细加工发展。

（2）在日本，海带被磨成粉，作为红肠等食物的添加剂，还可制成海带茶等表示喜庆的食品。

（3）工业上利用海带提取褐藻胶、钾盐、甘露醇，代替面粉浆纱、浆布，制酒时用作澄清剂。海带还可作为医疗用品。

（三）紫菜

紫菜外形简单，叶状体由盘状固着器、柄与叶片3部分组成。叶片是由1层细胞（少数种类由2层或者3层）构成的单一或具有分叉的膜状体。体长因种类不同而异，从数厘米到数米不等。含有叶绿素、叶黄素、胡萝卜素、藻红蛋白和藻蓝蛋白等色素，由于含量比例的差异，导致不同种类的紫菜呈现紫红、棕红、蓝绿、棕绿等颜色，但是以紫色居多，紫菜由此而得名。紫菜叶状体大多生长在潮间带，喜欢风浪大、潮流通畅和营养盐丰富的海区，具有强耐干性。种类多，主要有条斑紫菜、甘紫菜、坛紫菜等。21世纪初我国紫菜的产量跃居世界第一位。

1. 营养成分

紫菜的蛋白质、钙、铁、磷、胡萝卜素、核黄素等含量极其丰富，所以有"营养宝库"的美称。

（1）蛋白质和氨基酸。食用干紫菜的蛋白质含量为24%～28%，远高于蔬菜，且富含人体所必需的氨基酸。紫菜中丙氨酸、谷氨酸、天冬氨酸、甘氨酸、脯氨酸等中性和酸性氨基酸比较多，这是所有陆生蔬菜所没有的特征。

（2）脂肪。与陆生植物相比，紫菜的脂肪含量低。饱和脂肪酸的棕榈酸占相当一部分，肉豆蔻酸、硬脂酸含量比较少，对人体有很好保健作用的不饱和脂肪酸——亚油酸、亚麻酸和十八碳四烯酸含量比较多，并且C20以上的PUFA也有一定的含量。更重要的是，紫菜中被人们比喻为"脑黄金"的EPA含量很高。

（3）维生素。紫菜含有多种维生素，和蔬菜相比毫不逊色。紫菜中B族维生素尤其是在陆生植物中几乎不存在的维生素B_{12}的含量很高，以干重计，维生素B_{12}的含量和鱼肉相近，维生素C的含量也很高。维生素B_{12}有激活脑神经、防止衰老与记忆力衰退、治疗忧郁症的功效。

（4）无机盐。因为海水蕴含有非常丰富的无机成分，而紫菜又具有吸收与积蓄海水中无机盐的功能，所以紫菜中的无机盐含量极为丰富。

2. 保健功能

紫菜性寒，味甘、咸，具有清热利水、化痰软坚、补肾养心的作用，可用于防治水肿、甲状腺肿、慢性支气管炎、脚气、咳嗽、高血压等。

（1）紫菜碘含量很高，可以用于治疗因缺碘引起的甲状腺肿大，还有软坚散结的功效，对其他郁结积块也有作用。

（2）紫菜富含胆碱、钙与铁，能提高记忆力，治疗妇女贫血，促进牙齿、骨骼的生长与保健。还含有一定量的甘露醇，可以作为治疗水肿的辅助食品。

（3）紫菜所含的多糖可明显促进细胞免疫与体液免疫功能，可加快淋巴细胞转化，提高机体的免疫力，可显著减少血清胆固醇的总含量。

（4）紫菜的有效成分对艾氏腹水癌的抑制率达到53.2%，有助于乳腺癌、脑肿瘤、甲状腺癌、恶性淋巴瘤等疾病的防治。

3. 适宜人群

紫菜适宜淋巴结肿大、甲状腺肿、高血压与动脉硬化者食用，咳嗽、支气管扩张、吐黄臭痰者也宜食用。另外，各类恶性肿瘤、乳腺小叶增生、脚气病、水肿、白发、脱发、睾丸肿痛等患者常食用紫菜好处多。

紫菜性寒，所以平时脾胃虚寒、腹痛便溏的人忌食。身体虚弱的人，食用时最好加些肉类来降低寒性。每次不能食用太多，以免引起腹痛、腹胀。

如果紫菜在凉水浸泡后呈现蓝紫色，说明在干燥、包装前已经被有毒物质污染，这种紫菜对人体有害，不能食用。

（四）龙须菜

龙须菜（*Gracilaria lemaneiformis*）为红藻门杉藻目江蓠科江蓠属中的一个种。多生长在海边礁石上。丛生叶的形状如柳，根须长的有一尺多，呈现白色。龙须菜别名龙须草、柳丝、海米粉、菊花菜，含有丰富的碳水化合物、蛋白质、钙、铁等，其中钙的含量在海藻中领先。它除了含有人们平常所需的营养物质外，还富含陆地蔬菜所不具备的天然高分子海藻多糖、藻胶与微量元素等，具有很高的食用与药用价值。食品营养专家誉之为"新兴的珍稀海洋蔬菜""人类的绿色保健品"。

1. 营养价值

从营养成分上看，每100 g鲜龙须菜含蛋白质1.4 g、胡萝卜素220 mg、维生素C 2 mg、维生素B_1 0.01 mg、维生素B_3 0.9 mg。富含人体8种必需氨基酸、牛磺酸、铁、锌等，且钾含量较高，钾和镁的总量是钠的2倍多，这有助于改善人体钾钠平衡，有益于高血压与心脏病患者。龙须菜是非常好的食物纤维源，膳食纤维含量达50%以上，其中15%左右是不溶性粗纤维，85%左右是水溶性食用纤维，主要包括琼脂与黏性多糖等成分，是一种高膳食纤维、低脂肪、高蛋白的优质保健食品原料。所以，龙须菜可作为食品添加剂，用于糕点、豆腐、面包、挂面与色拉等食品。

2. 保健功能

中医认为，龙须菜有利湿、助消化、清热解毒等作用，可治便秘、感冒等症，很适于老年人与幼儿食用，还有宽胸、暖胃、利尿、益肾的功效。龙须菜具有调节免疫、抗肿瘤、降血脂、抗氧化、抗凝血、抗病毒、抗菌、抗炎等功能，经常食用龙须菜，有治疗心脏病、高血压、血管硬化以及抗癌作用。

食用禁忌：脾胃虚寒、便溏者慎食，痛风患者慎食。

3. 应用

龙须菜既为食品工业提炼琼脂的上等原料，又可作为鲍养殖的优质饲料与人类的绿色保健食品。琼脂被美国食品药物管理条例列为安全的食品添加剂，是食品、饮料工业的重要原料，广泛用于制造八宝粥、冰激凌、果冻、糕点、凉拌食品、饮料等。

（五）羊栖菜

羊栖菜（*Sargassum fusiforme*），别名海菜芽、鹿角尖、羊奶子、海大麦等。属于褐藻纲马尾藻科。藻体呈黄褐色，肥厚多汁，叶状体的变化很大，形状各异。株高30～50 cm，最长达3 m以上。生长于低潮带岩石上，在我国南方沿海生长茂盛，辽宁、山东等海域也有分布。羊栖菜的藻体生长和发育明显受光照、温度、盐度、潮汐及营养盐等环境因子的影响，其中温度和光照是最主要的影响因子。羊栖菜为珍贵的海洋藻类，《本草纲目》等药典均有记载，并且作为药物使用至今。

1. 营养价值

羊栖菜含丰富的多糖、褐藻酸、甘露醇、B族维生素和人体必需的无机盐及微量元素。羊栖菜的碘含量很高，能预防由缺碘引起的甲状腺肿大和儿童智力发育迟缓。因为羊栖菜的热量较低，所以还是一种很好的低热减肥食品。其所含丰富的钙、钾、铁、锌等，更是人们强身健体的必需营养物质。

2. 保健功能

羊栖菜入药在我国已经有久远的历史，南朝陶弘景（公元456—536）所著的《神农本草经》记载了羊栖菜，并描述了食疗性质与利用方法。羊栖菜有降血脂、抗血栓、促进儿童发育、消除大脑疲劳、提高机体免疫力、延缓衰老等功效。

中医认为，羊栖菜性寒，味苦、咸，具利水消肿、软坚散结、泻热化痰功能，民间常用来治疗颈淋巴结肿、甲状腺肿、浮肿、脚气等。羊栖菜中的岩藻甾醇与马尾藻甾醇可以维持生物内环境稳定、调节应激反应、控制糖原与无机盐的代谢、防治癌症、显著减少血液胆固醇等。

羊栖菜作为药用资源可用于多方面的研究：① 研制用于治疗风湿病的含脂多糖药物；② 研制逆转录酶抑制剂，可以抑制HIV和白血病病毒；③ 可制成治疗消化道溃疡用的植物脂多糖；④ 研制抗疱疹药；⑤ 研制胆固醇抑制剂；⑥ 研制糖尿病药物；⑦ 研制治疗弓形体感染用的脂多糖制剂。另外，羊栖菜还可以作为化工添加剂与黏合剂的原料。

3. 适宜人群

羊栖菜适宜大部分人食用，特别适合婴幼儿、老年人食用。

（1）尤其适宜颈淋巴结肿、甲状腺肿、浮肿、脚气、大肠癌、高血压、贫血、糖尿病、肥胖症、骨质疏松、动脉硬化等患者食用。

（2）脾胃虚寒者忌食。

因为羊栖菜能将海水中的砷浓缩，所以开发羊栖菜产品，要对羊栖菜进行除砷处理。生物体中的砷并非全部以游离的无机砷形式存在，而是以2种形式——无机砷与有机砷共存，主要是无机砷对食品造成污染，所以要对羊栖菜原料中的无机砷进行脱除处理，以达到食品卫生质量安全的要求。

098 | 海洋功能食品 | Marine Functional Food

（六）麒麟菜

麒麟菜又称为鹿角菜、鸡脚菜等，属于真红藻纲红翎菜科。藻体呈圆柱形或扁平，紫红色，有刺状或者圆锥形突起，有分支，基部为盘状固着器。它是热带、亚热带海藻，以赤道为中心向南北分布。一般生长于大潮低潮线以下1~2 m处的碎珊瑚上。在我国分布于海南和台湾。日本亦有分布。

麒麟菜藻体类似于软骨质，肥厚多肉，含有丰富的藻胶、纤维素、半纤维素、维生素与无机盐等。藻胶中含有D-葡萄糖醛酸、D-半乳糖、D-木糖、半乳糖硫酸脂、半乳糖硫酸钙盐等。麒麟菜不仅海藻多糖含量极高，而且具有在水中加热到一定温度可完全溶解的特点。目前除了用麒麟菜制作海洋风味食品之外，国内外还将麒麟菜作为工业上生产海藻多糖，即卡拉胶的重要原料。

麒麟菜和人们经常食用的海带、紫菜、裙带菜等海藻的营养成分相比，富含多糖、纤维素与无机盐，但蛋白质与脂肪含量很低。蛋白质含量占2.0%以上，必需氨基酸含量较低，但搭配较合理，脂肪含量低，在0.5%以下，维生素含量低。如果从蛋白质与脂肪含量看，麒麟菜的食用营养价值非常低。但换个角度看，麒麟菜又是一种不可多得的优质保健食品。由于麒麟菜富含纤维素，膳食纤维占藻体的70%以上，所以属于高膳食纤维食物。麒麟菜膳食纤维的功能性高于麸皮膳食纤维。无机盐含量丰富，钙与锌的含量尤其高。其钙含量是紫菜的9.3倍，海带的5.5倍，裙带菜的3.7倍；锌含量是裙带菜的6倍，海带的3.5倍，紫菜的1.5倍。所以，麒麟菜是一种高纤维、低热能、低脂肪、富含无机盐的食品原料。

食用方法：麒麟菜可直接凉拌或者做成皮冻再凉拌。

（七）浒苔

浒苔亦称苔条、苔菜，属于绿藻纲石莼科。藻体呈鲜绿色，由单层细胞组成，围成管状或者粘连成带状。无性或有性生殖，配子可以营养性生殖，生活史是孢子体与配子体同形世代交替。浒苔是丛生，主枝明显，分支细长，高可达1 m。基部以固着器附着于岩石上，生长在中潮带滩涂、石砾上。

1. 营养成分

浒苔富含碳水化合物、粗纤维、蛋白质、氨基酸、脂肪酸、维生素与无机盐，浒苔蛋白质的氨基酸种类齐全，必需氨基酸含量比较高，其中缘管浒苔的限制氨基酸是赖氨酸，氨基酸评分是79；条浒苔的限制氨基酸是蛋氨酸，氨基酸评分是80。浒苔的脂肪酸组成中，PUFA、单不饱和脂肪酸与饱和脂肪酸的含量为分别是50.5%、12.7%与36.8%，其中包括近4%的奇数碳原子的脂肪酸。因此浒苔是高膳食纤维、高蛋白、低脂肪、低能量，并且富含无机盐与维生素的理想食品原料。浒苔含有丰富的绿藻生长因子。浒苔的新鲜苔条晒干后可食用，将它切碎磨细后，撒在糕饼点心中，有一股特殊香味。

浒苔在日本被叫作"青海苔"，是一种很受欢迎的海藻类食品。福建南部用浒苔制作调味品与食品。江苏、浙江称浒苔为"苔条"，是市场上常见的食品。

2. 药用价值

浒苔不仅具有较高的营养价值，而且从中医角度讲，具有抗菌消炎、清热解毒、降低胆固醇、增强机体免疫力、消肿利尿、软坚散结的功效。某些浒苔对甲状腺肿大、哮喘、咳嗽、气管炎、鼻出血、扁桃腺炎等均有疗效。浒苔中含有水溶性硫酸多糖，具有降血脂与抗衰老的生物活性。民间用石莼类煎服，来治疗急、慢性肠胃炎，还将浒苔用于制作消暑解毒饮料。浒苔的纤维素有解毒烟碱的功能，对吸烟者有好处。浒苔提取物还可明显抑制皮肤癌恶化。

3. 生态危害

浒苔虽然无毒，但大量繁殖的浒苔与赤潮一样，能够遮蔽阳光，影响海底藻类的生长，死亡的浒苔会消耗海水中的氧气。有研究表明，浒苔分泌的化学物质很可能会对其他海洋生物造成不利影响。浒苔暴发还会严重影响景观，干扰旅游观光与水上运动的进行。所以，浒苔等大型绿藻的暴发而引起的"绿潮"，被视作与赤潮一样的海洋灾害。探索海洋绿潮副产物资源综合利用的有效途径，对于系统解决海洋绿潮带来的环境与经济问题具有重要意义。

第二节　微　藻

一、微藻概况

1. 微藻的特点

微藻是指那些在显微镜下才能辨别其形态的微型藻类，它们是水体生态系统中的主要初级生产者。和陆地微生物相比，微藻具有如下特点：

（1）微藻具有叶绿体等光合细胞器，能够十分有效地利用太阳能，通过光合作用将 H_2O、CO_2 与无机盐转化为有机物。因其固定 CO_2，可有助于温室效应。

（2）微藻的繁殖一般为简单的分裂式繁殖，细胞周期比较短，易于进行大规模培养。

（3）可用海水、碱水或者半碱水培养微藻，是淡水资源短缺、土地贫瘠地区获得有效生物资源的重要途径。

（4）微藻富含碳水化合物、蛋白质和脂肪，某些种类还富含油料，以及微量元素等无机盐，是人类未来重要的食品与油料的资源。

（5）微藻，特别是海洋微藻，由于其独特的生活环境，能合成许多结构与生理功能独特的生物活性物质。特别是经一定的诱导手段，微藻可高浓度地合成这些具有商业化生产价值的物质，是人类未来保健品、医药品与化工原料的重要来源。

2. 化学组成

微藻的平均蛋白含量与常见的高蛋白含量植物相同，有的甚至优于高蛋白植物。微藻细胞可合成氨基酸，可为人类及动物提供必需氨基酸。然而，微藻蛋白质的营养价值和氨基酸的可利用度还有待研究。微藻中的糖类多为淀粉、蔗糖和其他形式的多糖，它们的消化性极好，因此微藻在食物与饲料中广泛使用。

微藻含有的维生素种类全面，如A、B_1、B_2、B_3、B_6、B_{12}、C、E、H、叶酸和泛酸，它们的含量因环境因素而异。微藻中可作为食用色素的成分也很丰富，如叶绿素、类胡萝卜素及藻胆蛋白等，这些物质都有很好的商业利用价值。所以，微藻可作为人类及动物的营养来源，但在商业化之前必须进行无毒检测，包括对生物毒素及重金属化合物的检测，以确保它们对人体及动物无害。

3. 微藻的生物活性物质

地球上有几十万种微藻，它们中存在着丰富且结构独特的有机物，这些物质具有不同的生物活性，其中重要的生物活性物质有以下几类：

（1）抗生素类化合物。许多微藻能产生对其他微藻、细菌、真菌、病毒和原生动物有毒性作用的化合物。这些化合物大多是脂肪酸、有机酸、溴酚等酚类抑制剂、类萜、丹宁、多糖和醇类。自1944年Pratt等人从小球藻中分离得到有抗菌功能的球藻素以来，人们相继从马汉母赭胞藻、褐囊藻、固着列金藻、日本星杆藻、念珠藻和霍氏双歧藻等多种微藻中分离得到抗生素类化合物，正深入研究，试图从中开发新型高效的抗生素药类。

（2）毒素。人类很早就认识到某些藻类对人与动物有毒害作用。鱼类或贝类体内的毒素一般是来自其体内的共生藻类，或吞食含毒素的藻类而使毒素在体内积累，可见微藻是毒素的初始生产者。人们已从节球藻中分离出一种肝脏毒素（节球藻素），从微囊藻中分离出6种结构相似的环七肽肝脏毒素（微囊藻素）。另外，多种微藻毒素如鱼腥藻的鱼腥藻素A、束丝藻的石房蛤毒素、鞘丝藻的海兔毒素和鞘丝藻素A、颤藻的毒素等，也已被分离纯化。由于微藻毒素能导致人与动物中毒，同时某些毒素有良好的药用价值，并且可作为分子生物学研究的工具，因此引起了国内外学者的广泛重视。

（3）PUFA。EPA与DHA等PUFA具有独特的生理功能，有预防与治疗心血管疾病、癌症，调节中枢神经与视觉系统的作用，可促进人体免疫机能调节，防止记忆力减退。DHA有"脑黄金"之称，EPA与DHA还是鱼虾类幼体的必需脂肪酸，在饵料中适当添加这些物质，可以提高其生长速度与存活率。传统的EPA与DHA主要来源于深海鱼油，生产成本高，提取工艺复杂，且受季节与鱼产量的限制，鱼油资源已不能满足不断增长的市场需求。鱼类本身并不能从头合成PUFA，它们是通过吞食富含PUFA的藻类，或通过"海洋微藻—浮游动物—鱼"的食物链，实现体内PUFA的积累，所以微藻才是PUFA原始的生产者。海洋微藻藻体中PUFA的含量高于鱼油中的含量，在某些藻体内PUFA含量高达细胞干重的5%～6%。利用微藻提取PUFA工艺简单，不含胆固醇成分，不带腥味。海洋微藻能够快速生长繁殖，自身合成且富集高浓度的PUFA，具有大规模生产PUFA的潜力，是提取EPA与DHA的廉价生物资源。

20世纪80年代初期，已开始利用微藻生产PUFA。人们对微藻中的脂肪酸组成进行分析，对富含PUFA的藻种进行筛选，对影响微藻PUFA积累的理化条件（温度、光照、pH、溶氧量、盐度、氮源浓度、磷源浓度、NaCl浓度、二氧化碳浓度、微量元素等）进行深入探讨，并确定了不少微藻高产PUFA的最佳培养方式与培养条件。双鞭甲藻中DHA的含量特别高，其中有3个种所含DHA达到30%以上。光密度对海洋微藻体内脂肪含量的影响和微藻种类有关。随着光照强度增强，海洋微藻中饱和脂肪酸与一烯酸的总含量升高，而PUFA含量下降。光强度增强，脂肪酸组成中EPA含量下降，而对DHA的含量影响不大，脂肪酸组成种类与组成中的主要脂肪酸不变。国际上已有 Omega Tech、Martek、Nilssin Oilssin oilMills等公司利用微藻培养生产EPA和DHA。Martek公司以*Nitzschia alba*作为EPA的生产藻种，Nilssin Oilssin oilMills公司以*Crythecodinium cohnii*作为DHA的生产藻种。我国也有利用球等鞭金藻（*Isochrysis galbana*）和紫球藻（*Porphyridium* sp.）生产EPA和DHA的研究。国际上对ω-3 PUFA保健食品的开发非常重视，市场上销售的DHA保健营养品有很多种，DHA婴儿奶粉、DHA保健胶囊、DHA饮料等已相继诞生。日本早在20世纪90年代初就正式批准EPA用于治疗心血管疾病。中国科学院海洋研究所也研制出富含EPA和DHA的海洋微藻胶囊（片）。

（4）微藻色素。从微藻中提取的色素主要有β-胡萝卜素、藻蓝素和虾青素等。β-胡萝卜素是维生素A的前体，有抗突变、抗氧化、抗衰老、预防癌症、促进免疫力等功能。微藻中富含β-胡萝卜素，螺旋藻中的β-胡萝卜素含量为胡萝卜的10倍，而盐藻（*Dunaliella salina*）中的胡萝卜素含量可以达其藻体干重的10%以上，最高可达到14%，其中β-胡萝卜素的含量约占6种胡萝卜素异构体的90%。养殖盐藻有巨大的经济价值，目前，许多国家进行养殖、开发利用盐藻的研究，对盐藻的开发应用已进入生产化的阶段，我国、澳大利亚、美国、日本、以色列等都已利用盐藻生产出β-胡萝卜素产品。美国食品及药物管理局（FDA）确认β-胡萝卜素为营养保健品，利用微藻生产β-胡萝卜素的研究成为热门课题。虾青素属于类胡萝卜素，是微藻所含有的另一种具有潜在价值的色素。虾青素具有很强的抗氧化作用，能够清除体内自由基，对紫外线引发的皮肤癌有很好的治疗功能，还能有效促进机体抗体的产生。色素的积累受多种条件的影响：原初氮浓度与色素的累积速率成反比，与细胞分裂速率负相关，当培养基中NaNO$_3$浓度减少50%时，对细胞增殖与色素累积都有利；在强光下，色素的累积作用提高；色素的累积和厚壁孢子的形成并不完全相关，游离细胞也能够大量累积红色色素。

（5）微藻多糖。微藻多糖是广泛存在于微藻体内的一种天然大分子物质，具有抗病毒、抗肿瘤、抗辐射损伤、抗衰老、抗突变、抗凝血、降血脂和调节机体免疫功能等广泛的生理作用。

（6）其他活性成分。微藻生物活性物质的研究开发是微藻高技术产业发展的一个重要方面。微藻中生物活性成分复杂，除了目前研究较多的抗生素、PUFA、色素、毒素、微藻多糖外，还发现了酶、甜菜碱、甾醇等活性物质。利用海洋微藻细胞的螯合同化作用，可把锌、硒、锗等对人体有益的无机微量元素转化成细胞内的有机螯合物，当无机形式转化为有机形式后，这些微量元素会具有更普遍的食用与保健价值。

（7）微藻燃料。微藻可以大量积累脂类和碳氢化合物。*Phaeodactylum*的脂类含量占干重的34%，*Botryococcus braunii*的碳氢化合物含量占干重的8%。一些产氢蓝绿藻也被作为燃料加以研究，是人类未来燃料来源的希望。随着石油等能源的日益枯竭，利用微藻开发新能源已经成为21世纪新能源建设的一大趋势。日本已加紧该方面的研究，利用废水培养一种绿藻，其含油量高达干重的49%。英国Tenkins等人用4.83 km长的透明塑料管组成的反应器大量培养有良好自絮凝作用的小球藻，并且直接利用其进行发电，为人类利用藻类燃料发电带来了曙光。

人类正面临人口膨胀、环境恶化与陆地资源减少三大全球性问题。单一的陆地经济已很难满足经济快速发展的需要。开发与利用海洋资源是解决这些问题的重要途径之一，以开发海洋生物资源作为标志的"蓝色革命"在世界范围内蓬勃兴起。从20世纪50年代人们认识到微藻的开发价值与巨大经济潜力以来，微藻生物技术得到了迅速发展，从实验室走向了产业化，为人类新资源开辟了新天地。与其他生物技术相比，微藻生物技术还处于初级发展阶段，仍存在许多瓶颈，需要多学科的通力合作。随着人类对微藻的深入认识与了解，高新技术与人力物力的大量投入及各学科乃至世界各国间的广泛合作，微藻生物技术将成为解决人类食品与能源的主要途径，为人类的生存做出贡献。

4. 商业应用

（1）微藻在人体和动物营养方面的应用。微藻营养保健食品可分为2类：一是直接用食品级干藻粉制成藻片或者胶囊营养保健食品，在商场、药房出售；二是个别产品已获得医药批文，在药房出售或作为医生处方药物。日本于1964年首先人工养殖生产微藻营养食品，法国和墨西哥于1973年联合建成了世界上第一个大规模生产螺旋藻的养殖基地。微藻食品不但在日本、欧洲、美国等发达地区的销量持续上升，而且在一些发展中国家也日益被人们认可。

微藻是一种营养价值高的优质饵料，可提高水产动物，尤其是海珍品育苗的成活率，减少育苗成本，提高幼体的免疫力与活力，还可使观赏鱼的体色更鲜艳。在国际上，微藻作为优质饲料占很大比重。日本DIC公司在泰国兴建的螺旋藻养殖场年产藻粉150 t，其中作饵料与饲料的就占50~60 t；墨西哥Texcoco公司年产藻粉300 t，其中有100 t用于饵料与饲料；我国台湾年产300 t藻粉，其中有120 t用于虾苗、海珍品、观赏鱼类与鸟类的饲料。

（2）微藻在医药领域的应用。微藻的药用价值日益引起人们的注意。部分微藻富含EPA，能降低血液的黏稠度，减少血液中胆固醇与LDL的含量，从而起到预防与治疗心血管疾病的功能。微藻多糖能抗氧化、抗辐射，并且能促进机体免疫力、提高淋巴细胞转化与抑制癌细胞增殖。杜氏藻中富含的β-胡萝卜素可以抑制自由基的活性，减少过氧化物对组织的损伤，促进吞噬细胞与淋巴细胞的功能，刺激细胞释放一些抗肿瘤因子，对黄斑变性、白内障及心血管病有一定的防护作用。

（3）微藻在化妆品与美容领域的应用。微藻营养丰富，有较好的润肤、护肤效果，同时具有清除与抑制自由基的能力，微藻营养液能提供皮肤所需的藻多糖、氨基酸、SOD等多种活性成分，有润肤保湿、增加皮肤弹性、除皱、祛斑等功能，同时微藻化妆品的透过性较好，能起到对皮肤表面与深层的营养及护理作用，且使用十分安全，对皮肤没有刺激与致敏作用。

（4）微藻在污水净化和环境保护方面的应用。因为丝状的螺旋藻容易从培养液中被分离出来，在养殖过程中可有效地去除有机污水中的营养源，在污水处理中非常有前途。实际上，用经一定处理的污水培养螺旋藻，不仅可使污水得到进一步净化，减少环境污染，而且还可将获得的微藻用作饲料与肥料。这种污水净化方式耗能少，成本低，效益明显，开发潜力大，同时还能从微藻中分离出有经济价值的基因，在真菌、细菌、大型藻类（如海带）和高等植物中表达。随着基因工程的迅速发展，大量的微藻基因被克隆、测序与定位，对其相关的功能也进行了遗传分析。已知被人工克隆的蓝藻基因有130多种，被利用的蓝藻基因有2种。随着科技发展，微藻的应用前景会更加广阔。

二、重要的微藻

（一）螺旋藻

螺旋藻亦称节旋藻，属于蓝藻纲颤藻科，是一类低等原核生物，由单细胞或者多细胞组成丝状体，圆柱形，体长200~500 μm，宽5~10 μm，呈疏松或紧密的有规则的螺旋形弯曲，形状如钟表发条，因而得名。在自然水域，其大量繁殖会造成水华。螺旋藻可以食用，营养丰富，具有降低癌症放疗、化疗的毒副反应，促进免疫功能，降低血脂等功效。

1. 分布范围和分类

螺旋藻生长于淡水或海水中，或者附生于其他藻类等物体上形成青绿色的被覆物。全球有四大湖泊能够自然生长螺旋藻：墨西哥的特斯科科湖（Lake Texcoco）、非洲的乍得湖（Lake Chad）、我国云南丽江的程海湖与鄂尔多斯的哈马太碱湖。现在已实现螺旋藻的人工培养与大面积机械化生产。

常用于培养的螺旋藻有极大螺旋藻、钝顶螺旋藻和盐泽螺旋藻。作为保健品食用的主要是极大螺旋藻与钝顶螺旋藻。这2个品种原先被分入螺旋藻属，后来被分入节螺藻属，但习惯上仍被称为螺旋藻。

（1）极大螺旋藻。和其他蓝藻一样，极大螺旋藻细胞内无真正的细胞核。和钝顶螺旋藻相比，藻丝更长，螺距更宽，但营养价值不如钝顶螺旋藻高。

（2）钝顶螺旋藻。钝顶螺旋藻一般呈蓝绿色，多细胞型，圆柱形螺旋状的丝状体，单生或者集群聚生，藻丝直径5~10 μm。细胞近方形，宽6~8 μm，长2~6 μm，前端钝形，螺旋数2~7个。藻体以颤动与旋转运动，可以围绕着一个纵轴很快旋转。细胞内含物均匀，没有真正的细胞核。因为体内的藻红素与藻蓝素等的数量不同，而呈现不同体色，如黄绿色、蓝绿色与紫红色等，并有纤弱的横隔壁。

2. 营养价值

螺旋藻营养成分的特点为蛋白质含量高，但脂肪、纤维素含量低，含有丰富的维生素。它是维生素B_{12}与β-胡萝卜素含量最高的食品，含有大量无机盐与提高机体免疫力的其他生物活性物质。

螺旋藻多糖为螺旋藻藻体中碳水化合物的主要存在形式，含量高达干重的14%～16%。螺旋藻所含的脂肪几乎全是重要的不饱和脂肪酸，而胆固醇含量极微。螺旋藻干粉的蛋白质含量高达60%～72%，相当于玉米的9.3倍、小麦的6倍、大豆的1.7倍、鸡肉的3.1倍、牛肉的3.5倍、鱼肉的3.7倍、猪肉的7倍、蛋类的4.6倍、全脂奶粉的2.9倍。螺旋藻含有丰富的GLA，亦能提供少量的其他脂肪酸，如α-次亚麻油酸（ALA）、十八碳四烯酸（SDA）、亚麻油酸（LA）、DHA、EPA和花生四烯酸（AA）。螺旋藻富含维生素B_1、B_2、B_3、B_6、B_{12}、E等，几乎全价浓缩了人体最需要的各种维生素。螺旋藻包含很多色素，如叶绿素a、β-胡萝卜素、叶黄素、海胆烯酮、玉米黄素、蓝藻叶黄素、斑蝥黄质、3-羟基海胆酮、硅藻黄素、β-隐黄质、颤藻黄质，以及藻胆蛋白的C藻蓝素和异藻蓝素。螺旋藻中叶绿素量多质优，占藻体的1.1%，为大多数陆生植物的2～3倍，是普通蔬菜的10倍。螺旋藻所含叶绿素的类型主要为叶绿素a，分子结构和人的血红素十分相似，为人类合成血红蛋白的直接原料，堪称"绿色血液"。螺旋藻含有所有必需氨基酸，赖氨酸含量高达4%～4.8%，与动植物源食品相比，是最接近FAO推荐标准的，且组成均衡，吸收利用率非常高。螺旋藻富含人体所需的无机盐，钙、镁、磷、铁、钠、钾、氯、锰、锌等约占藻体中无机盐总量的9%，其中铁含量是一般含铁食物的20倍，钙含量是牛奶的10倍。

3. 保健功能

（1）降低胆固醇。胆固醇降低可有效预防心脏病与中风疾病的发作。螺旋藻里的γ-亚麻酸可降低人体内的胆固醇，从而可有效降低高血压，预防心脏病。

（2）调节血糖。螺旋藻营养丰富，是碱性食品，能给人体补充营养，又可以改变酸性体质，调节新陈代谢活动。和琼珍灵芝搭配食用，可调节血糖，对糖尿病病情的稳定有明显效果。

（3）增强免疫系统。螺旋藻的天然藻蓝蛋白可促进人体细胞的免疫功能，从而增强人体的免疫能力与抗病能力。

（4）保护肠胃。胃酸过多导致胃炎、胃溃疡等疾病，而螺旋藻是碱性食品，含有丰富的植物性蛋白质、叶绿素、β-胡萝卜素等，这些营养物质对胃酸中和和胃肠道黏膜修复、再生与正常分泌功能极为有效，尤其适用于肠胃病患者。

（5）治疗贫血症。缺铁性贫血是很普遍的一个现象，而螺旋藻含有非常丰富的铁与叶绿素，可有效改善人体贫血的状况。

（6）抗辐射损伤。小鼠在放射线照射前、后口服螺旋藻，均能提高小鼠存活率。因此螺旋藻可能具有抗辐射损伤的作用。

（7）抗菌作用。钝顶螺旋藻对革兰阳性菌有抑菌功能，其含脂质与三萜类化合物的乙醇提取物抑菌活性最强，含甾醇的提取物也有抑菌功能，但作用较弱。钝顶螺旋藻对革兰阴性菌没有抑制作用。

（8）抗癌作用。螺旋藻对短期一次注射与长期多次注射1，2-二甲肼诱导的NIH小鼠大肠变性隐窝的形成有抑制作用。

（二）小球藻

小球藻是绿藻门普生性单细胞绿藻，球形，直径3~8 μm，是地球上最早的生命之一，20多亿年前出现，以光合自养生长繁殖，是一种高效的光合植物。分布极广，多生活于浅水，也有海产种类。目前世界上已知的小球藻有10多种。易于培养，不仅能够利用光能自养，还能在异养条件下利用有机碳源进行快速生长、繁殖。我国常见的种类有蛋白核小球藻、普通小球藻、椭圆小球藻等，其中蛋白核小球藻的蛋白质含量高，营养价值最高。

1. 营养价值

小球藻为一种优质的绿色营养食品，具有高蛋白、低糖、低脂肪、低热量，且维生素、无机盐含量高的优点，具有某些特殊医疗保健功能。因此，小球藻是食品添加剂及保健食品等的优质健康食品源。

小球藻蛋白质含量很高，但营养成分因藻种品系、培养方式和培养基的不同而有所差异。小球藻氨基酸种类齐全且比例接近标准模式，能满足人、动物的生长所需，为优良的单细胞蛋白源，已作为营养强化剂应用于食品产业。应用时应注意和胱氨酸、蛋氨酸及苏氨酸的配合，通过氨基酸的互补提高其营养价值。

小球藻多糖具有促进免疫活性的功能。小球藻经热水抽提、脱蛋白、乙醇沉淀得到粗糖蛋白，粗糖蛋白经Sephadex-75层析获得糖蛋白纯品。和单糖组分相比，小球藻糖蛋白中主要含葡萄糖、半乳糖和鼠李糖，它们的比例是7.3：1.97：1，另外还含有少量的木糖、阿拉伯糖与甘露糖。但不同提取液中所含单糖的组分会不同。

异养蛋白核小球藻粉中不饱和脂肪酸的含量高达77.24%，且链长集中在C16~C18，其中必需脂肪酸亚油酸与α-亚麻酸含量分别为47.17%和13.03%，这在其他食品中是很少见的。此外与蛋白质含量相比，小球藻的脂肪含量是比较低的，可作为高蛋白低脂食品。小球藻还含有丰富的维生素和无机盐，20 g小球藻粉所含的维生素和无机盐大约相当于1 kg普通蔬菜的含量。

2. 保健功能

（1）降血压和降血脂。小球藻具有抑制脂肪吸收、刺激脂肪排出的功能。临床研究表明，小球藻可用于预防高血脂及与脂肪过剩相关的疾病。

（2）增强免疫力。小球藻主要是通过促进巨噬细胞的吞噬能力、增强淋巴细胞转化、增加淋巴细胞数、提高自然杀伤（NK）细胞的活力来提高机体的免疫力，主要和绿藻生长因子的功效有关。

（3）抗氧化。小球藻糖蛋白具有抗氧化功能，可以清除体内自由基。

（4）抗肿瘤。小球藻具有降低致癌物质的诱变性与基因毒性的功能，因而具有抗肿瘤的生物活性。

（5）解毒。小球藻中含有保肝和解毒成分，具有调节肠胃吸收与促进毒素排出等功能。

（6）其他。小球藻还具有抗辐射、防治胃溃疡与溃疡性大肠炎等各种炎症、缓解心理压力与纤维肌痛等生理功能。

（三）盐藻

盐生杜氏藻，简称盐藻，属于绿藻纲盐藻科，是一种生长于高浓度盐水中的单细胞真核藻类，属于浮游生物。盐藻藻体没有细胞壁，体形变化大，有梨形和椭圆形等，具有2条等长鞭毛，体内有一杯状色素体。纵裂或配子生殖，生长于海水、咸水湖、盐池中。富含β-胡萝卜素，可以人工培养从中提取甘油和胡萝卜素。并且可作为鱼、虾、贝等幼体的饵料。

1. 盐藻素的功效

盐藻素是利用现代科技手段从盐藻中提取、浓缩、精制而成的。盐藻中含有的天然类胡萝卜素不仅包括全反式β-胡萝卜素，还有9-顺式β-胡萝卜素、α-胡萝卜素、玉米黄素、叶黄素、γ-胡萝卜素等。盐藻中的类胡萝卜素具有强抗氧化功能。"中国盐藻之父"徐贵义教授历经20来年潜心研究，培育养殖了我国西北戈壁无污染的高盐卤水中的盐藻，并取得了盐藻素国家发明专利。

盐藻素和细胞健康科学研究证明，盐藻素中的元素含量比例和人体的体液、细胞浆液元素比例相吻合，可以直接营养细胞、解决细胞受损问题。盐藻素对细胞的作用机制可以概括为"清""调""补""修"。

（1）清除自由基。盐藻素中的天然β-胡萝卜素是医学界公认的"抗氧化之王"，具有多个共轭多烯双键的特殊结构，这种结构使它能和含氧自由基发生不可逆反应，达到清除自由基和淬灭单线态氧的效果。因此，β-胡萝卜素为一种良好的自由基淬灭剂，即"自由基的终结者"。维生素E在体内可保护易氧化物质。盐藻素中的硒、维生素E等也具有抗氧化作用，能够清除自由基，使细胞免受自由基的侵害，保护细胞膜，提高细胞的通透性。

（2）调节酸碱平衡。细胞受损的另一个原因是体液酸碱失衡。正常人的体液pH为7.35～7.45，呈弱碱性。当体液酸碱失衡时，极易导致血压与血糖的不稳定，心脏病、骨关节疾病与一系列免疫疾病的发生。

盐藻素具有迅速调节机体酸碱平衡的功能，其作用机制非常复杂。其中一个机制已得到证明，即盐藻素中含有大量的无机盐。无机盐在人体内具有重要的生理作用。盐藻素中的大量无机盐、氨基酸、维生素等可调节细胞酸碱平衡，为细胞提供中性或弱碱性的生存环境，使细胞更具活力。

（3）全面补充细胞营养元素。碳水化合物、蛋白质、无机盐及维生素等各种营养物质是维持细胞健康的最基本的要素，细胞所需各种营养的不足、过剩或比例失调，都会使细胞受损。盐藻素富含人体健康所需的各种营养物质，如维生素类的维生素A、叶酸等，脂类的亚油酸、亚麻酸、卵磷脂等，糖类的盐藻多糖等，无机盐的钙、铁、硒、锌等，以及氨基酸，包括18种氨基酸，其中8种为人体必需氨基酸。盐藻素中各类元素含量比例和人体体液、细胞浆液相一致，可以全面补充人体细胞所需营养元素，提高细胞动力。

（4）修复糖链。糖链是由葡萄糖、半乳糖等糖类分子按照特定序列形成的链状物，它附着在细胞表面，并作为生物信息分子参与生命活动与疾病的发生发展，起着特异性识别、介导、调控等信号转导作用，被称为细胞功能的"传导器"。包括癌症在内的所有慢性疾病都和糖链结构异常密不可分。盐藻素中盐藻多糖的有效成分可以修复糖链，恢复细胞间信息的正常传递，治疗由细胞糖链受损所引发的疾病。

2. 盐藻素的临床效果

盐藻素在医药学领域引起了广泛关注，国内外已有多篇关于盐藻素预防与辅助治疗心脑血管疾病、癌症、胃部常见病、口腔溃疡及白内障等的临床实验报告。

（1）预防与辅助治疗冠心病和心脑血管疾病。麦弗逊盐藻对高血脂、高血压、高血糖都有显著的预防与辅助治疗作用。

（2）预防和辅助治疗糖尿病。盐藻素对糖尿病有预防与治疗效果。可以增强正常脂类代谢，减少血浆中的甘油三酯，显著降低血糖，减轻胰岛素抗性。

（3）预防与辅助治疗癌症，减轻化疗不良反应。盐藻素中富含的类胡萝卜素有直接抑制癌细胞生长的功能，可以有效地治疗多种化学致癌剂诱发的肿瘤，减轻接受化疗和放疗的癌症患者的疼痛及不适症状，并可减少癌症转移与复发概率。长期服食可将癌前期细胞逆转为正常细胞，大大降低患癌概率，特别对预防食道癌、上皮癌具有显著效果。

（4）预防和辅助治疗肝脏疾病。盐藻素对酒精性肝损伤具有显著治疗作用，对肝脏脂肪病变引起的相关疾病有明显缓解功能。

（5）预防与辅助治疗胃部常见病和口腔溃疡。盐藻中的类胡萝卜素能保持和修复上皮组织的完整结构，特别对胃部常见病（胃炎、胃溃疡与萎缩性胃炎）、上呼吸道炎症与口腔溃疡均有很好的治疗作用。

（6）辅助治疗白内障，改善视力，预防干眼症。盐藻素能明显改善视力，防治白内障，对眼干燥症、夜盲症具有较好的治疗效果。

（7）增强免疫力，抗氧化，延缓衰老。盐藻素中的多种有效成分可有效清除自由基，增强机体免疫、抗病与抗氧化能力。可在食品等行业的开发和应用中加入盐藻素，创造饮食的新概念。

第三节　红树植物

红树植物（Mangrove Plant）为一类生长在热带、亚热带海洋潮间带的木本植物。主要种类有红树、红茄苳、秋茄树、海莲与木榄等。由红树植物构成的树林，称为红树林。退潮以后，红树植物在海边可以形成一片绿油油的"海上林地"，也有人称之为"碧海绿洲"。它们对调节气候与防止海岸侵蚀起重要作用。红树林常常在有海水渗透的河口、潟湖或者有泥沙覆盖的珊瑚礁上生长。在红树林中，所有的草本和藤本植物被称为红树林伴生植物。

目前我国有26种真红树乔木、灌木，12种半红树乔木、灌木。我国的红树林分布在广西、广东、福建、海南和台湾等5个省或自治区，其中广西有9种，广东有10种，福建有7种，海南有24种，台湾有9种。另外，浙江省在20世纪50年代引种红树植物后，目前也有1种成活。红树植物的用途有许多，是具有保护海岸与滩涂，养育鱼、虾、蟹，用于制药、建材、制革、造纸，防治污染等多种用途的"海滨之宝"。

红树植物是胎生植物。果实依附在亲本植株上，并且在上面发芽、脱落后进入泥土中，不进行休眠就迅速生根，生活力非常强。红树林根系极为发达，能从泥土中长出支柱根与呼吸根，并能通过呼吸根中获得一部分必需的氧气。红树林另一重要特点为叶片和根部的渗透压高，可分别达到$-163 \times 10^5 \sim -97 \times 10^5$ Pa，而且耐盐，有的种类甚至有泌盐能力，保持水分的功能极强。这些特殊的生理与生态特征，使得红树植物生命力非常强，在海陆交界的潮间带地区形成了特殊的生态环境，不仅能保护海岸免受海浪冲刷破坏，而且为大量的生物如鱼类、甲壳动物和鸟类提供了栖息场所。

红树植物为一类海洋维管束植物，民间利用红树植物治病已有几百年的历史，但直到近几十年人们才把红树植物作为海洋药物开发与新药研究的主要药源之一，对红树植物的化学成分与生物活性进行了系统的研究。迄今进入临床前和临床研究的抗肿瘤海洋药物主要从海洋动物中提取，从红树植物中提取的鲜有报道。红树植物拥有抗肿瘤的生物活性成分，例如，印度科学家发现老鼠簕的提取物能有效地抑制肿瘤的生长与致癌物诱导的大鼠皮层瘤的生成，这对抗肿瘤药物的开发有所帮助。日本科学家采用体外肿瘤模型对海漆中分离的8个二萜化合物进行初步活性筛选，发现其中的一些化合物显示出明显的抗肿瘤活性。另外，科学家发现海莲树皮的提取物能有效地抑制肉瘤180与刘易斯肺癌等。红树植物的先导化合物还具有其他生物活性，例如，泰国科学家在老鼠簕根的提取液中分离得到苯并噁唑啉，该物质对中枢神经系统具有抑制作用，可用来生产退热药、止痛药、抗惊厥药与安眠药，具有较高的医药利用价值。

我国民间常用老鼠簕根捣碎水煮后，与蜂蜜一起口服，是治疗乙型肝炎的特效药，这也和老鼠簕独特的化学成分密切相关。所以，对红树植物的化学成分与生物活性的研究，已成为红树林和药学研究领域中的热点，且具有相当大的研究开发空间。

来自红树林的真菌形成了一个巨大的海洋真菌生态亚组。红树林真菌的多样性因种类的不同而不同，是开发新型药物的宝贵资源，其代谢产物多样，对这些代谢产物生理活性机制的研究，将会产生生命科学上的突破。

我国在漫长的历史进程中逐步形成独特的中药体系，即中华民族的自然药物体系。我国现存最早的药学专著《神农本草经》收录了包括植物、动物及矿物在内的365种药物。明朝医药学家李时珍总结前人经验，并且在亲自调查验证的基础上，编成了巨著《本草纲目》，收藏1 892种药物，其中大部分是植物药。不论是《神农本草经》还是《本草纲目》，虽都涉及不少海洋动物与植物，却没有关于红树植物药的任何记录。即使是清代道光年间吴其濬的2部专论植物的著作《植物名实图考》与《植物名实图考长编》（前者记录植物1 717种，后者描述了植物838种），也没有涉及任何红树植物。可见，在我国古代，无论是药学界还是植物学界都没有关注红树植物这种海洋高等植物的重要性。

在20世纪60～70年代，我国开展了广泛的中草药资源调查，在此基础上编写的《全国中草药汇编》，收录了老鼠簕、黄槿和海杧果3种红树植物，介绍了它们的药用价值。但是，在1985年版与1990年版的《中华人民共和国药典》的中药部分，却没有正式列入任何红树植物，从而将红树植物药排除在正统的中药体系之外。目前我国红树植物的药物研究开发基本上仍属空白。红树林在我国东南沿海分布广泛，沿海居民对红树林生态系统的利用已有很长的历史，所以我国民间并不缺乏红树植物的药物利用知识。不过近几十年来，我国红树植物资源遭受了大规模的人为破坏，很多地区的红树植物处于濒危状态，使得民间利用越来越受到制约。而且，随着海岸居民医疗条件的改善，大多数以往采用红树植物治疗的疾病，现在都已用西药或其他中成药治疗，使民间积累的宝贵的红树植物药物知识迅速丧失。可见，开展我国红树植物民间药物利用经验的调查，尽管困难重重，但也是十分紧迫与必要的。

课后训练

一、讨论思考题

（1）简述海藻的营养成分和生理功能。

（2）绿藻生长因子有哪些生理功能？

（3）列举5种大型海藻功能食品。

（4）盐藻素的生理功能是什么？

（5）简述螺旋藻的营养价值和生理功能。

（6）简述红树植物的作用。

二、案例分析题

"长寿菜"——海带

20世纪80年代，日本学者曾经对日本平均寿命最长且百岁老人比例最高的冲绳地区的居民进行食物调查。结果发现，该地区居民除了食用豆类、薯类与蔬菜等较多外，特殊的地方在于，还食用较多的海带等海藻类食物。这可能是冲绳居民长寿的一个重要原因。

秦始皇时代，我国没有自然生长海带的海区，人们不知道海带是何物，更不清楚它对人体的保健功能。早在公元前221年，秦始皇统一六国后，曾派徐福带领童男童女数千人不远千里到东海去寻求长生不老药。后来也有人说秦始皇所求仙药乃是海带。

问题：
（1）海带为什么具有长寿的功能？
（2）海带中的活性物质有哪些？

> **知识拓展**

南非人的智慧：不开发野生海带群

南非位于南部非洲，拥有漫长的海岸线，从全球闻名的好望角向西北与东北2个方向延伸，总长达2 800多千米。

在连绵的海岸线上，最吸引眼球的，是在海面上随波漂浮、密密麻麻的野生海带群。在海浪的簇拥下，海带成团成团地拱出水面。远远望去，宛如一群群海鸭子密布海面；走近海岸，海带特有的气味扑鼻而来。令人奇怪的是，这数以千万吨计的海带美食，无论是当地的土著人，还是侨居的欧洲人或亚洲人，都不去采食或开发赚钱，人们任由野生海带年复一年繁衍，自生自灭。

南非人为什么放着这无尽财富不进行开发利用？几艘途经好望角的日本海轮找到了这个问题的答案。日本渔民发现，以好望角福尔斯湾为起点，南非沿岸的野生海带生长得非常茂盛，在海面延伸数百米宽，沿着海岸线的绿色植被一望无际。如此丰富的资源竟没有人开采，日本人遂有"暴殄天物"之感。回国后，这些渔民游说日本政府出面，向南非政府提出有偿开发野生海带的建议，补偿金额达到了天文数字。南非政府怦然心动，内阁开会商讨一致同意，又广泛征询国民的意见，绝大多数国民都说YES，唯独南非几个海洋学家很坚决地说不。

南非海洋学家说不的理由很简单：在海洋生态大系统中，沿岸海带植物群落为最基础的生态子系统，它既是各种海洋生物的天然"粮仓"，又是各类海洋动物的优良"居所"，且孕育了海岸线上兴旺发达的微生物群落。丰富的微生物养育了众多的小鱼小虾和贝类家族，丰富的小鱼、小虾和贝类喂养了大鱼与南非的龙虾，丰富的渔业资源又养育了海岸上的企鹅。在这环环相扣的海洋生态食物链上，海带处于开端环节，具有重要的"基石"功能。一旦这块"基石"被撬动，整个海洋生态食物链必然像多米诺骨牌节节断裂，南非沿岸会变成无草、无鱼、无虾、无企鹅的"死海"，昔日国民"唾手可钓龙虾，抬眼可睹企鹅"的美景将不复存在！

海带资源开发竟导致如此可怕的"远景"，让南非政府惊出一身冷汗，对拿着金币诱惑他们的日本人很坚定地说不！从此，不开发海洋沿岸的海带成为南非全体国民的共识。

与不顾子孙后代、急功近利开发自然资源的做法相比，南非人顺应自然规律的"不开发"选择，向世界展示的不仅仅是科学家的长远认识，还有民族智慧、政府智慧与"天人和谐"的发展智慧。南非人智慧的"清香"，伴随着南非海岸线上浓郁的海带浓香，飘溢在人类共同生存的地球村里。

第四章 海洋功能食品的动物资源

本章重点和学习目标：

（1）熟悉海洋功能食品动物资源的种类、主要有效成分及功能活性。

（2）了解海洋功能食品动物资源在食品开发中的应用及发展趋势。

导入案例：

孕晚期准妈妈应适当食用海洋动物食品

要控制孕晚期的体重，少不了健康的饮食方式。因为在妊娠的后3个月，胎儿生长更快，要储存的营养物质也很多，这个时候动物性蛋白、维生素不可缺失，它们不仅对胎儿的生长有益，还能为产后哺乳做好准备。海洋动物食品富含脂肪、蛋白质、维生素A和维生素D，这些与眼睛、皮肤、牙齿和骨骼的正常功能关系非常密切。海洋鱼类（尤其是深海鱼）含有丰富的DHA，这是其他食品难以与之媲美的，而DHA对胎儿和婴幼儿大脑的发育极为重要。在孕期，DHA能优化胎儿大脑锥体细胞中磷脂的构成。同时，DHA对视网膜感光细胞的成熟有重要作用。孕妇在孕末3个月，可利用母体血液中的α–亚麻酸合成DHA，然后输送到胎儿大脑和视网膜，使那里的神经细胞成熟度提高，这就需要母体供给胎儿充足的DHA。

海水鱼中的蛋白质比淡水鱼、畜禽肉类的更容易被人吸收。同时，海水鱼还可以提供丰富的其他无机盐，如镁、铁、碘等元素，对促进胎儿生长发育有良好的作用。

除此之外，海洋动物食品还具有低热量、高蛋白的特点。100 g鱼肉可提供成人蛋白质需求量的1/4～1/3，却只有低于418.4 J（100 kcal）的热量，因此，孕妇应适当进食海洋动物食品。

问题：

（1）根据以上案例，海洋动物食品有哪些功效？

（2）根据以上案例，你对海洋功能食品的动物资源有哪些认识?

◀教学内容▶

第一节　棘皮类

一、海胆

海胆别名刺锅子、海刺猬，大多呈球状或半球状，就像一个带刺的仙人球，因而有人称它为"海底刺球""龙宫刺猬"。石灰质的壳板包围其身体，壳板由约3 000块小骨板组成。海胆广泛分布于各大洋。自寒带至热带，从潮间带的浅水区至水深5 000米处，都有其踪影。具有避光与昼伏夜出的习性。世界上现存的海胆有950多种，我国沿海约有100多种。常见的有马粪海胆、心形海胆、紫海胆、刻肋海胆等。

1. 营养价值

海胆生殖腺，又称为海胆子、海胆黄、海胆膏，可供食用，色泽橙黄，味道鲜香，占海胆体重的8%～15%。海胆生殖腺的主要营养成分是卵磷脂、核黄素、维生素B_1、蛋白质、脂肪酸等。海胆生殖腺所含有二十碳烯酸占总脂肪酸的30%以上，对预防某些心血管疾病有很好的效果。所含有的蛋白质由17种氨基酸组成，不仅品质好，而且量大。每100 g（干重）虾夷马粪海胆生殖腺含蛋白质约49.2 g，总糖约16.5 g。钙与磷的含量非常丰富，分别是475 mg和456 mg，比牛奶高得多。除此之外，海胆生殖腺还含有较多的维生素A、维生素D和无机盐。

2. 保健功能

海胆不仅是一种上等的海鲜美味，而且是一种名贵的中药材。我国很早就有海胆药用的记录，它的药用部位是石灰质全壳，药材名称为"海胆"。《本草原始》中记载海胆有"治心痛"的作用，近代中医药认为海胆"性味咸平"，《中药志》记载海胆"软坚散结，化痰消肿，治瘰疬痰核、积痰不化、胸胁胀病等症"。我国民间认为海胆生殖腺有壮阳、强精、益心、补血、强骨的功效，将其视作海味中的上等补品，素有"吃海胆卵滋补强身"的说法，称其能提神解乏、增强精力。典籍记载，明代道家的炼丹师采用海胆为原料，炼制强精壮阳的"云丹"，贡奉朝廷。

现代研究发现，海胆生殖腺含大量动物性腺特有的卵磷脂、结构蛋白等生物活性物质，具有雄性激素的作用，能够提高性功能与改善智力。海胆生殖腺能减少人体血清胆固醇和甘油三酯，有促进机体免疫力、预防动脉硬化与稳定血压的作用，所以具有防治心脑血管疾病的功能。海胆生殖腺的提取物能提高运动耐力，延长动物存活时间。近年，国内外市场上都出现了以海胆生殖腺为原料制作的抗疲劳的保健品，对精力不足、神经衰弱等亚健康表现，有明显的改善效果。

3. 食用方法

海胆的食用方法多种多样，不论是新鲜的还是经过加工的海胆，都可用于清蒸、煎炒、冷盘或烹调成汤。

（1）清炖海胆：取海胆生殖腺，加水，辅之生姜、蒜片、葱白或香菇，烧开后即可食用。

（2）油煎海胆：取海胆生殖腺，辅之配料，兑加蛋清、淀粉，用明火油煎即可。

（3）冰镇海胆：取海胆生殖腺，用冷开水洗净，装在碎冰垫底的盆或碟上，冰和海胆之间隔一层薄膜，食用时蘸上调料，和生吃龙虾、赤贝等类似，别有风味。

将海胆生殖腺与肉类、蛋、芦笋混合煎炒，便成为一款鲜美可口的上乘菜馔。利用海胆生殖腺汤泡面条，不添加任何佐料，味道比鸡汤面还要鲜美。若将海胆生殖腺用于涮火锅，风味更是独特。更高档的食法还有海胆烩鲍翅、海胆烩雪蛤等多种名贵菜式。

海胆还可以生产加工成为酒精海胆、盐渍海胆、冰鲜海胆、海胆酱与清蒸海胆罐头等多种海胆食品。

4. 食用注意事项

从中医角度讲，健康体质、平和体质、气虚体质、气郁体质的人群适宜食用海胆。阳虚体质、阴虚体质、瘀血体质的人群不适宜食用海胆。

海胆生殖腺容易自溶。海胆捕捞出水后，在空气中放置半日到一日，海胆生殖腺就可能发软变质，不能食用。因此，从海中捕捞的海胆，要么即时吃，要么放置在容器内的海水中保存，即食即取。为了保证食用安全，应注意生吃的海胆，除新鲜外，还须采自洁净无污染的海域。

并不是所有的海胆都可以吃，有不少种类是有毒的。有毒的海胆看上去要比无毒的海胆漂亮得多，如生长于南海珊瑚礁间的环刺海胆，它的粗刺上有黑白条纹，细刺是黄色。幼小的环刺海胆的刺上有白色与绿色的彩带，闪闪发光，在细刺的尖端生长着一个倒钩，一旦刺进皮肤，毒汁就会注入人体，细刺也就断在皮肉中，使皮肤局部红肿疼痛，有的甚至会出现心跳加快、全身痉挛等中毒症状。

二、海星

海星是棘皮动物中结构生理最有代表性的一类。体扁平，多是五辐射对称，体盘与腕分界不明显。生活时口面向下，反口面向上，是一种食肉动物，有些海星摄食时食物沿腕沟进入口，有些种类的胃能翻出，有时可将饵料生物整个吞入。海星通过皮肤进行呼吸，腕端有感光点，多数雌雄异体，少数雌雄同体，有的可以无性分裂生殖。现存的海星约 1 600 种，化石约 300 种。海星广泛分布于沙质海底、软泥海底、珊瑚礁。海星纲包括各种海星、海燕和海盘车，不过人们都俗称其为海星或"星鱼"。

海星类分布于世界各海域，以北太平洋区域的种类最多。垂直分布从潮间带到水深6 000 m。深海槭海星科为深海动物，栖息深度不低于 1 000 m。海星生活于各种底质，但软泥底上不多见，常随所摄食的双壳类的多少而移动。在我国分布于浙江、广东、福建和南沙群岛等沿海。

1. 营养价值和保健功能

海星类的生殖腺可供食用，吃法和吃海胆卵的方法大致相同。

分布于山东烟台近海的罗氏海盘车，生殖腺与幽门盲囊即为海星黄。海星黄含水分69.10%、蛋白质15.92%、脂肪11.13%、糖类2.63%、粗纤维0.06%、灰分1.16%。

海星黄蛋白质含量在海产品中属于较高者，总氨基酸中必需氨基酸占44.7%，半必需氨基酸占9.98%，其他氨基酸占45.3%，是具有较高营养价值的完全蛋白质，并且海星黄中还含有多种活性肽。

海星黄中含有8种人体必需微量元素，其中Zn的含量比较高，对促进人体发育、提高器官机能有一定的作用。另外，海星黄中还含有丰富的维生素。海星黄对由于房劳过度而致肾虚所引起的白细胞与红细胞数下降具有显著的改善作用，有明显的补肾美容、壮阳强体的功能，且补而不燥。

海星含皂苷、蒽醌、甾醇、生物碱、多糖、脂类、氨基酸、多肽及胶原蛋白等物质。海星的提取物和提纯的化合物药理活性多样，包括对正常细胞与肿瘤细胞的外细胞毒性，以及抗病毒、抗菌、溶血、降压、抗炎等活性。

海星中的酸性黏多糖有调节免疫功能的作用。海星还有和胃止痛、止酸、止泻、镇静等功效，主治胃溃疡、胃酸过多、腹泻、癫痫等症。将新鲜的海星烘干后研磨成细粉状，配制成混悬液，对急性胃溃疡有显著的抑制作用，对慢性醋酸性胃溃疡的作用更为显著，不仅可使溃疡缩小变浅，而且能促进胃黏膜上皮细胞的再生与溃疡愈合。

海星可以向人类提供代血浆。日本医学家的临床实验证明，从海星中提得的明胶可作代血浆，有良好的扩充血容量、改善微循环的作用，并参与机体新陈代谢。海星代血浆还能促进机体对肿瘤细胞的免疫反应。

2. 药用价值

海星的药用价值远大于其食用价值。市场上卖的干海星一般都是用来做药炖汤用。

海星的肉很少，基本上没有食用价值。雌性海星的卵看上去与一般鱼卵无异，可用于熬汤，或是与其他食材同炒，再酿回海星壳里。这个菜卖相极为精致，虽然海星子不算起眼，但能品尝到其鲜甜的味道和软中带实的质感。

中医认为，海星食疗可用于：

（1）治疗胃溃疡、十二指肠溃疡、胃痛吐酸：海盘车焙干研末，每次1匙，每日3次；或用醋煮酥后，研末。每日3 g，黄酒冲服。

（2）治甲状腺肿大：鲜海星30 g，煎服。

（3）治癫痫：海星五腕末端焙干，茶叶3～6 g，共研末。发作前以黄酒冲服。

海星中含微麻辣味与轻微毒性。从海里捞上来的海星未经脱麻辣和解毒处理，不宜直接食用，易引起不良反应，必须依照科学方法加工后方可食用。

近年来，海星的药用价值逐渐被重视，不少海洋药物和食品企业开发了海星营养素胶囊等产品，对祛病强身有明显的功效。

三、海参

海参又名海鼠、海黄瓜，是生活在海边至近万米深海的棘皮动物，距今已有6亿多年的历史。食用海参有海参属、刺参属和梅花参属等。我们通常所说的"海参"指海参纲的物种。海参属为海参纲最大的属，包括约170种，在各海域均有，大多生活在浅水中，但有时也生活在深水中。主要产于印度洋和西太平洋。海参全身长满肉刺，以海底藻类和浮游生物为食。

我国海域出产的可食用海参有20多种，其中刺参营养价值最高，主要产于渤海、黄海海域，又称为北方刺参。其形态特征如下：体圆柱形，长20～40 cm。前端口周生有20个触手。背面有4～6行肉刺，腹面有3行管足。体呈黑褐色、黄褐色、绿褐色、纯白色和灰白色等。喜欢生活在水流缓稳、海藻丰富的细沙海底与岩礁底。

海参同鱼翅、人参、燕窝齐名，为"海八珍"之一。海参不仅是珍贵的食品，也是名贵的药材。《本草纲目拾遗》中记载："（海参）其性温补，足敌人参，故名曰海参。……味甘咸，补肾经，益精髓，消痰涎，摄小便，壮阳疗痿。"

1. 营养价值

（1）海参多糖。海参多糖主要存在于肠壁、卵细胞、精细胞与呼吸树。海参多糖的含量和组成等是衡量海参营养价值的重要指标。现代药理学研究表明，海参多糖有多种药理活性，包括调节免疫、抗肿瘤、降血脂、抗凝血与抗血栓形成等作用。

（2）海参皂苷。海参皂苷，又称为海参素，是海参所特有的一类三萜皂苷，为海参的主要次生代谢产物，也是其进行防御的化学物质基础。海参肠壁中皂苷含量约为其湿重的1.03%，呼吸树中的含量为1.65%。现代药理活性研究表明，海参皂苷具有增强免疫力、抗菌、抗肿瘤、抗癌等多种生物活性。

（3）脑苷脂。脑苷脂亦称为酰基鞘氨醇己糖苷，为一类广泛存在于生物细胞膜中的内源性生物活性物质。脑苷脂为海参中含量最高的鞘脂类化合物。海参中已报道的脑苷脂类化合物仅10多种，具有抗肿瘤、预防脂肪肝等生物活性。

（4）神经节苷脂。神经节苷脂和许多生物学过程相关，且在一些中枢神经系统疾病的病理过程中起重要作用。神经节苷脂是海参中除脑苷脂外的另一类活性较高的鞘脂类化合物。

2. 保健功能

（1）补肾益精，滋阴养血。精氨酸是构成男性精细胞的主要成分，具有改善脑-性腺神经功能传导功能。海参是"精氨酸的大富翁"，我国民间认为，它对治疗肾虚、阳痿有特殊功效。刺参含有丰富的铁与海参胶原蛋白，具有显著的生血、补血、养血作用，尤其适用于妊娠期与绝经期妇女和手术后的病人。另外，海参中的磷、锌、锰、硒、镍等元素对人体多种生理活动，尤其生殖功能、性功能的促进作用突出。海参对改善与调理女性内分泌、促进体内良性循环有很大的功效。

（2）增强体质，提高机体免疫力。常食用海参可预防感冒，这是由于海参中所含丰富的氨基酸、蛋白质等是人体免疫功能所必需的物质，能促进机体的免疫力，对传染性疾病有很好的预防功能。

（3）延缓衰老。海参体壁有含量很高的胶原蛋白，可使肌肤保持光滑、富有弹性，并延缓机体衰老。其中含有的硫酸软骨素、精氨酸、维生素B_3、磷、硅等更具消除疲劳、延年益寿、延缓皮肤衰老和美容等功效。精氨酸能增强人体细胞再生与机体损伤修复。

（4）改善睡眠，提高记忆力。食用海参对改善睡眠、提高记忆力有很好的促进作用。海参中的精氨酸对神经衰弱有特殊功能，而钙、牛磺酸、维生素B_3、赖氨酸等对消除大脑疲劳、增强记忆力也有重要作用。

（5）抗疲劳。海参中丰富的酸性黏多糖与精氨酸有明显的机体调节功能及缓解疲劳作用，并且海参中的牛磺酸、维生素B_3、钾、镍等具有快速消除疲劳、调节神经系统的功效。

（6）调节血脂。常食用海参能够降低血压、预防心血管病、激发造血功能、调节血脂、抑制胆固醇的合成等。海参中钾、铜、钒、锰、维生素B_3、牛磺酸等可影响体内脂肪的代谢过程，具有防止脂肪肝形成的功能。

（7）调节血糖。糖尿病患者可以常食用海参。海参中的酸性黏多糖具有降低机体血糖活性、预防糖尿病的功能。而它所含的钾、钒对机体中胰岛素的分泌起着重要调节作用，可防治糖尿病。

（8）抗肿瘤，抗辐射。海参的体壁、内脏与腺体等组织含有一定量的海参毒素，又叫海参皂苷。海参毒素为一种抗毒剂，对人体安全无毒，但能够阻止肿瘤细胞的生长和转移，有效防癌、抗癌，临床上已广泛应用于肝癌、胃癌、肺癌、鼻咽癌、淋巴癌、骨癌、卵巢癌、乳腺癌、子宫癌、脑癌、白血病和手术后患者的治疗。海参的钼元素能防治食道癌，硒化合物对肺癌、乳腺癌及结肠瘤等都有效果，酸性黏多糖有明显调节机体生理功能、抑制癌细胞的作用。

（9）改善骨质疏松。海参中丰富的钙、磷、锰、铜、锗、硅等元素对预防婴儿佝偻病，骨骼异常、畸形，牙齿发育不良，成人的骨质疏松症都有特殊作用。

（10）促进生长发育。食用海参有助于增强生长发育。海参中丰富的赖氨酸、牛磺酸、精氨酸、钙、磷、锌、碘、铁，是人体发育成长的重要物质，它们直接参与人体的生长发育、免疫调节、伤口愈合、生殖等生理活动，在人体能量储备和运转中起着重要作用。

（11）益智健脑，助产催乳。刺参中含有2种ω–3 PUFA（EPA与DHA），其中DHA对胎儿大脑发育起非常重要的作用。胎儿大脑发育开始于妊娠的第三个月，胎儿通过胎盘从母体中获取EPA与DHA。如果母体缺乏DHA，会造成胎儿脑细胞的磷脂质不足，影响胎儿神经系统的正常发育。我国古代民间认为海参调经养胎、养血润燥、助产催乳、修补组织。

3. 食用方法

海参营养丰富，肉质软嫩，为典型的高蛋白、低脂肪食物，是久负盛名的名馔佳肴，在饭桌上常常扮演着压轴的角色，被视为中餐的灵魂之一。

海参本身没什么味道，不局限于特定的烹饪方法，反倒成了烹饪手艺的试金石。内行的吃家为了品鉴餐馆的水平，经常会点海参菜品，大厨的烹饪特点一吃便知。文人袁枚是清代大饮食家的代表人物，他曾写道，海参搭配与其颜色相近的香菇、木耳等，风味甚佳。中医认为，木耳、海参二者搭配同食，可以滋阴养血、润燥滑肠，适用于血虚津亏的产妇和大便燥结者。羊肉、海参二者都属于温补食材，二者搭配可强身健体。

4. 食用注意事项

海参含有丰富的蛋白质与钙等营养成分，而柿子、葡萄、山楂、橄榄、石榴等水果含有比较多的鞣酸，若同时食用，会出现恶心、腹痛、呕吐等症状。另外，海参还不宜与甘草同服。俗话说"陆有人参，水有海参"，中医认为，海参可补肾、养血，营养与食疗价值都很高。但是，烹饪海参时若放了醋，海参吃起来味道、口感均受影响。除了不能与柿子、葡萄、山楂等水果同吃，食用海参还要注意以下事项：

（1）年龄太小的儿童最好少吃海参，体格虚弱的儿童可适当多吃；

（2）脾虚者应该少吃或禁吃海参，否则会加重胃、肠和肝脏的负担；

（3）腹泻、感冒未愈、咳嗽多痰者不宜食用海参；

（4）肝、肾功能不好的人，如乙肝患者、肾炎患者不适合用海参滋补；

（5）类风湿患者要少吃或者不吃海参；

（6）在服用某些中药时，要少吃或者不吃海参；

（7）高尿酸血症患者不宜长期食用海参；

（8）容易对蛋白质过敏的人不宜多吃海参。

第二节　腹足类

一、海兔

海兔不是兔，而是腹足类的一种，指海兔科的物种，其头上的两对触角突出如兔耳，因而得名。海兔一般在浅海生活，体呈卵圆形，足宽，两侧足叶发达，用以游泳。外套膜小，贝壳退化为角质层，藏在外套膜下面。有的种类体内有墨囊，遇敌即放出紫黑色液汁。摄食海藻、小型甲壳类、贝类等。雌雄同体，春季到近岸交尾产卵，卵群呈细索状，称"海粉丝"。

海兔广泛分布于全球海域，还包括热带与南极洲海域。在我国沿海尤其东南沿海有分布，它们五彩斑斓的体色具有很高的观赏性，但其资源在我国乃至全世界都尚待开发。

1. 营养价值和保健功能

海兔性寒，味甘，可食。沿海渔民一般都就地制备成海兔酱。海兔富含钠、磷、钾、铜、锌、铁、钙。沿海居民所说的"海粉丝"，即海兔胶质丝卵袋的干制品，又有"海粉"和"海挂面"之称，日本称"海索面"，味美，医药上用作清凉剂。"海粉丝"内含蛋白质32%，脂肪9%，还含有无机盐和维生素。中医认为"海粉丝"还具有滋阴、消炎、退热、润肺的功效。《本草纲目拾遗》记载"海粉丝"能治赤痢、风痰。为提高产品附加值，海兔多被加工成鲜干品，产值可以提高十几倍。鲜干品有生晒、熟晒2种。生晒不保鲜，熟晒却能够保持原有风味。

海兔体内有海兔毒素（Aplysiatoxin），动物实验证明它可作为抗癌剂，与作为制癌药剂的肿瘤坏死因子（TNF）效力相匹敌。而且这种制剂只对癌细胞起作用，对正常细胞无毒性。由于这种海兔抗癌制剂的出现，海兔声名远扬。

海兔的提取物具有一定的抑制中枢神经系统的功能，10 μg/mL的海兔提取物作用就相当于3 mg/kg的氯丙嗪。10 mg/kg的海兔烯素具有增强戊巴比妥钠的作用，能延长睡眠时间。

2. 食用方法

（1）清炒：锅里烧热油，入葱、姜段爆香。下海兔炒到开口，汤色变白，加盐，加少量糖，撒胡椒粉，出锅。

（2）辣炒：先用水把海兔烫开口，锅里烧热油，入葱、姜、干辣椒段爆香，下海兔爆炒，加入适量味精、糖、胡椒粉。

新鲜海兔最好少放盐，由于它本身含盐。不要炒得太老，否则口感不好。

3. 食用注意事项

（1）不能与寒凉食物同食。从中医角度讲，海兔性寒凉，食用时最好避免和一些寒凉的食物如黄瓜、空心菜等共同食用。食用海兔后也不应马上饮用或食用像冰水、雪糕这样的冰镇饮品和食品，还要注意少吃或者不吃梨、西瓜等性寒水果，以免导致身体不适。

（2）不能与啤酒、红葡萄酒同食。食用海兔时饮用大量啤酒，会产生过多的尿酸，容易引发痛风。过多的尿酸还会沉积在关节和软组织中，从而导致关节与软组织发炎。

二、鲍鱼

鲍鱼在古代被称为"鳆鱼"或"盾鱼"，又称为九孔螺、镜面鱼、明目鱼、将军帽。名为"鱼"，实则不是鱼，而是腹足纲鲍科的单壳海生贝类。鲍鱼的壳质地坚硬，壳形一般为右旋。表面多呈现深绿褐色，壳内侧绿、紫、白等色交相辉映。软体部分有一个宽大扁平的肉足，呈扁椭圆形，黄白色。鲍鱼成体大的似茶碗，小的如铜钱。

在世界各大洋中，太平洋沿岸与部分岛礁周围分布的鲍鱼种类和数量最多，印度洋次之，大西洋较少，北冰洋沿岸没有分布。我国沿海均有鲍鱼分布，常见的有7个种，其中，较重要的经济种类有2种，即皱纹盘鲍、杂色鲍。其他5种为非经济鲍，即羊鲍、耳鲍、多变鲍、平鲍与格鲍。

皱纹盘鲍主要分布在黄海北部以及渤海海峡的部分岛礁周围海域，因个体较大，也称盘大鲍，呈卵球形。以山东长岛和辽宁大连出产的最为著名，是鲍科中的优良品种。杂色鲍分布于我国东南沿海的部分海域，与皱纹盘鲍的形状相近，但个体较小。耳鲍体型较大，贝壳像耳朵，足部的肉最肥厚，甚至不能完全被贝壳包被，产于我国南海。西沙群岛产的羊鲍，是著名的食用鲍。由于天然产量很少，因此价格昂贵。

鲍鱼的等级按"头"数计，每"司马斤"（俗称为"港秤"，约合605 g）有2"头"、3"头"、5"头"、10"头"、20"头"不等。"头"数越少价钱越贵，所谓"有钱难买两头鲍"。

鲍鱼为我国传统的名贵食材，居四大海味之首，是我国经典国宴菜之一。

1. 营养价值和保健功能

鲍鱼含有20种氨基酸，还有相当量的铁、钙、碘、锌、磷，以及维生素A、D、B₁等。鲜鲍鱼的营养价值胜过干鲍，过度烹调制成干鲍会流失大量营养物质，失去原来的味道及功能。

中医认为鲍鱼味甘、咸，性平，具有滋阴补阳、止渴通淋的功效，是一种补而不燥的海产，食用后没有牙痛、流鼻血等副作用。鲍鱼能养阴、平肝、固肾，可调整肾上腺的分泌功能、调节血压、润燥利肠、治月经不调、缓解大便秘结等。鲍鱼的壳，中药称为石决明，由于有明目退翳的作用，古书又称之为"千里光"。石决明还有清热平肝、滋阴壮阳的功效，可用于治疗头晕眼花、高血压等病症。从鲍鱼肉和黏液中能提取一种被称为"鲍灵素"的生物活性物质，它能够提高免疫力，抑制癌细胞代谢过程，提升抑瘤率，却不会损害正常细胞，有保护免疫系统的功能，对葡萄球菌、链球菌、流感病毒、脊髓灰质炎病毒、疱疹病毒均有抑制作用。有人认为，经常炖食鲍鱼或者将鲍鱼和木耳、银耳、黄花菜一起煮食，可增强体质，防止肿瘤的发生。

2. 食用方法

鲍鱼要彻底去沙，否则会影响鲍鱼的口感和品质，然后先蒸后炖。鲍鱼的烹制十分讲究火候，火候不够则味腥，火候过了则肉质变韧发硬。鲍鱼的烹饪也很注重调味得法，浓淡适宜，否则鲍鱼本身的鲜味是出不来的。鲍鱼中碳水化合物约占6.6%，会给鲍鱼带来更好的口感，烧菜、调汤，妙味无穷。名菜"蛤蟆鲍鱼"为誉满中外的佳肴。

3. 食用注意事项

一般人均可食用。气虚哮喘、夜尿频、血压不稳、精神难以集中者适宜多吃鲍鱼。糖尿病患者也可以用鲍鱼作辅助食疗。痛风患者和尿酸高者不适宜吃鲍肉，只宜少量喝汤。感冒发烧与阴虚喉痛者不宜食用。顽癣痼疾患者忌食。

在食用鲍鱼的时候，应选择软硬适度的鲍鱼，咀嚼起来有"弹牙"的感觉，过软或过硬都难以品尝到鲍鱼真正的鲜美味道。鲍鱼制作前要提前氽水，10秒钟即可。

不要用金属锅具烹制鲍鱼，以免引起化学反应使鲍鱼变黑。

三、芋螺

芋螺又称为鸡心螺，属于软体动物门腹足纲芋螺科。主要生长在温带、热带海域，是在沿海珊瑚礁、沙滩上生活的美丽螺类。芋螺外壳前方尖瘦、后端粗大，形状像鸡的心脏或者芋头。种类很多，有不同的色彩和花纹，是一类含有剧毒的海洋生物，因为它的尖端部分隐藏着一个很小的开口，里面有齿舌，可以射出毒液，足以使受伤者一命呜呼。

芋螺在我国广东、福建、台湾与南海诸岛的珊瑚礁中都有分布。可供观赏，种类繁多，有字码芋螺、协和芋螺、百万芋螺、哈文芋螺、筝肩芋螺、海军上将芋螺、红羽纹芋螺、信号芋螺、鼠芋螺、将军芋螺、美塔芋螺、焰色芋螺、紫罗兰芋螺等。

芋螺的毒液中含有数百种不同的成分，且不同类的毒液成分有很大差异，这些毒素被称为芋螺毒素。芋螺毒素包括不同的缩氨酸，以某一特定的神经通道或受体为靶位，同时还含有镇痛成分。还有一些芋螺含有河鲀毒素，与河鲀体内的神经毒素相同。芋螺表面艳丽的颜色和色块儿的模式很容易吸引那些好奇心强的人将它们拾起，而悲剧就恰恰因此发生。

芋螺毒素含有阻断神经系统传递信息的化合物，这种化合物使得生物体在死亡时因为神经系统无法传递信息，而没有任何感觉。因为它的毒素注入人体后，人不会感到疼痛，因此它的毒素可以用来提取麻醉剂。利用芋螺毒素研制出的一种生物止痛新药已取得令人满意的临床实验结果，此药如获通过投入市场，将会具有广阔的市场前景。

第三节　双壳类

一、牡蛎

牡蛎又称为生蚝，是牡蛎科生物的统称，为海产贝类。在我国分布很广，北起鸭绿江，南至海南岛，沿海都可养牡蛎。牡蛎肉嫩味鲜，营养价值很高。自古以来，其壳和肉就被人们作为滋补养颜、强筋健骨的佳品，古今中外都有极高称誉。

1. 营养价值

在西方，牡蛎被称为"海之果""海之奶"，在日本被称为"根之源""海之玄米"等。古人认为牡蛎是"海族之中最贵者"，表达了对牡蛎营养价值的赞赏。牡蛎是一种高蛋白、低脂肪、易消化、营养丰富的食品，含有丰富的甘氨酸与一种名为肝糖原的糖类物质，它们是牡蛎美味的来源。干牡蛎肉含蛋白质含量高达45%～57%，肝糖原19%～38%、脂肪7%～11%，还含有维生素、钙、铁、硒、锌、碘等营养成分。牡蛎的钙含量几乎是牛奶的2倍，铁含量为牛奶的21倍，富含蛋白锌，是所有食物中含锌最丰富的，是很好的无机盐来源。

2. 保健功能

牡蛎既是食品又是良药。《本草纲目》中记载："牡蛎肉甘温、无毒。煮食治虚损、调中、解丹毒、补妇人血气。以姜醋生食之，治丹毒、酒后烦热，止渴。炙食，甚美，令人细肌肤，美颜色。"《海药本草》中记载："牡蛎主男子遗精、虚劳乏损。补肾正气，止盗汗，去烦热，治伤阴热疾，能补养、安神。"

按照现代营养学的观点，牡蛎为理想的功能食品，具有以下保健功能：

（1）强肝解毒。牡蛎的肝糖原在储藏能量的肝脏和肌肉中，与细胞分裂、再生，红细胞的活性紧密相关，可促进肝功能、增强体力、缓解疲劳。牡蛎中所含的牛磺酸可促进胆汁分泌，消除堆积在肝脏中的中性脂肪，增强肝脏的解毒功能。糖原可直接被机体吸收利用，因而能减轻胰腺负担，对糖尿病的防治十分有利。

（2）提高性功能。牡蛎体内含有丰富的精氨酸和微量元素锌。精氨酸是精子的主要成分，锌促进激素的分泌。性功能下降、前列腺肿大、阳痿、性器官发育不全等男性疾病，很多情况都是由于锌不足。中医认为，食用牡蛎可以提高性功能。

（3）净化淤血。牡蛎中的牛磺酸对淤血导致的动脉硬化，和随之引发的心肌梗死、脑卒中、缺血性心脏病都有很好的预防作用。

（4）缓解疲劳。牡蛎中含有的氨基酸可以促进肝脏的机能、抑制乳酸的积蓄，从而缓解疲劳、恢复体力。牡蛎中的牛磺酸和肝糖原不仅可帮助消除身体疲劳，而且对缓解精神疲劳也是十分有效的。牡蛎治疗内因性抑郁症和恢复视力的作用也已得到认可。

（5）滋容养颜。牡蛎含有铁和铜，对治疗女性特有的缺铁性贫血是相当有效的。另外，牡蛎含有丰富的锌，食用牡蛎可预防皮肤干燥，促进皮肤的新陈代谢，分解皮下黑色素。牡蛎可促进激素的形成和分泌，所以对月经不调、更年期障碍、不孕症等也有很好的疗效。

（6）提高免疫力。牡蛎富含蛋白质和18种以上的氨基酸，另外还有丰富的肝糖原、维生素和无机盐。牡蛎的氨基酸中含有可合成谷胱甘肽的谷氨酸，食用牡蛎有助于人体内合成谷胱甘肽，可去除体内活性自由基，提高免疫力，延缓衰老。

（7）促进新陈代谢。牡蛎中含有的氨基酸、锌等无机盐与维生素，能改善血液循环，对女性发冷症与低血压也有疗效。

牡蛎含有丰富的生物活性物质，具有明显的医疗保健功能。利用先进的蛋白酶水解技术，提取牡蛎肉中的生物活性物质，辅以维生素E、亚油酸、大豆卵磷脂等，以达到不同的疗效，可开发出各种类型的牡蛎功能食品。就剂型而言，有颗粒状、粉末状、胶囊状、膏糊状等。

3. 食用方法

牡蛎可生食、凉拌、煮、热炒、做汤粥、干炸、做面点等。

（1）蛎黄汤：鲜牡蛎250 g，猪瘦肉100 g，切薄片。拌少量淀粉，放沸水中煮熟即成。稍加食盐调味，饮汤、吃肉。

本方源于《本草拾遗》。利用牡蛎肉滋阴补血的功效，以猪瘦肉提高其补益营养作用。适用于妇女崩漏失血、久病阴血虚亏、体虚少食、营养不良等。

（2）蛎肉带丝汤：蛎肉250 g，海带50 g。将海带用水泡发，洗净，切细丝，放水中煮至熟软后，再放入牡蛎肉一同煮沸，以食盐、猪油调味即成。

本方利用牡蛎肉滋养补虚、海带软坚散结的功效。适用于肺门淋巴结核、颈淋巴结核、小儿体虚、阴虚潮热盗汗、心烦不眠等。

深秋为牡蛎开始收获的季节，而从冬至到次年清明是牡蛎肉最为肥美、最好吃的时候，故我国民间有"冬至到清明，蚝肉肥晶晶"的俗谚。沿海许多地区采取了立体养殖法，长年都有牡蛎肉供应，颇受人们欢迎。

4. 食用注意事项

患有急、慢性皮肤病者忌食，脾胃虚寒、慢性腹泻便溏者不宜多吃。

二、扇贝

扇贝指扇贝科的双壳类软体动物，广泛分布在世界各海域，热带海域的种类最为丰富。扇贝是重要的海洋渔业资源之一。世界上出产的扇贝共有400多个种，我国约有50种，常见的养殖种类有虾夷扇贝、栉孔扇贝和海湾扇贝。

扇贝的壳、肉、珍珠层具有很高的利用价值。颜色鲜艳、具辐射状花纹的扇贝受收藏者喜爱，花纹常被作为艺术品的图案。扇贝有2个壳，大小几乎相等，壳面一般是紫褐色、黄褐色、浅褐色、红褐色、灰白色、杏黄色等。贝壳内面为白色。无论是在东方还是西方的食谱中，扇贝都是一种极受欢迎的食物。扇贝的生殖腺呈片状，且很柔软，分布在闭壳肌周围。每当春末生殖腺成熟时，雌性扇贝的生殖腺变成漂亮的红色，雄性扇贝的生殖腺则变成乳白色。闭壳肌肉质细嫩、颜色洁白、味道鲜美、营养丰富，干制后即是"干贝"，被列入"海八珍"之一。

1. 营养价值和保健功能

扇贝含具有降低血清胆固醇作用的 Δ7-胆固醇与24-亚甲基胆固醇，它们兼有阻止胆固醇在肝脏合成与加速胆固醇排泄的独特功能，从而使体内胆固醇降低。它们的作用比常用的降胆固醇药物更有效（表4.1）。扇贝具有以下保健功能：

（1）健脑：富含碳水化合物，提供大脑必需的能源。

（2）明目：富含钙，增加眼球的弹力，预防近视的发生和发展。

（3）润肠：纤维素可促进肠壁的蠕动，有助消化，预防大便干燥。

（4）养颜护肤：含有丰富的维生素E，抑制皮肤衰老，防止色素沉着。减弱因过敏或感染而引起的皮肤干燥与瘙痒等症状。

（5）通血：铁的含量高，吸收好。适宜肤色失去红润、没有光泽，手脚冰冷的人群。

（6）抑癌抗瘤：抑制癌细胞生长、扩散，使癌细胞退化、萎缩。有效预防癌症，降低癌变的发生率。

表4.1 扇贝的营养成分

营养成分	含量（每100 g干重）	营养成分	含量（每100 g干重）
热量	约251 kJ（60 kcal）	钠	339 mg
钙	142 mg	胆固醇	140 mg
磷	132 mg	钾	122 mg
镁	39 mg	硒	20.22 μg
维生素E	11.85 mg	锌	11.69 mg
蛋白质	11.1 g（湿重）	铁	7.2 mg
碳水化合物	2.6 g（湿重）	锰	0.7 mg
脂肪	0.6 g（湿重）	铜	0.48 mg
维生素B$_3$	0.2 mg	核黄素	0.1 mg

2. 食用方法

在西方的食谱中，扇贝通常的处理方式是用黄油煎制，或者裹上面包粉一起炸。在食用时通常配以半干白葡萄酒。也可将扇贝加入乳蛋饼食用，或煎熟后作为开胃菜食用。日本人喜欢将扇贝配上寿司和生鱼片一起食用，而在我国广东，人们喜欢用扇贝煲汤饮用。

冷冻的扇贝必须要在解冻之前烹制，冷冻扇贝肉紧实、湿润、有光泽。扇贝的烹制时间不宜过长（通常3～4 min），否则就会变硬、变干并且失去鲜味。可把扇贝放入煮沸的牛奶（已从炉子上拿开）中，或冰箱冷藏室内解冻。

3. 食用注意事项

从中医角度讲，有宿疾者慎食扇贝。

扇贝本身极富鲜味，烹制时不要再加味精，也不宜多放盐，否则反失鲜味。泥肠应去除，不宜食用。

新鲜扇贝肉颜色正常且有光泽，手摸有爽滑感，弹性好，无异味；不新鲜的扇贝肉色泽减退或无光泽，手感发黏，弹性差，有酸味。不要食用未熟透的贝类，以免感染肝炎等疾病。

三、贻贝

贻贝是双壳类软体动物，俗称青口、海红或淡菜。外壳呈青黑褐色，生活在海滨岩石上。它的身体构造跟蚶、牡蛎、蚌等基本上是一样的，但左、右2部分外套膜除了在背面连接，在后端还有一点愈合，因此在后面背方形成一个明显的排水孔。我国出产的种类有紫贻贝、翡翠贻贝、厚壳贻贝等。它们的贝壳都呈三角形，表面黑漆发亮。翡翠贻贻贝壳的周围为绿色。贻贝分布广泛，全球各海域均有。我国约有50种。分布于热带与亚热带的翡翠贻贝、分布于寒带与温带的紫贻贝与厚壳贻贝，是世界各国重要的养殖和捕捞对象，特别是北欧、北美以及澳大利亚等地区养殖贻贝很盛行，生产数量也很大。因此，贻类是驰名中外的海产食品。

1. 营养价值和保健功能

贻贝富含B族维生素，例如核黄素、叶酸与维生素B_{12}，磷、铁与锌的含量也比较丰富。每100 g生贻贝中含蛋白质12 g、脂肪2 g，能提供360 kJ的热量。贻贝不仅含有丰富的营养物质，还具有调经活血、补肝益肾的作用。

贻贝为大众化的海鲜品，但收获后不易保存，历来将其煮熟后制成干品。贻贝干的蛋白质含量高达59%，有人体必需的8种氨基酸，脂肪含量7%，且大多为不饱和脂肪酸。因为贻贝所含的营养成分很丰富，其营养价值高于鱼、虾、肉畜禽和其他贝类，能提高新陈代谢，有益于保证大脑与身体活动的营养供给，所以有人称之为"海中鸡蛋"。

中医认为贻贝性温，味甘、咸，入肝、肾、脾三经，具有益气填精、益阴补血、消瘿散结、止痢的功效。主治气血不足、虚劳消瘦、贫血、肾虚所致阳痿不举、腰膝酸软、疼痛、瘿气、中气下陷之久泻久痢等症。

2. 食用方法

贻贝是大众化的海鲜。可以蒸或煮，也可剥壳后与其他青菜混炒，味道都很鲜美。

贻贝干食用前应放入碗中，加入热水烫至发松回软，捞出摘去足丝，在清水中洗净沙粒，然后放入锅中，加入清水，用小火炖烂，可供食用。贻贝干可同排骨或鸡煨汤，味道极鲜。与萝卜同炒，有特殊风味。将贻贝干放在油锅中煎成黄色，煮成汤料，其味道不亚于虾米汤。也可同西洋菜、大骨一同煲汤。

3. 食用注意事项

从中医角度讲，中老年人体质虚弱、气血不足、营养不良者宜食，高血压、动脉硬化、耳鸣眩晕者宜食，阳痿、肾虚之腰痛、盗汗、妇女白带多、小便余沥者宜食，患有瘿瘤（甲状腺肿）、疝瘕者宜食。

贻贝可浓缩金属铅、铬等有害物质，因此被污染的贻贝不能食用。

四、文蛤

文蛤又称为蛤蜊、蚶仔、粉蛲，属于瓣鳃纲帘蛤目帘蛤科，是重要的食用贝类之一。壳呈圆形，略显三角形，内面是瓷白色。日本，朝鲜半岛，我国大陆、台湾沿岸均有分布。台湾西南沿海的沙岸有养殖文蛤。多栖息于浅海的沙泥底，喜欢生活在有淡水注入的湿地与潮间带等地区。靠斧足钻掘，有潜沙习性。文蛤耐干燥能力比较强，且与个体大小、环境温度有关，大个体比小个体文蛤耐干燥能力强。

我国沿海有文蛤、斧文蛤、丽文蛤、帘文蛤与短文蛤等。文蛤自然生物量大，是主要的增养殖对象。

1. 营养价值和保健功能

文蛤肉嫩味鲜，为贝类海鲜中的上品，唐代时曾为皇宫海珍贡品。文蛤含有人体易吸收的各种氨基酸、维生素，以及钙、钾、铁、镁、磷等多种人体必需的无机盐。呈味氨基酸在总氨基酸中所占比例高达42%以上，宜食用或者开发呈味物质。文蛤的必需氨基酸占总氨酸的比例在45%左右，远高于WHO/FAO推荐的35.38%，是比较理想的蛋白源。中医认为，文蛤味甘、咸，性微寒，有滋阴和软坚散结的功能。

文蛤肉每100 g（干重）中的营养成分见表4.2。

表4.2　每100 g（干重）文蛤肉的营养成分

营养成分	含量	营养成分	含量
热量	约188 kJ（45 kcal）	维生素E	0.51 mg
蛋白质	7.7 g（湿重）	胆固醇	63 mg
脂肪	0.6 g（湿重）	钾	235 mg
碳水化合物	2.2 g（湿重）	钠	309 mg
膳食纤维	0	钙	59 mg
维生素A	23 μg	镁	82 mg
胡萝卜素	2.3 μg	铁	6.1 mg
视黄醇当量	87.2 μg	锰	0.39 mg
维生素B_1	0	锌	1.19 mg
核黄素	0.13 mg	铜	0.2 mg
维生素B_3	1.9 mg	磷	126 mg
维生素C	0	硒	77.1 μg

文蛤不仅味道鲜美、营养丰富，且具有很高的食疗药用价值。李时珍的《本草纲目》上说，它能"止烦渴利小便，化痰软坚"。食用文蛤，有止消渴、润五脏、健脾胃、增乳液、治赤目的功能。相传两三千年前，人们就开始食用文蛤。清乾隆皇帝下江南时在苏州吃到文蛤，御封它是"天下第一鲜"。从此，这个雅号就一直流传至今，闻名于世。近代研究表明，文蛤有化痰、散结、清热利湿的功效，对慢性气管炎、哮喘、甲状腺肿大、淋巴结核等病也有显著疗效，对高胆固醇、高血脂体质的人也适合。

此外，文蛤的组织提取液对肝癌腹水型、肝癌实体型和艾氏综合征有较高的抑制率。蛤粉与清热解毒药青黛、黄芩等共同制成的中药片剂，可以治疗慢性支气管炎、哮喘。蛤粉还可以和枯矾、冰片研末，外用治疗中耳炎。蛤粉与海藻、海螺、海螵蛸等组成四海舒郁丸,适用于甲状腺癌的治疗,取得了一定疗效。

2. 食用方法

文蛤的吃法多种多样,煎汤或煮食均可。可将其作为主菜,以旺火爆炒;或作为配菜,调色提味;或把它斩成肉泥,辅以鸡蛋、面粉、姜、葱,煎成文蛤饼。将文蛤肉洗净后,用盐稍稍腌一腌,再于清水中洗净,浇上白酒、麻油、酱油和醋,拌上生姜末和白砂糖,最宜作为下酒菜。将文蛤肉制成文蛤酱,更是海边人的绝活。把鲜蛤肉装进罐或瓶,放上盐、姜、葱、酒等佐料,再将口封上,置于阴凉通风处,过一段时间揭开盖子,醇香扑鼻。

3. 食用注意事项

购买文蛤宜选壳紧闭者,可以将文蛤互敲,有清脆声音的比较新鲜。

中医认为,病属邪热痰结者宜食用文蛤,气虚有寒者不宜食用文蛤。胃痛与腹泻的人吃文蛤这类寒凉性食物可能会加重症状。

吃文蛤不宜喝啤酒。沿海地区的人都爱说"吃蛤蜊,喝啤酒",本意是想享受生活,但这种吃法却有一定危害,易诱发痛风,并且能使痛风患者病情加重。吃海鲜的时候尽量不要喝啤酒。

此外,皮肤病患者不宜食用文蛤。

五、缢蛏

缢蛏又叫蛏子,属于软体动物门瓣鳃纲帘蛤目,是常见的海鲜食材。贝壳脆而薄,呈长扁方型,从壳顶到腹缘,有一道斜行的凹沟,故名缢蛏。是我国开展贝类养殖较早的种类,为四大养殖贝类之一。缢蛏广泛分布于我国、朝鲜与日本沿海,在我国北自辽宁、山东,南到广东、福建都有分布。其肉丰腴脆嫩,味道鲜美,食疗功效显著,是沿海居民喜爱的海产食品。

1. 营养价值和保健功能

缢蛏的营养价值非常高,为滋补的营养佳品。缢蛏含有丰富的蛋白质、维生素A,以及钙、镁、硒、铁等营养元素,经分析,每100 g鲜蛏子肉含蛋白质7.2 g、碳水化合物2.4 g、脂肪1.2 g、钙133 mg、磷114 mg、铁227 mg。除了含有丰富的营养外,缢蛏还有一定的药用保健功效。

中医认为,缢蛏肉味甘、咸,性寒,入心、肝、肾经,具有补阴、清热、除烦、解酒毒等功效,缢蛏壳可用于医治咽喉肿痛、胃病等。缢蛏富含硒与碘,为老年人、甲状腺功能亢进患者良好的保健食品。缢蛏还含有锌与锰,常食缢蛏有助于脑营养的补充,有健脑益智的功能。

2. 食用方法

缢蛏食法很简单。洗净后,放养在含少量盐分的清水中,待缢蛏将泥沙吐净,用薄刀片轻轻剖开蛏子背面连接处,将肉倒在沸水中,稍为停留,加入葱末,捞起即可食用。肉嫩而鲜,风味独特,为佐酒的佳肴。

　　缢蛏吃法很多，有"五吃"之说。一吃蝴蝶蛏。把缢蛏洗净后放在锅里烧，蛏壳摊开，肉露出来就可取食，这种吃法简单方便。二吃红烧蛏。用薄刀片轻轻剖开缢蛏背面壳的连接处，蛏壳不会摊开，倒在锅中红烧，加上油、葱、姜等佐料，味香可口。三吃盐水竹筒蛏。把缢蛏插在竹筒里，烧熟可吃，清鲜味美，原汁原味。四吃炒蛏。把蛏肉挑出来，和其他菜一起炒。五吃铁板蛏。这是近几年在酒店烹调缢蛏的新方法，鲜美浓香，风味独特。

　　除鲜食外，缢蛏还可以制成蛏干、蛏油等。

　　3. 食用注意事项

　　缢蛏的内脏不能吃，做时要把内脏取出，不然食用时会影响口感。买来的蛏子泡在淡盐水里，可使沙子吐出，水烧开后将缢蛏焯10 s，壳会打开，然后挤出内脏，并取掉壳上的黑边即可。水煮不开壳的就是不新鲜的缢蛏，不能食用。

六、象拔蚌

　　象拔蚌即太平洋潜泥蛤，又名女神蛤、皇帝蚌，是双壳纲潜泥蛤科的大型贝类。两扇壳一样大，薄且脆，前端有锯齿、副壳、水管。壳长18～23 cm，水管可伸展1.3 m，不能缩入壳内。体重连壳可达3.6 kg。由于其又大又多肉的水管很像大象的鼻子（象拔），被人们形象地称为"象拔蚌"。

　　象拔蚌是我国和日本崇尚食用的高级海鲜。原产地在美国与加拿大北太平洋沿岸，当地人并不吃象拔蚌，因此象拔蚌生长状况良好。但自从亚洲移民开始捕食北美的象拔蚌，当地的象拔蚌濒临绝种。1996年我国开始人工养殖。

　　1. 营养价值和保健功能

　　象拔蚌的出肉率高，达60%～70%，其中主要食用部位为水管肌，占可食用部分的30%～35%，有很高的营养价值。具有消除水肿、维持钾钠平衡、提高免疫力、改善贫血、降血压、促进生长发育等功能。

　　中医认为象拔蚌能治疗肺虚咳嗽、肾虚阳痿。具有补肾助阳、质润不燥、益精养血、固本培元之功效。

　　象拔蚌营养价值高，食疗效果好，但是由于生活于浅海的沙地或泥地，捕捉时用压缩机将海底沙粒吹开，再派潜水员拾取，非常费人工，因此价格很贵。

　　2. 食用方法

　　烹制象拔蚌热菜宜旺火速成，火候宁欠勿过，否则蚌肉易变老变韧，口感很差。调味宜淡色轻口，以突出成菜洁白清鲜的特色。其食法较多，既可熟食，也可生吃，酒楼食肆大多以烹制风味独特的象拔蚌刺身吸引顾客，售价虽然昂贵，但仍颇受消费者欢迎。先将一锅水煮至沸腾，把象拔蚌连壳一起放入煮沸的锅里，两面翻几下使之受热均匀，1 min左右就捞起，迅速将壳剥掉，切片点芥末食用。

　　象拔蚌的烹制菜肴有许多，比较有名的有五彩象拔蚌、红汤象拔蚌、蒜蓉蒸象拔蚌、象拔蚌北菇鸡汤、白灼象拔蚌、韩式酱泡象拔蚌等。

3.食用注意事项

象拔蚌适宜免疫力低、消瘦、记忆力下降、水肿、缺铁性贫血等人群与生长发育停滞的儿童。

中医认为，气郁体质、特禀体质、阴虚体质、瘀血体质者忌食象拔蚌。

七、泥蚶

泥蚶属于软体动物门双壳纲蚶目蚶科泥蚶属，是我国传统的养殖贝类。俗名有血蚶、粒蚶、瓦垄蛤、血螺等。贝壳卵圆形，极坚硬。泥蚶喜欢栖息在淡水注入的内湾和河口附近的软泥滩涂上，在中潮区与低潮区的交界处数量最多，埋居其中。泥蚶广泛分布于印度-西太平洋，世界泥蚶产量主要产自东南亚沿海国家。我国沿海均有分布，此外，河北、山东、浙江、福建、广东均进行人工养殖，产量颇丰。

1.营养价值和保健功能

每100 g（干重）泥蚶含可食用部分约30 g，其中的营养成分见表4.3。

表4.3　每100 g（干重）泥蚶的营养成分

营养成分	含量	营养成分	含量
热量	约297 kJ（71 kcal）	维生素E	13.23 mg
蛋白质	10 g（湿重）	胆固醇	124 mg
脂肪	0.8 g（湿重）	钾	207 mg
碳水化合物	6 g（湿重）	钠	354.9 mg
膳食纤维	0	钙	59 mg
维生素A	6 μg	镁	84 mg
胡萝卜素	1.4 μg	铁	11.4 mg
视黄醇当量	81.8 μg	锰	1.25 mg
维生素B_1	0.01 mg	锌	11.59 mg
核黄素	0.07 mg	铜	0.11 mg
维生素B_3	1.1 mg	磷	103 mg
维生素C	0	硒	354.9 μg

中医认为，蚶肉味甘、咸，性温，入脾、胃、肝经，具有健脾益胃、补益气血、散结消痰之功效。可用于症瘕痞块、老痰积结等症，又有制酸止痛作用，可用于治疗胃痛泛酸的病症。常与三棱、桃仁、鳖甲等配合食用。

2.食用方法和注意事项

泥蚶的肉质非常鲜嫩，含水分比较多，适宜沸水速烫。其成品肉嫩润滑，清鲜味美，为春季前后时令佳肴。亦可制成干品。

泥蚶不能与寒凉食物如黄瓜、空心菜等同食，饭后也不应马上饮用或食用冰水、雪糕等冰镇饮品、食品，还要注意少吃或不吃梨、西瓜等水果，以免身体不适。

食用泥蚶时饮用大量啤酒，会产生过多的尿酸，引发痛风。过多的尿酸会沉积在关节或软组织中，从而导致关节和软组织发炎。

皮肤病患者、脾胃湿热盛者忌食。

有人为了品尝美味，喜欢吃半生半熟的泥蚶，但这种吃法很危险。由于没有煮熟的泥蚶可能携带传染性肝炎病毒，食用这样的泥蚶有可能感染上肝炎。因此，千万不要食用半生半熟的泥蚶。

八、毛蚶

毛蚶俗名瓦楞子、毛蛤等，属海产经济贝类。常见的壳高3 cm，长4 cm，宽3 cm。壳质坚厚，长卵圆形，通常两壳大小不等，右壳稍小。分布于西太平洋沿岸。在我国，北起鸭绿江，南至广西都有分布，莱州湾、渤海湾、辽东湾、海州湾等浅水区资源尤为丰富。

1.营养价值和保健功能

毛蚶的营养和药用价值较高，富含特有的血红蛋白与维生素B$_{12}$，有温中、补血、健胃的作用。中医认为，毛蚶味甘、咸，性微寒。有软坚、化痰、散瘀、消积等功能，可治胃痛、痰积、嘈杂、症瘕、吐酸、瘰疬、牙疳等病症。现广泛应用于临床治疗胃及十二指肠溃疡。

2.食用方法

毛蚶等贝类本身极富鲜味，烹制时千万不要再加味精，也不宜多放盐，以免鲜味反失。毛蚶最好提前一天用水浸泡，这样才能使其吐干净泥土。

凉水下锅，然后加入盐、葱、姜同煮，毛蚶开壳即熟，可直接食用。也可葱、姜爆锅，用菠菜或韭菜做汤，等锅开后下熟毛蚶肉和鸡蛋，开锅即成。

食用注意事项同泥蚶。

九、珍珠贝

珍珠贝也属于双壳类，和贻贝以及扇贝等一样，是用足丝附着在岩石、珊瑚礁、沙砾或其他贝壳上生活的种类。珍珠贝是暖海产，在我国福建，尤其是广东沿海十分普遍。珍珠是贝类的产物，有很多种贝类，如鲍鱼、蚌、贻贝、江珧、砗磲等，都能产生珍珠。但是珍珠质量好、产量大的，要算为海产的珍珠贝了。珍珠贝的种类很多，有大珠母贝、珠母贝、企鹅珍珠贝、马氏珍珠贝（合浦珠母贝）等。以马氏珍珠贝最普遍，合浦的珍珠就是从这种珍珠贝采得的。

1. 营养价值和保健功能

珍珠贝软体部所含蛋白质的氨基酸组成与生活环境中浮游生物体内的氨基酸组成非常相似。已知含有的苯丙氨酸、亮氨酸、赖氨酸、异亮氨酸、蛋氨酸、缬氨酸、苏氨酸等均为人体必需氨基酸。牛磺酸在珍珠贝软体部中的含量，尤其是在外套膜与黏液中的含量，比栉江珧、牡蛎、三疣梭子蟹、章鱼、乌贼、鲣等都高。在精、卵液中有5种非蛋白质水解产物氨基酸，特别是牛磺酸（牛磺酸含量高达10%）和鸟氨酸，为重要的生物活性物质，也是珍珠质的主要有效药用成分，所以整个软体部（全脏器）被认为是珍珠贝的主要药用部分。珍珠贝肉能促进视网膜神经组织的形成与胆汁酸的生成，还可减少人体胆固醇的含量，预防血栓形成与心肌梗死，对防治高血压也有很好的效果。

中医认为，珍珠贝可以潜阳、平肝、定惊、止血，治耳鸣、头眩、心悸、癫狂、失眠、惊痫、衄血、吐血、妇女血崩。

2. 食用方法

珍珠贝肉大小如鹅蛋黄，乳黄色，用它煮粥，入口极为鲜嫩爽滑，吃过后会觉得精神格外清爽。珍珠贝肉除煮粥外，单独炒、炸、煎、炖均可，同样美味爽口。

吃珍珠贝肉别有一番情趣。珠乡人说，谁吃到珍珠（因为开贝取珠后还有少量珍珠粒残留于肉内），谁就有运气、有福气。食客吃到珍珠粒，可归个人所有。除此之外，贝肉内往往还伴有为数不少、光泽耀眼、小如粟米的不规则天然珍珠，这种珍珠一般不能做首饰，但可药用。

将马氏珠母贝肉进行酶解、浓缩、调配、喷雾干燥制成风味独特、营养丰富的马氏珠母贝肉干粉，可广泛应用于调味料生产。采用枯草杆菌中性酶与胃蛋白酶复合水解马氏珠母贝肉，水解液经脱色、脱腥处理，再用白砂糖、山楂、红枣进行调配，可制成营养丰富、具有一定保健功能的蛋白饮料。一些研究者将马氏珠母贝肉做成有五香、蒜香和姜汁等不同口味的风味食品，为贝类资源的综合利用提供了一些新途径。

珍珠是一种有机宝石。主要产于珍珠贝类体内，这些动物的分泌作用生成含碳酸钙的矿物（文石）颗粒，大量微小的文石晶体集合形成珍珠。珍珠的形状各异，有圆球形、蛋形、梨形、纽扣形、水滴形和不规则形状，以圆球形为佳。珍珠为非均质体，颜色有白色、淡黄色、粉红色、淡绿色、褐色、淡蓝色、淡紫色、黑色等，以白色为主。具典型的珍珠光泽，光泽柔和并且带有虹晕色彩。宝石界还将珍珠列为结婚13周年与30周年的纪念石、6月生辰的幸运石。具有瑰丽色彩与高雅气质的珍珠，象征着纯洁、健康、幸福与富有，自古以来为人们所喜爱。

第四节　腔肠类和星虫类

一、海蜇

海蜇俗称水母、石镜、蜡、樗蒲鱼、水母鲜等，属于钵水母纲，是生活在海中的一类腔肠动物。上部呈白色，伞状，直径可达几十厘米，胶质比较硬，俗称海蜇皮；下部称为海蜇头，有8条口腕，呈灰红色，其下有丝状物。海蜇水母体营浮游生活，栖息在近岸水域，特别喜居河口附近，分布区水深一般5~20 m，有时也达40 m。生活在我国、日本、朝鲜半岛沿岸与俄罗斯远东海域。我国沿海北起鸭绿江口、南至北部湾的广阔海域都有海蜇分布。海蜇寿命一般只有一年，春生冬死，生长速度很快，经过四五个月的时间就长到锅盖大。每年夏末秋初是捕捞海蜇的最佳季节。

1. 营养价值和保健功能

海蜇口感爽脆，营养非常丰富。海蜇含水分很多，可达90%以上，其余部分主要由蛋白质、碳水化合物、脂肪组成，还含有钙、铁、磷等元素，以及核黄素、维生素B_1、维生素B_3等维生素。每1 kg干海蜇含碘13.2 mg。加工海蜇头商品价值高于海蜇皮。

海蜇含有人体所需的多种营养成分，特别是人们饮食中通常缺乏的碘，为一种高蛋白、低脂肪、低热量的营养食品；海蜇含有类似于乙酰胆碱的物质，能够扩张血管，降低血压；海蜇所含的甘露多糖胶质对防治动脉粥样硬化有一定作用；海蜇能够行淤化积、软坚散结、清热化痰，对哮喘、气管炎、风湿性关节炎、胃溃疡等疾病有益，并且有防治肿瘤的功能。从事纺织、粮食加工、理发等与尘埃接触较多的工作人员常吃海蜇，可去尘积，清肠胃，维持身体健康。

海蜇是一味治病良药，是很多中药处方的重要成分。据报道，海蜇还具有消除疲劳与养颜美容的功能。

2. 食用方法和注意事项

知名的海蜇菜肴有海蜇炒豆芽、海蜇鸡柳、海蜇冬瓜汤、香灼海蜇、蹄筋海蜇煲、芝麻海蜇汤、苦瓜海蜇、鸭条海蜇、酸辣蜇头等。

一般人群都能食用海蜇。适宜中老年咳嗽哮喘，急、慢性支气管炎患者和痰多黄稠的人食用；适宜高血压、头昏脑涨、烦热口渴以及大便秘结者食用；适宜单纯性甲状腺肿患者食用；适宜醉酒后烦渴者食用。脾胃虚寒者慎食。

海蜇食用前一定要在清水中浸泡一两天，否则会很咸。早在明代，渔家就已经懂得新鲜海蜇有毒，必须用食盐、明矾腌制，浸渍去毒，滤去水分，方可食用。然而，古往今来，南粤海边渔家为贪海鲜美味，食鲜海蜇而导致中毒者也屡见不鲜。

另外，海蜇也和其他海产品一样，很容易受到嗜盐菌等细菌的侵染，因此凉拌海蜇易引起细菌性食物中毒。广东省江门市就曾发生过一起73人在一家大酒店因吃凉拌海蜇而引起细菌性食物中毒的事故。

夏季为肠道疾病容易发生与流行的季节。前车之鉴，生拌海蜇务必认真处理食材，操作过程中要注意卫生,做好防蝇、防尘、防污染等工作,最好是切丝之后再用凉开水反复冲洗干净,晾干,以预防食物中毒。

千万不要抓捕、触碰海水中漂着的海蜇。一旦被海蜇蜇伤,不要用淡水冲洗,因为淡水可以促使刺胞释放毒液,可用海水或食醋浸泡或冲洗伤口以抑制刺丝囊释放毒素,尽快用镊子去除黏附于皮肤上的触手。受伤面积大、全身反应严重者,要及时到医院治疗。

二、方格星虫

方格星虫主要指光裸星虫,俗称沙虫,形状非常像一根肠子,但不是海肠。方格星虫呈长筒形,体长大约十几厘米,并且浑身光裸无毛,体壁纵肌成束,与环肌交错排列,形成方块格子状花纹。方格星虫虽没有鱼翅、海参、鲍鱼名贵,但味道鲜美脆嫩,是鱼翅等所不及。生长于沿海滩涂,由于对生长环境的质量十分敏感,一旦污染则不能成活,因而有"环境标志生物"之称誉。

方格星虫多在沙内横卧,穴口向下微陷,受惊即迅速缩入深处,不容易被采到。在我国主要分布在烟台、青岛汇泉湾、平潭、厦门、大嶝岛、小嶝岛、北海、沙头角、湛江、海口、白马井、清澜港、涠洲岛、台湾。其中以广西北部湾的方格星虫为上品。从世界范围看,方格星虫主要分布在大西洋、太平洋、印度洋沿岸,为暖水种。

1. 营养价值和保健功能

方格星虫肌肉中含精氨酸、细胞色素、L-精氨酸激酶、章鱼碱脱氢酶,鲜肌肉中还含副肌球蛋白。体壁、内脏、体液的脂类中β-谷甾醇、胆固醇的含量较高,体液中含钠、钾、钙、镁、磷、铜、碘、葡萄糖、尿素、尿酸、血红蛋白、酸性及碱性磷酸酶、氧化酶等。方格星虫的营养、味道及食疗价值都不亚于其他名贵海产珍品,被誉为"海滩香肠""海洋虫草",一些地方用其代替冬虫夏草用于食疗。方格星虫性寒,味甘、咸,有滋阴降火、清肺补虚的功能。据药书记载:凡有阴虚盗汗、骨蒸潮热、肺虚咳喘、胸闷痰多和妇女产后乳汁稀少等症状,最适宜食用方格星虫;对神经衰弱、肺痨咳嗽、小儿脾虚及干燥等症,用方格星虫加入姜片煲瘦肉汤饮服有疗效;方格星虫滋阴补肾,小孩由于肾亏夜尿频繁者,煮方格星虫粥食用可获较好疗效。因此方格星虫为老少皆宜的营养滋补和食疗佳品。

现代营养学还证实了方格星虫有破坏癌细胞生长、降低血脂的作用。因为方格星虫的酶解物具有抗菌、抗氧化、抗辐射、抗疲劳、抗病毒、防癌、延缓衰老、调节免疫的功能,所以,目前对方格星虫的药用研究主要在溶栓药物、抗凝血药物和抗衰老药物等方向。

2. 食用方法

方格星虫肉质脆嫩、味道鲜美、营养丰富,特别是味道,胜过海参、鱼翅。由于海参与鱼翅本身没有什么味道,所以烹饪时一定要加鸡肉或者瘦肉等配料,否则就索然无味。而方格星虫不必加别的配料,单独干吃和鲜食都很有特色,除了常见于日常餐桌,更为宾馆、酒楼食肆的名贵佳肴。方格星虫有很多做法，煮汤、爆炒、熬粥、油炸、椒盐均可。"三色沙虫"已成为海南的知名菜肴。

三、海葵

海葵为腔肠动物门六放珊瑚亚纲的一类构造很简单的动物，没有中枢神经系统。虽然海葵看上去很像花朵，但其实为捕食性动物，它的触手上有刺细胞，能够释放毒素。它没有骨骼，锚靠在海底固定的物体上，如岩石与珊瑚，或固定于寄居蟹的外壳上。它们可以很缓慢地移动。海葵的种类较多，形态与体色各异，口盘边缘生有菊花瓣一样的触手，色彩鲜艳，能伸缩自如，像朵朵鲜花点缀着大海，故又称"海菊花"。

海葵广布在各大洋，从潮间带到超过10 000 m深处均有发现。有的生活在淡咸水中，大多数栖息在浅海与岩岸的水洼或者石缝中，少数生活在大洋深渊。在超深渊底栖动物组成中，海葵所占比例比较大。这类动物的巨型个体一般见于热带海区，例如口盘直径1 m的大海葵只分布在珊瑚礁上。海葵多数不移动，有的偶尔爬动，或者以翻慢筋斗方式移动。多数海葵喜欢独居，个体相遇时也常会发生冲突甚至厮杀。

主要的种类有美国海葵、紫点海葵、拳头海葵、公主海葵、夏威夷海葵、地毯海葵与樱花海葵。我国沿海常见的有太平洋侧花海葵等。

1. 保健功能

海葵的药用价值较高，其味辛、性温，具有滋阴壮阳、止泻和驱虫等多种功能，可以治疗痔疮、脱肛、蛲虫病、体癣、白带过多等多种疾病。研究表明，海葵，特别是纵条矶海葵，还具有很强的止痛、镇静、止咳、降压、抗凝血、抗菌、兴奋平滑肌、抗缺氧、抗负压等功效。海葵毒素更具有强心、抗癌作用，如等指海葵的毒素能抑制艾氏腹水癌，而从黄葵海中提取的毒素，其强心作用甚至比强心苷的作用大50倍。从套膜海葵中发现了相对分子质量为130×10^3的神经毒素，从大花海葵发现的内酯有抗生素样作用，从猫海葵提取的蛋白质有抗组织胺（抗变态）作用。海葵甚至还有通乳功能，浙江省黄龙岛的人们称之为"石奶"。因此，海葵是一种值得开发且具有广阔发展前景的海洋药物资源。

2. 食用方法

海葵可炒食，可凉拌，还可做汤，又鲜又脆。海葵的烹饪不需要复杂的调料，如果调料太过复杂，海葵本身的鲜味就会被遮掩或改变。

3. 食用注意事项

不是所有海葵都能食用。海葵不宜大量食用，否则会对人体造成危害。

据研究发现，地中海槽沟海葵中的一类有毒多肽，可引起神经和心脏中毒，并可抑制蛋白水解酶活性。因此海葵在食用前一定要清洗干净。

四、珊瑚虫

珊瑚是珊瑚虫群体或骨骼化石。珊瑚虫是一类圆筒状海洋腔肠动物。它以捕食海洋里细小的浮游生物作为食，食物从口进入，食物残渣从口排出。珊瑚虫在生长过程中能吸收海水中的钙与二氧化碳，再分泌石灰石。珊瑚成分中还有一定数量的有机质。珊瑚形态多样，每个单体珊瑚横断面有同心圆状与放射状条纹，颜色鲜艳美丽，可做装饰品，还有很高的药用价值。然而相对于药用价值而言，它的生态功能更是无可替代的。珊瑚通常包括柳珊瑚、软珊瑚、红珊瑚、角珊瑚、石珊瑚、蓝珊瑚、笙珊瑚与苍珊瑚等。温度为影响造礁珊瑚生长的限制性因素，只有海水的年平均温度不低于20℃，珊瑚虫才能够造礁，其最适宜的温度范围为22～28℃，因此珊瑚礁、珊瑚岛都分布在热带和亚热带海域，且在阳光充足、水质清澈的浅海区形成。主要栖息地有红海、地中海、西班牙、澳大利亚大堡礁、日本小笠原群岛、加勒比海地区等，以及我国南海。然而，因为环境污染导致珊瑚大量死亡，因此，全球珊瑚种类与数量急剧减少。

在我国，珊瑚为吉祥富有的象征，一直用来制作珍贵的工艺品。红珊瑚和琥珀、珍珠等被统称为有机宝石。清代皇帝在行祭日礼仪时，常常戴红珊瑚制成的朝珠。

1. 保健功能

珊瑚是一种具有独特功效的药物，中医认为它有养颜、明目、驱热、化痰止咳、止血、治腰痛、镇惊痫、排汗利尿等诸多功效。

法国科学家研究发现，珊瑚含有的碳酸钙及布满空洞的结构，可以促进间充质干细胞生长，有助于形成新的骨骼。珊瑚被移植到绵羊骨裂处16周后，与原本的骨骼融合，成功地使断裂的骨骼愈合。

2. 药用方法

（1）炮制方法：将珊瑚洗净晾干，研成细粉。

（2）珊瑚可研末内服，也可研细末外用。

第五节　头足类

一、乌贼

乌贼又称为墨鱼、花枝或墨斗鱼，属软体动物门头足纲乌贼目。乌贼遇到强敌时会以喷墨作为逃生的方法，因而得名。其皮肤中有色素小囊，会随"情绪"的变化而改变颜色与大小。乌贼可以跃出海面，具有惊人的"飞行"能力。它与鱿鱼和章鱼一样属于海洋软体动物，但三者均不属于鱼类。乌贼有100多种，包括针乌贼、金乌贼、无针乌贼、火焰乌贼、斑乌贼、细乌贼、飞乌贼等。

乌贼分布在世界各大洋，主要生活在热带与温带沿岸浅水中，冬季常迁移到较深海域。我国乌贼种类较多，浙江南部沿海及福建沿海盛产曼氏无针乌贼是鱿鱼。乌贼是我国四大海产（大黄鱼、小黄鱼、带鱼、乌贼）之一，肉鲜美，富营养，渔业捕捞量很大。

1. 营养价值和保健功能

乌贼可以说全身都是宝，不仅鲜脆爽口，还具有较高的营养价值和药用价值。乌贼含蛋白质13%，而脂肪仅为0.7%，是一种高蛋白低脂肪滋补食品，是理想的保健食品，即使是肥胖者或者高血压、动脉硬化、冠心病患者，适量吃也无妨。乌贼还含钙、磷、锌、镁、铁、维生素A、维生素B等营养成分。乌贼壳含碳酸钙、几丁质，以及少量氯化钠、磷酸钙、镁盐等，称海螵蛸，是一味止酸、止血、收敛的常用中药。乌贼的墨汁绝大部分是乌贼黑色素、蛋白质、脂肪等，其中也含有多糖，具有增强抗癌物SOD的作用，在小鼠体内实验中显示出一定的抑癌功效。乌贼的内脏可榨制内脏油，为制革的好原料。它的眼可以制成眼球胶，为上等的胶合剂。

按照中医理论，乌贼性平、味咸，入肝、肾经，具有通经、养血、催乳、益肾、滋阴、止带、调经之功效，用于治疗妇女经血不调、湿痹、水肿、痔疮、脚气等症。李时珍称乌贼为"血分药"，是治疗妇女血虚经闭、贫血的良药。

2. 食用方法

乌贼的吃法很多，有爆炒、红烧、熘、炖、烩、做汤、凉拌，还可制成乌贼馅饺子与肉丸子。较常见的菜有爆炒乌鱼卷、爆乌鱼丝、溜乌鱼片、烧乌鱼汤等，特别是用鲜蒜薹红烧乌贼，味道非常鲜美。在清洗乌贼时，一定要将乌贼表面的一层薄膜剥下来，这样可使乌贼味道纯正且不会有腥味。干乌贼要先放在冷水里浸泡8～12 h，直至乌贼全软，再进行烹制。乌贼体内含有很多墨汁，不容易洗净，可以先撕去表皮，去掉灰骨，将乌贼放在装有水的盆中，在水中拉出内脏并挖掉乌贼的眼，使墨汁流尽，然后多换几次清水将内外洗净即可。

根据民间食疗经验：治白带过多，可以取鲜乌贼2个，洗净，取瘦猪肉250 g切片炖熟，用食盐调味，每日一次，5日作为一个疗程；治月经过少与闭经，以乌贼肉、桃仁适量共煮食，每日一次，食用到月经增多或者月经来潮为止；治疗子宫出血，取数个乌贼的墨汁煮汤服；对产后缺奶者，适宜进食乌贼、章鱼合煮的肉汤。

3. 食用注意事项

高胆固醇血症、高血脂、动脉硬化等心血管病和肝病患者应慎食；患有荨麻疹、湿疹、痛风、糖尿病、肾脏病和易过敏者忌食。

二、鱿鱼

鱿鱼即枪乌贼，别名句公、柔鱼，属于软体动物门头足纲枪形目。其身体分为头部、很短的颈部和躯干部，体圆锥形，体色苍白，有淡褐色斑，头大，前方生有腕10条，其中2条较长的为触腕，尾端的肉鳍呈三角形。触腕前端有吸盘，吸盘内有角质齿环，捕食食物时用触腕缠住将其吞食。常成群游弋于深约20 m的海洋中。鱿鱼共包括约300种，如中国枪乌贼、日本枪乌贼、剑尖枪乌贼、福氏枪乌贼、皮氏枪乌贼、莱氏拟乌贼等。鱿鱼最大长可以达到550 mm，最大体重可以达到5.6 kg。

世界主要枪乌贼渔场在我国福建南部、台湾、广东和广西近海，以及暹罗湾，日本九州，菲律宾群岛中部，欧洲西部，美国东部、西部，越南、泰国等近海海域。渔场多位于岛礁周围，或盐度较高、水清流缓、底质粗硬的沿岸水系、海底凹窝和暖流水系交汇处。

1. 营养价值和保健功能

鱿鱼的营养价值非常高，为名贵的海产品。它与章鱼、墨鱼等软体腕足类海产品在营养功用方面基本一致。中医认为，鱿鱼性平味酸，能益气壮志，通妇女月经，入肝可补血，入肾可滋水强志。所以，鱿鱼具有补虚润肤、滋阴养胃的作用。资料显示，鱿鱼具有高蛋白、低脂肪、低热量的优点，其营养价值毫不逊色于牛肉与金枪鱼。鱿鱼的蛋白质含量较高，而脂肪含量较低，对怕胖的人来说，吃鱿鱼是一种好的选择。鱿鱼不但富含蛋白质和铁、钙、磷、碘、锰、硒等微量元素，对骨骼发育与造血十分有益，可以预防贫血，还含有丰富的DHA、EPA等PUFA与牛磺酸。食用鱿鱼可有效减少血管壁内所累积的胆固醇，对预防血管硬化、胆结石的形成都颇有效力，还可以缓解疲劳、恢复视力、促进胰岛素的分泌、促进肝脏的解毒作用，预防糖尿病和由酒精引起的肝脏功能损害。鱿鱼所含的多肽与硒等微量元素有抗病毒、抗射线功能。鱿鱼中富含镁，能提高精子的活力，增强男性生殖能力，调节神经和肌肉活动，增强耐久力。

鱿鱼干是由新鲜的鱿鱼制成的，营养丰富，被誉为海味珍品。早在几千年前，我国古书中就记载："柔鱼与乌贼相似，但无骨尔，越人重之。"

现代医学发现，虽然鱿鱼中胆固醇含量较高，但鱿鱼中同时含有牛磺酸。牛磺酸有抑制胆固醇在血液中蓄积的功效，只要摄入的食物中牛磺酸和胆固醇的比值在2以上，血液中的胆固醇就不会升高。而鱿鱼中牛磺酸含量较高，与胆固醇的比值是2.2。所以，食用鱿鱼时，胆固醇只是正常地被人体所利用，不会在血液中积累。

2. 食用方法

鱿鱼可爆、炒、烩、烧、汆等。

3. 食用注意事项

（1）鱿鱼的胆固醇含量为全脂奶的44倍、肥肉的40倍、带鱼的11倍、墨斗鱼的3.4倍、鸡胸肉的7.7倍、羊瘦肉的6.15倍、猪瘦肉的7倍、牛瘦肉的6.75倍、豆制品的615倍。所以，鱿鱼虽然是美味，但并不是人人都适合吃。高胆固醇血症、高脂血症、动脉硬化等心血管病和肝病患者应慎食。从中医角度讲，脾胃虚寒的人应该少吃鱿鱼，且鱿鱼为发物，患有湿疹、荨麻疹等疾病的人忌食。

（2）吃鱿鱼时不宜喝啤酒。

（3）鱿鱼必须煮熟煮透后再吃，由于鲜鱿鱼中有一种多肽成分，如果未煮透就食用，会导致肠运动失调。

三、章鱼

章鱼又称八带、八爪鱼、石居、坐蛸、石吸等，属于软体动物门头足纲八腕目。体短，胴部球形，无鳍，无毒，以甲壳类、多毛类等作为食物。因其头上长有8条腕，且腕间有膜相连，长短不一，腕上吸盘无柄，因此称为八腕类。

全世界章鱼的种类约有300种，它们的大小相差非常大。章鱼广泛分布在世界各地热带与温带海域。在我国南北沿海均有分布，常见的有短蛸、长蛸与真蛸等。

1. 营养价值和保健功能

章鱼含有丰富的蛋白质、脂肪、糖类、钙、磷、铁、锌、硒、维生素E、维生素C、维生素B$_3$、牛磺酸等营养成分。章鱼为高蛋白的食材，其蛋白质含量是牛奶的6倍，且含有人体全部的必需氨基酸，属于优质蛋白。同时，章鱼的脂肪含量极低，远低于瘦猪肉。所以，若我们想摄取蛋白质又不想让脂肪摄入超标的话，章鱼为不错的选择。

章鱼富含牛磺酸，能够调节血压，适用于低血压、高血压、脑血栓、动脉硬化、痈疽肿毒等病症。中医认为，章鱼味甘、性寒，能补气养血、收敛生肌，可用于气血虚弱的补养，对于产妇乳汁不足，患有月经不顺、盆腔炎、子宫颈炎、阴道炎的女性，有较好的疗效。章鱼还有增强男子性功能的作用，因其精氨酸含量较高，而精氨酸是精子形成的必要成分。章鱼中的PUFA和牛磺酸，可有助于排出血中多余的胆固醇，对含饱和脂肪酸较高的肉类有平衡作用。

2. 食用方法

（1）补血益气：用姜、醋炒章鱼，常食。

（2）用于气血虚弱、头昏体倦、产后乳汁不足：可与猪肉、猪蹄、花生、大枣之类配用，煮食、炖食或炒食。

（3）治痈疽肿毒：章鱼捣烂，调冰片，敷患处。

3. 食用注意事项

一般人都可以食用章鱼。尤其适宜气血不足、体质虚弱、营养不良的人食用，适宜产妇乳汁不足者食用。章鱼等海鲜与啤酒同食易引发痛风。

第六节　甲壳类

一、海蟹

海蟹属于甲壳纲十足目。海蟹的体色因周围环境而异，生活在海草间的个体体色较深。海蟹是杂食性，鱼、虾、贝、藻均食，甚至也食同类，喜食动物尸体。海蟹为我国沿海的重要经济蟹类，生长迅速，养殖利润丰厚，已成为我国沿海地区重要的养殖种类，主要有三疣梭子蟹、锯缘青蟹、日本蟳等。

1. 营养价值和保健功能

海蟹含有丰富的维生素与微量元素，是食物中的佳品，味道鲜美，营养价值较高。中医认为海蟹有补骨添髓、清热解毒、养筋活血、利肢节、充胃液、滋肝阴的作用，对于黄疸、淤血、腰腿酸痛与风湿性关节炎等有一定的食疗效果。

2. 食用方法

海蟹中较受欢迎的梭子蟹肉质细嫩，富含蛋白质、脂肪和多种无机盐。梭子蟹在秋季繁殖季节个体最为健壮，一般重250 g左右，最大可达到500 g。雌蟹红膏满盖，口味极佳。或煎，或蒸，或炒，或炖，是沿海一带居民餐桌上的常菜。也可腌食：将新鲜梭子蟹投入盐卤中浸泡，数日后即可食用，俗称"新风炝蟹"。过去，渔民由于梭子蟹产量高，常常挑选活蟹，将黄剔入碗中，风吹日晒令其凝固，即成"蟹黄饼"，风味特佳。但如今产量少时，一般人难尝此味。

3. 食用注意事项

蟹肉味道鲜美，但中医认为蟹属凉性，肠胃不好的人不宜多吃，患出血症的人不宜食用；平时脾胃虚寒、大便溏薄、腹痛隐隐之人忌食；风寒感冒未愈者、宿患风疾者及顽固性皮肤瘙痒疾患之人忌食；痛经、月经过多、怀孕妇女忌食，尤忌食蟹爪。

二、对虾

对虾属于节肢动物门甲壳纲十足目对虾科。对虾个体大，通称大虾。我国主要有中国明对虾、日本囊对虾、斑节对虾等。

1. 营养价值和保健功能

对虾是营养价值很高的海产品，被广泛用于各种菜肴的制作，老幼皆宜，深受人们的喜爱。对虾蛋白质含量高，肉质松软，易消化，对身体虚弱和病后需要调养的人来说是非常好的食物。对虾含有丰富的镁，能很好地保护心血管系统，富含磷、钙，对小儿、孕妇尤有补益功效。虾青素是对虾体内非常重要的一种物质，即使熟对虾呈红色的成分，颜色越深说明虾青素含量越高。虾青素为目前发现的最强的抗氧化剂之一，广泛用于化妆品、食品以及药品中。

中医认为，海水虾味甘咸、性温湿，入肾、脾经。虾肉有通乳抗毒、补肾壮阳、养血固精、益气滋阳、化瘀解毒、开胃化痰、通络止痛等功效。

2. 食用方法和注意事项

整只对虾的烹调方法有油炸、红烧、甜烤等。对虾加工成片、段后，可以炒、熘、烤、煮汤；若制成泥茸，可以做虾饺、虾丸。

一般人群均可食用对虾。适宜缺钙导致小腿抽筋的中老年人食用，适合孕妇与心血管病患者食用。

中医认为对虾是动风发物，患有皮肤疥癣者忌食。宿疾者、正值上火者不宜食用对虾，患支气管炎、过敏性鼻炎、反复发作性过敏性皮炎的老年人也不宜食用。

三、龙虾

龙虾属于甲壳纲十足目龙虾科。胸部较粗大，色彩斑斓，外壳坚硬，腹部短小，无螯，体长一般在20~40 cm，重0.5 kg上下，最重的能达5 kg以上。龙虾的血液为淡蓝色。我国主要的种类有锦绣龙虾、中国龙虾、密尾龙虾、杂色龙虾等，分布于我国东海和南海。

1.营养价值和保健功能

（1）从蛋白质成分来看，龙虾的蛋白质含量较高，其氨基酸组成优于肉类，含有人体所必需的8种氨基酸。

（2）龙虾的脂肪含量只有0.2%，不仅比畜禽肉、对虾、青虾低许多，而且脂肪大多是由不饱和脂肪酸组成，易被人体消化与吸收，具有防止胆固醇在体内蓄积的功能。

（3）龙虾与其他海产品一样，含有人体所必需的无机盐，其中含量较多的有钠、钾、钙、镁、磷，还含有铁、铜、硫等。龙虾中无机盐总量约占1.6%，其中钙、磷、钠和铁的含量都比一般畜禽肉高，也比对虾高。所以，经常食用龙虾肉可以维持神经、肌肉的兴奋性。

（4）龙虾所富含的维生素A、C、D大大超过陆生动物的含量。

（5）龙虾体内的虾青素是最强的抗氧化剂之一，有助于消除因时差反应而产生的"时差症"。

（6）中医认为，龙虾肉有通乳抗毒、补肾壮阳、养血固精、益气滋阳、化瘀解毒、通络止痛、开胃化痰等功能，适宜于遗精早泄、肾虚阳痿、乳汁不通、手足抽搐、筋骨疼痛、全身瘙痒、身体虚弱、皮肤溃疡与神经衰弱等人食用。

2.食用方法

龙虾肉是美味的食物，可以干酪焗、白灼，是我国名菜。我国南方沿海也经常将鲜活的龙虾切片后生吃，即龙虾刺身。广式海鲜有"龙虾三吃"一说，就是龙虾肉分别生吃与熟吃，用龙虾头与外壳熬粥。

第七节　鱼　类

一、鲨鱼

鲨鱼是海洋中最凶猛的鱼类，至今已在地球上生存了约4.2亿年。鲨鱼属于软骨鱼类，骨头更轻、更具有弹性。鲨鱼身上没有鱼鳔，主要靠它较大的肝脏调节沉浮。为了增大在水中的浮力，鲨鱼的肝内含有丰富的油。鲨鱼近几十年来被大量捕杀，专家分析，若再这样下去，鲨鱼将灭绝，因此要保护鲨鱼。

1.营养价值和保健功能

中医认为，鲨鱼肉味甘、性温，入脾经，具有健脾、益气、滋阴、托毒、生肌、补虚、壮腰、行水、化痰的功能，主要用于气血不足、脾虚气虚所导致之痈疽不溃，或者溃久不敛。

鲨鱼的软骨俗称为"鱼脑"、明骨，其主要成分为蛋白质与软骨素硫酸盐。科学家发现，鲨鱼不会生癌，于是不少研究开始关注鲨鱼软骨中的抗血管生长因子对癌细胞的抑制作用。

鲨鱼肝是提取鱼肝油的主要原料。鱼肝油能促进发育，增强体质，健脑益智，帮助人体对钙、磷的吸收，对软骨症、佝偻病、营养不良、病后体虚、结核病、夜盲症、干燥性眼炎等有效果，用于孕妇、乳母、婴儿和儿童成长期补充维生素A、维生素D与DHA。尤其适合患有心血管疾病、免疫性疾病的人食用。

2. 食用注意事项

鲨鱼体表有盾鳞，粗糙似砂纸。鲨鱼肉较腥，肉质粗糙。鲨鱼可红烧、制羹、醋熘等。中医认为，健康体质、平和体质、气虚体质、阳虚体质的人适宜吃鲨鱼，而湿热体质的人不适宜食用鲨鱼。鱼肝油不能大剂量或长期过量服用，否则会引起中毒。

3. 鱼翅与濒危鲨鱼

所谓鱼翅，指鲨鱼鳍中的细丝状软骨，是用鲨鱼的鳍加工而成的一种海产珍品。由于鱼翅的价格非常高，近年吸引各地渔民争相在海中捕杀鲨鱼，导致海洋生态不平衡，部分鲨鱼濒危。因为鲨鱼肉价值很低，所以渔民在捕鲨后，只割下鲨鱼的鳍，就将鲨鱼抛回海中，以保持渔船上有更多的空间存放价值更高的鱼翅。这些鲨鱼并不会即刻死亡，但会因失去游泳能力而死，或被其他鲨鱼捕食。部分关注动物及生态的团体近年努力宣传，呼吁大众不要吃鱼翅，既因为捕杀鱼翅的过程残忍，更因为由此导致鲨鱼总数大幅减少——50年来减少了80%。据估计，全球每年约有100万尾鲨鱼被捕杀，鱼翅的年产值达到12亿美元。

事实上，食用鱼翅可能会对健康产生威胁。由于工业废水不断地排入海洋，海水中重金属含量升高。而鲨鱼处于海洋食物链的顶端，捕食了其他鱼类后，食物中的重金属也随之进入鲨鱼体内，积蓄下来，所以鲨鱼体内的重金属含量会越来越多。三丁基锡是用于船体防污涂料中的一种化合物，在意大利沿岸海域捕获到的鲨鱼的肾脏内已发现这种化合物。在东地中海的几种鲨鱼的组织样本中也已发现铅、镉、砷等金属元素。2008年，香港市场的抽查表明，每10个鱼翅中有8个含有较多的汞，最高含量是允许量的4倍，而烹饪并不能去除汞或者其他重金属的毒性。吃了鱼翅后，汞与其他重金属进入人体，难以被排出体外，而是在体内积蓄下来，会损害肾脏、中枢神经系统、生殖系统等，导致头痛、头昏、肌肉震颤、肾功能受损、口腔溃疡、性功能减退、流产等。

一些禁止捕鲨的法律已获得通过，不过公海上的捕鲨行为甚少受到约束。美国最近通过了全面禁止捕鲨的法案，但仅能限制在美国注册的渔船和美国领海上的行为。欧盟已同意加大禁止割鲨鱼鳍的力度，但自然资源保护论者争辩说，特殊捕鱼许可证（允许割鲨鱼鳍）的发放，使得欧盟的禁令难以见到成效。国际渔业组织也在筹划在大西洋与地中海上禁捕鲨鱼的协议，但是在太平洋与印度洋还没有相应的禁捕计划。大量捕杀位于海洋生态系统金字塔顶端的鲨鱼，会导致大量中小型鱼类因失去天敌而数量暴增，从而严重扰乱整个海洋生态平衡。

二、带鱼

带鱼属于硬骨鱼纲鲈形目带鱼科，又叫裙带、刀鱼、肥带、牙带鱼、油带等。带鱼的体型侧扁如带，呈银灰色，背鳍和胸鳍浅灰色。带鱼头尖口大，至尾部逐渐变细，全长1 m左右。性凶猛，主要以毛虾、乌贼等为食。主要分布于西太平洋和印度洋，从我国的渤海、黄海、东海一直到南海都有分布，和大黄鱼、小黄鱼及乌贼并称为我国的四大海产。

1. 营养价值和保健功能

带鱼富含蛋白质、脂肪、不饱和脂肪酸、维生素A、磷、钙、铁、碘等多种营养成分。从中医的角度看，带鱼性温、味甘，具有暖胃、补气、养血、泽肤、健美、止泻、舒筋活血、强心补肾、消炎化痰、消除疲劳、清脑提精的功能，特别适宜久病体虚、气短乏力、血虚头晕、营养不良、食少羸瘦与皮肤干燥者食用。

带鱼体表所谓的"银鳞"并不是鳞，而是油脂层，称为银脂，是营养价值较高且无腥无味的优质脂肪。银脂中含有3种对人体极为有益的物质：不饱和脂肪酸、卵磷脂和6-硫代鸟嘌呤。6-硫代鸟嘌呤对慢性粒细胞白血病等有潜在疗效。

2. 食用方法

带鱼肉质细腻，无泥腥味。不论鲜带鱼还是冻带鱼都易于加工，并可与多种食材搭配。常见做法有清蒸、清炖、油炸、红烧，也可做干锅、火锅，以及多种西式、日式料理。带鱼肉易于消化，是老少咸宜的家常菜谱。

3. 食用注意事项

中医认为，带鱼属于动风发物，湿疹、疥疮、痈疖疔毒、淋巴结核、癌症、红斑性狼疮、支气管哮喘等患者及皮肤过敏者不宜食用。

三、金枪鱼

金枪鱼又叫鲔鱼，香港称之为吞拿鱼，澳门依葡萄牙语将其译为亚冬鱼，广义上，鲭科中的金枪鱼属、细鲣属、舵鲣属、鲔属和鲣属5个属的鱼都可称为金枪鱼。狭义上金枪鱼指金枪鱼属的物种。鲭科内物种间形态有很大差异。金枪鱼的肉色为红色，这是因为金枪鱼的肌肉中含有了大量的肌红蛋白。

金枪鱼属有8种，其中多数种类体型较大，最大的体长达3.5 m，重达600～700 kg，而最小的品种只有3 kg重。经济价值较大的种类有大西洋蓝鳍金枪鱼、大眼金枪鱼、南方蓝鳍金枪鱼、黄鳍金枪鱼、太平洋长鳍金枪鱼等，其中大西洋蓝鳍金枪鱼、大眼金枪鱼、南方蓝鳍金枪鱼、黄鳍金枪鱼为生鱼片原料鱼，太平洋长鳍金枪鱼主要用来做金枪鱼罐头，但也可用来做生鱼片。体型最大且稀少的金枪鱼是大西洋蓝鳍金枪鱼，可达4.3 m长800 kg重。

1. 营养价值和保健功能

金枪鱼作为一种健康、营养的现代食品备受推崇。蛋白质含量高达20%，所含氨基酸种类齐全，人体必需的8种氨基酸均有。还含有维生素和丰富的铁、钾、钙、镁、碘等多种无机盐。金枪鱼一般人都可食用，为女性减肥、美容的健康食品，尤适宜心脑血管疾病患者，对儿童成长发育和骨骼健康有一定作用。金枪鱼油中DHA与EPA的比例是

5 : 1，DHA的含量远高于EPA的含量，所以适合青少年食用。

2. 食用方法

（1）将金枪鱼切片时用拇指、食指压住鱼块，斜向切入，可成较大断面，并防止鱼肉碎裂。金枪鱼可与绿色蔬菜一起食用，味道更佳。

（2）金枪鱼在烤前，应先将味增等调味料除去（但不要用水洗），以免烤焦。

（3）金枪鱼肉质爽滑柔嫩，入口即化，被称为"大脂肉"。食用方法很多，如生吃、红烧、油爆等。其中鱼肉生吃被认为是最好的，鱼头、鱼尾烤着吃是经典吃法，制成罐头的油浸金枪鱼也十分可口。

（4）金枪鱼的针骨粗大，熬汤的效果非常好。用金枪鱼制成的生鱼片，是同类产品中最高级的，也是价格最高的。

四、马鲛

马鲛俗名黑鱼、竹鲛、串乌，江淮地区称马皋鱼，山东地区称为鲅鱼。马鲛在我国主要产于东海、黄海和渤海。每年入秋后，马鲛在我国沿海频繁活动，常在湛蓝的波涛中形成青灰色的鱼群，激起一片片水花，景象蔚为壮观。另外，南海的海南文昌铺前数万马鲛常簇拥形成巨大鱼群，非常著名。

1. 营养价值和保健功能

马鲛肉嫩、洁白，营养丰富，是一种经济价值较高的海产鱼类，在民间有"山上鹧鸪獐，海里马鲛鱼"的赞誉。马鲛鱼肉含丰富的蛋白质、多种维生素、DHA，以及钙、铁、钠等无机盐。中医认为，马鲛鱼肉具有平咳、补气的作用，还有提神、防衰老等食疗功效。

2. 食用方法和注意事项

马鲛肉多刺少，食用方法多种多样，尾巴的味道特别好，素有"鲳鱼嘴、马鲛尾"之说。既可鲜食，也可腌制。鲜食时可清蒸、油炸、炒鱼片等。若用马鲛肉煲粥或煎煮为汤，则色清味美、甜滑可口，尤其是鲅鱼汆丸汤，那真是丸香、汤鲜、味美的海鲜一绝，更是四季皆宜、老少皆宜、食客同赞的人间美食。常见菜肴有香煎鲅鱼、干烧鲅鱼、菠萝鱼夹、炝锅鲅鱼、鲅鱼水饺、酱焖鲅鱼、五香熏鲅鱼。

五、黄鱼

黄鱼即黄花鱼，头中有坚硬的耳石，所以又叫石首鱼。石首鱼是鲈形目石首鱼科280多种鱼的统称。一般为底栖，肉食性，大部分分布于暖海或者热带沿海，少数生活在温带海域或者淡水水域。人们日常接触的主要有小黄鱼、大黄鱼。

大黄鱼分布于黄海中部以南到琼州海峡以东的我国沿海和朝鲜半岛以西海域，我国雷州半岛以西也偶有发现。小黄鱼广泛分布于我国东海、黄海和渤海，朝鲜半岛以西海域以及日本南部沿海，在我国主要产地为江苏、浙江、福建、山东等省沿海，属暖温性近底层鱼类。

1. 营养价值和保健功能

黄鱼含有丰富的蛋白质、微量元素与维生素，对体质虚弱者与中老年人来说，食用黄鱼会有很好的食疗效果。黄鱼含有丰富的微量元素硒，能清除人体代谢产生的自由基，延缓衰老，并对各种癌症有防治功能。

大黄鱼肉质较好并且味美，"松鼠黄鱼"为筵席佳肴。黄鱼大部分鲜销，也可去内脏盐渍后洗清晒干制成"黄鱼鲞"或者制成罐头。鱼鳔可干制成名贵食品"鱼肚"，又可制"黄鱼胶"。大黄鱼肝脏含维生素A，是制鱼肝油的好原料，耳石可供药用。中医认为，大黄鱼味甘、咸，性平，入肝、肾二经，对贫血、失眠、头晕、食欲不振及妇女产后体虚有良好疗效。

小黄鱼含有丰富的蛋白质、碳水化合物、脂肪、钾、钠、磷、钙、铁、镁、硒与维生素A等人体所需的多种营养成分，食用价值高。

2. 食用方法和注意事项

黄鱼肉嫩味鲜，适合清蒸，若用油煎，油量需多一些，以免将黄鱼肉煎散，煎的时间也不宜过长。

中医认为，一般人群均可食用黄鱼，失眠、贫血、头晕、食欲不振和妇女产后体虚者尤为适宜。黄鱼是发物，哮喘患者与过敏体质的人应慎食。黄鱼不能与中药荆芥同食，不宜与荞麦同食，食用前后忌喝茶。

六、鲑鱼

鲑鱼主要分布在太平洋和大西洋北部。鲑鱼肉质紧密，味道鲜美，肉橙红色并且具有弹性。鲑鱼以挪威产量最大，名气也很大。但质量最好的鲑鱼产自美国的阿拉斯加海域与英国的英格兰海域。鲑鱼是西餐较常用的鱼类原料之一。

我国产的大麻哈鱼是鲑鱼的一种，也属于洄游性鱼类，产地在黑龙江、乌苏里江和松花江上游一带，每年9~10月便成群结队从海洋进入江河产卵，因此9~10月是捕捞大麻哈鱼的最好时机。

1. 营养价值和保健功能

（1）鲑鱼具有很高的营养价值，是高蛋白、低热量的健康食品，享有"水中珍品"的美誉。鲑鱼含有多种维生素和钙、铁、锌、镁、磷等无机盐，并且还含有虾青素和丰富的不饱和脂肪酸。

（2）中医认为，鲑鱼肉有补虚劳、健脾胃、暖胃和中的功能，可缓解消瘦、水肿、消化不良等。

2. 食用方法

鲑鱼鳞小刺少、肉色橙红、肉质细嫩、口感爽滑，既可直接生食，又能烹制菜肴。鲑鱼在烹调中主要用于炖、烧、蒸、酱、熏或腌。

鲑鱼的鱼子营养价值很高，可以用来制作红鱼子。

七、石斑鱼

石斑鱼属于鲈形目，体长，侧面观呈椭圆形，稍侧扁。口大，具辅上颌骨，牙细、尖，有的扩大成犬牙状。体被小栉鳞，有时埋在皮下。背鳍棘和臀鳍棘发达，尾鳍呈圆形或凹形。体色变异甚多，常呈褐色或红色，并具条纹和斑点。石斑鱼是暖水性中下层鱼类，又为触礁性鱼类，喜欢栖息于沿岸岩礁、起伏而又多石砾的海区、珊瑚礁、人工礁或者沉船等水域，一般体长150～300 mm。石斑鱼为掠食型肉食性鱼类，喜食鲜、活动物，凭着灵敏的视觉，可凶猛迅速地向鱼、虾、蟹、章鱼等发起攻击，甚至能够偷猎藤壶等海洋生物。

1. 营养价值和保健功能

石斑鱼肉质细嫩，肉色洁白，营养丰富，类似鸡肉，素有"海鸡肉"之称。石斑鱼蛋白质含量高，脂肪含量低，除含人体所必需的氨基酸外，还富含多种维生素、无机盐等。石斑鱼具有健脾、益气的药用价值。

棕榈酸可以提高人体血清胆固醇，它的作用弱于月桂酸，但强于油酸，在石斑鱼鱼头与鱼肉中含量均较高。棕榈油酸（9-十六碳烯酸）有缓解老年人心脑血管疾病等功能，在石斑鱼鱼肉中含量较高，在鱼头中略低。油酸是低血脂性脂肪酸，有降低胆固醇与LDL的作用，为一种良性脂肪酸，在石斑鱼鱼头与鱼肉中含量均较高。亚油酸可以降低血液胆固醇，防止动脉粥样硬化，在石斑鱼鱼头中含量较高，而鱼肉中较低。此外，石斑鱼鱼头与鱼肉中还含有丰富的DHA、神经酸（NA，15-二十四碳烯酸）等。

石斑鱼鱼皮胶质中的营养成分二甲基砜（MSM），对促进上皮组织的生长有重要作用，特别适合妇女产后食用。石斑鱼经常捕食鱼、虾、蟹，就会同时摄取虾、蟹所富含的虾青素，所以石斑鱼含有抗氧化剂虾青素。由于高脂的胶原蛋白极易被氧化，要配合抗氧化剂使用才能达到美容护肤的效果，而石斑鱼同时具备了MSM和虾青素，所以有"美容护肤之鱼"的称号。

2. 食用方法和注意事项

石斑鱼主要以天然野生的为主，无肌间刺，味鲜美。常用爆、烧、炖、清蒸等方法做成菜，也可以制成肉丸、肉馅等。代表菜式有清蒸石斑鱼。

中医认为，感冒、烧伤患者和痰湿体质人群不宜食用石斑鱼。

八、鳕鱼

鳕鱼俗称大口鱼、大头青等。鳕鱼体延长，稍侧扁，头大，口大，上颌略长于下颌，体重300～750 g。是冷水性底栖鱼类，以无脊椎动物及小型鱼类为食。鳕鱼是世界年捕捞量最大的鱼类之一，具有重要的食用与经济价值。

纯正的鳕鱼指鳕属的太平洋鳕鱼、大西洋鳕鱼和格陵兰鳕鱼。鳕形目下有鳕科，通常鳕鱼的概念扩大到鳕科的鱼类，它们大多数分布在北太平洋和北大西洋大陆架海域，重要鱼种有蓝鳕、黑线鳕、绿青鳕、挪威长臂鳕、牙鳕与黄线狭鳕等。世界上鳕鱼主要出产国是加拿大、挪威、冰岛和俄罗斯，日本的鳕鱼产地主要在北海道。我国的鳕鱼主要分布于渤海、黄海。

1. 营养价值和保健功能

鳕鱼肉质细嫩、清口不腻，世界上不少国家把鳕鱼作为主要食用鱼类。鳕鱼的肝脏含油量高，除了富含DHA、DPA外，还含有维生素A、D、E等。因此，北欧人将它称为"餐桌上的营养师"。鳕鱼肝油对结核杆菌有抑制作用，还可抵抗伤口中的传染性细菌。鳕鱼胰腺含有大量的胰岛素，1 kg胰腺中可提取12 000 IU胰岛素，有较好的降血糖功能，可用于治疗糖尿病。鱼肉中含有丰富的镁元素，对心血管系统有很好的保护作用，能够预防心肌梗死、高血压等心血管疾病。以鳕鱼为原料，运用现代生物工程技术提取的小分子肽，富含可溶性钙，具有极高的生物安全性，极易被人体吸收。

2. 食用方法

鳕鱼可以用多种方式进行烹制。清蒸鳕鱼清淡爽口，简便易做，蘸调味汁食用味道尤为鲜美。鳕鱼可被制成鳕鱼干、鱼肉罐头或者腌熏鱼。鳕鱼子可以新鲜食用，也可熏制或腌制。"鳕鱼舌"和肝脏也可食用。

腌制的鱼干在烹制之前需在水里浸泡8～12 h。煮鳕鱼的时候，不宜煮到沸腾，可放入清汤用慢火炖8 min左右，也可放入已煮沸的液体中煮几分钟，再迅速地将锅从火上拿开，在一旁搁置15 min。

3. 食用注意事项

市场上卖的某些鱼类，如水鳕鱼、银鳕鱼、龙鳕鱼、油鱼等都不是正宗的鳕鱼。银鳕鱼，又称蓝鳕、黑鳕。不过，它在分类上属鲉形目黑鲉科裸盖鱼属。油鱼为棘鳞蛇鲭与异鳞蛇鲭的统称，外形和鳕鱼长得有些近似，但并非一个目。因为市面出售的鱼都是去头、切块销售，一般消费者凭外观很难分辨。油鱼含有人体不能消化的蜡酯，有的人食用后会出现肠胃痉挛、腹泻等不适。油鱼的商业价值并不高，属低价鱼类，由于含油量高，主要用于提炼工业用润滑剂。

因为油鱼引发腹泻的机制未完全明确，欧美多个国家将油鱼列入禁止食用的鱼类名单，不少国家禁售或者不建议国民食用油鱼。美国曾经在20世纪90年代禁运该鱼，现已经解禁，但FDA仍反对进口与州际交易油鱼。日本厚生劳动省将油鱼列为"有毒鱼"，禁止进口。2007年8月，我国香港食物安全中心推出《有关识别及标签油鱼/鳕鱼的指引》，建议所有进口商都应将棘鳞蛇鲭与异鳞蛇鲭的俗名定为"蜡油鱼"，英文名为Oil Fish，不可使用"鳕鱼"等其他俗名，以供业界与消费者分辨。截至2013年，我国其他地区并没有对油鱼有禁止或者限制食用的规定，只对河鲀等极少数鱼类下了限令。

九、比目鱼

比目鱼的2只眼长在一边，包括鲽形目的鲽科、鲆科、鳎科、鳒科等14个科的鱼类。常见的有牙鲆、斑鲆、花鲆、石鲽、高眼鲽、油鲽、木叶鲽、舌鳎等。比目鱼均为底层鱼类，其分布和海流、水温等环境因素有密切关系。赤道诸大洋西侧暖流广，种类非常多；黄、渤海沿岸寒流强并且有黄海冷水团，冷温性种类较多；西太平洋未受冰川期的强烈影响，种类也很多。比目鱼除了眼的位置特殊，还具有奇特的体色，有眼的一侧（静止时的上面）有颜色，但下面无眼的一侧是白色。其他特征为沿背腹缘分别具长形的背、臀鳍。比目鱼在仔鱼期身体还是对称的，由于经常侧卧沙底，导致许多器官的不对称发展，眼移到一边，非左即右，一般位置都相当固定。所谓"左鲆右鲽"，就是说腹部向下时，鲆类眼一般在身体左面，鲽类眼一般在身体右面。

牙鲆是我国重要海产经济鱼类，俗名左口、偏口、牙片、比目鱼，我国沿海均产。牙鲆在比目鱼中属于大型食肉性鱼类，白天潜伏沙中，体色和环境颜色相同，夜间出来觅食。性凶猛，以甲壳类、小鱼、贝类等为食，故可进行钓捕。

牙鲆鱼肉鲜美而肥腴，肉质细嫩，富有营养。据分析，牙鲆肉每100 g（湿重）中含蛋白质19.1 g、脂肪1.7 g、碳水化合物0.1 g、钙23 mg、磷165 mg、铁0.9 mg、核黄素0.09 mg、维生素B_3 2.8 mg。

一般人群都可食用牙鲆，但不宜多食，有动气作用。

牙鲆在烹调中适合清蒸、烧、油炸、扒，还可做鱼肉丸子。牙鲆在西餐中也被广泛使用，可用于炸、煎、烤、煮等。

牙鲆可鲜销、制罐，咸干皆宜，深受群众欢迎。有经验认为煮食牙鲆有益力气、补脾胃的作用，还有的地方认为牙鲆肉可消炎解毒，因而将牙鲆烤干再煮食用来治疗急性胃肠炎。牙鲆在其他国家也享有美味盛誉。例如，在日本，用牙鲆制的生鱼片被列为上品，特别是秋冬季节捕的牙鲆，价格可高于其他鱼类几十倍。

十、鳐鱼

鳐鱼包括软骨鱼纲的鳐目、鳍目、电鳐目和锯鳐目，在我国各地俗称不一，舟山渔民称黄貂鳐为黄虎，称蝠鲼为燕子花鱼、双头花鱼、黑虎，称何氏鳐为猫猫花鱼，而胶东渔民则称之为劳板鱼、劳子鱼。鳐鱼体型大小各异，小的成体仅为50 cm，大的可长达8 m。鳐鱼底栖，常常部分埋在水底沙中。体单色或者具有花纹，大多数种类脊部有硬刺或者棘状结构，有些尾部有发电器官。鳐鱼的种类很多，全世界发现的鳐鱼有600多种。线板鳐为最大的一种鳐鱼，胸鳍展开后达到8 m，能飞行般地在海中遨游。鳐鱼在世界海域广泛分布。

鳐鱼肉多刺少，无硬骨，味道鲜美。鳐鱼肉可以鲜食，但更多的是腌制加工成鱼干。鱼肉中富含维生素A、钙、铁、磷等，含有丰富的完全蛋白质，脂肪含量较低，且多为不饱和脂肪酸。"劳子鱼干"是辽宁、山东等省沿海居民习惯而喜食的海产品。被视为过春节不可缺少的年货。鳐鱼胆含化学成分己糖-6-磷酸脱氢酶，中医认为其具有散瘀止痛和解毒敛疮的作用，对风湿性关节痛、跌打肿痛、疮疖、溃疡等有一定疗效。

十一、鲈鱼

鲈鱼主要指鮨科和尖吻鲈科的某些鱼，俗称有花鲈、鲈板、花寨、鲈子鱼、七星鲈。体长，侧扁，背部稍隆起，背腹面皆钝圆，头中等大，略尖。体长可达102 cm，一般重1.5～2.5 kg，最大个体可达15 kg以上。鲈鱼在海洋中的分布比较广，太平洋水域与大西洋水域都有分布，其中亚洲的黄海、渤海、日本海是主要产地，美国的西海岸、南美的秘鲁渔场、英国北海渔场和地中海等海域也产。

1. 营养价值和保健功能

鲈鱼富含蛋白质、维生素A、维生素B、钙、镁、锌、硒等营养成分。从中医角度讲，鲈鱼具有益脾胃、补肝肾、化痰止咳之效，对肝肾不足的人有很好的补益作用；还可治少乳、胎动不安等症，适宜作为准妈妈与产后妇女的营养食物。

2. 食用方法和注意事项

鲈鱼肉白质嫩，肉为蒜瓣形，最适宜清蒸、红烧或者炖汤。将鲈鱼去鳞剖腹洗净后，放入盆中，倒入一些黄酒，即能除去鲈鱼的腥味，并且能使鱼肉滋味鲜美。鲜鲈鱼剖开洗净，在牛奶中泡一会儿也可除腥，增加鲜味。

中医认为，患有疮肿等皮肤病者忌食鲈鱼。

十二、鲳鱼

鲳鱼，别名有镜鱼、鲳鳊、平鱼、白昌、叉片鱼等，属于鲈形目鲳科。体短而高，极侧扁，略呈菱形。头较小，吻短而圆，牙细。成鱼腹鳍消失，尾鳍分叉颇深，下叶较长。体银白色，上部微呈青灰色。鲳鱼为近海中下层鱼类。以小鱼、水母、硅藻等为食。我国沿海均有分布，主要种类有银鲳、灰鲳、中国鲳等。

1. 营养价值和保健作用

鲳鱼含有多种营养，100 g（湿重）鱼肉含蛋白质15.6 g、脂肪6.6 g、碳水化合物0.2 g、钙19 mg、磷240 mg、铁0.3 mg。含有丰富的不饱和脂肪酸，有降低胆固醇的功效，对高胆固醇、高血脂的人来说是一种不错的鱼类食品。含有丰富的微量元素硒与镁，对冠状动脉硬化等心血管疾病有预防作用，并能预防癌症，延缓机体衰老。

中医认为，鲳鱼具有补胃益精、益气养血、柔筋利骨、滑利关节之功效，对脾虚泄泻、消化不良、筋骨酸痛、贫血等很有效。鲳鱼还可用于小儿气血不足、久病体虚、食欲不振、倦怠乏力等症。

2. 食用方法和注意事项

鲳鱼的常用做法有红烧鲳鱼、清蒸鲳鱼、干煎椒盐鲳鱼、烤鲳鱼等。

中医认为，脾胃气虚、体质虚弱、营养不良者宜食鲳鱼。瘙痒性皮肤病患者忌食鲳鱼。据前人经验，鲳鱼属发物，有慢性疾病和过敏性皮肤病者也不宜食用。

十三、河鲀

河鲀指硬骨鱼纲鲀形目鲀科、刺鲀科和箱鲀科的鱼类，有吹肚鱼、气泡鱼、气鼓鱼等俗称。河鲀为暖温带和热带近海底层鱼类，也有少数种类进入淡水江河中。当遇到外来危险时，河鲀身体呈球状鼓起，借以自卫。河鲀在我国资源较为丰富，沿海一带几乎全年均可捕获。常见的有暗纹东方鲀、红鳍东方鲀、黑斑叉鼻鲀、凹鼻鲀等。

1. 营养价值和保健功能

美国出版的《人类饮食史话》认为河鲀是一种营养价值很高的食用鱼类。科学研究表明，河鲀全身是宝，营养价值远高于甲鱼等传统保健食品，对增强免疫能力、抗衰老有明显的功效。另外，河鲀鱼皮富含利于吸收的胶原蛋白，是美容护肤不可多得的滋补品（表4.4）。

表4.4　河鲀的营养价值

组织	营养成分	功能
鱼肉	蛋白质18.7%、脂肪0.62%、维生素A 104 IU、维生素B_1 0.11 mg、核黄素0.1 mg、维生素B_3 2.5 mg、8种必需氨基酸	适合于身倦乏力、精神萎靡、心悸气短、失眠健忘等症
	微量元素硒（41.2 mg/kg）、锌（3.65 mg/kg）等	防癌，抗疲劳，促进智力发育
	丰富的不饱和脂肪酸DHA（15.36%）、EPA（6.19%）	抗衰老，预防动脉硬化和冠心病
鱼肝	鱼肝油含量为52%～67%，维生素A含量高达960～4 100 IU	增强视力等
鱼皮	胶原蛋白	养颜，美容，护肤

河鲀肉腴味美，鲜嫩可口，洁白如霜，含蛋白质甚高，营养丰富。但肝脏、卵巢和血液含有毒素，经处理后，才可食用。肉腌制后俗称"乌狼鲞"。卵巢可提制河鲀毒素结晶，供医药用。

河鲀毒素虽毒却是无价之宝，用极小剂量就可止痛，比常用麻醉药可卡因效果强16万倍。若制成强镇痛剂，对癌症患者止痛有奇效。它对痒疹、疥疮、皮肤痒、皮肤炎、百日咳、气喘、遗尿、阳痿、胃痉挛、破伤风、痉挛等疾病，也有显著疗效。国际上河鲀毒素每克售价高达5万多美元，比黄金贵1 000倍。中医上，河鲀的鱼皮可用来提炼止血粉，对大出血有特效。在医药工业上，常利用河鲀精巢提炼精氨酸、鱼精蛋白，血液、卵巢、肝脏等可提炼河鲀毒素，肝可提制甘油，胆可提制牛磺酸。

2. 食用方法

在我国及朝鲜、日本等国，人们都特别喜爱吃河鲀，凡品尝过的人都赞美道："不吃河鲀，不知鱼味。"食用河鲀肉，除品尝其鲜美外，还可治腰腿酸软、降低血压、恢复精力。食用河鲀，首先肌肉须保持新鲜，加工处理要极为严格。沿脊骨剖开鱼体，撕下皮肤，砍掉头，挖去内脏，在清水中反复洗涤鱼肉，彻底清除血液方可食用。河鲀毒素主要分布于卵巢，其次是脾脏、肝脏、血液、眼、鳃，而肌肉是无毒的。若河鲀死后较久，内脏毒素溶入体液中便会渐渐渗入肌肉内。其毒素的毒量多少，常因季节而异：

每年2~5月为卵巢发育期，毒性较强；6~7月产卵后，卵巢退化，毒性减弱。肝脏也以春季产卵期毒性最强。因此每当春末夏初鲜食河鲀鱼时，应该尤其谨慎，须选择鲜活鱼体，严格去除内脏，以免中毒。除鲜食外，河鲀也可腌制成咸干品：把洗净的鱼肉，加5%~10%的盐腌渍，半月后晒干。若在腌制过程加入一定量的碱性物质，如碳酸钠等，能更有效地破坏河鲀毒素，食用更为安全。

据《山海经·北山经》记载，早在距今4 000多年前的大禹治水时代，长江下游沿岸的人们就食用过河鲀，知道它有毒。2 000多年前的长江下游地区为春秋战国时期的吴越属地，吴越盛产河鲀，吴王成就霸业后，河鲀被推崇为极品美食，吴王更将河鲀和美女西施相比，河鲀肝被称为"西施肝"，河鲀精巢洁白如乳、丰腴鲜美、入口即化，被称为"西施乳"。

3. 食用注意事项

河鲀的有毒成分为河鲀毒素，它是一种神经毒素，人食入河鲀毒素0.5~3 mg就能死亡。河鲀毒素耐热，100℃、8 h都不能破坏它，120℃、1 h才能破坏。盐腌、日晒亦不能破坏毒素。每年春季是河鲀的产卵季节，这时毒性最强，因此春天为河鲀毒素中毒的高发季节，大多数人是由于不认识河鲀，不小心吃了而中毒。2016年9月7日发布的《农业部办公厅国家食品药品监督管理总局办公厅关于有条件放开养殖红鳍东方鲀和养殖暗纹东方鲀加工经营的通知》明确规定：养殖河鲀应当经具备条件的农产品加工企业加工后方可销售；加工企业的河鲀应来源于经农业部备案的河鲀鱼源基地；养殖河鲀加工企业应当按照河鲀加工技术要求去除有毒部位和河鲀毒素，河鲀可食部位（皮和肉可带骨）经检验合格后附检验合格证方可出厂。

十四、鳗鲡

鳗鲡似蛇，鳞片细小，埋于皮下，一般生活于咸淡水交界海域。鳗鲡在地球上已存活了几千万年，它的性别受环境因素与种群密度的控制，当种群密度高，食物不足时会变成雄鱼，反之变成雌鱼。在台湾河川中由于鳗鲡数量很少，所以大多是雌鱼。鳗鲡分布于马来半岛、朝鲜及日本等海域，在我国沿海、黄河、长江、闽江、汉江及珠江流域等均有分布。鳗鲡属在全世界有21种，如欧洲鳗鲡、太平洋双色鳗鲡、日本鳗鲡等。

1. 营养价值和保健功能

中医认为，鳗鲡的肉、血、骨、鳔等均可入药。其肉味甘、性平，有滋补强壮、祛风杀虫的作用。入药可治疗肺结核经久不愈而造成的结核发热，以及身体虚弱、赤白带下、骨痛、风湿、体虚等症。李时珍认为："鳗鲡所主诸病，其功专在杀虫祛风耳。"

日本的《本朝食鉴》和我国的《圣惠方》《掌中妙药》《本草纲目》等书中均记载了鳗鲡的神奇食疗功效：暖肠、补虚、祛风、养颜、解毒、愈风，疗湿脚气、腰肾间湿风痹，治传尸疰气劳损，治恶疮，起阳，暖腰膝，治妇人带下、小儿疳劳。

鳗鲡含有丰富的蛋白质、维生素A、维生素D、维生素E、无机盐和不饱和脂肪酸（DHA、EPA）。每100 kg鳗鲡含维生素A将近2 500 IU，约含钙100 mg。鳗鲡能够提供人类生长、维持生命所需的营养成分，长期食用鳗鱼，对增进活力、强健体魄和滋补养颜非常有帮助，尤其是对孕妇和婴幼儿的效果明显。

鳗鲡肉质细嫩，味美，含有丰富的脂肪。江苏、浙江一带将其列为上等鱼品，广东、福建、四川则视之为高级滋补品，称之为"水中人参"。日本菜及我国的粤菜、沪菜常使用鳗鲡。欧洲国家经常食用欧洲鳗。

2. 食用方法

（1）鳗鲡肉肥味美，红烧、煎炸、炒、炖、蒸、熬汤，无所不可，可做成夹烧鳗鱼等。

（2）晒干后的鳗鲡肉称为鳗鲞，食用时可用水发之，切丝入汤，味道很好。鳗鲞以产于浙江沿海的质量最佳。若不用水发，加葱结、姜片、绍酒，上笼隔水蒸15 min后去皮骨，味道更美。

（3）鳗鲡的油脂含量颇多，常食用以味道浓厚的调味汁做成的烤鳗鱼饭，往往会造成脂肪的摄取量过多，应以蒸的方式来减少脂肪，较为合理。

3. 食用注意事项

加工鳗鲡时应注意，其血清有毒。毒素可被加热或胃液所破坏，生饮鳗血有时可引起中毒。其作用主要是毒害神经系统，产生痉挛、心脏衰弱、呼吸停止而死亡，还能产生溶血现象，伤害肾脏导致血尿症。其毒素还对黏膜有强烈作用，人体黏膜受损或者手指受伤，接触鳗血后会引起化脓、炎症、坏疽，同时淋巴系统发炎、浸润，严重的会引起组织浮肿。为预防鳗血中毒，除不吃生鱼与生饮鳗血外，眼黏膜、口腔黏膜与受伤手指均需避免接触鳗血，以免引起炎症。

十五、海马

海马是刺鱼目海龙科海马属小型鱼类的统称，身长5～30 cm。因头呈马头状而与身体近直角而得名。吻呈长管状，背鳍一个，均由鳍条组成，眼可以各自独立活动。海马行动迟缓，却能很有效率地捕捉到行动迅速、善于躲藏的桡足类生物。海马可以食用，价值较高的种类有三斑海马、线纹海马、大海马、刺海马和小海马。

1. 营养价值和保健功能

海马中有较高的营养价值与丰富的生物活性成分，蛋白质含量高达70%以上，其中以三斑海马最高（73.56%）。海马富含17种氨基酸，有7种为人体必需氨基酸，占总氨基酸含量的30%左右。海马有13种脂肪酸，不饱和脂肪酸占总脂肪酸的65.18%～76.22%，其中DHA含量占较大比例，以大海马较高（8.602%），日本海马脂肪中EPA和DHA共占14.1%。海马的总磷脂达3.28～7.82 mg/g。海马有23种宏量及微量元素，宏量元素中Ca、P、K、Na、Mg等，含量均在100 mg/g以上，微量元素Zn、Mn含量较高，并富含Fe。最近从刺海马分离得到4种化合物，其中2-羟基-4-甲氧基-苯乙酮是首次从动物类药材中获得，为镇痛药物。

2. 食用注意事项

中医认为，海马性温，阴虚火旺的人不能食用；海马有催生、堕胎的作用，孕妇不宜食用；海马在一定程度上会导致性早熟，儿童不宜食用。

十六、海龙

海龙也称杨枝鱼、管口鱼，属于海龙科。海龙跟海马是"亲戚"，也是一种生活在海中、"站立"游泳的稀有野生药用鱼类，人工不能养殖。

海龙主要分布于我国东海、南海、日本、菲律宾、印度洋及大洋洲各海域中，主要种类有刁海龙、拟海龙、尖海龙。

1. 营养价值和保健功能

海龙含多种氨基酸、蛋白质、脂肪酸、甾体和无机元素。海龙的精氨酸和锌的含量较高。尖海龙还含有胆甾醇、4-胆甾烯-3-酮。现代医学研究认为，海龙对人体机能有兴奋作用，补肾壮阳的效用十分明显，是一种治疗阳痿的良药，其功效往往超过海马。

海龙无食用价值，仅供药用。全年皆产，适当炮制即可。中医认为，海龙性温、味甘，具有温肾壮阳、散结消肿等功能，主要用于治疗症瘕积聚、阳痿遗精、痈肿疔疮、跌扑损伤等病症。

2. 食用方法和注意事项

海龙用黄酒润透，微火烘烤到黄色酥脆，即成酒制海龙。

从中医角度讲，孕妇和阴虚火旺、有外感者均应禁服海龙。

十七、海蛾鱼

海蛾鱼是刺鱼目海蛾鱼科5种海产小型鱼类的统称。产于印度洋-太平洋暖水区。一般栖息在浅海的底层，个别种类生活在水深200 m以上的海底。体长约16 cm，胸鳍特化，常以翼状胸鳍的指状鳍条在水底匍匐爬行，活动能力较弱，主要摄食小型浮游生物。最著名的一个种是飞海蛾鱼。以吸取方式捕食，肠内含端足类的麦秆虫及细沙粒。

海蛾鱼分布于我国南海、印度以及大洋洲北部海域。

海蛾鱼甲醇提取物具有抗脂质过氧化、抑制血小板的黏附聚集、抗炎、消肿、增强免疫力、修复记忆损伤的作用。

海蛾鱼在广东沿海一带是民间常用药，又称为"海麻雀"。历代本草未有收载。现代《中国药用海洋生物》《中国动物药》《中国有毒鱼类和药用鱼类》等书均相继收载。

中医认为，海蛾鱼具宣肺透疹、化痰止咳、壮阳补骨、燥湿止泻、消瘦散结等功效。味轻辛、苦，性平，归肺、大肠二经。海蛾鱼去内脏，用淡水洗净，晒干，可用于治疗淋巴结核，甲状腺瘤，小儿气管炎，麻疹后腹泻、咳嗽等疾病。

第八节　爬行类

一、海蛇

海蛇，指蛇目眼镜蛇科的海蛇亚科。与眼镜蛇亚科相似，海蛇是具有前沟牙的毒蛇，不过它们生活在海洋里。长1.5～2 m，躯干略呈圆筒形，体细长，后端和尾侧扁，背部深灰色，腹部黄色或橄榄色。有的种类全身具55～80个黑色环带。海蛇善游泳，捕食鱼类，卵生或卵胎生。

西起波斯湾、东至日本、南达澳大利亚的暖水性海洋都有海蛇分布，但大西洋等海域中没有海蛇。世界上大多数海蛇都聚集在大洋洲北部到南亚海域。我国沿海分布着16种海蛇，它们是蓝灰扁尾海蛇、扁尾海蛇、半环扁尾海蛇、棘眦海蛇、棘鳞海蛇、龟头海蛇、青灰海蛇、青环海蛇、环纹海蛇、小头海蛇、黑头海蛇、淡灰海蛇、截吻海蛇、平颏海蛇、长吻海蛇、海蝰。这些海蛇主要生活在海南、广西、广东、福建和台湾沿海，而长吻海蛇在全国沿海均能见到。

两栖海蛇性情非常温和。与其他卵胎生海蛇不同，两栖海蛇是卵生的，在产卵季节，常成群结队到固定的海岛上去产卵。菲律宾的加托岛就是海蛇常去的海岛之一。多年来，人们一直在这些岛上进行商业性的捕蛇活动。

1. 营养价值和保健功能

中医认为，海蛇可通络活血、祛风燥湿、攻毒、滋补强壮，常用于四肢麻木、风湿痹症、疥癣恶疮、关节疼痛等症。海蛇胆具有搜风祛湿、行气化痰、清肝明目等功效，用于治疗哮喘、咳嗽等疾病。青环海蛇胆中牛磺胆酸的含量为0.34%，和金环蛇、眼镜蛇、银环蛇等陆地蛇相当，对乙酰胆碱造成的气管痉挛有明显缓解作用。

沿海渔民常熬制海蛇油，外用于水火烫伤、虫蚊叮咬、冻疮等。海蛇含多种饱和脂肪酸、不饱和脂肪酸，其中棕榈酸、棕榈油酸、油酸、二十碳烯酸等含量较高，EPA、DHA、维生素A、维生素D$_3$、维生素E等含量也很丰富。日本有一种"油针疗法"，将以海蛇脂质为主要原料制成的注射剂，注射于身体压痛点与硬结部位，可治疗腰、颌、肩等部位的疼痛。将海蛇脂质制成软胶囊剂，作为保健品，可增强记忆、学习能力，防止骨质疏松。

2. 食用方法

海蛇肉质柔嫩，味道鲜美，营养丰富，是一种滋补壮身食物，常用于病后、产后体虚等症，也是老年人的滋养佳品，具有促进血液循环和增强新陈代谢的作用。在港、澳、台、粤、琼等地，海蛇被列为美食之一。在日本，海蛇更被推为宴席上的佳肴。海蛇的食法很多，海蛇肉可清蒸、煲汤、红烧。海蛇炖火鸡是有名的"龙凤汤"，海蛇肉煲粥是清凉解毒之美食佳肴，海蛇汤鲜甜可口，海蛇酒可作为祛风、活血、止痛的良药。

二、海龟

海龟是龟鳖目海龟科和棱皮龟科动物的统称。长可达1 m多，寿命最长150岁左右。用于鉴定海龟种类的主要鳞片是前额鳞。海龟四肢如桨，前肢长于后肢，有利于游泳，内侧各有一爪，头、颈与四肢不能缩入甲内。主要以海藻为食。一般仅在繁殖季节离水上岸。雌龟将卵产在掘于沙滩的洞穴中。

海龟广布于大西洋、太平洋与印度洋。我国北起山东、南至南海均有分布。世界上现存的海龟共有7种：棱皮龟、玳瑁、蠵龟、绿海龟、太平洋丽龟、大西洋丽龟与平背海龟。其中，棱皮龟、玳瑁、绿海龟、蠵龟与太平洋丽龟在我国沿海有分布，均被列为国家二级重点保护动物。所有的海龟都被列入《濒危野生动植物种国际贸易公约》（CITES）名录。

由于雄性海龟与幼海龟不会上岸，人类很难知道野生的海龟数量。海龟的数量一般是根据它们的孵化率来计算。

研究显示，所有种类的幼海龟都不同程度地减少了。数量最多的是太平洋丽龟，可以形成几十万只的群体到印度海岸筑巢。绿海龟是各种海龟中体形较大的一种，因其特有的"绿色脂肪"而得名。

海龟肌肉中含有蛋白质、脂肪、五氧化二磷、钙、铁、铜、钴、钼等。体脂肪油中胆甾醇占96%～97%，β-谷甾醇占3%，菜油甾醇占0.2%，豆甾醇占0.15%。心、肝、肾等内脏含多种酶，垂体及血中可提取生长激素、促卵胞激素、促黄体生成激素，背甲及腹甲含大量骨胶质、钙、磷及多种氨基酸。

中医认为，龟板和龟掌味甘，性温；龟胆味苦，性凉。龟板和掌有柔肝补肾、滋阴潜阳、去火明目之功效，龟板胶有滋补强壮作用，龟血有润肺止喘之功效，龟胆有清肝明目、清热化痰之功效，龟肝和龟肉有滋补强壮、养血补阴之功效。

玳瑁又名文甲、鹰嘴海龟、十三鳞、十三棱龟、明玳瑁、千年龟。一般长约0.6 m，大者可达1.6 m。性凶猛。主要生活于浅水潟湖与珊瑚礁区，珊瑚礁中的许多洞穴与深谷给它提供休息的地方，珊瑚礁中还生活着玳瑁最主要的食物——海绵。玳瑁是唯一能消化玻璃的海龟。玳瑁的食物还包括海葵、水母、虾、蟹与贝类等无脊椎动物，以及鱼类、海藻。玳瑁分布范围广，可见于太平洋、印度洋、大西洋的热带、亚热带水域。在我国产于海南、台湾、福建、广东、浙江、江苏、山东等地沿海。但过度的捕捞使玳瑁成为濒危物种，在我国近海也几乎绝迹。"没有买卖就没有杀害"，大家应该抵制玳瑁等海龟制品。

玳瑁的背甲含角蛋白，其中含有赖氨酸、组氨酸等多种氨基酸，体脂含有月桂酸、棕榈酸、肉豆蔻酸、硬脂酸、花生酸、正二十二烷酸、C14不饱和酸、C16不饱和酸、C18不饱和酸、C20不饱和酸、C22不饱和酸、C24不饱和酸及非皂化部分。

在中医中，将玳瑁倒悬，用沸醋泼之，其甲片即能逐片剥下，去掉残肉，洗净即为药材。

第九节　其他海洋动物

一、海绵

海绵约6亿年前就已生活在海洋里，至今已发展到近1万种，是海洋中一个庞大的"家族"。海绵动物门（多孔动物门）包括寻常海绵纲、六放海绵纲、钙质海绵纲、同骨海绵纲4个纲。海绵没有口，没有消化腔，也没有中枢神经系统，被认为是已知的最原始最低等的水生多细胞动物。生活在海水中的海绵多数为灰黄色、褐色或黑色的块状物。海绵虽被称为"海中的花和果实"，看上去和植物一样，实际上是动物。

海绵遍布全球的海洋、江河、湖泊与池塘中，广泛附着在水中的岩石、贝壳、植物等物体上。海绵虽然属于动物，但是并不能自己行走，只能从流过身边的海水中获取食物。它们形状不一，有管状、扁平状、树枝状等。海绵动物身体是由2层细胞围绕中央的一个空腔所组成，游离的一端有一个大的出水口使中央腔和外界相通。构成海绵动物体壁的2层细胞在不同的种类组成复杂程度不同的沟系，根据沟系可将海绵动物的身体结构分为单沟型、双沟型、复沟型3种类型。海绵动物单体较少，多为群体。同骨海绵与钙质海绵多分布于浅海地带，六放海绵可栖居在深达6 000 m的深海中。

科学家发现海绵体内的毒素可用来制药，治疗心血管与呼吸系统疾病与肿瘤。目前，海绵是已知的含海洋活性物质最丰富的海洋生物，已成为海洋药物开发的重要资源。海绵动物的研究开发重点主要集中在研制新型抗肿瘤药物。从日本海域海绵*Agelas mauritianus*中分离到一种神经酰胺苷酯类化合物，体外实验无细胞毒性，但在荷瘤小鼠的体内实验表明它是有效的抗肿瘤剂，可激活巨噬细胞和NK细胞，从而发挥抗肿瘤作用。另外，沐浴角骨海绵因质地松软，具有很强的吸湿性而被临床医学用作吸收脓汁、药液和血液的吸湿剂。

古代罗马、希腊和我国的劳动人民很早就认识与采集海绵动物。沐浴角骨海绵网孔细、弹力强、吸水性好，可以用于洗澡擦身、洗碗等，后来又在工艺、医学和日常生活方面展现了越来越多的广泛用途，如做油漆刷子、钢盔的衬垫等。在地中海、红海和美洲沿海等地，海绵动物人工养殖业十分发达，人们将海绵切割成块，用绳系在架上，投入海中，2~3年就可收获大批海绵。

随着人造海绵业的发展，海绵动物养殖业日趋衰落。但是随着科学技术的不断发展，人们又发现了海绵动物新的价值，例如，有人正在研究用海绵净化海水，以达到维持海洋环境生态平衡的目的。近年来，已经有科学家提出"海绵生物技术"的概念。可以预见，海绵在海洋生物材料、海洋药物、海洋环境保护中将发挥重大作用。

二、苔藓虫

苔藓虫是群体动物，包括固定态和移动态两种类型。个体小，不分节，具体腔。虫体前端有口，口的周围有一冠状物，称为"总担"，其上生许多触手。

苔藓虫在奥陶纪早期就已经出现，现代尚有生存。苔藓虫多生活在海洋，如白薄苔虫、菊Ⅲ苔虫与鞭须苔虫。我国海产苔藓虫分布在胶州湾、浙江浅海海底，和珊瑚混生在一起。淡水产的苔藓虫在南京、苏州、深圳淡水水体中均有。

苔藓虫喜欢在比较清洁、溶解氧充足、富含藻类的水体中生活，能适应各海域的温度，分布广泛。淡水种在春、秋季节（25～28℃）生长旺盛，水面有很多上一年的休眠芽，遇到适宜环境即发育生长。微污染的水体中也有苔藓虫。在处理微污染水体的过程中，苔藓虫若大量出现，会被填料拦截，附着在填料上生长，和聚缩虫、钟虫、独缩虫、盖纤虫、累枝虫等有黏性尾柄的原生动物聚在一起，具有一定的生物吸附作用，并吞食水中微型生物和有机杂质，对水体的净化有一定积极作用。但苔藓虫若大量繁殖，会降低水流速度，给工程运行造成不利影响。

草苔虫素（Bryostatin）是从草苔虫中提取出的一种大环内酯类物质，在研究其构效关系时发现其苔藓吡喃环（Bryopyran）和其取代基才是保持活性所必需的组分。迄今已发现草苔虫素衍生物的19个活性单体，其中草苔虫素19是从我国南海的新鲜草苔虫样品中分离所得。体外实验表明，它对U937组织淋巴瘤细胞有非常强的杀灭作用，对HL-60白血病原髓细胞与K562白血病细胞均有明显的抑制作用。草苔虫素既有抗肿瘤功能，又有增强造血的活性，这种双重作用具有非常重要的临床价值。草苔虫素已经FDA批准，进入二期临床实验。

三、海鞘

海鞘指脊索动物门尾索动物亚门海鞘纲的动物，全世界有2 000多种海鞘。海鞘又称为"海中凤梨"，因形状像凤梨而得名，我国山东沿海一带俗称它们为"海奶子"。一般人对海鞘很陌生，可能因它们都生活于海底，不但个体小且外形简单又无多大变化，所以较不易引起人们的注意，但可别小看它们，它们和脊椎动物有共同的祖先。

海鞘广泛分布于世界各大海洋中，从潮间带到几千米的深海都有它的足迹。由于海鞘喜寒，主要分布区都在寒带或者温带，热带地区比较少且个头也较小。在日本宫城与岩手两县有大面积的海鞘养殖，产季在每年的6～8月，被称为"东北珍味"。由于产季短产量小，所以只在日本、韩国、法国较多地作为食材。海鞘的种类很多，常见的有柄海鞘、玻璃海鞘、拟菊海鞘等。柄海鞘除了茎柄外，体表还生有许多不规则的瘤状隆起；玻璃海鞘的被囊是透明的，内脏可看得一清二楚；拟菊海鞘以无性出芽生殖方式形成群体，仿佛橙黄色的花朵。

1. 医用价值

海鞘有宝贵的医学价值，如海鞘所含有的缩醛磷脂对阿尔茨海默病有一定功效，海鞘的共生菌也有助于癌症治疗。海鞘的可食用部分含有多种氨基酸、无机盐和脂肪酸，对人体有相当大的益处。

海鞘外表看起来有些像蠕虫、海绵或某些植物，其实与这些物种相去甚远。海鞘具有很原始的脊索，因此它在进化过程中占有重要的位置。许多科学家认为，海鞘十分接近5.5亿年前的脊索动物祖先。所以，如果科学家能厘清海鞘自我修复与组织再生等复杂过程的根本机制，有望为人类组织细胞再生治疗奠定基础。当人们的心脏、四肢或脊柱经受巨大创伤后，受伤的组织都会努力进行自我修复，但结果往往并不理想。不过，如果将海鞘相关的基因序列应用于人类，就有望对再生医学产生革命性的影响。

海鞘能有效地控制繁殖，而不必担心子代数量过多。研究人员揭示海鞘可以控制生殖能力，能依据群体中性别比例状况，"定制"自己的生殖细胞。例如，当群体中存在着大量的雄性海鞘竞争和雌性繁殖的机会，雄性将生产出更大、更具竞争性的精子。同样地，雌性海鞘若探测到过多的精子竞争卵细胞（过多的精子将杀死一些卵细胞），将生产出更小的卵细胞，使精子很难探测到。

海鞘幼体中枢神经系统中的一种神经胶质细胞会一直留存到成体中，发挥支持、滋养神经细胞，吸收、调节某些活性物质等作用。海鞘在遗传上和脊椎动物有相近之处，而海鞘中枢神经系统的细胞只有大约300个。对这类拥有简单中枢神经系统的动物进行研究，有助于人们揭示从干细胞分化生成神经细胞的整套机制。

2. 食用方法

海鞘体表有较厚的被囊，因此要用利刃剥开，方能食用。海鞘生吃可做成刺身，熟食可用水或卤汁煮。

加工方法：首先剥去海鞘的外皮，除去袋状鳃囊中的内脏（包括生殖腺、消化管），仅留鳃囊。然后按每1 kg鳃囊加食盐30 g、山梨糖醇100 g、谷氨酸钠15 g、山梨酸钾0.7 g、抗氧化剂1 g调味，接着用70℃的热风干燥4 h左右，使海鞘的鳃囊收缩，含水量降低，而特有的色素不容易褪去，有利于长期保存。最后将干燥品切成适当的形状，用塑料袋密封包装，就可长期贮藏供食用。

四、文昌鱼

文昌鱼是脊索动物，亦称海矛。外形像小鱼，体侧扁，头尾尖，半透明，体内有一条脊索，有背鳍、臀鳍与尾鳍。体长40~57 mm，美国产的加州文昌鱼可长达100 mm。

文昌鱼喜生活于温暖海水中。白天半截身体躲在沙砾之中，在阳光下摇摇摆摆，依赖水流带来浮游生物为生。到了晚间才是它活跃的时刻，这时它离开沙窝，如同离弦的羽箭弹射到水面活动，一旦遇到惊扰，又游回沙窝内。文昌鱼游泳时以螺旋形方式前进。文昌鱼广泛分布在世界温暖地区的海岸水域，温带水域略少见。文昌鱼约有32种，在我国主要分布在厦门、青岛和烟台沿海，地中海、马来西亚、日本、北美洲海岸也有分布。

文昌鱼体内脂肪含量低，但不饱和脂肪酸含量却相对较高，约占湿重的1.6%。文昌鱼蛋白质含量比带鱼、鲳鱼、黄花鱼、牡蛎与虾的含量都高，雌性文昌鱼成体内总蛋白含量为19.73%，雄性为19.05%。文昌鱼富含人体必需的8种氨基酸，而且含有较丰富的脂溶性维生素A、维生素E与水溶性维生素B_1、核黄素、维生素P，其中核黄素是我国人群膳食容易缺乏的营养物质之一。与其他海产品相比，文昌鱼的B族维生素含量显然更高，维生素E含量也比较高。

氨基酸中的谷氨酸、天冬氨酸、甘氨酸与丙氨酸都是决定食物鲜味的主要因子，被统称为风味氨基酸（Flavor Amino Acid）。文昌鱼体内的风味氨基酸含量较高，所以味道鲜美，具有潜在的经济价值。但是，文昌鱼为珍稀名贵的海洋野生头索动物，被列为国家二级保护动物，不允许对其进行任何形式的交易和商业性开发活动。

五、鲎

鲎属于肢口纲剑尾目的海生节肢动物。鲎形似蟹，身体呈青褐色或者暗褐色，身披硬质甲壳，有4只眼，其中2只为复眼。鲎的祖先出现在古生代的泥盆纪，当时恐龙尚未崛起，原始鱼类刚刚问世，随着时间的推移，和它同时代的动物或进化、或灭绝，唯独鲎从4亿多年前出现至今，仍保留其原始且古老的特征，所以有"活化石"之称。截至2009年，世界上已发现的鲎化石种类约31种。

鲎分布于亚洲沿海和北美沿海。其中，美洲鲎分布于北美东部北纬19°～45°的狭窄海域。中国鲎在国内主要分布于广东、广西、福建沿海，国外分布于日本、菲律宾等海域。南方鲎分布在越南、印度、新加坡、马来西亚、印度尼西亚。圆尾鲎分布于印度、孟加拉国、泰国、印度尼西亚，我国广西北海、钦州，海南儋州、澄迈、临高、海口沿海也有分布。

1. 营养价值和保健功能

鲎的血液是蓝色的，由于含有铜离子，它具有一遇细菌内毒素马上凝固的特点。科学家根据这一发现，利用鲎的血液中制备"鲎试剂"，用作制药与食品工业中毒素污染检测剂，并且可以检测人体内部组织是否遭受细菌感染。鲎的血里面还含有50多种有医药价值的物质，具有抗真菌、抗细菌、抗病毒、诱导癌细胞分化与抑制肿瘤细胞生长的生物活性。

"鲎蛋"富有营养，为高蛋白食品，是颇受欢迎的闽南名菜之一。用鲎肉、"鲎蛋"加工成醉酱、酸酱等特产食品，风味别具一格。

2. 食用危害

不同地区食用鲎的习惯、方法不同，有烤的，有煲汤的。但世界各国医学界的研究表明：食用鲎对身体健康与生命安全存在着极大危害。

（1）鲎肉含有一种大分子蛋白非特异性致敏物质，食用后可以引发皮肤红肿、瘙痒与过敏性斑疹，严重时导致过敏性休克或者致死性毒性反应，中毒的死亡率较高。

（2）鲎肉含有大量内环酰胺嘌呤类化学物质。现代医学研究表明：嘌呤类物质在体内代谢不完全或者蓄积，为导致痛风疾病发生发展的重要原因。

（3）鲎血浆的主要成分为血蓝蛋白。每1 mL血蓝蛋白含重金属有机铜离子0.28～0.31 mg（因鲎离开水体时间长短而异）。按鲎平均体重计算，成年鲎的血浆及肉中含这种铜离子600～1 300 mg。医学研究表明：这种重金属铜离子进入人体后随血液循环主要蓄积在肝与肾脏，对肝、肾功能不全者，可加速肝细胞坏死或肝硬化的发生发展，引发肾功能衰竭、氨中毒等并发症。另外，这种铜离子还可引发人体造血机能障碍、影响幼儿神经系统的正常发育等。

由于鲨具有很高的经济与药用价值，近年来遭受滥捕滥杀，数量急剧锐减，目前面临资源枯竭的危险，在一些省份已被列为保护动物。因此，要停止捕捉与食用鲨。

六、抹香鲸

龙涎香在西方又称为灰琥珀，是一种阴灰或者黑色的固态蜡状可燃物质，由抹香鲸消化系统产生。龙涎香有其独特的甜香味（类似异丙醇的气味）。

如果吞入了坚硬或尖锐的物体，抹香鲸胃肠道便分泌出一种特殊的蜡状物将其包裹起来，形成龙涎香。被抹香鲸吐出或者随粪便排出的龙涎香的重量较轻，漂浮在海面或被海浪冲到海岸边。刚排出体外的龙涎香是灰白色的，散发着恶臭，在海水的作用下，渐渐地变为灰色或黑色。

龙涎香是治病与补养的名贵中药，能行气活血、散结止痛、利水通淋，可用于治疗气结症积、咳喘气逆、心腹疼痛、淋病。龙涎香的功效在古今书籍中均有记载。范咸《重修台湾府志》："止心痛，助精气。"《本草纲目拾遗》："活血，益精髓，助阳道，通利血脉。廖永言验方云：利水通淋，散症结……消气结，逐劳虫尸瘵……周曲大云：龙涎能生口中津液，凡口患干燥者，含之能津流盈颊。"《药材学》："治咳喘气逆，神昏气闷，心腹诸痛。"

龙涎香含有胆固醇衍生物龙涎香素，并且含有苯甲酸，在世界上产量很小而不能人工合成，所以它的价值远远超过黄金的价值，是高级香水、香精中不可缺少的"奇香"。使用龙涎香配制的香水、香精，不仅香气柔和，且留香持久，因此深受人们的喜爱。

龙涎香为一些聚萜烯衍生物的集合体，它们大多有诱人的香味，具有环状的分子结构。1920年，瑞士化学家发现麝香与香猫酮的分子结构，接着美国科学家又发明了合成大环酯的方法，合成了人工麝香，但却不能完全代替天然龙涎香，特别是天然龙涎香中的龙涎甾，制成的香水会在皮肤上生成一层薄膜，能使香味经久不散。

七、海狗、海豹

海豹身体肥壮，体重70 kg左右，头圆颈短，无耳郭，鼻与耳孔有活动的瓣膜，四肢均具五趾，趾端具爪，趾间具蹼，形成鳍足，前肢较小，上部隐于体内，后鳍足呈扇形，只能向后伸直，不能向前折弯。尾短小，夹于后鳍足之间。全身密被短毛。

海狗俗名海熊、腽肭兽。口上唇有粗且硬的触须。有耳郭。毛被可分明显的两层，上层是粗毛，下层是浓密的绒毛。前肢很厚，无爪，其下两面均裸露无毛，后肢伸向前方。

中医认为，雄性海豹和海狗的阴茎和睾丸入药，药材名为海狗肾、海狗鞭、腽肭脐等，含性激素、蛋白质、脂肪、糖类等，具有壮阳、暖肾、益精等功能，用于治疗阳痿遗精、肾阳衰弱、腰膝酸软等症。纵贯《回回药方》残卷三门，腽肭脐治疗处方76首，占《回回药方》残卷处方总量的13.1%，疾病涉及急诊、内、外、妇产、儿、骨、皮肤诸科，广泛用于治疗周围神经疾病、神经症、急慢性脑血管病、风湿性疾病、代谢性疾病、急慢性胃炎、泌尿系疾病、皮肤科疾病、骨伤科疾病、妇产科疾病和急性中毒等。

课后训练

一、讨论思考题

（1）简述海洋功能食品的动物资源的种类。

（2）简述海洋功能食品双壳贝类资源的有效成分和功能活性。

（3）列举5例海洋功能食品的鱼类资源，并叙述其有哪些有效成分和功能活性。

（4）海参、鲍鱼的营养价值和保健功能有哪些?

（5）简述海绵、海鞘、鲎、苔藓虫和膃肭脐的药用功效。

二、案例分析题

有一位糖尿病老人，有20年的病史，询问医生能否吃海参。医生建议可吃海参，平时注意不要吃太油腻的东西，含糖的食品肯定是不能吃的，想喝粥的话，可用荞麦、小米熬粥，最好是苦荞熬海参丁，这样能补充营养，不会越来越瘦。

问题：

（1）海参对糖尿病患者有什么作用?

（2）请根据你学到的知识，总结海参的功效。

知识拓展

食用海鲜的正确方法

海鲜虽含有丰富的营养物质，但不宜多吃，过量食用可能会导致脾胃受损，引发胃肠道疾病。如果食用方法不当，重者还会发生食物中毒。

1. 海鲜怎样烹饪最佳

高温加热：细菌大都不耐高温，因此烹制海鲜，一般用急火熘炒几分钟才安全。贝类、螃蟹等有硬壳的，则必须彻底加热。

与姜、醋、蒜同食：海产品性寒凉，姜性热，和海产品同食可以中和寒性，防止身体不适。而生蒜、食醋本身有很好的抑菌作用。

酥制：将海鱼做成酥鱼后，鱼刺、鱼骨可以变得酥软可口，连骨带肉一起吃，不仅味道鲜美，还可提供多种必需氨基酸，维生素A、B、D和无机盐等，尤其鱼骨中的钙含量，为其他食品所不能比的。

2. 不当吃法应避免

生吃：生鲜海产中往往含有细菌，生吃容易造成食物中毒。

熏烤：熏烤的温度往往达不到海鲜杀菌的要求，且只是将表面细菌杀死，中心部分还容易存在细菌或虫卵。

涮食：为追求原料鲜嫩，火锅涮食时间非常短，导致半生不熟的海产品中的细菌或寄生的虫卵不能被杀死，食用后被感染的概率很高。

腌制：用糟卤、烧酒、酱油等腌制或者炝制海鲜，不具备杀灭海鲜中细菌的能力，即使腌制24 h后仍有部分细菌或虫卵存活，这样做出的海鲜几乎等同于生吃。

3. 食用海鲜有禁忌

不能与寒凉食物同食：中医认为，海鲜性寒凉，最好避免和寒凉食物共同食用，比如黄瓜、空心菜等，饭后也不应马上饮用或食用一些如冰水、汽水、雪糕这样的冰镇饮品、食品，还要注意少吃或者不吃梨、西瓜等性寒的水果，以免导致身体不适。

不能同时饮用啤酒：食用海鲜时饮用大量啤酒，会产生过多尿酸，容易引起痛风。尿酸过多，会沉积在关节或者软组织中，从而导致关节与软组织发炎。

4. 哪些人不宜吃海鲜

血脂偏高的人：螺、贝、蟹类，特别是蟹黄，含有很高的胆固醇，血脂偏高与胆固醇偏高的人应注意少吃或不吃这类海产品。

关节炎、痛风患者：一些海鱼、贝类等含有较多嘌呤，常食将加重关节炎、痛风病情。

出血性疾病患者：血友病、血小板减少、维生素K缺乏等出血性疾病患者要少吃或者不吃海鱼，因为鱼肉中所含的EPA可以抑制血小板凝集，加重出血性疾病患者的出血症状。

肝硬化患者：肝硬化患者机体难以产生凝血因子，加之血小板偏低，容易引起出血，若再食用富含PUFA的青鱼、沙丁鱼、金枪鱼等，会导致病情急剧恶化，犹如雪上加霜。

第五章　海洋微生物资源

本章重点和学习目标：

（1）熟悉海洋微生物资源的多样性、特性和种类。

（2）了解海洋微生物的活性物质和功能。

导入案例：

在海洋微生物中寻求新的药物

目前许多疾病仍缺乏对症治疗的药物，迫切地需要新型的药物来满足医疗需求。微生物一直是药物研制的重要来源。目前市场上的药物，特别是抗生素与抗癌类药物，微生物制剂的比例超过50%。与陆地相比，海洋中的微生物有更为丰富的多样性，海洋微生物为适应环境生存而产生的结构不同的各种次级代谢产物中，蕴藏着无数高效、低毒的新型药物等待我们去开发。

微生物可以感觉、适应其所处环境，并做出快速反应，为生存而产生独特的次级代谢物质。微生物受环境胁迫产生的这些化合物，许多在生物技术与制药学的应用中有很大价值。人们往往认为海洋环境是高盐、低营养、较不利于微生物生长的，土壤微生物则生长在非常拥挤、竞争激烈得多的环境中。但是现实情况并非如此。J. Craig Venter等利用高通量DNA测序与计算基因组学的方法从亚热带北大西洋百慕大群岛附近马尾藻海域中提取的微生物基因组中获得大量的DNA片段数据。他们研究了从约1 500 L表面海水中提取的DNA，鉴定了超过120万个新基因。能在世界上最贫瘠的水体之一收集到的如此小的样品中，发现如此大量的新基因，对海洋分子微生物生态学与进化生物学的新兴领域提出了重大挑战。海洋微生物的生存环境有着特殊的温度、盐度、压力、pH、光照、氧气、营养物质，所以与陆地细菌相比，海洋微生物的代谢物表现出独特的生物活性也就不足为奇了。因为获得大量新的微生物和从中分离到生物活性化合物，曾被认为"生物沙漠"的深海惊天逆转而成为"生物多样化的雨林"。

问题：

（1）根据以上案例，海洋微生物资源有什么应用前景？

（2）根据以上案例，你对海洋微生物多样性有什么认识？

教学内容

第一节　海洋微生物概述

一、海洋微生物的定义和多样性

目前，关于什么是真正的海洋微生物仍有争议。一般认为，从海洋环境中分离出，正常生长需要海水，并且可以在寡营养、低温条件下生长的微生物就可视为严格的海洋微生物。然而，有些分离自海洋的微生物，生长不一定需要海水，但是在海水中可以产生出不同于陆地微生物的代谢物（如某些抗生素）或者拥有某些独特的生理性质（如液化琼脂、盐耐受性等），也被视为海洋微生物。这些微生物中不仅包括海洋起源的种类，而且包含陆地起源后流入海洋中并且适应了海洋环境的种类，几乎包括了微生物的所有类别，如病毒等非细胞类生物、以产甲烷细菌和嗜盐细菌为代表的古细菌、陆地环境常见的细菌种类和种类繁多的真核微生物。海洋微生物在正常海水中的数量一般为10^6个/毫升以下，主要包括嗜冷、嗜压、嗜热、嗜碱、嗜酸、耐辐射与耐极端寡营养等众多类型。海洋微生物的空间分布十分广泛，不管是从红树林生态系统、珊瑚礁生态系统、马里亚纳海沟、极冷的北冰洋坚冰下水体，还是温度高达400℃的深海热泉口，科研人员都分离到了适应所处极端环境的海洋微生物。

海洋微生物和陆源微生物系统进化关系差异比较大，新物种资源非常丰富，海洋微生物的物种多样性决定了它们的代谢多样性、遗传多样性、化学多样性与功能多样性。美国J. Craig Venter研究所利用宏基因组技术（Metagenome Technology）在世界各大海域的海水样本中发现了编码600多万个新蛋白质的DNA序列，几乎是现有数据库中DNA序列数量的2倍，显示了海洋微生物是个巨大的基因资源宝库。

二、海洋微生物的分布

海洋微生物的分布呈现一定的规律。海洋细菌数量多、分布广，在海洋生态系统中起着特殊的作用。海洋中细菌数量分布的规律如下：近海区的细菌密度比大洋大，内湾和河口密度尤大；表层水与水底泥界面处细菌密度比深层水大，一般底泥中比海水中大；不同类型的底质间细菌密度差异显著，一般泥土高于沙土。大洋海水中细菌密度比较小，每毫升海水中有时分离不出1个细菌菌落，所以必须采用薄膜过滤法：用孔径0.2 μm的薄膜将一定体积的海水样品过滤，使样品中的细菌聚集在薄膜上，再采用直接显微计数法或者培养法计数。每40 mL大洋海水中的细菌一般为几个到几十个。在海洋调查时常会发现某一水层中细菌数量剧增，海水中有机物质的分布状况决定了这种微区分布现象。赤潮之后往往伴随着细菌数量增长的高峰。有人试图利用微生物分布状况来指示不同水团或者温跃层界面处有机物质积聚的特点，进而分析水团来源或转移的规律。

海水中的细菌以革兰阴性菌占优势，常见的有假单胞菌属（*Pseudomonas*）等10余个属。相反，海底沉积土中则以革兰阳性菌偏多，芽孢杆菌属为大陆架沉积土中最常见的属。

海洋真菌多集中分布在近岸海域的各种基底上，按其栖住对象可以分为寄生于动植物、附着生长于藻类以及栖住于木质或其他海洋基底等类群。某些真菌是热带红树林上的特殊菌群。某些藻类和菌类之间存在着密切的营养供需关系，即藻菌共生关系。

三、海洋微生物的特性

和陆地相比，海洋环境以高盐、高压、低温与稀营养作为特征。海洋微生物长期适应复杂的海洋环境而生存，所以有其独具的特性。它们作为分解者促进了物质循环，在海洋沉积成岩和海底成油成气过程中，都起了重要作用。还有一小部分化能自养菌是深海生物群落中的生产者。海洋细菌不仅可以污损水工构筑物，在特定条件下其代谢产物如硫化氢、氨也可毒化养殖环境，从而导致养殖业的经济损失。但海洋微生物的拮抗作用可以消灭陆源致病菌，它们巨大的分解能力几乎可以净化各种类型的污染。所以随着研究技术的进展，海洋微生物日益受到重视。

1. 嗜盐性

真正的海洋微生物的生长需要海水。海水中富含各种无机盐。钠为海洋微生物生长和代谢所必需，另外，钾、镁、钙、磷、硫等微量元素也是各种海洋微生物生长所必不可少的。

2. 嗜压性

海洋中静水压力因水深而异，水深每增加10 m，静水压力增加1个标准大气压。海洋最深处的静水压力可超过1 000个大气压。深海水域是一个广阔的生态系统，约56%以上的海洋环境处在100～1 100个大气压的条件之中，嗜压性是深海微生物独有的特性。来源于浅海的微生物一般只能忍耐较小的压力，而深海的嗜压细菌则具有在高压环境下生长的能力，能在高压环境中保持其酶系统的稳定性。研究嗜压微生物的生理特性必须借助高压培养器来维持特定的压力。那些严格依赖高压而存活的深海嗜压细菌，因为研究手段的限制，迄今尚难以获得纯的培养菌株。根据自动接种培养装置在深海实地实验获得的微生物生理活动资料判断，微生物在深海分解各种有机物质的过程是相当缓慢的。

3. 嗜冷性

大约90%的海洋环境温度都在5℃以下。绝大多数海洋微生物的生长要求较低的温度，一般温度超过37℃就停止生长或者死亡。那些能在10℃以下生长和繁殖的微生物称为嗜冷微生物。嗜冷微生物主要分布于深海或者高纬度的海域中，其细胞膜构造具有适应低温的特点。

4. 低营养性

海水中营养物质稀少。人工培养某些海洋细菌需要提供营养缺乏的培养基。有的细菌在营养较丰富的培养基上第一次形成菌落后即迅速死亡，有的则根本不能形成菌落。这类海洋细菌在形成菌落过程中因其自身代谢产物积聚过多而中毒致死。这种现象说明常规的平板法并不是分离海洋微生物最理想的方法。

5. 趋化性与附着生长

海水中的营养物质虽然稀少，但海洋环境中各种固体表面或者不同性质的界面上吸附积聚着比较丰富的营养物。绝大多数海洋微生物都具有运动能力，某些微生物还具有沿着某种化合物浓度梯度移动的能力，这一特点称为趋化性。某些专门附着于海洋植物体表而生长的细菌称为植物附生细菌。海洋微生物附着在海洋中生物与非生物固体的表面，形成薄膜，为其他生物的附着创造条件，从而形成特定的附着生物区系。

6. 多形性

在显微镜下观察细菌形态时，有时在同一株细菌纯培养中能够同时观察到多种形态，如球形、椭球形、大小长短不一的杆状或者各种不规则形态。这种多形现象在海洋革兰阴性菌中非常普遍。这种特性是微生物长期适应复杂海洋环境的结果。

7. 发光性

海洋细菌中只有少数几个属表现发光特性。发光细菌通常可从海水或者海洋生物体表分离得到。细菌发光现象对理化因子反应敏感，所以有人试图利用发光细菌作为检验水域污染状况的指示菌。

四、微生物在海洋环境中的作用

海洋堪称世界上最庞大的恒化器，能够承受巨大的冲击（如污染）而仍保持其生命力与生产力；微生物在其中是不可缺少的活跃因素。自人类开发利用海洋以来，航海活动、竞争性的捕捞、大工业兴起带来的污染和海洋养殖场的无限扩大，使海洋生态系统的动态平衡遭受严重破坏。海洋微生物以其强大的适应能力和快速的繁殖速度在不断变化的海洋环境中迅速形成异常环境微生物区系，积极参与氧化还原活动，调整与促进新动态平衡的形成和发展。从暂时或局部的效果来看，海洋微生物的活动结果可能是利与弊兼有，但从长远或全局的效果来看，海洋微生物的活动始终是海洋生态系统发展过程中最积极的一环。

海洋微生物多数是分解者，但是有一部分是生产者，所以具有双重的重要性。实际上，微生物参与海洋物质分解与转化的全过程。海洋中分解有机物质的微生物多种多样：分解蛋白质、尿素等有机含氮化合物的微生物，利用淀粉、纤维素、褐藻酸、琼脂、几丁质等糖类的微生物，降解烃类化合物和利用芳香化合物等的微生物。海洋微生物分解有机物质的终极产物如二氧化碳、氨、硝酸盐及磷酸盐等都直接或者间接地为海洋植物提供主要营养。微生物在海洋无机营养再生过程中起着决定性的作用。某些海洋化能自养细菌可以通过对氨、甲烷、亚硝酸盐、氢气与硫化氢的氧化过程取得能量而增殖。在深海热泉这一特殊生态系统中，某些硫细菌是利用硫化氢作为能源而增殖的生产者。在深海底部，硫细菌实际上负担了全部初级生产。还有一些海洋细菌具有光合作用的能力。无论异养或自养微生物，其自身的增殖都为海洋浮游动物和底栖动物等提供直接的营养源。

在海洋动植物体表或者动物消化道内往往形成独特的微生物区系，例如，弧菌等是海洋动物消化道中常见的细菌，分解几丁质的微生物常见于肉食性海洋动物的消化道，某些真菌与利用各种糖类的细菌往往是某些海藻体表的优势菌群。微生物代谢的中间产物如抗生素、氨基酸、维生素或毒素等是促进或者限制某些海洋生物生存和生长的因素。某些浮游生物和微生物之间存在着相互依存的营养关系，例如，细菌为浮游植物提供维生素等营养物质，浮游植物分泌乙醇酸等物质作为细菌的能源和碳源。

海洋微生物由于富变异性，所以能够参与降解各种海洋污染物和毒物，这有利于海水的自净以及海洋生态系统的稳定。

五、海洋微生物的应用

海洋微生物是各种工业用酶的丰富来源，可以为化工、食品、农业、环境等提供各种各样的重要原料，具有广阔应用前景。而且，海洋微生物资源开发还可以应用于其他众多的领域，特别是生物电子材料、生物农药、生物功能塑料（如已发现的细菌视紫红质可以降解塑料）等。海洋微生物在资源开发中和其他海洋生物相比有特别的优势，最重要的优势是可持续发展，能够利用现代发酵工程技术再生产，不会破坏生态平衡，无材料资源枯竭的后顾之忧，易于实现产业化，更容易利用生物与基因工程技术获得新的高产菌株和新的产品。海洋微生物来源广泛，种类繁多，但也是最缺乏研究认识的资源，估计已被研究过的种类不足总量的5%，因此开展此领域的研究、筛选获得率高的菌株，潜力很大。

目前，绝大多数海洋微生物尚未实现纯培养，起源、进化、分类学地位、生态学功能和代谢产物尚未被人类所认识。所以，海洋微生物构成了地球上最为庞大并有待开发的资源宝库。海洋微生物已成为多个国家的战略发展资源，许多发达国家在制定针对本土生物资源保护及可持续发展规划的同时，更是把目光转向国际公共深海资源的竞争和开发。

第二节　海洋微生物种类

一、病毒

目前研究海洋病毒的主要手段为电子显微镜。许多自由的海洋病毒比从海洋寄主分离出的、培养的噬菌体体型要小。这些自由存在的海洋"小病毒"的来源尚未确定，有可能许多天然的病毒原本就小于培养的噬菌体，或者属于真核生物病毒，也可能它们是小型噬菌体成员、由细菌产生的非侵染性颗粒、病毒大小的有机或无机胶体。由于研究方法的限制，要得出结论还需进一步研究。

二、古菌

古菌代表了原核微生物的一个重要分支，它除了与细菌在形态分化上的区别外，还表现出特殊的生化特性，例如，古菌的细胞壁中缺少糖肽类多聚物（对β-内酰胺类抗生素不敏感）、具有醚键连接而不是酯键连接的细胞膜等。古菌包括自养菌与异养菌，大多生活在极端环境中。在海洋微微型浮游生物（Picoplankton）中，古菌的占有量较大。古菌可分为3个明显不同的类群：

1. 嗜盐古菌

嗜盐古菌的生存要求至少在12%的NaCl溶液中，甚至在NaCl饱和溶液中生长良好。在盐场与盐湖的高盐环境中为主要菌群，而且在高盐培养基上易于生长。嗜盐古菌是化能异养型，也能够以特殊的光合磷酸化机制产生能量。此类古菌由于含高浓度的类胡萝卜素而呈红色。

2. 嗜热酸古菌

嗜热酸古菌在低pH与高温条件下生长。代表菌株在90℃和pH小于1的环境中仍有活性。有些属如瓣硫球菌属（Sulfolobus）能在实验室的有机培养基上生长，但自然界中则是通过氧化含硫化合物产生硫酸的化能自养方式生长。

3. 产甲烷古菌

产甲烷古菌严格的厌氧菌，能够还原二氧化碳与一些简单有机物如甲酸、乙酸、甲醇等生成甲烷。产生的甲烷逸出后，被好氧的嗜甲烷细菌氧化。产甲烷古菌进化出在极端环境中生存的能力，如具有热稳定的酶与脂类、保持高温下细胞膜的完整性与细胞功能等，在海洋环境中大量存在。

三、细菌

原核生物中大多数的种类属于细菌。细菌的营养方式表现出高度适应环境的多样性，能够利用不同种类的物质，并且在许多情况下，能够根据环境条件使用不止一种营养策略。

（一）光能自养细菌

光能自养细菌根据光合作用的方式分为2个类群，即无氧光合细菌与有氧光合细菌。无氧光合细菌在光合作用中不释放氧（厌氧光合），如红螺菌目中的紫细菌与绿细菌。它们具有在结构上不同于真核藻类、蓝细菌（即蓝藻）与高等植物色素的细菌色素，且在光合作用中不以水作为电子供体，仅在厌氧条件下这些细菌以还原态无机硫化物或者氢气作为电子供体进行光合作用。尽管一些光合细菌可在黑暗中异养生长，但它们的主要营养模式却是光合型的。此类光合细菌在浅海沉积物中常见，并通过将有毒的硫化氢转化为低毒的氧化态化合物而扮演重要的生态角色。

此外，某些光合细菌在有氧环境中也能进行无氧光合作用，它们属于兼性光合细菌，能够利用光作为附加能源异养生长。这些兼性光合细菌在有氧的海洋生境中常见，大约占细菌总数的6.3%，如赤杆菌属（Erythrobacter）和某些嗜甲烷菌株。

在光合作用中产生氧（有氧光合）的细菌，如蓝细菌、原绿菌等，具有和真核藻类与高等植物相同的细胞色素类型（叶绿素a）。蓝细菌是革兰阴性菌，包含丝状或者单细胞嗜光菌。蓝细菌的特殊之处在于有氧光合的同时还具有固氮能力，所以在极端限氮的环境，如在仅有光、二氧化碳、无机物和气态氮的海洋生境中常见，也见于有光生境（包括海底沉积物的上层）中一些海洋无脊椎动物，如海绵的共生菌。应指出的是，一些蓝细菌也能够进行厌氧光合。早期研究显示原绿菌Prochlorales在海洋中不常见，1989年之前仅描述过一个海洋属——Prochloron。Prochloron和蓝细菌的不同之处在于它们同时具有叶绿素a和b，而缺乏藻胆素（Bilin）。Prochloron主要见于海鞘的共生菌，但也有报道它们可与其他无脊椎动物共生或在淡水生境中自由生活。这类菌尚不能成功地人工培养。1998年报道通过检测二乙烯基叶绿素a和b的方法在我国东海的外海发现生存着大量的原绿球藻（Prochloroccus），其细胞密度远远超过聚球藻（Synechococcus）和真核微型藻类，如此大量的原绿球藻在大陆架海域中尚属首次发现。

（二）化能自养细菌

化能自养细菌通过氧化无机底物获得能量，将二氧化碳转化为有机分子。这类菌在海洋中广泛分布，决定了生物和地球化学过程中某些元素的循环。根据氧化底物不同，化能自养细菌分成3个主要类群。尽管这些菌许多曾被认为是绝对的化能自养细菌，但现在发现，所有的硝化和氧化硫细菌在一定程度上能吸收并代谢有机物。

硝化细菌能将NH_4^+氧化为NO_2^-，或将NO_2^-氧化为NO_3^-，但尚不能确定这2种代谢功能是否能同时具有。此过程对氮循环特别重要，由于NH_4^+富集在酸性的海底沉积物上，不能被其他生物过程利用。硝化细菌通过将NH_4^+转化为NO_3^-或者NO_2^-，从而易于氮被其他生物过程利用。

还原型无机硫化物可以被很多类型的细菌氧化，包括无色硫细菌群、紫色与绿色光合细菌、嗜热酸古菌中的瓣硫球菌、某些滑动细菌。有的氧化硫细菌来自硝化细菌科的小型单细胞种，这些细菌好氧，不能在细胞内存积硫颗粒。无色硫细菌已经成功地培养，此类细菌专性或者兼性地具有氧化硫的能力，常见于海洋沉积物中，并且耐酸性环境。它们对硫化氢的氧化导致了海洋环境酸化。

噬细胞菌属中的氧化硫细菌的特征是滑动运动、丝状体中包含大量的硫颗粒沉积。这类细菌在含丰富硫化氢的海域常见，微好氧（Microaerophilic），常生存在有氧与厌氧环境的界面上，并且形成肉眼可见的菌垫。由于对氧的精确需求并且在控制条件下同时提供氧与硫化氢的困难，目前几乎不能成功培养此类细菌（贝日阿托氏菌Beggiatoa的一些菌株除外）。除了噬细胞菌属细菌外，一些分类未确定的大型细胞的种（如无色菌属Achromatium）也能够氧化还原态硫化物。

在深海湿热火山口附近发现有高浓度的氧化硫细菌，这些细菌是火山口生物群落的初级生产者，是食物链的基础，为一类不常见但丰富的无脊椎动物的生长提供营养。除自由生活的形式外，氧化硫细菌还可与火山口附近生活的无脊椎动物共生，尤其是与Vestimentiferans蠕虫共生的菌，菌密度可以达到每克湿重10^4个。这些共生细菌尚未成功进行人工培养，它们的分类地位仍未确定。在许多情况中它们为寄主有机质营养的最初来源。自从在火山口附近的无脊椎动物中发现共生的化能自养细菌后，类似的关系在其他硫化氢丰富的生境中也有发现。

甲烷氧化细菌（嗜甲烷菌）为一类革兰阴性菌，以甲烷作为碳源与能源，通常不能利用碳–碳键类的有机物。在海洋沉积物的上层可见好氧的嗜甲烷菌，底物甲烷由沉积物深层生物的厌氧分解作用产生。

化能自养菌具有利用不同种类物质的能力，对营养物的循环起重要作用。它们不寻常的代谢途径在提供新型代谢产物上具有巨大潜力。

（三）化能异养细菌

研究最为彻底的海洋细菌是化能异养细菌，一部分原因是它们以有机物作为碳源与能源，在人工培养基上容易生长。化能异养细菌是一个大类群，难以仅仅用简单的营养模式进行概述。在此将它们分为革兰阳性菌、革兰阴性菌来介绍。

1. 革兰阳性菌

海洋细菌的研究主要是革兰阴性菌，而革兰阳性菌在早期报道中的比例不足10%，人们对海洋生境中革兰阳性菌的分布与生态作用知之甚少。有证据表明革兰阳性菌在海洋沉积物与海水表面的微生物群落中出现的比例要比以往人们认为的更高。由于革兰阳性菌中的海洋放线菌在生物活性物质开发上的潜力，国内外不少实验室和公司对它们开展了研究。

放线菌是革兰阳性菌中形态发生最为多样化的组群。放线菌为常见的土壤细菌，能够形成丰富的次级代谢产物，这一特性在微生物界中很少见。尽管从海洋生境中可以很好地分离放线菌，但它们却不被认为是来源于海洋的细菌，而是源于被冲进海水中的保持活性但却处于代谢休眠状态的陆地放线菌孢子。放线菌在海洋沉积物中有分布，不能用"它们是代谢失活的陆地细菌"假说来解释它们生长需要海水的特性。适应了海洋环境的放线菌是工业微生物中生理性状独特的新资源，已报道的海洋放线菌新型代谢产物也支持了这一结论。

除了放线菌和相关的属如节杆菌属外，革兰氏阳性的产芽孢杆菌即芽孢杆菌科的梭菌属和芽孢杆菌属（*Bacillus*）也能够从海洋沉积物中分离获得。若提供足够的营养，芽孢杆菌在以海水制备的培养基中就可很容易地生长。由于芽孢杆菌属是产生抗生素与杀虫剂物质的重要资源，所以，像海洋放线菌一样，这些革兰阳性菌代表了一类尚待开发的新型代谢物潜在的资源。除产芽孢革兰阳性菌外，不产芽孢的球菌（微球菌科）与棒状菌在海洋环境中也有报道。尽管这些细菌仅是海洋菌群的一小部分，但作为海洋微生物的组成，它们的存在却是不容忽视的。

2. 革兰阴性菌

这是海洋化能异养原核生物中最大的且是最多样化的一个类群。其中，假单孢菌科与弧菌科的菌在海水培养基上生长迅速，所以很容易分离，在海水培养基上观察到的大多数细菌菌落均属于这2个科的细菌。革兰阴性菌尽管细胞形态分化并不明显，但却包括了生化与生态特征多样的属，如生物发光的发光杆菌属（*Photobacterium*）与弧菌属（*Vibrio*），它们是某些海洋鱼类与无脊椎动物肠道中的主要菌群。通过16S RNA序列比较的结果可将弧菌科的菌分成至少7个类群，其中海洋弧菌*Vibrio marinus*明显和其他弧菌不同源。在海水中最常见的是假单胞菌科的细菌，该科除了假单胞菌属，常见的还包括黄单胞菌属等。

全球海洋的许多地方都是有氧的，已分离的大多数海洋细菌也是好氧或者兼性厌氧的。然而绝对厌氧细菌在海洋生态环境中也扮演重要的角色。硫还原细菌（如脱硫弧菌属*Desulfovibrio*）就是海洋厌氧菌。这些革兰阴性菌发酵简单的有机物，以氧化态硫化合物作为最终电子受体进行厌氧呼吸。硫还原细菌在海洋沉积物中广泛分布并且产生大量硫化氢，硫化氢从沉积物中逸出后被光合无色硫氧化细菌氧化。

很多革兰氏阴性异养细菌具有显著不同的形态发生特征，并且可据此分类（应指出的是，以此方式分类可能将营养方式不同的属归于一类，所以下面讨论的细菌并非都是化能异养的）。具有独特形态发生特征的细菌通常生活在各种物体表面，而在开放的海水中不常见。它们相对于假单胞菌生长缓慢，所以在接种了样品的培养基上不常观察到。但这些细菌的许多种类可以用选择性技术分离。

黏细菌（Myxobacteria）是一类细胞分化非常复杂的革兰阴性菌。黏细菌丰富的次级代谢产物使它在新药开发中逐渐受到重视，特别是纤维堆囊菌（*Sorangium cellulosum*）用于生产生物活性物质的效率较高。从海洋沉积物，甚至是海水中，以适当的培养方法，可较为容易地分离出黏细菌。所获得的黏细菌能够耐海水生长，并且其具有生物活性的次级代谢产物非常丰富。

螺旋体是卷曲细菌，好氧、兼性好氧或厌氧。它们属于螺旋体门，具有很高的运动性，运动采取独特的卷曲运动机制。在海洋环境中螺旋体自由生活或者作为某些软体动物的共生菌。这类软体动物大多与脊膜螺旋体属（*Cristispira*）的大量细菌共生，此属细菌尚未成功培养。

附枝状或突柄状细菌主要为水生，并多附着于物体表面。它们有着复杂的生活史，包括细胞衍生物与菌丝体形成等。尽管这些附属物在繁殖与营养吸收中起作用，它们的功能还不是很明了。这些细菌适应于低营养浓度，如柄杆菌属（*Caulobacter*）的细菌。它们在琼脂平板上不常被观察到，但却容易附着在置入海水中的玻璃载片上。

螺菌科的螺旋、弯曲细菌是海洋环境的常见菌，鞭毛运动方式使它们区别于螺旋体。这些细菌倾向于微好氧，如一类特别的寄生菌——蛭弧菌属（*Bdellovibrio*）。除具有独特形态发生特征的革兰阴性菌外，还有一类缺少明确细胞壁结构而导致多形性的细菌，即柔膜细菌（Mollicutes），是植物、动物的寄生菌。

海洋原核生物代表了一大类微生物。因为它们的多样性，有些细菌难于放在一般的类群中做综合性的描述。目前系统细菌学的多变也给研究工作增加了难度。分子生物学的新方法被广泛用于测定微生物之间的遗传相关性和多样性，这类信息的增加正迅速改变着许多细菌的分类地位，如16S RNA分析表明海洋假单孢菌和陆地假单孢菌明显不同源。系统发生的核酸序列分子分析技术的应用还发现了许多不能培养的海洋微生物新类群。此外，特殊微生物类群的分离技术也有进展。海洋原核生物明显地存在着许多形态与生化特征各异的类群，对它们的基础研究尚未得到长足的发展，仅发现少数类群可能是病原微生物或潜在的天然药物资源。

四、真核微生物

海洋真核微生物可分为两大类群：以光能自养方式生长的，如微藻（在藻类中不存在化能自养真核生物）；以吸收有机物的化能异养方式生长的，如原生动物以吸收方式进行化能异养。目前许多海洋真核微生物已经可以人工培养。

（一）光能自养真核微生物

微藻能转化二氧化碳形成有机物，是海洋中有机碳化合物的主要生产者，是海洋食物链的最初单元。微藻包括所有单细胞光合真核生物，主要根据形态与光合色素的类型而分类。其中硅藻门（Bacillariophyta）和甲藻门（Dinophyta）组成了浮游生物的主体。硅藻是微藻中最大的一个类群，以浮游的形式在开阔海域中生活并对初级生产起重要作用。它们的细胞壁由硅组成，形成双壳面硅藻细胞壳（Bivalved Frustules）。硅藻细胞的形态是重要分类特征。甲藻在海洋环境中也很常见，自由生活或者和某些海洋无脊椎动物共生，如在热带地区形成珊瑚礁的甲藻 *Symbiodinium microadriaticum*（也称为虫黄藻 Zooxanthellae）和石珊瑚（Scleractinia）共生。很多其他类群的微藻，如单细胞的裸藻门（Euglenophyta）和绿枝藻门（Prasinophyta）等在海洋环境中常见。微藻包括几十万种，其中很多都已成功地培养并被商业化开发。

（二）化能异养真核微生物

海洋环境中的化能异养真核微生物主要是原生动物与真菌，它们对转化细菌生物量、形成更复杂的生命形式与降解某些顽固的有机物起重要的生态作用。化能异养真核微生物是海洋中常见的微生物，有关它们的大量培养技术已经建立。

1. 原生动物

原生动物门包括最简单的单细胞真核动物。有关原生动物的定义尚存争议。这里，我们将其定义为通过异养方式（通常是吞食食物颗粒的方式）获取营养的单细胞真核生物。异养原生动物可分为非光合鞭毛虫、纤毛虫、变形虫等。

鞭毛虫的特点是具有鞭毛。这类微生物在海洋环境中广泛分布，是浮游生物的重要组成。鞭毛虫包括2个类群：动鞭亚纲和植鞭亚纲。其中动鞭亚纲为异养微生物，多数种类在动物体内营寄生或共生生活。

变形虫也称为阿米巴，它们通过伪足（Pseudopodium）的细胞质延伸方式进行运动与吞噬，也有的变形虫具有坚硬的外壳，如有孔虫（Foraminifera）、放射虫（Radiolaria）等。具有外壳的变形虫常见于海泥和化石，并且被古生物学家广泛研究，以获得和海洋及生物进化有关的信息。

纤毛虫具有一排排纤毛，依靠纤毛的协同划动来运动与收集食物。纤毛虫在海洋环境中广泛分布，已经描述约3 500种。几乎所有的纤毛虫都具有一个永久性的口沟用来收集食物，收集的效率很高，从而使它们在将细菌转化成可被高等动物利用的形式中起重要作用。这些原生动物均在海洋环境中起重要的生态作用。

2. 真菌

真菌多数是以菌丝营养生长的多核体，然而，单细胞形式（如酵母）也很常见。真菌中最大的一个类群为子囊菌，大多数已描述的海洋真菌属于这个类群。真菌通常在浅水中，大多见于降解的藻体及其他含纤维素的材料中。因其对木质结构的降解能力而具有重要的经济意义。

一些高等真菌为海藻的致病菌，对水产养殖造成重大影响，对马尾藻（*Sargassum*）等海藻群体造成可见瘤。它们也被认为导致了海绵消耗性疾病（Sponge Wasting Disease），引起养殖海绵的大量死亡。

低等真菌在海洋环境中常见，但只研究了极少数几个种。它们是多种海洋无脊椎动物、海草、藻类的寄生菌。真菌为海洋环境中的严重致病菌，虽然很多可被培养，且可能是新型次级代谢产物的资源，但尚未作为天然产物产生菌而广泛研究。

第三节　海洋微生物活性物质

人们对海洋微生物的研究起步还是比较早的，但从海洋微生物中发现大量生物活性物质的研究则是在20世纪90年代以后的事，海洋微生物作为生命科学基础研究的工具则还要更晚一些。最早与最著名的例子为已被广泛应用于临床的头孢菌素C。有趣的是，青霉素类是人类发现的第一类抗生素，它来源于陆地真菌，而之后发现的头孢菌素类是从海洋真菌分离得到的。到目前为止，就海洋微生物活性物质的研究从功能活性上主要分为抗生素类、抑制肿瘤类、毒素类、酶类、酶抑制剂类等。海洋微生物作为活性物质的新来源，正日益被国内外海洋研究工作者重视。目前，研究者已经从海洋放线菌、细菌、真菌等微生物体内分离到多种具有较强生物活性的物质，并着手于这些物质的工业化生产。

一、毒素

目前，许多海洋毒素已得到分离纯化。由于海洋毒素毒性比较大，真正应用到临床医药上的尚不多。但实验结果揭示海洋毒素具有广阔的开发价值与应用前景。过去人们从海藻和海洋动物体内提取的相当一部分毒素的真正"制造者"为海洋微生物，如河鲀毒素、石房蛤毒素、岩沙海葵毒素等（见第二章第四节）。此外，日本凤螺（*Babylonia japonica*）消化管中的棒状杆菌是新骏河毒素的来源。

二、抗生素与抗病毒、抗肿瘤物质

1. 抗生素

很多海洋微生物可以产生抗生素，这样的微生物如链霉菌属、交替单胞菌属、假单胞菌属、黄杆菌属（*Flavobacterium*）、微球菌属（*Micrococcus*）、着色菌属（*Chromatium*）、马杜拉放线菌属（*Actinomadura*）及许多未定菌。已报道的抗生素涵盖酯类、吡咯、糖苷、小肽类与醌类，有些种类从未在陆生菌中见过。日本研究者发现大约27%的海洋微生物具有抗菌活性，还检测了海洋微生物对大肠杆菌、金黄色葡萄球菌、念珠菌等8种细菌与真菌的抑制作用，结果发现，海洋微生物中某些放线菌、细菌、真菌都具有不同程度的抑菌性。土霉素原是一种由陆地微生物——龟裂链霉菌（*S. rimosus*）分泌产生的抗生素，如今从海洋底泥的微生物中也可以分离出。氨基糖苷类抗生素——依他霉素（Istamycin）是从海泥中分离的链霉菌（*S. tenjimariensis*）所产生的，该抗生素具有强烈抑制革兰阳性菌和阴性菌的作用。从海洋含溴假单胞菌（*P. bromotilis*）中分离到硝吡咯菌素（Pyrrolnitrin）。福建海洋研究所从福建沿海底泥中分离到一株海洋放线菌——鲁特格斯链霉菌鼓浪屿亚种（*S. rutgersensis* ssp. *gulangyunensis*），能够产生抗菌谱广、毒性低的抗菌物质Minobiosamine与肌醇胺霉素等，对绿脓杆菌与一些耐药性革兰阴性菌具有较强的抑制活性，另一株嗜碱性放线菌能产生一种典型的氨基苷类抗生素。红树植物是一类生长在海岸潮间带的高等植物，在已发现的近500种海洋真菌中，有1/3是从红树林中分离到的。从红树林底泥的放线菌中获得的抗生素，对鱼类病原菌有一定的抗菌作用。厦门大学生物系在研究红树林根际微生物时，从中分离得到多株产生新型抗生素的放线菌。

海洋动植物体内含有多种以共生或者寄生方式生活的微生物。海参、海鞘体内的微生物有20%~50%可产生具有细菌毒性与杀菌活性的化合物。据估计，海绵中的共生微生物约占海绵体积的40%，可从中获取多种生物活性物质。从海绵体内分离出的一株弧菌能产生一种新型的吲哚三聚体抗生素。从海绵（*Stylotella agminata*）分离的水溶性六环二胍抗生素帕劳胺（Palauamine）对链球菌、杆菌的作用显著。从贻贝组织匀浆液中分离到木霉属真菌，能产生有抗菌活性的多肽类物质Peptaibol。

2. 抗病毒与抗肿瘤物质

海洋微生物产生的抗肿瘤、抗病毒物质也得到了广泛深入的研究。从海洋细菌中分离出一种大环内酯类化合物——Macrolactin，具有抗菌、抗病毒和抗癌功能。日本从海藻中分离到一株湿润黄杆菌（*Flavobacterium uliginosum*），能产生对小鼠肉瘤细胞S-180有显著抑制作用的胞外多糖——Marinactan，其作用机制主要是激活巨噬细胞。从日本3 000多米深海底泥分离的*Alteromonas haloplanktis*，在含有沙丁鱼粉与鱿鱼粉的海水培养基中产生活性物质——一种离子载体类产物（Bisucaberin），该产物在很小剂量（10 μg/mL）下，与纤维肉瘤等肿瘤细胞一起培养时，溶瘤功能显著。盐屋链霉菌（*S. sioyaensis*）可以产生抗肿瘤抗生素Altemidin。另外，美国马里兰大学发现，海绵中存在复杂的微生物群落，海绵中的抗癌物质是由其中共生或者共栖的细菌所产生，从这些细菌中可以分离出抗鼻咽癌、白血病的活性成分。从海鱼胃的内容物分离的吸水链霉菌（*S. hygroscopicus*）中提取到抗癌成分Halichomycin，从海藻中分离的小球腔菌（*Leptosphaeria* sp.）得到6种抗肿瘤成分。除此之外，Alteramide、Octalactin、Cuprolactam、Quinazline、o-bionin等都是从海洋细菌与真菌体内分离得到的具有抗病毒或抗肿瘤活性的物质。

三、海洋微生物酶

海洋微生物酶的开发与利用是实现海洋资源高值化的关键技术之一。海洋微生物的遗传结构与生理习性随海洋生态环境的复杂变化而发生适应性的改变，从而产生出具有独特生物活性的酶系。利用从海洋微生物中分离提取的多糖降解酶对海洋生物多糖进行降解，得到具有新型生物活性的低聚糖组分，并逐渐发展海洋多糖降解酶和酶解产物的工业化生产，将会有效地推动海洋多糖活性物质的开发与利用，从而产生巨大的经济效益与社会效益。

（一）几丁质酶

几丁质是广泛分布于自然界的生物多聚物。几丁质及壳聚糖经水解后得到的寡糖具有多种生理功能，如促进肠道有益微生物的生长、改善肠道微生物区系、降低血液胆固醇含量、增强机体免疫功能等。所以，几丁质与壳聚糖的降解特别是酶法降解成为近期人们关注的热点。酶法降解包括专一性酶解法与非专一性酶解法，其中，专一性酶解法是指利用从真菌、细菌和某些动植物体内提取的几丁质酶或壳聚糖酶对底物进行专一性降解。

在海洋中，因为有些生物在生长过程中进行规律性的蜕壳，产生大量的几丁质，为几丁质降解微生物的生长繁殖提供了丰富的碳源与能源。到目前为止，已发现多种微生物能产生几丁质酶与壳聚糖酶：细菌，如黏细菌、生孢噬纤维菌属（*Sporocytophaga*）、芽孢杆菌属、弧菌属、肠杆菌属（*Enterobacter*）、克雷伯氏菌属（*Klebsiella*）、假单胞菌属（*Pseudomonas*）、沙雷氏菌（*Serratia*）、色杆菌属（*Chromobacterium*）、梭菌属（*Clostridium*）、黄杆菌属等；放线菌，如节杆菌属（*Arthrobacter*）、链霉菌属等；真菌，如曲霉属（*Aspergillus*）、青霉属（*Penicillium*）、根霉属（*Rhizopus*）等。

（二）海藻解壁酶

微生物产生的海藻解壁酶种类繁多，主要有琼脂酶、褐藻胶降解酶、葡聚糖降解酶、岩藻多糖降解酶等。

1. 琼脂酶

琼脂为一种亲水性红藻多糖，包括琼脂糖和琼脂胶2种组分。琼脂分解形成的低聚糖产物可作为功能食品与药品的原料或者添加剂，琼脂寡糖也应用于日用化工领域，日本利用琼脂寡糖作为添加剂生产的化妆品，对皮肤具有良好的保湿效果，对头发也有很好的调理作用。琼脂酶可以从微生物和一些软体动物中分离得到，如黑指纹海兔（*Aplysia dactylomela*）、鲍（*Haliotis tuberculata coccinea*）、条纹滨螺（*Littorina striata*）、冠海胆（*Diadema antillarum*）等。琼胶酶主要存在于海洋细菌中，这些细菌可分为2类：一类菌软化琼脂，在菌落周围出现凹陷；另一类菌则剧烈地液化琼脂。自1902年Gran第一次从海水中分离得到琼脂分解细菌——琼胶假单胞菌（*P. galatica*）以来，人们已经从海洋环境中分离到多种琼脂分解细菌，包括芽孢杆菌属、噬细胞菌属（*Cytophaga*）、交替单胞菌属、假交替单胞菌属（*Pseudoalteromonas*）、弧菌属和链霉菌属等。

2. 褐藻胶降解酶

褐藻胶存在于海带等褐藻细胞间质中。褐藻胶降解酶可水解甘露糖醛酸与古罗糖醛酸残基间的1,4糖苷键，其主要来源是海洋中的微生物与食藻的海洋软体动物如鲍鱼等。褐藻胶降解酶产生菌包括多食黄杆菌（*Flavobacterium multivorum*）、弧菌、维氏固氮菌（*Azotobacter vinelandii*）、褐藻胶假单胞菌（*P. alginovora*）、铜绿假单胞菌（*P. aeruginosa*）、产气克雷伯氏菌（*Klebsiella aerogenes*）、肺炎克雷伯氏菌（*K. pnermoniae*）、阴沟肠杆菌（*Enterobacter cloacae*）、芽孢杆菌、交替单胞菌等。

多年的科研与实践证明，褐藻多糖具有多种生物活性与重要的应用价值，褐藻多糖酶解得到的低分子片段在医疗保健等方面有多种功效。相对分子质量小于1 000的褐藻胶寡糖可作为人表皮角质化细胞的激活剂，聚合度为1~9的寡聚甘露糖醛酸与古罗糖醛酸可用于制作无机盐吸收促进剂。而且，人们还发现褐藻胶寡糖对植物的生长具有促进作用，在化工行业也有一定的应用价值。

3. 葡聚糖降解酶

日本研究学者从东京湾海泥中分离到一株环状芽孢杆菌（*Bacillus circulans*），在常规培养基中不生长，适当稀释培养基后，菌株才可以生长并且产生一种新的葡聚糖降解酶，该酶作用于葡聚糖的α–1,3键与α–1,6键，在溶解牙齿上链球菌产生的不溶性葡聚糖方面具有一定的应用价值。

4. 岩藻多糖降解酶

从海洋弧菌中检测到岩藻多糖降解酶——岩藻多糖酶与岩藻多糖硫酸酯酶。岩藻多糖酶的产生比较快速，而岩藻多糖硫酸酯酶的产生较慢，二者对温度、pH的稳定性较为相似。

（三）碱性酶类

1. 碱性蛋白酶

海洋船蛆的Deshayes腺体内的共生细菌可产生碱性蛋白酶，该酶具有比较强的去污活性，在50℃可加倍增强磷酸盐洗涤剂的去污效果，在工业清洗方面有一定的应用前景。

2. 碱性磷酸酶

碱性磷酸酶在交替单胞菌等多种海洋细菌中被检测到，并且获得了分离与纯化。从贻贝*Crenomytilus grayanus*体液中分离到一株革兰氏阴性海洋细菌，能产生高活性的胞内碱性磷酸酶，其活力达到15 000 U/mg。

（四）氧化酶类

1. SOD

海洋蓝细菌（蓝藻）可能是最早拥有SOD的微生物，Fe-SOD首先从2种蓝细菌（*Plectonema boryanum*和1种螺旋藻）和2种发光杆菌属海洋细菌（*Photobacterium sepia*和*P. leiognathi*）中提取获得。

2. 过氧化物酶

乌贼体内共生的发光细菌*Vibrio fischeri*能产生过氧化物酶，该酶和哺乳动物嗜中性粒细胞产生的具有抗菌活性的髓过氧化物酶（MPO）具有相似的生化特性。

另外，噬细胞菌属海洋细菌*Cytophaga marinoflava*可以产生葡萄糖脱氢酶，在高盐度下能够参与反应。海洋耐冷细菌*Alteromonas* sp.可以产生专一性强、活性高的色氨酸合成酶。从海洋嗜冷细菌可提取和纯化热不稳定性尿嘧啶-DNA糖基化酶。从马尾藻（*Sargassum* sp.）中分离的芽孢杆菌*Bacillus* sp.能够产生天冬酰胺酶。海洋共生弧菌*Vibrio fischeri*可以产生环核苷酸磷酸二酯酶。古洛糖醛酸降解酶、溶菌酶、*β-N-*乙酰氨基葡萄糖苷酶等各种酶类在海洋细菌中均有所发现。

四、酶抑制剂

专一性蛋白酶抑制剂在临床治疗中有重要作用。微囊菌属海洋真菌*Microascus longirostris*产生的次级代谢产物能有效抑制半胱氨酸蛋白酶。Cathestatin是海洋细菌产生的一种热稳定性的组织蛋白酶抑制剂，在治疗关节炎方面具有一定的应用价值。Dioctatin是一种从放线菌分离的新型物质，可抑制二肽酰氨基肽酶，有望用于治疗关节炎等疾病。在海洋假单胞菌中，也发现一种新型的几丁质酶抑制剂。

五、EPA和DHA

EPA与DHA是具有重要应用价值的不饱和脂肪酸。从海鱼中提取的DHA与EPA有特殊的臭味，且提取成本高。许多海洋细菌可以产生DHA与EPA，所以从海洋细菌中获取EPA与DHA具有广泛的应用前景。从太平洋鲐鱼中分离到的一株海洋细菌中，EPA含量占总脂的24%~40%，占细胞干重的2%。荚膜红假单胞菌可以产生EPA与DHA，真菌中也可获得EPA与DHA。长孢被孢霉（*Mortierella elongata*）、终极腐霉（*Pythium ultimum*）、樟疫霉（*Phytophthora cinnamomi*）、畸雌腐霉（*Pythium irregulare*）、高山被孢霉（*Mortierella alpina*）、水霉（*Saprolegnia*）等均可提取EPA，在破囊壶菌中也获得了DHA。

六、其他

类胡萝卜素在医药、食品添加剂与化妆品等方面具有巨大的应用价值。从闽南海泥中分离到嗜盐杆菌属细菌，并且从中提取到β-胡萝卜素。从海绵中分离到黄杆菌属细菌，能产生一种橙色色素Myxol。从假单胞菌的发酵产物中提取到红色素——灵菌红素。从海洋真菌*Cirrenalia pygmea*中分离到黑色素Melanin。

生物塑料是目前的热门话题之一，在多种陆生细菌与海洋细菌体内均有产生，具有无毒、防水、易降解和生物相容性等优点，在医药、环保等方面具有广泛的应用前景。

能够把光信号转换为电信号的细菌视紫红质由嗜盐细菌产生，可用于制作新型计算机的生物芯片及生物传感器等。利用海洋趋磁细菌产生超高密度的磁性记录材料的研究也已开展。从海洋细菌中发现有胞内或者胞外磁晶体。

另外，从海洋微生物中还可分离提取到各种多糖、维生素等活性物质。

综上所述，海洋微生物能产生多种生物活性物质，并且在加工、生产、产品性质等方面有着其他生物不可比拟的优越性，具有极为广阔的开发前景。

课后训练

一、讨论思考题

（1）简述海洋微生物的多样性和特性。

（2）海洋微生物有哪些种类？

（3）海洋微生物的活性物质有哪些？

（4）列举5种海洋微生物酶，简述其功能活性。

二、案例分析题

日本早稻田大学栗原研究室以分子生物学手段让细菌生产EPA和DHA，深入研究一株南极海水嗜冷菌合成EPA的机制，通过细菌的基因改造大幅度提高PUFA的产量和纯度，有益于PUFA的生产和纯化，为工业生产奠定基础。

问题：

（1）海洋微生物在功能食品生产中的应用价值如何？

（2）还有哪些将海洋微生物资源用于功能食品生产的例子？

知识拓展

工业海洋微生物生产技术

工业海洋微生物生产技术具有高效、低能耗、原料成本低、清洁生产的特点，已经成为海洋生物资源可持续利用的关键技术，作为重要原料来源广泛应用于生物医药、食品、精细化工、能源、农业、渔业和环保等领域，作为清洁高效生产技术在生物酶催化反应、工业发酵生产、生物采油与生态修复等领域得以应用。

研究人员发现，丰富的海洋微生物是药物开发的绝佳宝库。美国曾提出"药物来自海洋"的口号，"蓝色药物"逐渐受到各国重视。目前，约20种海洋天然产物来源的药物已上市或者处于临床研究阶段。而来源于海洋真菌的头孢菌素C经开发利用，逐渐成为常用药的合成衍生物，这些头孢菌素类药物先后获得美国或者欧洲药监部门批准。

海洋微生物不仅能作为药物用于医治人类的疾病，还可以作为生物农药与生物肥料等服务于农林渔业。目前，来源于海洋真菌的农用抗生素成为热点，已经有一部分产品在农业生产上应用。

海洋微生物杀虫剂毒性小，对人畜安全；残留低，对环境污染小；对有害靶标特异性强，不易杀伤有益生物，有利于生态平衡。微生物肥料不仅能提高农作物植株抗寒、抗旱能力，而且还可减轻病虫害，减少化肥使用量。

海洋微生物能推动清洁生产技术发展。海洋真菌可分泌在低温下具有高催化活性的木聚糖酶，安全无害，产酶条件下不产生真菌毒素等有害物质，可有效改善造纸行业能耗巨大、污染严重的现状。木聚糖酶可应用于生物制浆、纸浆漂白、废纸二次纤维回收、废纸脱墨处理与纸张表面处理。经木聚糖酶改性过后的漂白麦草浆能提高浆纸的断裂长度，增加浆纸的耐破度等。将木聚糖酶应用在废纸脱墨中的效果要优于化学法脱墨，能够降低环境污染，实现绿色造纸，顺应可持续发展的趋势。

此外，海洋微生物还可以用于环境净化和修复。海洋微生物由于自身的代谢多样性、较高的繁殖速度与遗传变异性，酶系统可以很快地适应外界环境的变化，因此能够在各种不同的自然环境中生长，具有生物转化或者降解污染物的巨大潜力，成为海洋污染环境生物修复的主要力量。

模块三

海洋食品的保健功能及评价

第六章 功能食品的评价

本章重点和学习目标：

（1）掌握食品安全毒理学评价的4个阶段。

（2）熟悉毒理学评价的内容及评价结果的判定。

（3）熟悉影响毒理学评价的因素。

（4）熟悉食品功能学评价的基本要求及人体试食试验的规程。

导入案例：

修订发布9类保健食品的功能评价方法

为了贯彻落实《中华人民共和国食品安全法》及实施条例，对保健食品实行严格监管与准入管理，切实提高准入门槛，国家食品药品监督管理总局修订并发布了抗氧化、辅助降血糖、缓解视疲劳、辅助降血脂、促进排铅、改善缺铁性贫血、减肥、清咽、对胃黏膜有辅助保护功能9类保健食品的功能评价方法。新发布的功能评价方法主要完善了动物试验模型，细化了人体试食试验受试人群要求，优化了试验方法等，提高了判断标准，从而进一步保证了方法的可操作性与科学性。从2012年5月1日起，保健食品注册检验机构对申请的保健食品进行注册检验，应当按照新修订的功能评价方法来执行。国家食品药品监督管理总局还将陆续修订与发布其他保健食品的功能评价方法。

从2009年2月以来，为进一步加强监督管理功能食品，国家食品药品监督管理总局从保障功能食品质量安全的高度，组织开展了提高功能食品功能评价方法的工作。先后组织召开了企业、专家研讨会，邀请了公共卫生与预防医学、食品科学与工程、临床医学、药学、中医学、中药学等相关领域的专家，以及部分国内具有代表性的功能食品生产企业与有关研发企业参加，深入研究并反复论证了功能食品的功能评价方法、相关指标、判断标准的科学性与可操作性等方面。在此基础上，选择具有较高研究水平的功能食品注册检验机构，进行了功能评价方法的验证提高工作，并且面向社会广泛征求意见。经过国家食品药品监督管理总局保健食品安全专家委员会的审核，国家食品药品监督管理总局修订发布了抗氧化等9类保健食品的功能评价方法。

问题：

（1）功能（保健）食品的功能性评价主要包括哪些方面？

（2）为什么功能食品的评价要进行动物试验和人体试食试验？

◀ 教学内容 ▶

第一节　食品毒理学评价

功能食品的评价对功能食品的生产、销售与食用具有重要意义。功能食品的评价包括毒理学评价、功能学评价与卫生学评价。卫生学评价报告和普通食品的相同，所以，对功能食品的毒理学评价与功能学评价成为对功能食品评价的关键内容。评价方法涉及病理学、生物学、实验动物学、微生物学、解剖学、统计学、生物化学等多学科的知识。

毒理学评价是对功能食品进行功能学评价的前提，首先必须保证功能食品或者其功效成分的食用安全性。原则上必须完成《食品安全性毒理学评价程序和方法》（GB 15193—2014）中规定的第一、二阶段的毒理学试验，必要时应进行更为深入的毒理学试验。但是以普通食品原料和/或药食两用品做原料的功能食品，可以不做毒理学试验。

一、毒理学评价的四个阶段

1. 第一阶段

急性毒性试验，测定经口LD_{50}。

2. 第二阶段

遗传毒性试验、传统致畸试验和短期喂养试验。遗传毒性试验必须考虑原核细胞和真核细胞、生殖细胞与体细胞、体内试验和体外试验相结合的原则。

（1）细菌致突变试验：鼠伤寒沙门氏菌/哺乳动物微粒体酶试验（Ames试验）为首选项目，必要时可另选和加选其他实验。

（2）小鼠骨髓细胞微核率：骨髓细胞染色体畸变分析。

（3）小鼠精子畸形分析和睾丸染色体畸变分析。

（4）其他备选遗传毒性试验：V79/HGPRT基因突变试验、显性致死试验、果蝇伴性隐性致死试验、程序外DNA修复合成（UDS）试验。

（5）传统致畸试验。

（6）短期喂养试验：3 d喂养试验。如受试物需进行第三、四阶段毒性试验，可不进行本实验。

3. 第三阶段

亚慢性毒性试验（90 d喂养试验）、繁殖试验和代谢试验。

4. 第四阶段

慢性毒性试验和致癌试验。

凡属我国创新的物质，一般要求进行4个阶段的试验。特别是对其中化学结构提示有慢性毒性、遗传毒性、致癌性的，或产量大、适用范围广的，必须进行4个阶段的试验。

凡属已知物质（只经过安全性评级并允许使用）、化学结构基本相同的衍生物或类似物，根据第一、二、三阶段的毒性试验结果，判断是否需进行第四阶段的试验。

凡属已知的化学物质且WHO已公布每日允许摄入量（ADI）的，同时又有资料表明我国产品的质量和国外产品的一致，可先进行第一、二阶段试验。若试验结果与国外产品的结果一致，一般不要求进行进一步的试验，否则应进行第三阶段的试验。

对于功能食品的功效成分，凡毒理学资料比较完整、且WHO已公布或不需规定ADI的，要求进行急性毒性试验和致突变试验，首选Ames试验或小鼠骨髓细胞微核试验。

凡有国际组织或国家批准使用，但WHO未公布ADI或资料不完整的，在进行第一、二阶段试验后做初步评价，决定是否需进行进一步的试验。

对于高纯度的添加剂和由天然物质制取的单一成分，凡属新品种的需先进行第一、二、三阶段的试验，凡属国外已批准使用的，则进行第一、二阶段试验，初步评价后决定是否需要进一步的试验。

二、毒理学评价的主要内容

1. 急性毒性试验

测定LD$_{50}$，了解受试物的毒性强弱、性质和可能的靶器官，为进一步毒性试验剂量的确定和毒性判定指标的选择提供依据。

2. 遗传毒性试验

对受试物的遗传毒性以及是否具有潜在致癌作用进行检测。

3. 致畸作用

了解受试物对动物的胚胎和幼体是否具有致畸作用。

4. 短期喂养试验

只需进行第一、二阶段毒性试验的受试物，在急性毒性试验的基础上，通过30 d喂养试验，进一步了解其毒性作用，并可初步估计最大无作用剂量。

5. 亚慢性毒性试验（90 d喂养试验）与繁殖试验

观察受试物以不同剂量经较长期的喂养后，对动物的毒性作用性质和靶器官，并初步确定最大无作用剂量，了解受试物对动物繁殖及对子代的致畸作用，为慢性毒性和致癌试验的剂量选择提供依据。

6. 代谢试验

了解受试物在体内的吸收、分布、排泄速度以及蓄积性，寻找可能的靶器官，为选择慢性毒性试验的合适动物种系提供依据，了解有无毒性代谢产物的形成。

7. 慢性毒性试验（包括致癌试验）

了解经长期接触受试物后出现的毒性作用，尤其是进行性或不可逆的毒性作用，以及致癌作用，最后确定最大无作用剂量，为受试物能否应用于食品的最终评价提供依据。

三、毒理学评价的结果判定

1. 急性毒性试验

如LD_{50}剂量小于人可能摄入量的10倍，则放弃将该受试物用于食物，不再继续其他毒理学试验；如大于10倍，可进入下一阶段毒理学试验。凡LD_{50}在人可能摄入量的10倍左右时，应进行重复试验，或用另一种方法进行验证。

2. 遗传毒性试验

根据受试物的化学结构、物理化学性质以及对遗传物质的作用不同，兼顾体外试验和体内试验、体细胞和生殖细胞的原则，在第二阶段毒性试验（1）~（3）中所列的遗传毒性试验中选择4项，根据以下原则对结果进行判断：

（1）如果其中3项试验为阳性，表明该受试物很可能具有遗传毒性作用和致癌作用，一般应放弃将该受试物应用在食品中，不需进行其他项目的毒理学试验。

（2）如果其中2项试验为阳性，而且短期喂养试验显示该受试物具有显著的毒性作用，一般应放弃将该受试物用于食品。如短期喂养试验显示有可疑毒性作用，则经初步评价后，根据受试物的重要性和可能的摄入量等，综合权衡利弊再做出决定。

（3）如果其中1项试验为阳性，则再选择第二阶段毒性试验（4）中的2项遗传毒性试验。如再选的2项试验均为阳性，则无论短期喂养试验和传统致畸试验是否显示有毒性与致畸作用，均应放弃将该受试物用于食品；如有1项为阳性，而在短期喂养试验和传统致畸试验中未见有明显毒性与致畸作用，则可进入第三阶段毒性试验。

（4）如果4项试验均为阴性，则可进入第三阶段毒性试验。

3. 短期喂养试验

在只要求进行第一、二阶段毒性试验时，若短期喂养未发现有明显毒性作用，综合其他各项试验即可做出初步评价。若试验中发现有明显毒性作用，尤其是有剂量-反应关系时，则考虑进行进一步的毒性试验。

4. 90 d喂养试验、繁殖试验、传统致畸试验

根据这3项试验中所采用的最敏感指标所得的最大无作用剂量进行评价。如果最大无作用剂量小于或等于人的可能摄入量的100倍，表示毒性较强，应放弃将该受试物用于食品；如果最大无作用剂量大于100倍而小于300倍者，经安全性评价后，再决定该受试物可否用于食品；如果最大无作用剂量大于或等于300倍者，则不必进行慢性毒性试验，可进行安全性评价。

四、毒理学评价的影响因素

1. 特殊人群的可能摄入量和人体资料

除一般人群的摄入量外，还应考虑特殊人群，如儿童、孕妇及高摄入量人群。由于动物与人之间存在差异，在将动物实验结果推论到人体时，应尽可能收集各类人群接触受试物后反应的资料，如职业性接触和意外事故接触等。志愿受试者的代谢资料对于动物实验结果推论到人具有重要意义。在确保安全的条件下，可以考虑按照有关规定，进行必要的人体试食试验。

2. 动物毒性试验和体外试验资料

所列的各项动物毒性试验和体外实验，虽然仍有待完善，却是目前水平下所得到的最重要资料，也是进行评价的主要依据。在试验得到阳性结果且结果的判定涉及受试物能否应用于食品时，需要考虑结果的重复性和剂量-反应关系。

3. 结果的推论

由动物毒性试验结果推论到人时，鉴于动物或人的物种和个体之间的生物特性差异，一般采用安全系数的方法，以确保对人的安全性。安全系数通常为100倍，但可根据受试物的理化性质、毒性大小、代谢特点、接触的人群范围、在食品中的使用量及适用范围等因素，综合考虑增大或减小安全系数。

4. 代谢实验的资料

代谢研究是对化学物质进行毒理学评价的一个重要方面，因为化学物质的种类、剂量和在代谢方面的差别往往对毒性作用影响很大。在毒性试验中，原则上应尽量使用与人具有相同代谢途径和模式的动物种系。研究受试物在实验动物和人体内吸收、分布、排泄和生物转化方面的差别，对于将动物试验结果比较正确地推论到人体具有重要意义。

5. 综合评价

在进行最后的评价时，必须在受试物可能对人体健康造成的危害以及其可能的有益作用之间进行权衡。评价的依据不仅是科学试验资料，而且与当时的科学水平、技术条件以及社会因素有关。因此，随着时间的推移，很可能结论也不同。随着科学技术的进步和研究工作的进展，对已通过评价的化学物质需重新评价，做出新的结论。

对于已在食品中应用了相当长时间的物质，对接触人群进行流行病学调查具有重大意义，但往往难以获得剂量-反应关系方面的可靠资料；对于新的受试物质，则只能依靠动物试验和其他试验的研究资料。然而，由于人的个体差异，即使有了完整和详尽的动物试验资料和一部分人群的流行病学研究资料，也很难做出能保证每个人都安全的评价。所谓绝对的安全，实际上是不存在的。

因此，进行最终评价时应全面权衡和考虑实际可能，从确保发挥该受试物的最大效益以及对人体健康和环境造成最小危害的前提下做出结论。

第二节　食品功能学评价

食品功能学评价是对功能食品的保健功能进行动物和/或人体试验加以评价。功能食品所宣称的生理功效必须是明确而肯定的，经得起科学方法的验证，同时具有重现性。

一、主题内容和适用范围

食品功能学评价程序和检验方法规定了评价食品保健作用的统一程序和检验方法。本程序和检验方法适用于评价由国家食品药品监督管理总局批准的27种保健食品功能。本程序和检验方法规定了评价食品保健作用的人体试食试验规程。

二、功能学评价的基本要求

1. 对受试物的要求

（1）提供受试物的物理、化学性质，包括化学结构、纯度、稳定性等有关资料。

（2）受试物必须是规格化的产品，即符合既定的生产工艺、配方及质量标准。

（3）提供受试物安全性毒理学评价的资料，受试物必须是已接受食品安全性毒理学评价并被确认为安全的物质。

2. 对试验动物的要求

（1）根据各种试验的具体要求，合理选择实验动物。常用大鼠和小鼠，品系不限，推荐使用近交系动物。

（2）动物的性别不限，可根据试验要求进行选择。对动物数量的要求为小鼠每组至少10只（单一性别），大鼠每组至少8只（单一性别）。动物的年龄可根据具体试验要求而定。

（3）动物应达到二级试验动物的要求。

3. 受试物的给样剂量及时间

（1）各种试验至少应设3个剂量组、1个对照组，必要时可设阳性对照组。剂量选择应合理，尽可能找出最低有效剂量。3个剂量组中的一个剂量应相当于人推荐摄入量的5~10倍。

（2）受试物的给样时间应根据具体试验而定，原则上至少1个月。

三、人体试食试验规程

1. 对功能食品的要求

（1）受试样品必须符合食品功能学评价程序受试样品的要求，并就其来源、组成、加工工艺和卫生条件等提供详细说明。

（2）提供与试食试验同批次受试样品的卫生学检测报告，检测结果应符合有关卫生标准的要求。

（3）受试样品必须已被动物实验证实具有需验证的某种特定的保健功能。对照物可以用安慰剂，也可以用已证明保健功能作用的阳性物。

（4）原则上人体试食试验应在动物功能学实验有效的前提下进行。

（5）人体试食试验受试样品必须是经过动物毒理学安全性评价并确认为安全的食品。

2. 试验前的准备

（1）拟定计划方案及进度，组织有关专家进行论证，并经伦理委员会批准。

（2）根据试食试验设计要求、受试样品的性质、期限等，选择一定数量的受试者。试食试验报告中试食组和对照组的有效例数不少于50例，且试验的脱离率一般不得超过20%。

（3）开始试验前要根据受试样品性质，估计试用后人体可能产生的反应，并提出相应的处理措施。

3. 对受试者的要求

（1）选择受试者必须严格遵照自愿的原则，根据所需判定功能的要求进行选择。

（2）确定受试者后要进行谈话，使受试者充分了解试食试验的目的、内容、安排及有关事项，解答受试者提出的与试验有关的问题，消除可能产生的疑惑。

（3）受试者必须有明确的病史，以排除可能干扰试验目的的各种因素。

（4）受试者应填写参加试验的知情同意书，并接受知情同意书上的陈述："我已获得有关试食试验食物的功能及安全性等有关资料，并了解了试验目的、要求和安排，自愿参加试验，遵守试验的要求和纪律，积极主动配合，如实反映试验过程中的反应，逐日记录活动和生理的重要事件，接受规定的检查。"受试者和主要研究者在知情同意书上签字。受试者填写知情同意后应经试食试验负责单位批准。

（5）试食试验期限原则上不得少于30 d（特殊情况除外），必要时可以适当延长。

4. 对试验实施者的要求

（1）以人道主义态度对待受试者，以保障受试者的健康为前提。

（2）进行人体试食试验的单位应是卫计委认定的功能食品功能学检验机构。如需进行与医院共同实施的人体试食试验，功能学检验机构必须选择三级甲等医院。

（3）与主要研究者取得密切联系，指导受试者的日常活动，监督检查受试者遵守试验有关规定。

（4）在受试者身上采集各种生物样品应详细记录采集样品的种类、数量、次数、采集方法和采集日期。

（5）负责人体试食试验的主要研究者应具有副高级职称。

5. 试验观察指标的确定

根据受试样品的性质和作用确定观察的指标，一般应包括：

（1）在被确定为受试者之前，志愿者应接受系统的常规体检（包括心电图、胸透和腹部B超检查），试验结束后根据情况决定是否重复心电图、胸透和腹部B超检查。

（2）在受试期间应取得下列资料：主观感觉（体力和精神），进食状况，生理指标（血压、心率等），症状和体征，常规的血液学指标（血红蛋白、红细胞和白细胞计数，必要时做白细胞分类），生化指标（转氨酶、血清蛋白质、白蛋白/球蛋白比值、尿素、肌酐、血脂、血糖等），功效性指标（即与保健作用有关的指标，如抗氧化功能、减肥功能等）。

（3）给受试者以适当的物质奖励或经济补偿。

四、功能学评价需要考虑的因素

（1）人的可能摄入量。除一般人群的摄入量外，还应考虑特殊人群（如儿童、孕妇及高摄入量人群）的摄入量。

（2）人体资料。由于动物与人之间存在差异，在将动物实验结果推论到人时，应尽可能收集各类人群服用受试样品后的相应资料。若体外或体内动物实验未观察到或不易观察到食品的保健作用，或观察到不同效应，而有大量资料提示对人有保健作用时，在保证安全的前提下，应进行必要的人体试食试验。

（3）在将本程序所列实验的阳性结果用于评价食品的保健作用时，应考虑结果的重现性和剂量-反应关系，并由此找出食品的最小有作用剂量。

（4）食品保健作用的检测及评价应由卫计委认定的功能食品功能学检验机构承担。

五、功能学评价试验的设计原则和结果判定

根据《保健食品检验与评价技术规范》（2003年版）的规定，保健食品的功能种类如表6.1所示。这里介绍保健食品的功能学评价原则和结果判定方法。

表6.1 我国保健食品的功能种类

1. 增强免疫力功能 ●	2. 辅助降脂功能 ●◆
3. 辅助降糖功能 ●◆	4. 抗氧化功能 ●◆
5. 辅助改善记忆力功能 ●◆	6. 缓解视疲劳功能 ◆
7. 促进排铅功能 ●◆	8. 清咽功能 ●◆
9. 辅助降血压功能 ●◆	10. 改善睡眠功能 ●
11. 促进泌乳功能 ●◆	12. 缓解体力疲劳功能 ●◆
13. 提高缺氧耐受力功能 ●◆	14. 对辐射危害有辅助保护功能 ●
15. 减肥功能 ●◆	16. 改善生长发育功能 ●◆
17. 增加骨密度功能 ●◆	18. 改善营养性贫血功能 ●◆
19. 对化学肝损伤有辅助保护功能 ●	20. 祛痤疮功能 ◆
21. 祛黄褐斑功能 ◆	22. 改善皮肤水分功能 ◆
23. 改善皮肤油分功能 ◆	24. 调节肠道菌群功能 ●◆
25. 促进消化功能 ●◆	26. 通便功能 ●◆
27. 对胃黏膜有辅助保护作用 ●◆	

注：● 动物试验　◆ 人体试验

（一）试验设计的原则及方法

试验设计的意义在于能用比较经济的人力、物力和时间得到较为可靠的结果，准

确地估计误差并控制误差，还可使多种试验因素包括在很少的试验之中，达到高效的目的。通常按对照、重复和随机的原则，采用单因素、多因素、序贯等方法进行试验设计，先进行动物试验，再进行人体试食试验，利用统计学方法进行分析。

动物试验是功能学评价的重要工作，常用的实验动物有大鼠、小鼠、豚鼠、金地鼠、狗、家兔、猕猴等。大多数受试物（功能食品或功能因子）可以混入饲料中让动物自行摄取，有些受试物（特别是微量的功能成分）可采用注射或灌胃的办法给样。

要求选择一组能够全面反映本项功能性作用的试验。例如，增强免疫力功能食品的免疫功能试验，细胞免疫功能、体液免疫功能和单核巨噬细胞功能3个方面至少各选择1种试验。在确保安全的前提下，尽可能进行人体试食试验。

（二）结果判定

受试动物或人在食用该项功能食品后，功能性检验指标与对照组有明显差异，而其他一般性健康指标（非功能性检测指标）没有不利于受试生物健康的变化，证明该功能食品具有该项功能，而且具有食用安全性。

六、几种主要功能食品的功能学评价原则及结果判定

（一）增强免疫力功能食品

1. 试验项目（动物试验）

（1）脏器/体重比值：胸腺/体重比值、脾脏/体重比值。

（2）细胞免疫功能测定：小鼠脾淋巴细胞转化试验、迟发型变态反应。

（3）体液免疫功能测定：抗体生成细胞检测、血清溶血素测定。

（4）单核巨噬细胞功能测定：小鼠碳廓清试验、小鼠腹腔巨噬细胞吞噬鸡红细胞试验。

（5）NK细胞活性测定。

2. 试验原则

要求选择一组能够全面反映免疫系统各方面功能的试验，其中细胞免疫功能、体液免疫功能和单核巨噬细胞功能3个方面至少各选择1种试验。在确保安全的前提下，尽可能进行人体试食试验。

3. 结果判定

在一组试验中，受试样品对免疫系统某方面的试验具有增强作用，而对其他试验无抑制作用，可以判定该受试样品具有该方面的免疫调节作用；对任何一项免疫试验具有抑制作用，可判定该受试样品具有免疫抑制作用。

在细胞免疫功能、体液免疫功能、单核巨噬细胞功能及NK细胞功能检测中，如有2个或2个以上功能检测结果为阳性，即可判定该受试样品具有免疫调节作用。

（二）减肥功能食品

1. 减肥原则

（1）减除体内多余的脂肪，而不单纯以体重减轻为标准，要观察脂肪减少的程度。

（2）每日营养物质的摄入量应基本保证机体正常生命活动的需要。不要过分节食以增加减肥速度，因为急剧减少饮食量所降低的体重除脂肪外，大部分是水分和肌肉，实际上脂肪的消耗速度是缓慢的。

（3）对健康无损害，无不良反应（如厌食、胃肠功能紊乱、体力下降、头晕、腹泻、脱发等）。

2. 试验项目

（1）营养性动物肥胖模型法：① 体重测定；② 体内脂肪重量（全身或腹腔内、生殖器及肾周围）测定；③ 脂肪细胞数目及大小测定；④ 血脂（血清甘油三酯及总胆固醇）测定。

（2）人体试食试验：① 体重测定；② 体内脂肪百分率测定或皮脂厚度测定；③ 血脂（血清甘油三酯及总胆固醇）测定。

3. 试验原则

在进行减肥试验时，除以上试验项目必测外，还应进行机体营养状况的检测（如血红蛋白、白蛋白、球蛋白等）、运动耐力的测试以及不良反应的观察（如厌食、胃肠功能紊乱、腹泻等）。人体试食试验为必做项目。动物试验与人体试验相结合，综合进行评价。还应增加兴奋剂检测。

4. 结果判定

在动物试验4个指标中，有2个或2个以上指标阳性（其中1个指标应是体内脂肪重量），并且无不良影响，即可初步判定该受试样品具有减肥作用。

在人体试验中，体内脂肪量显著减少，且对机体健康无损害，可判定该受试样品具有减肥作用。

（三）辅助降脂功能食品

1. 试验项目

（1）大鼠脂代谢紊乱模型：① 血清总胆固醇（TC）含量测定；② 血清总甘油三酯（TG）含量测定；③ HDLC含量测定；④ 血清LDLC含量测定；⑤ 动脉硬化指数TC-HDLC/HDLC、LDLC/HDLC测定；⑥ 卵磷脂胆固醇酰基转移酶（LCAT）活性测定。

（2）人体试食试验：① TC含量测定；② TG含量测定；③ HDLC含量测定；④ LDLC含量测定；⑤ 动脉硬化指数TC-HDLC/HDLC、LDLC/HDLC测定；⑥ LCAT活性测定。

2. 试验原则

动物试验与人体试食试验相结合综合进行评价。人体试食试验应加测一般性健康指标，如血常规、肝功能和肾功能等。

3. 结果判定

采用大鼠脂代谢紊乱模型法，结果为阳性时，可初步判定该受试样品具有调节血脂作用。采用人体试食试验法，结果为阳性时，可判定该受试样品对高脂血症人具有调节血脂作用。

TC含量和TG含量中任意一项为阳性并且有2个以上剂量同时阳性，只能判定对该指标阳性。

（四）辅助降糖功能食品

1. 试验项目

（1）动物试验：① 高血糖模型动物的空腹血糖值、糖耐量试验；② 选用正常动物进行降糖试验，以排除受试样品对胰岛素分泌的刺激作用。

（2）人体试食试验：① 糖耐量试验；② 空腹血糖值；③ 胰岛素测定；④ 尿糖测定。

2. 试验原则

常用四氧嘧啶（40～80 mg/kg）建立高血糖动物模型，进行动物试验。

人体试食试验为必做项目，原则上应在动物试验有效的前提下进行。如动物试验无效，而大量有关资料显示对人有效，则可在确保安全的前提下进行人体试验。最终结果判定，以人体试验为准。

人体试食试验应加测一般健康指标，如血常规、肝功能、肾功能。人体试食试验选用Ⅱ型糖尿病患者，试验期间常规治疗不停药。

3. 结果判定

动物试验中空腹血糖值和糖耐量试验有一项为阳性，人体试食试验的糖耐量试验和空腹血糖值2项指标中一项为阳性，且胰岛素不升高，即可判定该受试样品具有调节血糖作用。

人体空腹血糖下降2 mmol/L或30%为显著有效，下降1 mmol/L或10%以上为有效。动物与人体试验结果不一致时，以人体试验结果为准。

（五）延缓衰老功能食品

1. 试验项目

（1）动物试验：① 生存试验（小鼠生存试验、大鼠生存试验、果蝇生存试验）；② 过氧化脂质含量测定（血或组织中过氧化脂质降解产物MDA含量测定、组织中脂褐素含量测定）；③ 抗氧化酶活力测定（血或组织中SOD活力测定、血或组织中GSH-Px活力测定）。

（2）人体试食试验：① 血中过氧化脂质降解产物MDA含量测定；② 血中SOD活力测定；③ 血中GSH-Px活力测定。

2. 试验原则

衰老机制比较复杂，迄今尚无一种公认的衰老机制学说，因而无单一、简便、实用的衰老指标可供应用，应采用尽可能多的试验方法，以保证试验结果的可信性。

动物试验除上述生存试验、过氧化脂质含量测定、抗氧化酶活力测定3个方面各选一项必做外，还可选择一些指标，如脑、肝组织单胺氧化酶（MAO-B）活力测定等加以辅助。

生存试验是最直观、最可靠的试验方法。果蝇具有生存期短、繁殖快、饲养简便等优点，通常多选果蝇做生存试验，但果蝇种系分类地位与人类较远，故必须辅助过氧化脂质含量测定及抗氧化酶活力测定，才能判断受试样品是否具有延缓衰老作用。

生化指标测定应选用老龄鼠，除设老龄对照外，最好同时增设少龄对照组，以比较受试样品抗氧化的程度。必要时，可将动物试验与人体试食试验相结合综合评价。

3. 结果判定

若大鼠或小鼠生存试验为阳性，即可判定该受试样品具有较强延缓衰老的作用。

若果蝇生存试验、过氧化脂质含量测定和抗氧化酶活力测定3项指标均为阳性，即可判定该受试样品具有延缓衰老的作用。

若过氧化脂质含量测定和抗氧化酶活力测定2项指标均为阳性，可判定该受试样品具有抗氧化作用，并提示可能具有延缓衰老作用。

（六）缓解体力疲劳功能食品

1. 试验项目（动物试验）

（1）负重游泳试验。

（2）爬杆试验。

（3）血乳酸。

（4）血清尿素氮。

（5）肝糖原、肌糖原测定。

2. 试验原则

运动试验与生化指标检测相结合。在进行游泳或爬杆试验前，动物应进行初筛。生化指标在运动前、运动停止当时和停止30 min后测定。除以上生化指标外，还可检测血糖、乳酸脱氢酶（LDH）、血红蛋白以及磷酸肌酸等指标，还应增加兴奋剂检测。

3. 结果判定

若1项或1项以上运动试验和2项或2项以上（含2项）生化指标为阳性，即可判断该受试样品具有抗疲劳作用。

（七）改善胃肠道功能的功能食品

改善胃肠道功能的功能食品又可分为以下4种：

促进消化吸收

1. 试验项目

（1）动物试验：动物体重及食物利用率测定、胃肠运动试验、消化酶活力测定、小肠吸收试验。

（2）人体试食试验：① 主要针对改善儿童食欲不佳的功能食品可以选择食欲、食量、体重、血红蛋白等指标；② 主要针对消化吸收不良的功能食品可以选择食欲、食量、胃胀腹胀感、大便性状、大便次数、胃肠运动及小肠吸收等指标。

2. 结果判定

（1）动物试验：胃肠运动、消化酶的检测以及小肠吸收试验中至少有1项指标为阳性。

（2）人体试食试验为必做项目。针对改善儿童食欲的，应重点观察食欲、食量的改善情况，体重、血红蛋白作为辅助指标。针对消化吸收不良的，除胃胀腹胀、大便性状异常等消化不良的症状体征有明显改善外，在胃肠运动及小肠吸收试验中至少有1项试验结果阳性。符合以上要求的，可以判定受试样品具有促进消化吸收作用。

调节肠道菌群

1. 试验项目

（1）动物试验：双歧杆菌、乳杆菌、肠球菌、肠杆菌、产气荚膜梭菌。

（2）人体试食试验：双歧杆菌、乳杆菌、肠球菌、肠杆菌、拟杆菌、产气荚膜梭菌。

2. 结果判定

（1）动物试验：① 双歧杆菌或乳杆菌明显增加，产气荚膜梭菌减少或无明显变化，肠球菌、肠杆菌无明显变化；② 双歧杆菌或乳杆菌明显增加，产气荚膜梭菌减少或无明显变化，肠球菌和/或肠杆菌明显增加，但增加的幅度低于双歧杆菌、乳杆菌增加的幅度。符合以上2项要求之一的，可以判定受试物具有改善动物肠道菌群的作用。

（2）人体试食试验为必做项目：① 双歧杆菌或乳杆菌明显增加，产气荚膜梭菌减少或无明显变化，肠球菌、肠杆菌、拟杆菌无明显变化；② 双歧杆菌或乳杆菌明显增加，产气荚膜梭菌减少或无明显变化，肠球菌和/或肠杆菌、拟杆菌明显增加，但增加的幅度低于双歧杆菌、乳杆菌增加的幅度。符合以上2项要求之一的，可以判定受试样品具有改善肠道菌群的作用。

通便

1. 试验项目

（1）动物试验：小肠运动试验、排便时间、粪便重量或粒数、水分、性状。

（2）人体试食试验。

2. 结果判定

粪便重量或粒数明显增加，小肠运动试验或排便时间有1项结果为阳性，可判定受试样品具有润肠通便作用。

对胃黏膜有辅助保护功能

1. 试验项目

（1）动物试验：胃黏膜损伤状况（黏膜损伤的面积、溃疡面积和体积）的观察。

（2）人体试食试验：胃黏膜损伤的症状、体征、X线、钡餐或胃镜检查。

2. 结果判定

动物试验结果有明显保护作用，人体试食试验胃部症状、体征有明显改善，胃黏膜状况有好转，可判定受试样品具有保护胃黏膜作用。人体试食试验为必做项目。

（八）辅助改善记忆力功能食品

1. 试验项目

（1）动物试验：① 跳台试验；② 避暗试验；③ 穿梭箱试验；④ 水迷宫试验。

（2）人体试食试验：① 韦氏记忆量表；② 临床记忆量表。

2. 试验原则

（1）应通过在训练前、训练后及重测验前3个时间点给予受试样品的方法，观察对记忆全过程（记忆的获得、记忆巩固、记忆再现）的影响。

（2）应采用一组（2种以上）行为学试验方法，以保证试验结果的可靠性。

（3）人体试食试验为必做项目，并应在动物试验有效的前提下进行。试验对象可以是婴幼儿、儿童、智力障碍者、成人或老年人。

（4）除上述试验项目外，还可选用嗅觉厌恶试验、味觉厌恶试验、操作式条件反射试验、连续强化程序试验、比率程序试验、间隔程序试验。

3. 结果判定

动物试验2项或2项以上的指标为阳性，且2次或2次以上的重复测试结果一致，可以认为该受试样品具有改善该类动物记忆作用。若人体试食试验结果为阳性，则可认为该受试样品具有改善人体记忆作用。

（九）辅助降血压功能食品

1. 试验项目

（1）动物试验：测血压。

（2）人体试食试验：测血压和观察临床症状。

2. 试验原则

（1）动物试验和人体试食试验所有项目必测，人体可加测一般性健康指标。

（2）动物试验可用高血压模型和正常动物，人体试食试验可在治疗基础上进行。

3. 结果判定

动物试验血压明显下降，人体试食试验血压明显下降、症状改善，可判定受试样品具有调节血压的作用。人体试验为必做项目。

有效：舒张压下降1.3～2.5 kPa（10～19 mmHg），收缩压下降4 kPa（30 mmHg）以上。

显效：舒张压恢复正常或下降2.7 kPa（20 mmHg）以上。

（十）改善睡眠功能食品

1. 试验项目

动物试验：睡眠时间、睡眠发生率、自主活动。

2. 结果判定

3项指标中2项指标为阳性，可判定受试样品具有改善睡眠作用。

课后训练

一、讨论思考题

（1）简述功能食品毒理学评价试验的4个阶段。

（2）试述功能食品毒理学评价的内容及结果判定方法。

（3）简述影响功能食品毒理学评价的因素。

（4）简述食品功能学评价对受试物和受试动物的要求。

（5）简述食品功能学评价对受试者的要求。

二、案例分析题

某功能食品公司研制出一种新的牡蛎多糖类功能食品，该公司需要做相关食品功能学评价。

问题：

1. 该公司在做食品功能学评价前要准备好哪些资料？

2. 该公司要做食品功能学评价应该找什么机构？

3. 食品功能学评价步骤是怎样的？

◆知识拓展

乌贼墨的新用途

乌贼的名称是如何来的？宋代周密在《癸辛杂识续集》中叙述了乌贼之名的来历：有一个狡猾的人向别人借钱，用乌贼墨写下借据，并且久拖不还。这种墨初写时很新鲜，但半年后就淡然无字。如果债主半年后催还，借债人便索要借据，就会发现借据已经褪为白纸，无以为凭，借债人就可赖账不还了。于是人们把乌贼墨看作是帮坏人行骗的工具，遂骂为乌贼。乌贼得"贼"名实际上有点冤枉。实际上，乌贼墨是吲哚醌与蛋白的结合物，时间长了会被氧化，因此用它写字自然会消失。

乌贼肚子里的墨汁是保护自己的一种武器。平时乌贼浮在大海中，专以小鱼虾为食。若有凶猛的捕食者向它扑来，乌贼就立即从墨囊里喷出一股墨汁，把周围的海水染黑。这股墨汁状如烟雾，并且有时烟雾的形状很像乌贼本身，非常容易迷惑捕食者，于是乌贼就在这黑色的烟幕里溜之大吉。乌贼的这种墨汁还含有毒素，可以用来麻痹捕食者，让它们失去嗅觉与辨别方向的能力。因为乌贼蓄积一囊墨汁需要相当长的时间，所以乌贼不到万分危急之时，是不肯轻易释放墨汁的。

乌贼浑身是宝，在美国有"穷人的鲍鱼"之称。乌贼的墨囊为一种贵重的药材，墨汁经加工后不仅可作为印刷用的油墨，还可制成止血药，能治功能性出血。1990年，日本青森县的科学家发现乌贼墨汁中含有抗癌物质，纯化后可使60%的患癌小鼠恢复健康，可能是因为乌贼墨激活了肿瘤附近的巨噬细胞。

不仅如此，现在乌贼墨又有了全新的应用——把它吃下去。在日本，以乌贼墨为材料制成的拉面、面包、意大利面条、沙司等食品相继上市，已经形成乌贼墨食品热。首先推出的乌贼墨食品是黑色的乌贼墨面包，据说三越百货商店的东京日本桥店每天限定出售80只这种面包，但有时排队购买者多达百人以上。此外，日本还陆续推出了掺有乌贼墨的腊肠和凉粉等新品种。乌贼墨看上去黑漆漆的，但由于其具有较高的营养价值，所以非常受注重健康的消费者的欢迎。乌贼墨具有抑制癌症的功能，这也在一定程度上提高了乌贼墨食品的魅力。现在，用乌贼墨染黑的米饭在意大利与西班牙非常普遍，在美国也很受欢迎。

第七章　海洋食品的保健功能

本章重点和学习目标：

（1）掌握疲劳、免疫、衰老、糖尿病、高血脂、高血压、肿瘤和肥胖的概念。

（2）了解各种功能食品的评价方法。

（3）熟悉海洋食品的各种保健功能。

导入案例：

多吃鱼可以降血脂

随着生活水平的提高，"富贵病"变得越来越普遍，不少人都得了高血脂。是不是有高血脂就不能吃富含脂肪的荤食了？其实不然，许多鱼类中所含的脂肪，不但不会使血脂升高，反而还是降低血脂的"能手"。例如，鲅鱼含较多脂肪，但是用来喂养小鼠，反而能够降低小鼠的血脂。

北极的因纽特人终年都是以动物性的食物为主食的，却很少患有心脑血管疾病，血脂的水平也不是很高。但是因纽特人在移居到美国之后，患心脑血管疾病的概率就会向当地的人看齐。原来，因纽特人常吃的鱼油具有降血脂功能。海产品中含有大量的不饱和脂肪酸，能够降低血脂。

海洋动物的脂肪含有丰富的 $\omega-3$ 不饱和脂肪酸，特别是寒带与深海鱼类。鱼油的 $\omega-3$ 不饱和脂肪酸含量比植物油高 $1\sim4$ 倍。血液中的脂质不是单独地存在，必须和一种蛋白结合，这种蛋白称为脂蛋白。脂蛋白包括HDL与LDL等。HDL将脂质运输到肝脏进行分解代谢；LDL则将脂质运输到全身各个组织贮存。多吃鱼油可使血液中HDL含量增高，LDL含量下降。多吃鱼对高脂血症患者非常有利。

问题：

（1）根据以上案例，深海鱼油有哪些功效？

（2）根据以上案例，你对海洋食品的保健功能有什么认识？

教学内容

第一节　延缓衰老作用

一、生命的衰老进程

（一）自然寿命与期望寿命

自然寿命指的是如果没有环境的干涉（如被其他动物伤害、患病、意外死亡等情况），生物能够生存的时间。有人认为不同动物的自然寿命和其组织的氧耗量成反比，和体重成正比，即生物的氧代谢越快，寿命越短。例如，昆虫的生物氧代谢很快，体重较小，所以寿命较短。但也有不少例外，大象与河马都比人大，其生物代谢也比人低，但大象的自然寿命只有70年，河马50年，而人却有120年。

期望寿命是指在整个国家人口统计中死亡的平均年龄加上标准差。随着经济的不断发展、人们生活水平的不断提高及对自身健康关心程度的增加，衰老的进程将会大大延缓。

大多数人是达不到自然寿命的，除去意外死亡和急性传染病外，衰老与由于衰老而引起的各种慢性疾病是老年人死亡的主要原因。通过合理的营养与保健来延缓衰老，从而提高人类的寿命是完全可能的，而且潜力很大。

（二）衰老与抗衰老的定义

衰老是指生物体在生命的后期阶段所进行的多方面、全身性、循序渐进的退化过程，或者说，是生物体（包括植物、动物和人类）在其生命过程中，当其生长发育达到成熟期以后，随着年龄的增长而在形态结构和生理功能方面出现的一系列进行性、慢性、退化性的变化。这些变化对生物体带来不利的影响，导致生物体储备能力、适应能力日趋下降。衰老又可理解为机体的老年期变化。

衰老的内涵包括4个方面：一是指机体进入成熟期以后所发生的变化；二是指各细胞、组织、器官的衰老速度不尽一致，但都呈现慢性、退行性改变；三是指这些变化都直接或者间接地对机体带来诸多不利的影响；四是指衰老是进行性的，即随着年龄增大，程度日益严重，是不可逆变化。

从理论角度讲，衰老可分为生理性衰老与病理性衰老。前者指机体至成熟期以后由于非疾病性因素所致的衰老现象，后者则是指各种疾病性因素所致的衰老现象。这两者的区别在于机体是否患有疾病。但是在实际生活中，这2种衰老往往同时存在，互相影响，很难严格区分。

抗衰老是衰老的反义词，实际上是推迟衰老或者延缓衰老的习惯说法。因为衰老是不以人类意志为转移的生物学法则，阻止衰老进程是不可能实现的幻想。但是，减缓衰老的速度而使衰老缓慢地进行，让人类活到大自然所赋予的最高寿命，则是可能达到的。

（三）影响衰老的因素

有众多因素影响着机体的衰老，但有很多与衰老因素相关的生理学过程至今还没有被充分了解。目前已知的影响衰老的因素有重要组织、细胞的损失，残余物在细胞、组织中的积累，胶原蛋白的硬化，非再生物的损失，自由基引起的损伤，神经组织的退化，细胞、组织对激素的敏感度降低，辐射损伤，组织劳损，染色体断裂，等等。

二、衰老的机制

目前对衰老机制的研究，大体可分为宏观研究与微观研究。宏观研究重点探索衰老过程中人体形态结构、生理功能、能量代谢的变化等。微观研究主要揭示衰老细胞的亚显微结构变化和分子水平的变化等。

（一）主要的衰老学说

近半个世纪以来，国际上就衰老机制的探索而提出的主要学说或假说大致分为以下4种类型：

（1）一般性衰老学说。这类学说认为，生物体因遭受随机损伤而使细胞或组织崩溃，最终导致衰老。

（2）遗传程序学说。这类学说认为，衰老是按遗传程序预先安排好的，即衰老是有序的基因活动，是特异的"衰老基因"表达，或可用基因耗竭的结果。

（3）生物大分子代谢学说。这类学说认为，衰老是随机发生的、无计划的一系列紊乱所引起的，即衰老是细胞器进行性与累积性毁坏的结果，或是大分子（如酶等蛋白质）信息的误差导致产生不正常的大分子，从而引起机体衰老。

（4）综合性衰老学说。这类学说认为，衰老是由于生物体细胞外环境与内环境的综合变化引起功能失调产生的。

（二）衰老机制的近代观点

机体衰老的变化不仅表现为生理功能衰退、细胞结构与形态改变，还表现为因组织、器官退化而引起老年性疾病。无论是生理性还是病理性的改变，均由细胞或分子水平的缺陷起主导决定作用。为此，近年来从细胞和分子水平提出了导致衰老的假说，以大量的试验依据阐明衰老发生的机制，如基因控制论、神经免疫网络论、糖皮质激素受体论、线粒体DNA突变论等。

三、衰老的自由基学说

衰老的自由基学说是Denham Harman于1956年提出的，认为衰老过程中的退行性变化是由细胞正常代谢过程中产生的自由基的损害作用造成的。

在正常情况下，人体内的自由基处于不断产生与清除的动态平衡之中，自由基的浓度很低，不仅不会损伤机体，还显示出独特的生理作用。但是自由基产生过多或者清除过慢，会对生物体产生一系列损害，加速机体的衰老过程并且诱发各种疾病。所以，自由基在生理、病理过程中的作用逐渐引起有关学者的关注。

（一）自由基的危害

自由基极其活泼，化学反应性非常强，能参与一系列的连锁反应，引起细胞生物膜上的脂质过氧化，造成细胞损伤，还会损害其他生物大分子，如DNA、RNA、蛋白质、糖类等。机制较复杂，主要有以下4方面：

1. 自由基对脂类与细胞膜的破坏

细胞膜与细胞器膜都是以双分子层的磷脂为骨架的，非常容易受到自由基的攻击而发生脂质过氧化反应，进而膜的不饱和脂肪酸减少，膜结构遭到破坏，流动性、离子转运和屏障功能受损。脂质过氧化还可导致溶酶体酶的释放、线粒体膨胀、酶的失活等危害。红细胞膜发生脂质过氧化则可致溶血。微粒体脂质过氧化作用后会导致多聚核糖体的解聚及蛋白质合成的受阻。脂质过氧化物进一步分解产生醛类，特别是MDA，可作为交联剂和一些蛋白质、脑磷脂、核酸等反应，使分子进行交联聚合。细胞膜的损害则会引起细胞结构、功能的改变，是许多疾病的病理基础，从而可导致许多病变。

2. 自由基对蛋白质的损害

自由基既可以直接作用于蛋白质，也可以通过脂肪酸间接作用于蛋白质，使蛋白质的结构发生变化，引起细胞功能紊乱。例如，老年人皮肤起皱、骨骼变脆等都和胶原蛋白结构遭到破坏及功能改变有关。

酶的化学本质是蛋白质，所以很多自由基或自由基的反应产物往往也可以影响酶的活性。脂质过氧化、电离辐射或其他产生自由基的反应可通过多种途径影响酶的活性：通过自由基链反应，使酶分子发生聚合；通过脂质过氧化物中的MDA使酶分子发生交联，通过破坏酶分子中氨基酸以及和酶分子中的金属离子反应来影响酶活性，等等。

3. 自由基对核酸与染色体的损害

自由基可和碱基发生反应，生成碱基自由基，或在DNA的脱氧核糖部分形成自由基，最终使碱基破坏、缺失，DNA链断裂，破坏核酸分子的完整性与构型，改变遗传信息，使生物体发生突变或者产生病变。严重损伤的DNA无法修复，导致细胞死亡。辐射作用于核酸环境中的水分子，使其电解产生·OH和超氧自由基（·O_2^-），辐射可使碱基降解、DNA主链断裂、氢键受破坏。

自由基对DNA的破坏可导致染色体变异，化学物质与电离辐射也可使受损细胞的染色体断裂，此作用和·O_2^-与·OH有关。

4. 自由基对糖分子的损害

自由基可使组成核酸的核糖、脱氧核糖生成脱氢自由基，破坏DNA主链或者碱基；自由基可使细胞膜中的糖分子羟基化，破坏细胞膜上的多糖结构，影响细胞功能的发挥；自由基还可以通过氧化降解破坏多糖，影响组织功能，例如，脑组织中的多糖遭到破坏就会影响大脑的正常功能。

蛋白质、脂质、糖类、核酸是组成生物体的基本且重要的化合物，这些物质一旦受损，生命活动将受到威胁。自由基对生物体的危害就在于能破坏这些生物大分子，使细胞受损，机体患病，如肿瘤、糖尿病、动脉粥样硬化、感染、胃肠道功能失调、免疫失调等。

（二）自由基加速人体衰老

随着年龄的增长，人体不能维持自由基产生与清除之间的动态平衡，使得大量过剩的自由基积累。过多的自由基可引起细胞膜脂质过氧化，脂质过氧化的产物MDA造成细胞内核酸变性和功能障碍，当这些损害物积累时机体就向老化发展。脂褐素在人的脸部、手的皮肤上沉积，形成老年斑，是衰老的基本特征。脂褐素的形成涉及脂质过氧化，并与生成的脂质过氧化物-蛋白质共聚物、MDA促进蛋白质等生物大分子交联有关。

和自由基有关的线粒体DNA损伤、缺失以及线粒体内能量消耗的不断累积，又引起线粒体自由基的积累，导致线粒体功能的缺失，加速机体的衰老过程。

此外，胶原蛋白的交联度增加也与衰老有关，胶原蛋白的溶解度随年龄的增加而降低，造成交联度增加，胶原蛋白积聚变性引起器官功能的衰退，进而引起整体功能衰退，表现为皮肤起皱、粗糙、硬化、脂溶性角化，眼晶状体的物理性状改变，骨骼变脆，等等。

四、清除自由基的海洋生物活性物质

在植物、动物与微生物中不断有抗氧化活性物质被发现，天然或合成的抗氧化活性物质不断被开发。这些物质主要通过阻断自由基产生、清除自由基或将已形成的自由基逆转为原来的生物大分子而体现活性。

近年来，随着海洋生物研究的深入与开发技术的提高，不断从海洋生物中发现一些具有抗氧化活性的化合物。海洋药物研究的重要目标之一就是从海洋生物中寻找新的天然抗氧化活性物质和新的抗衰老药物。海洋生物抗氧化物质可以通过各种途径清除内源性与外源性自由基，具有种类多、抗氧化作用强、结构复杂、副作用低等特点。

（一）糖及其衍生物

多糖是构成生物体的一类十分重要的有机物，是生命的物质基础，在控制细胞分裂、调节细胞生长和维持有机体正常代谢等方面具有重要作用。同时，多糖也是一类重要的海洋生物活性物质，从各种海洋生物中分离的多糖，其来源可分为海洋植物多糖、海洋动物多糖、海洋微生物多糖。主要有几丁质及其衍生物、螺旋藻多糖、鼠尾藻多糖、紫球藻胞外多糖、铜藻多糖、硫酸多糖类，海洋多糖具有明显清除自由基的功能。

（二）维生素、类胡萝卜素

1.维生素E

维生素E是聚异戊二烯取代的6-羟基苯并二氢吡喃衍生物，在苯环上有一个酚羟基，为活性基团，能够释放其羟基上的活泼氢并且捕获自由基，从而阻断自由基的链式反应。而且，维生素E是一种细胞内抗氧化剂，对氧十分敏感，极易被氧化而保护其他物质不被氧化。鱼类含有较多的维生素E。常见的天然维生素E的提取方法有尿素络合法、超临界二氧化碳萃取法，目前在医疗、食品、化妆品等方面已有广泛的应用。

2. 类胡萝卜素

类胡萝卜素是胡萝卜素和叶黄素两大类色素的总称。类胡萝卜素分子结构中含有多个共轭双键，这种特殊的结构赋予它淬灭单线态氧的能力，可以和自由基起反应，形成无害的产物，或者通过破坏自由基链反应，将自由基清除。在植物中类胡萝卜素可以清除活性氧而使植物免遭强太阳光的灼伤。在动物体内的类胡萝卜素可以捕获自由基，从而保护动物细胞免遭自由基的破坏。虾青素是类胡萝卜素的一种，为一种较强的天然抗氧化剂。虾青素的抗氧化能力强，是维生素E的550倍、β-胡萝卜素的10倍。

3. 维生素C

维生素C也是体内一种重要的抗氧化剂。因为维生素C能够可逆地加氢或者脱氢，故维生素C在体内的很多氧化还原反应中有重要作用：很多酶的活性基团为巯基，维生素C能维持巯基处于还原状态而保持酶的活性；维生素C可使氧化型谷胱甘肽转变为还原型谷胱甘肽，还原机体代谢产生的H_2O_2；维生素C还可保护维生素A、E和某些B族维生素免受氧化。所以谷胱甘肽与维生素C同时应用，能够提高功效。

（三）氨基酸、肽与蛋白质

1. 牛磺酸

牛磺酸是由半胱氨酸转化而来的一类含硫氨基酸，它具有多种生理功能，如清除氧自由基、维持细胞内外渗透压平衡、抗脂质过氧化损伤、保持膜稳定、调节细胞钙稳态。海洋生物含有丰富的牛磺酸，国内外已将牛磺酸用在老年保健方面，如抗动脉粥样硬化、抗衰老、抗心律失常及改善充血性心力衰竭等，并且已将牛磺酸应用到儿童保健食品中。

2. 谷胱甘肽

鱼肉中含有对人类代谢非常重要的谷胱甘肽。谷胱甘肽主要存在于细胞内，为细胞内重要的水溶性抗氧化剂，是防止细胞损伤的重要活性物质。它能够清除人体内的自由基，净化人体内环境，促进人的身心健康。因为还原型谷胱甘肽本身易受某些物质氧化，因此它在体内能保护蛋白质等分子中的巯基不被自由基等有害物质氧化，从而使蛋白质等分子发挥生理功能。人体红细胞中谷胱甘肽的含量足够多，这对保护红细胞膜上蛋白质的巯基处于还原状态，防止溶血具有重要作用，并且还可以保护血红蛋白不受自由基、H_2O_2等氧化，维持其正常输送氧的能力。在H_2O_2等氧化剂的作用下，红细胞中部分血红蛋白的二价铁能被氧化为三价铁，使血红蛋白转变为高铁血红蛋白，从而失去了携带氧的能力。还原型谷胱甘肽既能够直接与H_2O_2等氧化剂结合，生成水与氧化型谷胱甘肽，又能够将高铁血红蛋白还原为血红蛋白。

目前，已人工研制开发出了谷胱甘肽药物，广泛应用于临床。除利用其巯基以缓解氟化物、重金属、芥子气等毒素中毒外，还用在溶血性疾病、肝炎、角膜炎、白内障与视网膜疾病等，作为辅助治疗的药物。

3. 扇贝多肽

扇贝多肽是从栉孔扇贝分离纯化后得到的相对分子质量在800～1 000之间的多肽，

能够增强细胞内抗氧化酶活性，阻止脂质过氧化反应，具有抗氧化功能。

4. 铜蓝蛋白

铜蓝蛋白（Ceruloplasmin）是重要的细胞外液抗氧化物质，它是含铜蛋白，有运输铜的功能。其抗氧化作用主要防止过渡金属离子Fe^{2+}与Cu^{2+}催化H_2O_2形成·OH，通过转变Fe^{2+}为Fe^{3+}来消除Fenton反应，从而阻止脂质过氧化反应，并且，它还能直接去除·O_2^-，特别是当细胞外液·O_2^-浓度较高时，表现出类似SOD的作用以清除·O_2^-。以过渡金属离子催化H_2O_2产生·OH为模型，以脱氧核糖分解产生硫代巴比妥酸（Thiobarbituric Acid，TBA）反应物为指标，铜蓝蛋白对·OH生成有显著的抑制作用。

5. 金属硫蛋白

金属硫蛋白（Metallothionein，MT）是在真核生物胞质中发现的蛋白质，相对分子质量为$6\,500 \times 10^3$，该蛋白还原型半胱氨酸含量较高，具有较强的抗氧化作用，所含的大量巯基是单线态氧与·OH的有效清除剂。金属硫蛋白清除·OH的能力与它的分子结构直接相关，巯基含量高则清除·OH的能力较强。金属硫蛋白能清除缺血再灌注损伤产生的自由基，还能保护细胞膜免受自由基的损伤。

6. SOD

SOD是含有金属元素的一类蛋白质，其中Cu-SOD、Zn-SOD、Mn-SOD、Fe-SOD的作用较重要。SOD能使·O_2^-发生歧化反应，生成H_2O_2与氧，为有效的自由基清除剂，能针对氧毒害反应为机体提供保护。海洋生物中富含SOD，用化学发光法已在多种海藻、软体动物、环节动物、棘皮动物、节肢动物、鱼类等海洋生物中检测到了SOD活性。

（四）PUFA

二十碳四烯酸（AA）、EPA及DHA等海洋生物不饱和脂肪酸容易被氧化，并且可增强肝、脑组织中SOD活性而发挥抗氧化作用。尤其是EPA与DHA，对人体的意义重大。

（五）海藻多酚类物质

目前已在海藻中发现数种多酚类物质。研究表明，褐藻多酚与红藻多酚都有抗氧化活性。海藻多酚类物质的抗氧化作用表现在：① 去除·O_2^-与·OH；② 拮抗H_2O_2的过氧化作用；③ 促进SOD与过氧化氢酶（Catalase，CAT）的活性。从海蒿子与鼠尾藻2种褐藻中提取的高相对分子质量褐藻多酚具有较强的抗氧化活性，为一类潜在的海洋生物天然抗氧化剂。

（六）硒和含硒化合物

硒为GSH-Px的辅基，是保持该酶活性必不可少的。硒化合物既可清除脂质过氧化自由基中间产物，也可以修复机体抗氧化防御体系。

（七）其他物质

海洋生物中存在的其他抗氧化活性物质主要有翅碱蓬提取物、贻贝多活素、多肽、辅酶Q、磷脂、巯基化合物（如谷胱甘肽、谷胱氨酸）、肝素、皮质类固醇、多巴、脱氢表雄酮、雌三醇、雌二醇、内酯、尿酸、胆甾烯等。对其中部分物质已经进行了深入研究，但还有一些物质的结构尚不清楚，只是进行了抗氧化功能的初步研究。

五、延缓衰老功能食品的评价

（一）试验原则

1. 常用试验类别及其可行性

对有延缓衰老作用的功能食品的功能检测，理论上应以食用该产品的人群寿命为检测指标，但除了搜集一些流行病学资料外，实际上是不大可能直接对寿命做定量检测的。因此常用动物试验方法。大动物寿命过长，也难于实施。用哺乳类小动物如大鼠或小鼠，有必要、有条件时是可用的，但试验期也要1～2年，仍有许多不便。现在，人们用果蝇（*Drosophila*）进行试验，在延缓衰老试验中常用黑腹果蝇（*Drosophila melanogaster*）等。但果蝇毕竟只是昆虫，在生物学特征与代谢方式上与人类相差较大，因此在用果蝇做生存期观察的同时，应辅以哺乳动物过氧化试验。如前所述，如果某种功能食品能遏制动物机体过氧化，其延缓衰老的功能就有较大可信性；如果同时能在人体做抗氧化功能测定，则结果的可信程度就更高了。

2. 试验类型

对延缓衰老的功能食品的功效评价，可进行动物试验和人体试食试验。

（1）动物试验：① 生存试验，包括小鼠生存试验、大鼠生存试验、果蝇生存试验；② 过氧化脂质含量测定，包括血（或组织）中过氧化脂质降解产物MDA含量测定、组织中脂褐素含量测定；③ 抗氧化酶活力测定，包括血（或组织）中SOD活力测定、血（或组织）中GSH-Px活力测定。

（2）人体试食实验：① 血中过氧化脂质降解产物MDA含量测定；② 血中SOD活力测定；③ 血中GSH-Px活力测定。

在一般的研究中，常常采用动物试验，必做项目为生存试验和过氧化脂质含量测定中任选一项，同时做抗氧化酶活力测定，可能时应多选择一些指标，如脑、肝组织中MAO-B活力测定等加以辅助。但动物毕竟与人还有较大的差距，因此，有条件的话还应做人体试食试验，必要时可将动物试验与人体试食试验相结合，综合评价。

（二）试验方法

1. 生存试验（寿命试验）

一切抗衰老措施的根本目的在于尽可能地延长寿命。所以，动物的生存试验非常受重视，其结果与其他抗衰老试验相比更具有说服力。生存试验是通过观察、统计生物的平均寿命（Mean Life Span）与最高寿命（Maximum Life Span）和生成的生存曲线来研究生物衰老规律与抗衰老措施的效果。

对于人类，因为遗传及环境因素对寿命的影响机制是十分复杂的，所以分别比较各种因素是困难的。在动物试验中，大多采用寿命较短的动物的遗传近交系，把环境因素固定下来，只是改变单一影响因素，这样探讨各种因素对寿命的影响较为方便。以哺乳动物作为对象的生存试验常用大鼠、小鼠与豚鼠等。但由于哺乳动物寿命较长（一般为2～3年），所以，还可选用寿命更短的家蝇、果蝇、轮虫、家蚕、四膜虫、鹌鹑等。除动物外，真菌和体外培养的细胞也可用于寿命实验。由于衰老过程是个普遍现象，使用生命周期短暂的生物，既可获得纯的品系，又可缩短试验周期，很多结果和哺乳动物模型具有一致性，因此有较大的参考价值。

（1）果蝇生存试验。选取未交配的、大小相近的果蝇，雌雄分养于一定温度和湿度的暗温箱中，不同组给予不同剂量的受试样品，以基础饲料作为对照，每天定时3次统计果蝇存活数、死亡数，直至果蝇全部死亡。对各组的平均体重、半数死亡时间、最高寿命、平均寿命等指标进行统计分析。如果任一剂量组、任一性别的平均寿命和/或最高寿命显著长于对照组，而未出现任何剂量组或性别显著低于对照组的结果，即可判定受试样品对果蝇有延缓衰老功能。同时，与果蝇生存试验的同一受试样品，还必须取得对哺乳动物（小鼠或大鼠）抗氧化功能的阳性结果，方可判定其对人有延缓衰老的功能。

（2）哺乳动物生存试验。哺乳动物生存试验的结果相比于果蝇生存试验的结果，可信度会高一些，但试验期较长，对试验条件的要求也较严格。

选择试验动物时，理论上当然任何哺乳动物均可，但从实际可行性上考虑，以大鼠或小鼠更适用。尤其是为缩短试验期，较多使用中年（12月龄）以上的大鼠或小鼠。随机分组，每组雌雄各半。

一般将动物分3个剂量组（高、中、低）及1个对照组。以灌胃、饮食或饮水的方式给各组相应剂量的受试样品，对照组食用基础饲料或正常饮水。在严格的喂饲条件下饲养，直至自然死亡，观察记录摄食与生活状态、各组动物饲料摄取量、生存日期。如果动物摄食与生活状态未见异常，尤其是剂量组与对照组摄食量无明显差异时，即可判定结果：按性别统计比较剂量组与对照组的平均寿命、最高寿命或半数死亡时间，如果剂量组的平均寿命显著比对照组长，即可判定该受试样品有延缓衰老的功能。

2.哺乳动物的抗氧化试验

过氧化脂质是根据衰老的自由基学说而建立的评价指标，包括测定MDA和脂褐素的含量。脂褐素是随年龄而逐渐增加集聚的一种有害物质，可以沉积在衰老动物的心、脑、肾上腺、骨骼肌等组织、器官中。MDA是极活泼的交联剂，能迅速和磷脂酰乙醇胺交联成荧光色素，然后和肽类、蛋白质或脂类结合成脂褐素。脂褐素使RNA不断减少，损坏细胞膜结构，最后导致细胞无法维持正常代谢而死亡。所以，目前脂褐素已经被公认为生物衰老的主要特征之一。另外，中间产物MDA也是常用的一个评价指标。

试验动物应选用品系明确、生长发育良好、性别单一的老龄鼠，随机分为高、中、低剂量组及对照组，分别给予受试样品。除老龄对照组外，另设一少龄对照组（大鼠3月龄，小鼠2月龄），老龄对照组与少龄对照组均不给受试样品。各组动物均饲养30 d以上。试验结束后检测过氧化脂质含量、抗氧化酶活性和MAO活性。

（1）过氧化脂质含量的测定。

全血、血清、组织匀浆中MDA的测定。利用磷钨酸，在稀硫酸条件下沉淀细胞和血清中的脂质过氧化物，然后在醋酸酸性条件下与硫代巴妥酸反应，生成红色色素。该色素是荧光性物质，能被正丁醇提取，其荧光激发峰波长为532 nm，发射峰波长为553 nm，由于2个峰波接近，实际测定采用激发波长515 nm、发射波长553 nm。以四甲氧基丙烷为对照。本试验可间接地反映出受试物的抗氧化能力。

组织中过氧化脂质和脂褐素的测定。过氧化脂质与脂褐素是根据衰老的自由基学说建立的衰老生物学指标。因为过氧化脂质与脂褐素在细胞内的含量均与年龄呈正相关，并且在细胞内稳定存在，容易被测定，因此它们可以作为反映体内自由基含量的生物性指标。

测定血清中的过氧化脂质采用荧光法。原理是用过氧化脂质的分解产物——MDA与硫代巴比妥酸作用形成红色物质，利用荧光光度计测定此红色物质，从而求出MDA的含量。

脂褐素的测定原理是用MDA与氨基酸、核酸、蛋白质的氨基反应，生成具有荧光的化合物。这类化合物的荧光光谱与从不同动物组织中提取的脂褐素一致。脂褐素的化学本质是膜脂质与蛋白质过氧化后的一种复合产物，即席夫（Schiff）碱。测定席夫碱的含量，即可知道细胞被自由基损伤的程度，即过氧化程度，甚至可推断细胞衰老的程度。

哺乳动物的抗氧化试验虽然比较准确，但试验要求的条件高，操作烦琐。因此，研究中陆续开发了一些反映某种活性物质抗氧化能力的新的方法和指标。例如，某些化学反应能产生某一种特定的自由基，可通过一些指标测定加入的活性物质清除该自由基的能力。可利用黄嘌呤（Xan）-黄嘌呤氧化酶（Xanthine Oxidase，XOD）体系产生·O_2^-，然后加入被测物，检测发光值的变化；也可利用Fenton体系产生·OH等。这些方法在试验中均广为应用。

（2）抗氧化酶活性的测定。根据衰老的自由基学说，存在于机体中的抗氧化酶能清除多余的自由基，保护机体免受自由基的攻击，体现出抗衰老的功能。随着年龄的增大，抗氧化酶的活性渐渐降低。

常用的抗氧化酶包括SOD、GSH-Px与CAT。

SOD是机体清除氧自由基的重要酶，可以发生催化氧自由基的歧化反应。某些因素如衰老、心肌缺血、炎症等使自由基增加，并且组织中的SOD活性降低，引起氧自由基堆积，使膜脂质过氧化而导致组织损伤。所以测定组织或者红细胞中SOD活性可作为观察氧自由基的间接指标来评价延缓衰老的功能食品的功效。

GSH-Px是机体内广泛存在的一种含硒抗氧化酶。它通过特异性地催化还原型谷胱甘肽对氢过氧化物的还原反应，清除细胞内有害的氧化代谢产物，以使脂质过氧化连锁反应受到阻断，从而起到保护细胞代谢正常进行的重要作用。老年人随着年龄增加，GSH-Px活性逐渐降低，而抗衰老药物大多具有提高体内GSH-Px活性的作用。所以测定GSH-Px的活性已经被公认为评价抗衰老功能食品的重要指标之一。

CAT广泛存在于生物体细胞中。它通过减少对机体有害的H_2O_2，以降低自由基和过氧化脂质的形成，对机体起着关键的保护作用。研究表明，老年人与老龄动物血液和组织中的CAT活性与年龄呈负相关。所以测定CAT成为研究衰老疾病的又一重要指标。

（3）MAO活性的测定。MAO活性是根据衰老的脑中心学说而建立的指标。MAO系含Fe^{2+}、Cu^{2+}与磷脂的结合酶，主要作用于—CH_2、—NH_2基团，广泛存在于动物的各种组织，如血浆、脑、肝脏。它能催化不同类型单胺类脱氨生成相应的醛，再进一步氧化成酸，或者使醛转化成醇再进一步代谢。

MAO的生理功能因其所处的不同组织而异：神经组织中的MAO与儿茶酚胺类、5-羟色胺的代谢有关；心血管MAO与酪氨酸羟化酶协同作用，加速肾上腺素的转换，对维持循环稳定有一定的意义；肝脏MAO对各种胺类的生物转化具有重要作用；结缔组织MAO参与胶原纤维成熟最后阶段的架桥过程。

MAO与衰老有密切关系。脑中单胺能神经元调节作用的下降和MAO-B活性的上升，造成了生物化学损害，这是衰老的原因之一。形态学的研究发现，随着衰老，人脑细胞逐渐丧失，神经元的丧失由胶质细胞的增生所补偿。这一过程与胶质细胞中的MAO-B活性随年龄上升相一致，而神经元中的MAO-A活性则随年龄下降。这反映了衰老过程中神经元丧失，而且在衰老或老化的人脑中，与神经元外周胶质细胞消长过程相应的MAO-A与MAO-B的消长，直接影响人脑中单胺能神经元（特别是多巴胺性能与微量胺能神经元）的调节作用，从而出现了生理功能的退化和某些行为的改变。

因为单胺类递质在肝脏内进行降解，所以一种有效的抗衰老功能食品应该只对脑MAO-B活性有明显的抑制作用，但不应该影响肝脏MAO-B的活性，以保证肝脏中单胺类的降解不受影响。

3. 人体试食试验

延缓衰老功能食品在人体的功能检测，一般是结合果蝇生存试验和/或哺乳动物生存试验，由便于测定的3种酶（MDA、GSH-Px和SOD）活性来判定。

试验对象应符合以下几个条件：

（1）中老年（45岁以上）男女，无严重的器质性或功能性疾病者，无服药或嗜酒、吸烟者。

（2）要符合《人体试食试验规程》的一切要求，愿意合作。

（3）自身对照时，试验对象不少于30人；设对照组时加倍。对照组须与试验组在年龄及其他方面有严格可比性。

试验对象按推荐剂量食用受试样品，至少持续1个月。对照组食用外形相似的安慰剂。检测试验前后血清中MDA、血中SOD和血中GSH-Px 3种酶活性，同时做一般健康状况的观察与检验，如主诉症状、体征检查、血常规检验、尿常规检验、胸透、心电图、肝功、肾功等。

统计和比较试验数据（试验后比试验前，试验后试验组比对照组）。若MDA活性降低、SOD和GSH-Px活性增高，差异显著，同时动物试验（如果蝇生存试验或哺乳动物生存试验）结果满意，即可判定受试样品对人体有延缓衰老功能；但如缺少动物试验或动物试验结果不满意，则只能判定该受试样品对人体有抗氧化功能，暗示对人体可能有延缓衰老功能。

4. 免疫功能的评价

根据衰老的免疫学说及衰老的神经内分泌学说，机体免疫功能的下降是引起衰老的重要原因。所以，测定一种功能食品对机体免疫功能的影响情况，是判断它是否具有抗衰老作用的一个评价指标。

第二节　调节免疫作用

一、免疫的基本概念

免疫是指机体接触抗原性异物或异己成分而产生的生理反应，它是机体在进化过程中获得的识别自身、排斥异己的一种重要生理功能。免疫系统对维持机体正常生理功能具有重要意义。与免疫有关的功能食品是指能增强机体免疫功能及维持机体生理平衡的食品。

（一）免疫系统

机体识别自我与非我的作用，通过免疫应答反应来排斥非我的异物，以维护自身稳定性的生物学功能即为免疫。机体的免疫系统就是通过这种对自我和非我物质的识别和应答，承担着三方面的基本功能：

1. 免疫防护功能

指正常机体通过免疫应答反应来防御及消除病原体的侵害，以维护机体健康和功能。在异常情况下，若免疫应答反应过高或过低，则可分别出现过敏反应和免疫缺陷症。

2. 免疫自稳功能

指正常机体免疫系统内部的自控机制，以维持免疫功能在生理范围内的相对稳定性，如通过免疫应答反应清除体内不断衰老或毁损的细胞和其他成分，通过免疫网络调节免疫应答的平衡。若这种功能失调，免疫系统对自身组织成分产生免疫应答，可引起自身免疫性疾病。

3. 免疫监视功能

指免疫系统监视和识别体内出现的突变细胞并通过免疫应答反应消除这些细胞，以防止肿瘤的发生或持久的病毒感染。衰老、长期使用免疫抑制剂或其他原因造成免疫功能丧失时，机体不能及时清除突变的细胞，则易发生肿瘤。

（二）先天免疫与获得性免疫

机体的免疫功能包括先天免疫（非特异性免疫）和获得性免疫（特异性免疫）两部分。先天免疫是机体在长期进化过程中逐步形成的防御功能，如正常组织（皮肤、黏膜等）的屏障作用、正常体液的杀菌作用、单核巨噬细胞和粒细胞的吞噬作用、NK细胞的杀伤作用等先天免疫功能。这种功能作用广泛且与生俱来。获得性免疫是指机体在个体发育过程中，与抗原异物接触后产生的防御功能。免疫细胞（主要是淋巴细胞）初次接触抗原异物时并不立即发生免疫效应，而是在高度分辨自我和非我的信号过程中被致敏，启动免疫应答，经抗原刺激的免疫细胞分化增殖，逐渐发展为具有高度特异性功能的细胞，产生免疫效应的分子，随后再遇到同样的抗原异物时才发挥免疫防御功能。

获得性免疫具有以下特点：

（1）特异性。该功能具有高度选择性，只针对引起免疫应答的同一抗原起作用，故获得性免疫又称特异性免疫。

（2）异质性。非特异性免疫是由一种细胞对各种抗原异物皆可引起相同的应答，与此不同，特异性免疫是由不同类型的免疫细胞对相应的抗原异物分别产生应答。

（3）记忆性。免疫细胞保存特异致敏原的信息，再遇到同样的抗原异物时，能增强或加速发挥其功能。

（4）可转移性。特异性免疫力可通过转输免疫活细胞和抗体转移给受体，使受体对原始抗原异物发生特异反应。

特异性免疫与非特异性免疫有着密切的关系。前者是建立在后者的基础上，而又大大增强后者对特异性病原体或抗原性物质的清除能力，显著提高机体防御功能。免疫功能是逐步完善和进化的结果。

（三）体液免疫和细胞免疫

特异性免疫包括体液免疫和细胞免疫2类。这2类特异性免疫功能相互协同、相互配合，在机体免疫功能中发挥着重要作用。特异性体液免疫是由B淋巴细胞对抗原异物刺激的应答，转变为浆细胞产生出特异性抗体，分布于体液中，可与相对应的抗原特异结合，发生中和解毒、凝集沉淀、裂解靶细胞及调节吞噬等作用。特异性细胞免疫是由T淋巴细胞对抗原异物的应答，发展成为特异致敏的淋巴细胞，并合成免疫效应因子，分布于全身各组织中，当该致敏的淋巴细胞再遇到同样的抗原异物时，即与抗原高度选择性结合或释放出各种免疫效应因子，毁损带抗原的细胞及抗原异物，达到防护的目的。

二、免疫系统的组成

免疫系统是由免疫器官、免疫细胞和免疫分子组成。

（一）免疫器官

免疫器官根据作用可分为中枢免疫器官和外周免疫器官。中枢免疫器官如哺乳动物的骨髓、胸腺，鸟类的腔上囊（法氏囊）。骨髓是哺乳动物干细胞和B细胞发育分化的场所，胸腺是T细胞发育分化的器官，腔上囊是鸟类B细胞发育分化的器官。全身淋巴结和脾是外周免疫器官，它们是成熟T细胞和B细胞定居的部位，也是免疫应答发生的场所。此外，黏膜和皮肤也是重要的外周免疫组织。

（二）免疫细胞

免疫细胞泛指所有参与免疫应答或与免疫应答有关的细胞及其前身，包括造血干细胞、淋巴细胞、单核巨噬细胞、粒细胞、红细胞、肥大细胞及其他抗原细胞。在免疫细胞中，执行固有免疫功能的细胞有吞噬细胞、NK细胞等，执行适应性免疫功能的是T细胞及B细胞，各种免疫细胞均源于造血干细胞。

1. 吞噬细胞

具有吞噬功能的细胞称吞噬细胞，包括单核巨噬细胞及嗜中性粒细胞。

2. 淋巴细胞

淋巴细胞分为B细胞及T细胞，成熟B细胞来源于骨髓，成熟T细胞来源于胸腺。

3. NK细胞

形似大淋巴细胞，经细胞表面的受体，识别病毒感染细胞表面而表达的相应配体。NK细胞一旦识别病毒感染细胞，即对之施加杀伤作用，因而属固有免疫。

（三）免疫分子

免疫分子是由免疫细胞和非免疫细胞合成和分泌的分子，包括免疫球蛋白分子、补体分子、细胞因子及黏附分子等。

三、免疫应答

1. 免疫应答的概念与过程

抗原性物质进入机体后激发免疫细胞活化、分化和发挥效应的过程称为免疫应答。现代免疫学已证明，人和其他高等动物体内存在的结构复杂的免疫系统是由免疫器官、免疫细胞和免疫分子构成的；同时也证明了免疫应答是由多种细胞完成的，它们之间存在相互协同和相互制约的关系。在正常免疫生理条件下，它们处于动态平衡状态，以维持机体的免疫稳定。抗原的进入激发免疫系统，打破了这种平衡，从而诱发免疫应答，建立新的平衡状态。

免疫应答效应主要表现为以B细胞介导的体液免疫和以T细胞介导的细胞免疫。这2种免疫应答的产生都是由多种细胞完成的，如单核吞噬细胞、T细胞和B细胞。免疫应答过程包括：① 免疫细胞对抗原分子的识别过程，即抗原分子与免疫细胞间的作用；② 免疫细胞的活化和分化过程，即免疫细胞间的相互作用；③ 效应细胞和效应分子的排异作用。

2. B细胞介导的体液免疫

B细胞识别抗原而活化、增殖、分化为抗体形成细胞，通过抗体形成细胞所分泌的特异性抗体而实现免疫效应的过程，称为特异性体液免疫应答。在此过程中，多数情况下还需有辅助性T细胞（T Helper Cell，Th）参与作用。

3. T细胞介导的细胞免疫

特异性细胞免疫是由T细胞识别特异性抗原开始，在效应阶段也有T细胞参与的免疫应答过程。

四、营养与免疫

（一）营养强化剂

1. 蛋白质与免疫

蛋白质是机体免疫防御体系的"建筑原材料"。人体的各免疫器官及血清中参与体液免疫的抗体、补体等重要活性物质（即可以抵御外来微生物和其他有害物质入侵的免疫分子）主要由蛋白质参与构成。当人体出现蛋白质营养不良时，免疫系统（如肝脏、胸腺、脾脏、白细胞、黏膜等）的组织结构与功能均会受到不同程度的影响，尤其是免疫器官与免疫细胞受损会更严重。

2. 维生素与免疫

维生素A从多方面影响机体免疫系统的功能，补充维生素A可以提高皮肤或黏膜局部免疫力，促进机体细胞免疫的反应性，促进机体对病毒、细菌、寄生虫等病原产生特异性的抗体。

维生素C为人体免疫系统所必需的维生素。它可促进具有吞噬功能的白细胞的活性，参与机体免疫活性物质（抗体）的合成过程，增进机体产生干扰素（一种能够干扰病毒复制的活性物质），所以被认为有抗病毒的作用。

维生素E为一种重要的抗氧化剂，但它同时也是有效的免疫调节剂，能够促进免疫细胞的分化与免疫器官的发育，提高机体细胞免疫与体液免疫的功能。

3. 微量元素与免疫

铁作为人体必需的微量元素，对机体免疫器官的发育、免疫细胞的形成及免疫细胞的杀伤力均有影响。铁是比较容易缺乏的营养元素，铁缺乏特别多见于儿童、孕妇和产妇等人群。婴幼儿和儿童的免疫系统发育还不完善，非常容易感染疾病。预防铁缺乏对这一人群有着极其重要的意义。

锌是在免疫功能方面被关注与研究得最多的元素。锌缺乏对免疫系统的影响极其迅速与显著，且涉及的范围较广泛，包括免疫器官的功能、细胞免疫与体液免疫等多方面，因此，应该重视对锌的补充，以维持机体免疫系统的正常发育与功能。

（二）免疫活性肽

人乳或者牛乳中的酪蛋白含有激活免疫的生物活性肽。大豆蛋白与大米蛋白通过酶促反应，可产生具有免疫活性的肽。免疫活性肽能促进机体淋巴细胞的增殖，增强巨噬细胞的吞噬功能，增强机体免疫力，提高机体抵御外界病原体感染的能力，降低机体发病率，具有抗肿瘤的功能。乳转铁蛋白、抗菌肽、抗血栓转换酶抑制剂等生物活性肽也具有较强的免疫活性。免疫活性肽因为是短肽，稳定性强，因此不仅可制成针剂，作为治疗免疫能力低下的药物，而且可作为有效成分添加到饮料、奶粉中，增强人体的免疫能力。随着研究的进一步深入，相信会有更多种类的免疫活性肽被人们发现并且开发应用。

（三）活性多糖

活性多糖是一种新型高效免疫调节剂，能明显促进巨噬细胞的吞噬能力，提高淋巴细胞（T细胞、B细胞）的活性，起到抗菌、抗炎、抗病毒、抗衰老、抑制肿瘤的功能。

五、具有调节免疫作用的海洋生物活性物质和中药

（一）活性物质

有免疫调节作用的海洋生物活性物质包括从海带中提取的褐藻多糖、低分子酸性多糖甘糖酯、由L-岩藻糖、D-半乳糖等糖基组成的硫酸酯化多聚物海带硫酸多糖，从钝顶螺旋藻分离提取的一种螺旋藻多糖，从富硒螺旋藻中提取的一种多糖复合物螺旋藻硒多糖，从马尾藻科植物羊栖菜全藻中提取分离得到的羊栖菜多糖。硒多糖既可作为一种有机硒制剂补充生物体所必需的微量元素硒，又可发挥多糖广泛的免疫促进作用，同时硒本身也有免疫促进功能，硒与多糖结合是一种更好的免疫促进剂。从菲律宾蛤仔、文蛤等提取的多糖也具有免疫调节与抗癌功能。

多糖类还有壳聚糖、玉足海参多糖、褐藻糖胶、刺参酸性黏多糖、海星酸性黏多糖等，都具有广泛的免疫调节作用。

还有从乌贼墨汁中发现的一种全新结构的黏多糖蛋白复合体乌贼墨蛋白多糖，某些蓝藻、红藻及隐藻中的藻蓝蛋白，巨大鞘丝藻分离得到结构新颖的脂肽，都具有免疫调节作用。

心肌梗死或糖耐量异常的患者食用富含PUFA的抗动脉粥样硬化保健品后，机体细胞免疫与体液免疫指标都发生改变。PUFA的免疫调节作用还表现在可代替非甾体抗炎药或者其他药治疗免疫异常疾病。

一些微生物来源的免疫调节剂也具有免疫调节作用。鳗弧菌能增强体内抗体反应，增强腹腔巨噬细胞酸性磷酸酶活性；气单胞菌属细胞外的一种凝集素对黏膜组织具有重要的免疫保护作用；从海洋微生物溶藻弧菌（V. alginolyticus）的培养液获得的一种多糖能够刺激机体的细胞免疫和体液免疫，促进单核巨噬细胞与中性粒细胞的吞噬功能，提升动物受革兰阳性菌与革兰阴性菌感染后的生存指数。

（二）海洋中药

1. 金蓝宝（JLB）

JLB是以海湾扇贝为主要成分配以部分中药，用低温方法制备而成。JLB给药组动物脾脏呈现增生活跃相，胸腺出现轻度增生。脾淋巴细胞在不同剂量的JLB中孵育16 h，存活率均明显提高。JLB对T细胞免疫应答具有双向调节作用，对体液免疫和细胞免疫均具有调节作用。

2. 海龙蛤蚧精（海蛤精）

海蛤精是由海龙佐以蛤蚧、北茂、人参等加工制成的口服液。以海蛤精灌胃小鼠，可增加正常小鼠脾重和吞噬细胞功能，并且对醋酸氢化可的松引起的脾重减轻与吞噬功能降低有缓解作用，对免疫功能低下具有改善作用。

3. 复方海藻制剂

复方海藻制剂是由具有抗癌作用的海藻与具有健脾利水、免疫扶正功能的茯苓、黄氏等制成的，能延长腹水型小鼠的生存期，并促进小鼠脾抗体生成细胞的生成，增强荷瘤小鼠巨噬细胞的吞噬功能。

4. 珠贝提取物

珠贝提取物是养殖珍珠贝的软体部分经提取分离而得到的活性物质，能够显著提高小鼠单核巨噬细胞的吞噬功能，抑制迟发性超敏反应，促进T细胞和B细胞转化。

5. 牡蛎提取物

牡蛎提取物含有丰富的蛋白、糖原、纤维素、微量元素、牛磺酸、磷脂、肌醇、ω-3不饱和脂肪酸等生物活性物质。提取物可抑制荷瘤小鼠肿瘤生长，延长小鼠生存期，并使因荷瘤而下降的免疫指标回升，包括总T细胞数、细胞百分比、刀豆蛋白与脂多糖诱导的淋巴细胞转化和NK细胞杀伤活性，其中以辅助性T细胞的变化最明显。而且，牡蛎提取物还可以缓解细胞毒素所致的免疫反应低下。

6. 角鲨制剂

角鲨制剂是从海洋鱼类蝠鲼的药用部位提取获得的活性物质，能显著控制肉瘤生长，明显提高荷瘤小鼠胸腺指数和脾指数，增强荷瘤小鼠NK细胞的活性和腹腔巨噬细胞的吞噬功能。

目前海洋生物免疫调节剂的研究以多糖为主，尤其是藻类多糖，而对多糖以外的免疫活性物质研究较少。而且，大部分药物的具体免疫药理作用机制未得到深入研究，许多药物作用专一性差、副作用多，所以真正进入临床试验的药物很少。

海洋生物免疫调节剂在国内外的研究方兴未艾，仍然具有很大潜力。估计今后海洋生物免疫调节剂的研究趋势是：① 海洋生物免疫调节剂随着海洋生物活性物质筛选技术的发展而得到研究和开发；② 利用分子生物学技术和其他先进的分析检测技术，从分子水平探讨海洋生物免疫活性物质的作用机制。

六、调节免疫功能食品的评价

评价一种功能食品对机体免疫功能影响的方法比较复杂，至少要观察非特异性免疫功能、细胞免疫功能和体液免疫功能各一种，才能确认其对免疫功能的影响。目前对非特异性免疫功能的测定包括免疫脏器重量的测定、巨噬细胞吞噬试验与巨噬细胞杀菌试验；细胞免疫功能的测定包括淋巴细胞转化试验、迟发型超敏反应和NK细胞活性的测定；体液免疫功能的测定包括抗体生成细胞的测定、血清溶血素含量的测定与免疫球蛋白含量的测定。

（一）动物模型的制备

测定一种功能食品对非特异性免疫功能、细胞免疫功能、体液免疫功能的影响，必须先选择适当的免疫抑制剂致使正常动物的免疫功能低下，然后让动物摄入一定量的受试物，观察受试物是否能够促进免疫功能的恢复。作为初筛方法，该法常为人们所采用。可以使用的免疫抑制剂有烷化剂（环磷酰胺）、激素制剂（地塞米松）、抗生素（乙双吗啉）、γ射线等，它们都能引起机体的免疫系统功能减退，如胸腺与脾脏重量的减轻、T细胞转化率下降、淋巴细胞生长因子活性下降等。

具体操作时，应选择大鼠、小鼠之类的正常动物，以纯系品种为好，雌雄兼用，分为对照组、模型组和模型-受试组（即试验组）3组。给试验组每日一次灌胃或腹腔注射一定剂量的受试物，其余2组给予等体积的生理盐水，连续7~14 d。在给受试物之前或之后，腹腔、肌肉或皮下注射免疫抑制剂2~7 d，即可制备动物免疫功能低下模型。

（二）受试物的安全性评价

受试物的安全性评价主要包括：① 对试验动物的安全性试验；② 对志愿者进行的试验；③ 根据不同的免疫调节作用，对正常血样标准水平的人进行的试验；④ 对免疫功能疾病的患者进行的安全性试验；⑤ 受试物浓缩物的安全性试验，以调查长期食用此制品对人体是否完全无害。

（三）受试物免疫调节作用的评价

必须进行一系列的试验来证明受试物特有的免疫调节功能。现以免疫乳粉为例，介绍其具体过程。

以免疫初乳作为原料，经脱脂、去酪蛋白，制得免疫乳清，然后经杀菌、浓缩、冷冻干燥制成免疫初乳粉，每克免疫初乳粉免疫球蛋白G（Immunoglobulin G，IgG）含量为0.521 6 g。在普通脱脂乳粉中添加一定量的免疫乳粉，使每克乳粉中含IgG 0.1 g，用于动物试验，剂量分别为1.0 g/kg、2.0 g/kg及6.0 g/kg，用蒸馏水调成各浓度，灌喂小鼠。以普通脱脂乳粉作为对照。小鼠为BALB/c品系，体重18~22 g，每组10只。免疫学功能评价依据原卫生部《保健食品功能学评价程序和检验方法》进行，评定的项目包括血清溶血素试验、抗体生成试验、小鼠碳廓清试验、刀豆蛋白诱导的脾淋巴细胞转化试验、迟发型变态反应、NK细胞活性试验、小鼠腹腔巨噬细胞吞噬鸡红细胞试验。

1. 血清溶血素试验

小鼠连续给样4周后，用绵羊红细胞（SRBC）免疫，5 d后眼眶采血，分离血清，在96孔微量血凝板上加25 μL生理盐水，在第一排加入25 μL血清，以后各排做倍比稀释，每孔加1滴1%的SRBC，振荡后于37℃放置3 h，当对照红细胞出现沉落后，观察结果，并计算出血清溶血素含量。

2. 抗体生成试验

小鼠连续给样4周，再用SRBC免疫5 d后，动物颈椎脱臼处死，取脾脏，制成脾细胞悬液，调细胞浓度至5×10^6个/毫升。将表层培养基（1 g琼脂糖加双蒸水100 mL）加热溶解后，放入45℃水浴保温，与2倍浓度的Hank's液（pH 7.2~7.4）等量混合，分装于小试管中，每管0.5 mL，再向管内加入50 μL 10%的SRBC、20 μL脾细胞悬液，迅速混匀，倾倒在已刷琼脂薄层的6 cm平皿上，放入二氧化碳培养箱中培育1.5 h，然后用SA缓冲液稀释10倍的补体加入平皿中，继续培育1.5 h后，计算溶血空斑数。

3. 碳廓清试验

小鼠尾静脉注射1:3稀释的印度墨汁，立即计时。注入墨汁2 min、10 min后，分别从眼静脉丛取血20 μL，加到2 mL 0.1%的Na_2CO_3溶液中，用分光光度计在600 nm波长处测光密度（OD）值，以Na_2CO_3溶液做空白对照。根据动物体重、肝重与脾重计算吞噬指数。

4. 刀豆蛋白诱导的脾淋巴细胞转化试验

小鼠连续给样4周后，颈椎脱臼处死，取脾脏，制成脾细胞悬液，调整细胞浓度至 2×10^6 个/毫升，将细胞悬液分别加入24孔培养板的2个孔中，每孔1 mL，一孔加50 μL 的刀豆蛋白液（相当于5 mg/L），另一孔作为对照，置于5%二氧化碳、37℃培养箱中培养72 h。培养结束前4 h，每孔轻轻吸去上清液0.7 mL，加入0.7 mL不含小牛血清的 PRMI-1640培养液和50 μL噻唑蓝（MTT，5 mg/mL），继续培养4 h。培养结束后，每孔加入1 mL酸性异丙醇，吹打混匀，使紫色结晶完全溶解后，以570 nm波长进行比色测定。

5. 迟发型变态反应

小鼠连续给样4周后，腹部去毛3 cm×3 cm，将1%的2,4-二硝基氟苯（DNFB）溶液50 μL均匀涂抹致敏。5 d后，以1%的DNFB溶液10 μL均匀涂抹于小鼠右耳进行"攻击"。24 h后，颈椎脱臼处死小鼠，用打孔器取下直径8 mm的左右耳片，称量并计算肿胀度。

6. NK细胞活性测定

小鼠连续给样4周后，颈椎脱臼处死，取其脾脏制成脾细胞（效应细胞）悬液。取传代后24 h的YAC-1细胞（靶细胞）加PRMI-1640完全培养液，调整细胞浓度至 1×10^5 个/毫升。取靶细胞和效应细胞各100 μL（细胞数量比为50∶1），加入U形96孔培养板，靶细胞自然释放，加入靶细胞和培养液各100 μL，最大释放孔加靶细胞和1%的NP40裂解液各100 μL。上述各项均设3个重复孔，于37℃、5%CO_2培养箱中培养4 h。然后将96孔培养板以1 500 r/min离心5 min，每孔吸取上清液100 μL置平底96孔培养板中，同时加入LDH基质液100 μL。反应3 min后，每孔加入1 mol/L的盐酸30 μL，用酶标仪在490 nm处测定OD值，并计算NK细胞活性。

7. 腹腔巨噬细胞吞噬鸡红细胞试验

小鼠连续给样4周后，腹腔注射20%鸡红细胞悬液1 mL，30 min后，颈椎脱臼处死，固定于鼠板上，剪开腹壁皮肤，注射生理盐水2 mL，转动鼠板1 min，吸出腹腔洗液1 mL，分别滴于2片玻片上，37℃温盒培养30 min，用生理盐水漂洗，晾干，以1∶1丙酮-甲醇溶液固定，4% Giemsa酸缓冲液染色3 min，再用蒸馏水漂洗，晾干，用油镜镜检，计算吞噬百分率和吞噬指数。

用24种抗原对泌乳母牛进行免疫，制备的免疫初乳粉中含有24种抗人体肠道病原微生物的抗体，以此制备的免疫乳粉（每克含IgG 0.10 g）喂小鼠，可显著增强小鼠的体液免疫功能、细胞免疫功能及巨噬细胞吞噬功能，这些结果表明免疫乳粉具有免疫调节作用。

第三节　减肥作用

一、肥胖的定义和分类

肥胖症是指机体由于生理、生化机能的改变而引起体内脂肪沉积量过多，造成体重增加，导致机体发生一系列病理、生理变化的病症。对于成年女性，若身体中脂肪组织超过体重的30%即定义为肥胖；对于成年男性，若脂肪组织超过体重的25%则为肥胖。

关于肥胖症的定义，需要特别指出的是，虽然肥胖常表现为体重超过标准体重，但超重不一定全都是肥胖。机体肌肉组织与骨骼特别发达、重量增加也可导致体重超过标准体重，但这种情况并不多见。肥胖必须是指脂肪组织增加导致脂肪组织所占机体重量比例的增加。

一般来说，肥胖症按发生原因可分为遗传性肥胖、单纯性肥胖和继发性肥胖三大类。遗传性肥胖是指遗传物质发生改变而导致的肥胖。这种肥胖较罕见，常有家族性肥胖倾向。单纯性肥胖是指体内热量的摄入大于消耗，致使脂肪在体内过多积聚导致体重超常的病症。这类人无明显的内分泌紊乱现象，也无代谢性疾病。继发性肥胖是指由于脑垂体–肾上腺轴发生病变、内分泌紊乱或其他疾病、外伤引起的内分泌障碍而导致的肥胖。继发性肥胖约占肥胖症的95%以上。

此外，还有人将肥胖分为腹部肥胖与臀部肥胖。腹部肥胖俗称"将军肚"，这种身材属于"苹果型"，而臀部肥胖为"梨型"。虽然在男性和女性肥胖者中均可见到这2种类型的肥胖，但是一般来讲，前者多发生于男性，后者多发生于女性。根据最近的研究，腹部肥胖者要比臀部肥胖者更容易患心血管疾病、中风与糖尿病。所以，腰围与臀围的比例非常重要。一般认为，腰围的尺寸必须比臀围小至少15%，否则就是肥胖的危险信号。

二、肥胖症的病因

肥胖症的发生受多种因素的影响，主要因素有遗传、饮食、行为方式、内分泌、运动、精神状态以及其他疾病等。

1. 遗传因素

肥胖症有一定的遗传倾向。据调查，肥胖症患者的家族中有肥胖症病史的成员占30%。父母肥胖，往往子女也容易肥胖：父母都肥胖者，子女肥胖的概率为70%；父母一方肥胖者，子女肥胖的概率为40%；父母体格正常或体瘦者，子女肥胖的概率仅为10%。有人还观察过多对同卵孪生儿和异卵孪生儿，发现虽然每对孪生儿从小就生活在不同的环境中，但体重相差大于5.4 kg者，在异卵孪生儿中占51.5%，而在同卵孪生儿中仅占2%，表示肥胖症的发生有着明显的遗传因素。尽管一些资料已经显示了肥胖的遗传性，但仍有些学者认为，家族肥胖的原因并非单一的遗传因素所致，还与饮食结构有关。

2. 饮食因素

正常情况下，人体能量的摄入和消耗保持着相对的平衡，人体的体重也保持相对稳定。一旦平衡遭到破坏，摄入的能量多于消耗的能量，则多余的能量在体内以脂肪的形式储存起来，日积月累，最终发生肥胖，即单纯性肥胖。

3. 精神因素

精神因素常影响食欲。食饵中枢的功能受制于精神状态：当精神过度紧张而交感神经兴奋或者肾上腺素能神经受刺激（尤其是α受体占优势）时，食欲受抑制；当迷走神经兴奋而胰岛素分泌增多时，食欲则亢进。

肥胖者有精神、情绪方面的问题。采取代偿性进食，想通过餐桌上的乐趣来补偿日常生活中的种种不快，这亦会导致一部分人逐渐肥胖起来。

同样的环境压力所导致的精神负荷，可产生截然不同的效应：一部分人食欲受到抑制而消瘦；而另一部分人食欲亢进而肥胖。肥胖者对于食物的色、香、味、形等反应不同于正常人，对食物所发出的"提示"特别敏感，还往往丧失了控制食欲的机制，趋向于吃完放在面前的所有食物。

4. 高胰岛素血症

近年来，高胰岛素血症在肥胖发病中的作用引人注目。肥胖常与高胰岛素血症并存，两者的因果关系有待进一步探讨，但一般认为是高胰岛素血症引起肥胖。高胰岛素血症性肥胖者的胰岛素释放量约为正常人的3倍。

胰岛素有显著的促进脂肪蓄积的作用，在一定意义上可作为肥胖的监测因子。胰岛素促进体脂增加是通过以下环节起作用的：一是促进葡萄糖进入细胞内，进而合成中性脂肪；二是抑制脂肪细胞中脂肪的动用。

过度摄食和高胰岛素血症并存常常是肥胖发生和持续的重要因素。

5. 褐色脂肪组织异常

与主要分布于皮下及内脏周围的白色脂肪组织相对应，褐色脂肪组织仅分布于颈背部、肩胛间、腋窝部、纵隔和肾周围，其组织外观呈浅褐色，细胞体积变化相对较小。

白色脂肪组织是一种储能形式，机体将过剩的能量以中性脂肪形式储藏其中。白色脂肪细胞体积随释能和储能变化较大。

褐色脂肪组织在功能上是一种"产热器"，即当机体摄食或受寒冷刺激时，褐色脂肪细胞内脂肪燃烧，从而提高机体的能量代谢水平。以上2种情况分别称为摄食诱导产热和寒冷诱导产热。褐色脂肪组织直接参与体内热量的总调节，将体内多余热量向体外散发，使机体能量代谢趋于平衡。有关人类肥胖者褐色脂肪组织的研究不多，但确实可以观察到部分肥胖症患者有产热功能障碍。

三、肥胖症的危害

大量的研究已经表明，肥胖与糖尿病、脂肪肝、高脂血症、动脉硬化、高血压、冠心病、脑血管病、癌症、变形性关节炎、软骨症、月经异常、妊娠异常和分娩异常等多种疾病有明显的关系。肥胖者比正常者脑血管病的发病率高2～3倍，高血压的发病率高3～6倍，冠心病的发病率高2～5倍，糖尿病的发病率高6～9倍。肥胖使躯体各脏器处于超负荷状态，可导致肺功能障碍（脂肪堆积、肺活量减小、膈肌抬高）、骨关节病变（压力过重引起腰腿病），还可以引起代谢异常，出现胆结石、痛风、胰脏疾病和性功能减退等。肥胖者死亡率也较高，而且寿命较短。肥胖还易发生骨质疏松、骨质增生、内分泌紊乱、不孕和月经失调等，严重时会出现呼吸困难。

1. 心血管疾病

肥胖者的脂肪代谢特点主要表现为血浆游离脂肪酸、总胆固醇、甘油三酯和LDL含量增多，HDL含量降低。大量的脂肪组织沉积于人体的脏器、血管等部位，影响心脑血管、肝胆消化系统和呼吸系统等的功能活动，进而引发高血脂、高血压、动脉粥样硬化、心肌梗死等疾病。随着肥胖程度的加重，体循环和肺循环的血流量增加，心肌需氧量也增加，心肌负荷大幅度增加，易导致心力衰竭。

2. 糖尿病

流行病学统计表明，肥胖者患糖尿病的概率要比正常人高3倍以上，这与其胰岛素分泌异常有关。胰岛素是由胰岛细胞分泌的，对血糖水平有重要的调节作用。胰岛素分泌增多，脂肪合成加强，导致肥胖，而肥胖又会加重胰岛B细胞的负担，久而久之，致使胰岛功能障碍，胰岛素分泌相对不足，使得血糖水平异常升高而形成糖尿病。

3. 肿瘤

肥胖者体内的微量元素如血清铁、锌的水平都较正常人低，而这些微量元素又与免疫活性物质有着密切的关系，所以，肥胖者的免疫功能下降，肿瘤发病率上升。有人曾对中度肥胖者进行调查分析，结果男性患癌症的概率比正常人高33%，主要为直肠癌、结肠癌与前列腺癌；女性患癌症的概率比正常人高55%，主要为乳腺癌、卵巢癌、子宫癌、宫颈癌等。女性乳腺癌和子宫癌的发生均与肥胖而导致的体内雌激素水平异常升高密切相关。动物实验发现，如果营养恰当、膳食合理而能保持较标准的体重，动物的癌症发病率就会降低。高居榜首的恶性肿瘤中约35%与不良的饮食习惯有关，摄取过多的高脂肪、高热量食物引起过多的自由基产生，从而导致细胞病变成癌细胞。由此可见，肥胖的确能增大患癌的危险性。

4. 脂肪肝

肥胖症患者由于脂肪代谢异常活跃，引起体内产生大量的游离脂肪酸，进入肝脏后，就可合成脂肪，造成脂肪肝，出现肝功能异常。

四、减肥功能食品的开发原则

目前人们对减肥还有误解，许多人不知道减肥应是针对体内脂肪的。有的人通过促进排泄的方式减肥，往往流失的是身体需要的营养物质，从而影响健康。还有的人一味通过节食来减肥，反而会使自己陷入营养不良中，从而发生神经性畏食症。学者提醒减肥者，在使用减肥品前应到医院营养科、内分泌科或肥胖专科咨询，这样不仅可以在医生指导下选择科学合理的减肥方式和比较可靠且适合自身的减肥品，更重要的是可以帮助判断自己是否真的肥胖，是否真的需要减肥。

目前较为常见的预防与治疗肥胖症的方法有饮食疗法、药物疗法、运动疗法与行为疗法4种。具有减肥功能的药物主要为食欲抑制剂、加速代谢的激素和影响消化吸收的药物等。食欲抑制剂大多是通过儿茶酚胺与5-羟色胺递质的作用降低食欲，从而使体重下降。这类药物主要有苯丙胺及其衍生物芬氟拉明等。加速代谢的激素与药物主要通过增加产热使代谢率上升，从而达到减肥目的。它们主要有生长激素、甲状腺激素等。影响消化吸收的药物主要是通过延长胃的排空时间、增加饱腹感、减少能量和营养物的吸收而使体重下降。这些药物包括食用纤维、蔗糖聚酯等。虽然这些药物都具有减肥作用，但大多有一定的副作用，而且药物治疗的同时，一般还要配合低热量饮食以增强减肥效果。事实上，不仅仅是药物疗法，即使是运动疗法与行为疗法也需结合低热量食品，可见饮食疗法是最根本、最安全的减肥方法。所以，筛选具有减肥作用的食品成为减肥研究过程中的一个重要课题，也是减肥功能食品开发的基础。

1. 加速脂肪动员

在病理或者饥饿状态下，储存的脂肪被脂肪酶逐步水解为游离脂肪酸和甘油并释放入血液，以供其他组织氧化利用，该过程称为脂肪动员。可以从以下两方面调节脂肪动员。

首先可以通过细胞对葡萄糖的可获得性来调节脂肪的动员。当葡萄糖的可获得性较低时，甘油三酯水解产生的脂肪酸的再脂化就受到抑制，因此，脂肪酸被释放进入血液，与白蛋白相结合，再行至其他组织，作为燃料供能。在肝脏中，一部分脂肪酸可转化为酮体，酮体在肝外组织代谢并供能。脂肪酸和酮体在肌肉中的活化较葡萄糖快，尤其是酮体，在肌肉中的氧化利用优于葡萄糖从而节省了有限的葡萄糖供应。脂肪酸可通过降低细胞对葡萄糖的通透性，限制组织利用葡萄糖，而优先利用脂肪酸。

其次，可以通过调控甘油三酯水解的限速因子——激素敏感性脂肪酶的水平来调节脂肪的动员。激素敏感性脂肪酶受多种激素调节，胰高血糖素、促甲状腺激素、促肾上腺皮质激素等都可激活脂肪细胞膜上的腺苷酸环化酶，导致cAMP浓度增高，cAMP-蛋白激酶系统又可使激素敏感性脂肪酶磷酸化而激活，使得甘油三酯的水解速度加快，即加速了脂肪动员。

2. 降低热能摄入

减肥功能食品除加速脂肪动员外，还应考虑降低热能的摄入。因为肥胖症的发生主要是由能量的正平衡引起的，而减肥的基本原则就是要合理地限制热量的摄入，增加热量的消耗。为了追求低热量，有些减肥食品仅由氨基酸、维生素与微量元素组成，没有碳水化合物，也没有脂肪，这类减肥食品对身体非常有害。由于体内的碳水化合物含量很低，而减肥过程中体内脂肪的分解必须有葡萄糖参与，如果没有碳水化合物的补充，则肌肉中的蛋白质会通过糖异生作用产生葡萄糖来帮助分解脂肪，使肌肉含量下降。

因此，在设计减肥功能食品时应考虑下述因素：

（1）控制脂肪的摄入量。肥胖者皮下脂肪过多，易引起脂肪肝、肝硬化、高脂血症、冠心病等，因此特别要注意限制脂肪的摄入量。但脂肪在胃中停留时间长，所以在减肥功能食品中的含量不应过低，占食品所提供能量的20%左右，即每日脂肪摄入量应控制在30~50 g，应该以植物油为主，严格限制动物油。

（2）控制碳水化合物的摄入量。碳水化合物在体内可以转化为脂肪，因此要限制碳水化合物的摄入量，尤其是少用或者忌用含单糖、双糖较多的食物。一般认为，碳水化合物供给热量是总量的6%~45%，主食每日控制在150~250 g。但是碳水化合物有将脂肪氧化为二氧化碳和水的作用，如果摄入量过低，脂肪氧化不彻底而生成酮体，不利于健康，因此要适度减少碳水化合物的摄入量。

（3）供给优质的蛋白质。蛋白质具有特殊动力作用，肥胖者对蛋白质的需要量应略高于正常人，占总热量的20%~30%。每日蛋白质需要量为80~100 g。因此应选择蛋白质含量高的食物，如鸡蛋、牛奶、鱼、瘦牛肉、鸡等。

（4）控制食盐的摄入量。食盐具有亲水性，可增加水分在体内的潴留，不利于肥胖症的控制。肥胖者每日食盐量以3~6 g为宜。

（5）供给丰富多样的无机盐、维生素。无机盐、维生素可以促进脂肪的氧化分解，降低血清甘油三酯和胆固醇，降低体重，预防心血管并发症。无机盐与维生素供给应该丰富多样，满足身体的生理需要，必要时，服用维生素剂与钙剂，以防缺乏。

（6）供给充足的膳食纤维。膳食纤维可延长胃排空时间，增加饱腹感，减少食物与热量摄入量，并能够促进肠道蠕动，防止便秘，从而有利于减轻体重与控制肥胖。以魔芋为例，其主要成分是甘露聚糖、淀粉、蛋白质与果胶，是一种低脂肪、高纤维、低热能的天然保健食品。魔芋中含有60%左右的甘露聚糖，吸水性极强，吸水后体积膨胀，可以填充胃肠，消除饥饿感。魔芋能延长营养物质的消化与吸收时间，减少对单糖的吸收，从而使脂肪酸在体内的合成下降，又因为其含热量很低，因此可以控制体重的增加，达到减肥的目的。

（7）限制含嘌呤的食物。嘌呤能够促进食欲，加重肾、肝、心脏的中间代谢负担，膳食中应加以限制，应尽量避免摄入动物内脏、肉汤、豆类等高嘌呤食物。

研究减肥食品不能仅停留在高蛋白质、高膳食纤维、低热量方面，还要从加速脂肪动员、提高激素敏感性脂肪酶活性、促进脂肪酸进入线粒体氧化分解、提高Na^+/K^+-ATP酶活性、促进褐色脂肪线粒体活性以增加产热等方面入手，这样才能开发出有效的减肥功能食品。

3. 以调理饮食为主

根据减肥食品低脂肪、低热量、高蛋白质、高膳食纤维的要求，可以利用螺旋藻、燕麦、大豆、荞麦、乳清、魔芋、麦胚粉、山药、甘薯等具有减肥作用的原料生产肥胖症患者的日常食品，通过饮食达到减肥目的。螺旋藻在德国作为减肥食品广为普及，可添加到减肥食品中。燕麦具有可溶性膳食纤维，大豆含有优质蛋白质、大豆皂苷与低聚糖，魔芋含有葡甘露聚糖，麦胚粉含有膳食纤维与丰富的维生素E，这类食品可满足肥胖者的营养需求，再进一步补充木糖醇或者低聚糖等，可增强减肥效果。目前市面上的雅莱减肥饼干、康美神维乐粉等属于这一类减肥功能食品。

五、具有减肥作用的海洋食品资源

1. 海带、紫菜

海带所含的热量约是苹果的50%，脂肪含量极低。一盘芝麻拌海带或豆腐拌海带既可饱腹，又能减肥。海带是减肥食品中不错的选择。

紫菜有消除水肿的功能，可达到瘦腿的效果。紫菜的脂肪少、热量低，却含有大量的蛋白质及维生素。在饭前喝紫菜汤可以提前达到饱腹感，从而达到瘦身的效果。

即食海苔浓缩了紫菜当中的B族维生素，尤其是核黄素与维生素B_3的含量非常丰富，还有不少维生素A与维生素E，及少量的维生素C。海苔中含有丰富的无机盐，如维持正常生理功能所必需的钙、钾、镁、铁、锌、磷、铜、锰等，含硒与碘尤其丰富，这些无机盐可帮助人体维持机体的酸碱平衡。海苔能预防与治疗消化性溃疡，延缓衰老，帮助女士保持皮肤的润泽、健康，不仅可以调节新陈代谢，起到瘦身的作用，还可以美容。

2. 金枪鱼

金枪鱼肉低热量、低脂肪，还有优质的蛋白质与其他营养物质。所含的不饱和脂肪酸可减少体内多余的脂肪，平衡血糖的水平。所含丰富的硒，有效提高白细胞数量，加强免疫系统抵抗病菌的能力。金枪鱼还可以增加饱腹感，降低胆固醇，保护心脏的健康。

3. 牡蛎

牡蛎肉味道鲜美，肥美爽滑，营养丰富，素有"海底牛奶"之美称。据分析，干牡蛎肉含蛋白质高达45%～57%、肝糖19%～38%、脂肪7%～11%。牡蛎是美味的低热量食品，脂肪含量很低，含有大量的锌，能促进激素的分泌，有助于排出体内毒素，同时提高身体免疫力。牡蛎还含有其他营养物质，如镁能加快新陈代谢，硒可抗氧化、养颜、改善肝脏功能。

4. 海蜇

海蜇的脂肪含量非常低，含有蛋白质、钙及多种维生素，是一种低脂肪、低热量的营养食品。

六、减肥功能食品的评价

（一）评价指标

1. 体脂

体内脂肪量的测定为肥胖症诊断和判断减肥效果最确切的方法。

2. 脂肪细胞数目及大小

肥胖者脂肪细胞含脂肪量较多，因而细胞体积较正常者大，而且数量也较多。一般情况下，肥胖者减肥后，脂肪细胞的体积会明显减小，但是数目不减少。

3. 甘油三酯、总胆固醇、HDLC、LDLC含量

甘油三酯是人体脂肪的主要储存形式，是脂类代谢的重要指标之一。胆固醇也是脂类代谢的标志之一，与人类的许多疾病有关。血浆中胆固醇或甘油三酯浓度的升高称为高脂血症。LDL是血浆运送胆固醇及其酯的工具，LDL摄入过多可造成胆固醇及其酯在血管壁的沉积。而HDL是逆向转运胆固醇的载体，在限制动脉壁胆固醇的沉积和清除胆固醇等方面起着重要的作用。

4. 脂肪酶活性

参与甘油三酯代谢的脂肪酶有3种：① 甘油三酯脂肪酶，又称胰脂酶，是由胰腺细胞合成、分泌于消化道的脂肪酶，小肠中该酶活性很高，血清、脂肪组织中也含有少量；② 脂蛋白脂肪酶，主要存在于毛细血管和脂肪组织中；③ 激素敏感性脂肪酶，主要存在于脂肪组织中，该酶活性的大小关系到脂肪的动用过程。

5. LCAT活性

LCAT活性升高，显示血清中胆固醇加速进入HDL表层，进而酯化变成胆固醇酯。由于胆固醇酯分子大，不易侵入血管内膜，使得患动脉粥样硬化的危险降低了。同时，在HDL表层的胆固醇变为胆固醇酯，向内层移动进而被HDL带至肝脏排出，加速胆固醇的清除。

（二）评价方法

1. 动物试验

动物试验是以高热量食物诱发动物肥胖，给予受试物后，观察动物体重、体内脂肪的变化及受试物对机体健康有无损害。

（1）实验动物：选用雄性断乳大鼠，体重约50 g，每组10只。

（2）剂量分组：设对照组及3个剂量组。将推荐的人体每千克体重日摄入量扩大5倍，作为其中一组的剂量。其他2组的剂量根据同类食品的使用量或根据推荐的人体每千克体重日摄入量进行设定。经口给予受试物，连续30 d。

（3）步骤：

第一步，建立营养性大鼠肥胖模型。采用以下配方饲料饲喂。

基础饲料：大麦粉20%、脱水菜10%、豆粉20%、酵母1%、骨粉5%、玉米粉16%、麸皮16%、鱼粉10%、食盐2%。

营养饲料：每100 g基础饲料中加入奶粉10 g、猪油10 g、鸡蛋1个、浓鱼肝油10滴（含维生素A 17 000 IU、维生素D 1 700 IU）、新鲜黄豆芽250 g。

试验的前2周内每天每只大鼠喂13 g营养饲料，以后每周增加2 g，至第6周止。每日饲料分2次供给，吃完后不再添加。用高脂肪、高营养饲料喂大鼠6周后，体重较普通饲料饲喂的同龄大鼠增加将近1倍。

第二步，减肥试验。大鼠肥胖模型建立以后，试验组给予受试物，对照组给予相应溶剂。

第三步，结果观察。观察体重、体内脂肪（睾丸及肾周围脂肪垫）变化及健康情况。

（4）数据处理和结果判定：一般采用方差分析进行统计。受试物组的体重及体内脂肪质量低于对照组，经统计学处理差异有显著性，并且受试物对机体无明显损害，即可初步判定该受试物具有减肥作用。

2. 人体试食试验

单纯性肥胖受试者食用受试物，观察体重、体内脂肪含量的变化及受试物对机体健康有无损害。

（1）受试对象：单纯性肥胖人群，不得有胆囊疾病。

（2）受试人数：至少30人。

（3）受试物给予时间：一般要求5周。

（4）观察指标：

体重、身高、腰围、臀围，并计算标准体重、体重指数、肥胖度、腰臀比等。

用体密度法测定体内脂肪总量和脂肪占体重百分比。

生化测定：血糖、血脂（血清总胆固醇、甘油三酯、HDL等）、血红蛋白、白蛋白、总蛋白（计算白球比）、尿酸、酮体。

运动耐力测试。

其他不良反应，如厌食、腹泻等。

（5）数据处理和结果判定：一般采用方差分析进行统计。根据试验前后上述测定指标结果进行综合评价，其中体内脂肪含量经统计学处理差异有显著性，且受试物对机体健康无明显损害，可判定该受试物具有减肥作用。

第四节　抗肿瘤作用

一、肿瘤的定义和分类

肿瘤是机体在各种致瘤因素作用下，局部组织的细胞在基因水平上失去了对其生长的正常调控，导致异常而形成的新生物，这种新生物常形成局部肿块，因而得名。正常细胞转变为肿瘤细胞后的核心问题是丧失了对正常生长的调控。肿瘤是一种常见病、多发病。

按照对机体的危害程度，肿瘤可分为2类：

（1）良性肿瘤：是指机体内某些组织的细胞发生异常增殖，呈膨胀性生长。瘤体增大挤压周围组织，但不侵入邻近的正常组织。瘤体多呈球形、结节状。周围形成包膜，与正常组织分界明显，手术易切除干净，不转移，很少有复发。

（2）恶性肿瘤：也是控制细胞生长增殖的机制失常而引起的疾病。这些肿瘤细胞除了生长失控外，还会侵入周围正常组织，甚至经体内循环系统或淋巴系统转移到身体的其他部分。

二、肿瘤对机体的影响

1. 良性肿瘤对机体的影响

良性肿瘤对机体影响较小，表现如下：

（1）局部压迫和阻塞。这是主要的影响，如消化道良性肿瘤引起肠梗阻等。

（2）继发性改变。膀胱的乳头状瘤等肿瘤，表面可发生溃疡而引起出血和感染。支气管壁的良性肿瘤阻塞气道后，引起分泌物积聚，可导致肺内感染。

（3）内分泌性良性肿瘤对全身的影响。因某种激素分泌过多而引起相应的内分泌症状及神经、肌肉、关节、血液等的异常。

2. 恶性肿瘤对机体的影响

恶性肿瘤因生长快，能破坏器官的结构和功能、发生转移等，对机体的影响严重，除引起与良性瘤相似的症状外，还可导致更为严重的后果。

（1）并发症。肿瘤因坏死并发出血、穿孔、病理性骨折及感染。如肺癌的咯血、大肠癌的便血、鼻咽癌的涕血、膀胱癌的无痛性血尿、胃癌的大便血等。

（2）顽固性疼痛。肿瘤浸润、压迫局部神经引起顽固性疼痛。

（3）恶病质。恶性肿瘤晚期，机体严重消瘦、无力、贫血和全身衰竭的状态称恶病质，导致患者死亡。

不管是良性还是恶性肿瘤，本质上都表现为细胞失去控制的异常增殖，这种能力除了表现为肿瘤本身的持续生长之外，在恶性肿瘤还表现为对邻近正常组织的侵犯及经血管、淋巴管和体腔转移到身体其他部位，而这往往是肿瘤致死的原因。

恶性肿瘤及其他类型的癌症已经成为人类死亡的重要原因，2015年全世界有近900万人死于癌症。在我国的部分城市，恶性肿瘤在各种死因中排在首位。

三、肿瘤的致病因素

肿瘤发病涉及多个病理过程。肿瘤的致病因素依来源、性质与作用方式的不同，分为2类：

1. 内源性致病因素

内源性致病因素包括有机体的免疫状态、遗传因素、激素水平及DNA损伤修复能力等。

2. 外源性致病因素

外源性致病因素包括化学因素、物理因素、霉菌毒素、致瘤性病毒等。

（1）化学致癌物为能够引起人或者动物肿瘤形成的化学物质，可分为以下2类：① 致癌物，指进入机体后能诱导正常细胞癌变的化学致癌物，如致癌性烷化剂、芳香胺类、亚硝胺、丙烯酰胺和黄曲霉毒素等；② 促癌物，又称肿瘤促进剂，单独作用于机体没有致癌作用，但是能促进其他致癌物诱发肿瘤，常见的有糖精（邻苯甲酰磺酰亚胺）、巴豆油和苯巴比妥等。

（2）物理因素。主要包括电离辐射与紫外线照射。例如，长期接触放射性同位素可以引起恶性肿瘤，紫外线照射可以导致皮肤癌。

四、肿瘤的预防

人类约有35%的肿瘤是和膳食因素密切相关。只要合理调节营养与膳食结构，发挥各种营养物质和非营养物质预防肿瘤的功效，就可有效地控制肿瘤的发生。科学证实，改变膳食可以预防50%的乳腺癌、75%的胃癌与75%的结肠癌。世界癌症研究基金会提出了预防肿瘤的膳食建议：

（1）合理安排膳食，膳食中保证充足营养，食物要多样化。

（2）膳食以植物性食物为主，如各种蔬菜、水果、豆类及谷类等。

（3）每天摄入400～800 g蔬菜和水果、600～800 g各种谷类、豆类，以粗加工为主，限制精制糖摄入。

（4）红肉摄入量应该低于90 g/d，红肉指羊肉、牛肉、猪肉或者由肉类加工成的食品。鱼肉和禽肉比红肉更有益健康。

（5）限制高脂食物，尤其是动物性脂肪的摄入，摄入植物油并控制用量（WHO推荐每人每日油脂消费量是25 g），限制腌制品及盐的摄入，成人食盐摄入量低于6 g/d。

（6）不要摄入常温下储存时间过长、可能受到霉菌毒素污染的食物；采用冷藏或者其他合适的方法保存容易腐烂的食物。

（7）食物中的添加剂、污染物与其他残留物应低于国家规定限量，它们的存在是无害的，但滥用或者使用不当可能影响健康。

（8）不摄入烧焦的食物，少量摄入烤肉、腌肉或者熏肉。

（9）一般不必摄入营养补充剂，过多营养补充剂对抗肿瘤可能无帮助。

（10）坚持体育锻炼，控制体重，反对过量饮酒。

五、具有抗肿瘤作用的海洋食品资源

国内外医学研究发现，海洋中的许多可食性动植物资源不仅营养丰富、味道鲜美，而且还具有抗肿瘤作用，是药食兼优的抗肿瘤资源。

1. 鲨鱼

鲨鱼含有丰富的蛋白质、不饱和脂肪酸和无机盐等营养物质。有研究发现，以鲨鱼软骨为原料制备的鲨鱼软骨抗肿瘤制剂能抑制肿瘤细胞的增殖和迁移；角鲨烯也能抑制小鼠体内肿瘤的生长。鲨鱼在抗肿瘤制剂开发方面显示出巨大的利用价值。

2. 带鱼

现代医学研究证实，带鱼体表的银脂具有显著的抗肿瘤功能，是制作抗肿瘤药物的原料。带鱼银脂含有大量蛋白质、无机盐与油脂，经酸处理后可以制取盐酸鸟嘌呤，而盐酸鸟嘌呤为抗肿瘤药物6-硫鸟嘌呤的主要原料。因此，人们食用带鱼时最好不要把"鱼鳞"刮掉。

3. 河鲀

河鲀体中以卵巢的毒性最大，肝、脾、血、鳃、表皮、精巢等也有不同程度的毒

性。日本与我国研究人员都成功地提取出河鲀毒素。现代药理研究表明，河鲀毒素具有镇痛、解痉挛和松弛肌肉等作用，制成注射剂对缓解癌症晚期患者的剧痛有一定的效果。用河鲀鱼肝提取的油，对食道癌、胃癌、结肠癌、鼻咽癌等也有一定的疗效。

4. 黄鱼

黄鱼属于我国四大海产，含有优质蛋白质、脂肪、碳水化合物、钙、铁、磷、维生素B_1、核黄素、维生素B_3等。现代医学研究发现，黄鱼的提取物有助于肿瘤患者的治疗与康复，例如，用黄鱼制成的水解蛋白，是肿瘤患者营养机能过度消耗的理想蛋白补充剂。

5. 贝类

从虾夷扇贝中提取一种相对分子质量为9×10^4的糖蛋白，以80 mg/kg饲喂小鼠，抑瘤率达到73.9%；从扇贝闭壳肌中提取的糖蛋白也有抗肿瘤功能，注射到小鼠肿瘤，5周后肿瘤消失；从扇贝卵巢中提取的糖蛋白，对白血病也非常有效果；从蛤肉中提取的蛤素，对小鼠肉瘤和腹水瘤都有抑制与缓解作用；从大盘鲍的煮汁中提取的相对分子质量为2×10^5的糖蛋白，以80 mg/kg饲喂患肉瘤的小鼠，抑瘤率达79%，且6只患肉瘤的小鼠中有5只痊愈。

6. 海带

日本学者山本一郎利用海带提取物及海带粉在小鼠身上做抑瘤实验，发现由腹腔注射海带提取物能明显抑制小鼠的S180肉瘤，其中三石海带的抑瘤率为94.8%，长海带为92.3%，普通海带为65.9%。以含有2%海带粉的饲料饲喂因注射1,2-二甲基肼（DMH）致癌物而诱发肠癌的小鼠时，实验组10只小鼠中有3只患了肿瘤，而对照组有7只患肿瘤。日本宝酒株式会社生物研究所的研究人员经10年努力，查明海带中一种名为U-岩藻多糖的物质，能诱导肿瘤细胞"自杀"，起到抗肿瘤的作用。研究人员把从海带中获得的天然U-岩藻多糖配成1 g/L浓度的液体，注入内有约1万个结肠癌细胞的培养皿中，经过24 h后，有50%的癌细胞死亡，72 h后癌细胞几乎"全军覆没"。

7. 螺旋藻

螺旋藻中的主要生物活性成分有藻蓝蛋白、藻多糖、不饱和脂肪酸、β-胡萝卜素、叶绿素和SOD，主要生理功能有免疫调节、抗肿瘤、抗氧化、抗病毒、抗辐射、抗突变。螺旋藻中含量极高的SOD是重要的细胞保卫酶，其作用主要表现在抗氧化、抗辐射、抗突变、消炎、解毒与抑制肿瘤等方面，SOD不仅能够对抗自由基诱发的疾病，而且能够促进细胞生长与代谢，是抗肿瘤、提高免疫力、延缓衰老的重要物质。

六、海洋生物抗肿瘤新药

海洋动物、植物与微生物均能产生抗肿瘤活性物质。已发现的具有抗肿瘤活性的海洋生物活性物质主要来源于海洋中的动植物，如珊瑚、海绵、海兔、海鞘、海星、海藻、海葵和海胆等，其中以海绵、海鞘与海藻最多。已证实，约10%的海洋动物提取物有抗P388小鼠白血病细胞和KB人口腔表皮样癌细胞的活性。海绵为最低等的多细胞动物，结构简单，但是作为一个特殊生物群体却含有极为丰富的活性物质。作为海洋生物活性物质治疗白血病与淋巴瘤的首个药物阿糖胞苷（Cytarabine），就是利用海绵的核苷类似物作为骨架进行人工修饰得到的具有抗肿瘤活性的核苷衍生物。在此基础上，人们又提取及合成了许多活性更强的阿糖胞苷衍生物。另外，3.5%的海洋植物提取物对P388细胞、KB细胞等肿瘤细胞具有抗肿瘤活性与细胞毒性。除海洋动植物以外，海洋微生物也是海洋天然活性物质的重要来源。随着海洋微生物研究不断向纵深发展，人们发现从海洋极限环境中分离出嗜碱、嗜冷与嗜盐微生物的次级代谢产物能够提供分子结构新颖、化学组成复杂、生物活性特异与种类繁多的天然化合物。一些研究证明，不少有开发前景的海洋抗肿瘤活性物质其实并不是由海绵或者海藻等动植物产生，而是由和动植物共生的海洋微生物所产生的。这些海洋微生物在从动植物中获取营养的同时，也可以产生多种活性物质，以有利于宿主生长或者保护宿主免受其他生物的侵害，这些活性物质正是海洋微生物抗肿瘤药物开发的物质基础。因此，从海洋生物中筛选鉴定具有抗肿瘤功能的初级代谢产物与次级代谢产物等天然活性物质，并利用海洋生物天然活性物质特异的结构作为导向物设计合成新的抗肿瘤药物，成为海洋药物研究与抗肿瘤药物研究的重要方向。

海洋生物特别是海洋低等生物，不仅种类繁多，且因为其进化地位低及生长在独特环境，在漫长的演化过程中产生并且积累了大量的结构独特、功能多样的次级代谢产物，存在着许多陆地动物没有的特殊化学结构类型，为开发新型海洋药物的主要来源。海洋低等生物自身没有免疫系统或者仅有先天免疫系统，主要靠化学防御来抵御入侵病原的进攻，从海洋生物尤其是从海洋无脊椎生物中提取抗肿瘤活性成分就成为抗肿瘤药物研究和开发的热点。其中抗菌肽是海洋无脊椎动物等生物先天免疫系统循环血淋巴内具有抑菌作用的多肽，可对外来病原做出免疫反应并将病原杀死。抗菌肽相对分子质量小、热稳定、水溶性好、免疫原性较弱，材料来源丰富，不仅具有抗菌、抗病毒作用，近年来国内外也报道了抗菌肽的抗肿瘤功能。

分子肿瘤抑制物筛选也是海洋抗肿瘤活性物质研究中的一个新方向。低分子肿瘤抑制物广泛存在于生物体内的细胞与体液中，是细胞内特定的合成产物或者生化代谢的中间产物，相对分子质量一般小于1×10^4，能够选择性地杀伤与抑制肿瘤细胞，对机体正常细胞无毒副作用或者毒副作用很小。近年来国内外学者从哺乳动物胚胎与血液等分离提取了小分子多肽等低分子肿瘤抑制物，但是因为哺乳动物胚胎、脑等来源特殊并且稀少，很难大量提取低分子肿瘤抑制物以满足基础和临床研究及应用的需要。所以以从海洋动物特别是从具有原始特点、进化地位低的海洋无脊椎动物中筛选低分子抗肿瘤活性成分，无疑是一条值得探索的抗肿瘤药物研究和开发新途径。

同时，从海洋生物中筛选具有诱导肿瘤细胞分化作用的分化诱导剂、具有抑制血管形成活性的肿瘤血管形成抑制因子和具有提高机体细胞免疫或者体液免疫功能的免疫调节剂，也都是海洋抗肿瘤活性物质研究中具有前景的领域，但是筛选诱导肿瘤细胞凋亡的生物活性物质仍然是目前海洋生物抗癌新药筛选的主要方向。

七、抗肿瘤功能食品的评价

（一）评价指标

1. LDH及其同工酶

肿瘤细胞中，糖酵解的3个关键酶活力均升高，糖酵解加强。肿瘤的迅速生长、增殖主要依靠糖酵解提供能量。LDH是催化糖酵解的关键酶之一，LDH活力升高，表示糖酵解增强、糖酵解的终产物乳酸增多。

血清LDH总活力的升高主要表现在白血病、肝癌、胃癌、睾丸癌和原发性卵巢癌等癌症，而肿瘤患者血清LDH同工酶经常以LDH_3、LDH_5升高为主，如胃癌时LDH的M亚基增多，LDH_1显著减少，白血病时LDH_3增多。血清LDH总活力和同工酶谱的变化会随着肿瘤治疗而逐渐恢复正常，肿瘤复发时则又表现为LDH总活力升高，同工酶谱异常。

2. CAT

肿瘤的发生和自由基的过量产生密切相关。减少自由基的产生，维持机体内氧化与抗氧化的平衡是预防肿瘤发生的一条合理途径，而CAT便是体内清除自由基的主要酶之一。CAT主要存在于肝脏与红细胞中，心、脑和骨骼肌中含量较少。在诱发肿瘤的早期阶段，CAT活性就开始下降，肿瘤形成后CAT活性进一步下降，但是经有效的治疗后，CAT活性又可逐步恢复到正常水平。肝癌、直肠癌、胃癌、胰腺癌等癌症发生时，肝脏中的CAT活性均显著降低。

3. 多胺

多胺是一类低分子脂肪族化合物，包括腐胺、精胺、精脒等。多胺对蛋白质、DNA，RNA的合成起着非常重要的作用。恶性肿瘤细胞中催化鸟氨酸脱羧成多胺的鸟氨酸脱羧酶活性升高，使多胺的合成量增大，造成多胺的堆积。多胺的过度堆积可能导致特定组织与细胞的异常增生。正常情况下，组织与体液中多胺含量很少，患恶性肿瘤时，尿及血中多胺水平明显升高，多胺在尿及血中的含量反映肿瘤的恶化、好转，因而多胺是一项判断抗肿瘤药物疗效的重要指标。

4. 淋巴细胞转化率

淋巴细胞在植物凝血素的刺激下，可转变成体积较大的淋巴母细胞，并有部分细胞发生分裂现象，有的细胞（过渡型细胞）已开始转化但又未完全转化。

淋巴细胞转化率为反映机体免疫功能的一项重要指标，很多报道表明恶性肿瘤患者、良性肿瘤患者与正常人淋巴细胞转化率差别比较大。日本的折田薰三就曾报道正常人淋巴细胞转化率为65.1%，良性肿瘤患者为60.4%，恶性肿瘤（胃癌、直肠癌、乳腺癌）患者为37.2%。另有文章报道正常人淋巴细胞转化率为78.4%，良性肿瘤患者为62.3%，而恶性肿瘤（肝癌、肺癌、胃癌、大肠癌）患者仅为41.5%。病情好转后淋巴细胞转化率又可以恢复正常。

（二）评价方法

1. 血清LDH总活力的测定

LDH在辅酶 I（NAD^+）的递氢作用下，催化乳酸脱氢而产生丙酮酸，生成的丙酮酸可以和2,4-二硝基苯肼作用，生成丙酮酸二硝基苯胺。该产物在碱性溶液中呈棕色，用分光光度计在440 nm测OD值，查标准曲线，即可测得LDH活力。

2. CAT活性的测定

H_2O_2在CAT作用下分解成H_2O和O_2，样品溶液中CAT活性越高，剩余的H_2O_2量越少。H_2O_2可与过量的标准$KMnO_4$反应，测定剩余的$KMnO_4$的量，即可间接得出H_2O_2的量。又知CAT分解H_2O_2服从一级反应，其反应速度常数k与CAT活性成正比，因而通过反应后剩余$KMnO_4$的光吸收值可以得出k值，从而间接测出样品中CAT的活性。

3. 蛋白质的测定——微量双缩脲法

蛋白质中含多个肽键，所以有双缩脲反应，在碱性溶液中蛋白质和铜离子形成紫红色化合物，在330 nm处比色测定。

4. 尿多胺的测定

样品经酸水解后，过Dowex-50W柱进行纯化，再用纸电泳法分离腐胺、精胺和精脒，而后用茚三酮染液染色，最后进行比色分析，得出样品中多胺的含量。

5. 淋巴细胞转化率的测定

淋巴细胞在体外受到非特异性或特异性抗原刺激后，能转化为体积较大的淋巴母细胞，并能进行分裂。根据形态学指标检测淋巴细胞的转化能力，从而反映机体的细胞免疫功能状况。

第五节　调血脂、抗血栓、抗动脉粥样硬化作用

一、高血脂的危害

1. 高脂血症

高脂血症是因为脂肪代谢异常导致血浆中脂质水平高于正常水平的一种病症，表现为血清中总胆固醇、甘油三酯与LDLC含量升高，HDLC含量降低。流行病学资料显示，LDLC浓度的升高、HDLC浓度的降低和心脑血管疾病的发病相关。血浆中HDL可以促进甘油三酯水解，将外周组织中沉积的胆固醇转移到肝脏被代谢，所以HDL被认为是一种抗动脉硬化的脂蛋白。而LDL是于人类血浆中含量最多的脂蛋白，携带人体2/3以上的胆固醇。一般认为，体内LDL主要通过LDL受体的途径进行代谢，经溶酶体作用以后，水解生成游离胆固醇与脂肪酸，可以供细胞增殖，或者被胆固醇类激素与胆汁酸盐的合成等利用，而LDL受体则重新进行下一次循环。高水平的LDLC可以使氧化型LDL升高，经过特异性受体大量进入巨噬细胞，致使巨噬细胞泡沫化，从而诱发冠心病。

胆固醇和甘油三酯在血液中分布于各种脂蛋白中。按其分布密度不同，高脂血症在临床中分为5种类型：Ⅰ型、Ⅱ型、Ⅲ型、Ⅳ型和Ⅴ型。据分析，我国的高脂血症基本上属Ⅱ型与Ⅳ型2类，其他的极少见。

Ⅱ型高脂血症最常见，也是和动脉粥样硬化最密切相关的类型，其主要原因在于LDL的升高。LDL以正常速度产生，但是因为细胞表面LDL受体数减少，使得血浆LDL的清除率下降，导致其在血液中堆积。因为LDL是胆固醇的主要载体，所以Ⅱ型高脂血症患者的血浆胆固醇水平升高。Ⅱ型高脂血症又分为Ⅱa型和Ⅱb型，它们的区别在于：Ⅱa型只有LDL升高，所以只是引起胆固醇水平的升高，甘油三酯水平正常；Ⅱb型则是LDL与VLDL同时升高。因为VLDL含55%～65%的甘油三酯，所以，Ⅱb型高脂血症患者甘油三酯随胆固醇水平一起升高。

Ⅳ型高脂血症的发生率低于Ⅱ型，但仍很常见，其最主要特征为VLDL升高。因为VLDL是肝内合成的甘油三酯与胆固醇的主要载体，所以VLDL升高会引起甘油三酯的升高，有时也可以引起胆固醇水平的升高。

Ⅰ型高脂血症非常罕见，在现有的医学文献报道中仅有100例左右。Ⅰ型高脂血症患者因为负责将乳糜微粒从血中清除出去的脂蛋白脂酶缺陷或者缺乏，乳糜微粒水平升高。乳糜微粒升高伴随着甘油三酯水平升高与胆固醇水平的轻度升高。

Ⅲ型高脂血症也不常见。它是一种由于VLDL向LDL的不完全转化而产生的一种异常脂蛋白疾病。这种异常升高的脂蛋白称为异常的LDL，它的组分和一般的LDL不同，明显含有更多的甘油三酯。

Ⅴ型高脂血症患者乳糜微粒和VLDL都升高。由于VLDL内绝大多数是甘油三酯，所以，在Ⅴ型高脂血症中，血浆甘油三酯水平显著升高，胆固醇只有轻微升高。

长期高脂血症（高胆固醇、高甘油三酯与高LDL等）是动脉粥样硬化的基础。脂质过多沉积在血管壁，并因此形成的血栓，使得血管狭窄、闭塞，而且血栓栓子也可能脱落而阻塞远端动脉，所以高脂血症可以成为缺血性脑卒中等脑部疾病的主要原因。另外，高血脂也可加重高血压。在高血压动脉硬化的基础上，血管壁变薄而易破裂，所以高脂血症也是出血性脑卒中的危险因素。从正常的动脉到尚无症状的动脉粥样硬化、动脉狭窄，需要10～20年的时间，是一个非常漫长的过程。而从无症状的动脉粥样硬化发展为心脑血管疾病，却有可能只要短短的几分钟。因此，积极开发辅助降血脂功能食品，对预防和治疗心脑血管疾病尤为重要。

2. 血栓

血栓，即局部血液凝集成的块状物。其中，动脉血栓可导致如脑卒中、心肌梗死、急性冠状动脉综合征与外周动脉疾病等，而静脉血栓则可引发肺栓塞。血栓是引发心血管疾病的发病和死亡的首要原因，并且也是癌症患者死亡的主要原因之一。健康人体内主要有2类物质参与凝血：一类为凝血物质，如凝血黄素A2、二磷酸腺苷、纤维蛋白与钙等，能够使血小板凝集成块，起到止血功能；另一类为抗凝血物质，如纤溶酶与前列环素等，有抗凝血与防止血栓形成的功能。平时人体血液中的凝血物质与抗凝血物质两者处于动态平衡状态，不易形成血栓，在血管发生意外时，又有止血功能，保持人体健康。当人体血管老化，血管壁受损，易患动脉硬化、高血压、糖尿病，血管内皮细胞受损后，产生的凝血激酶增加，促进凝血酶形成，凝血黄素A2也增加，并且抗凝物质前列环素减少，容易诱发血栓形成。例如，血糖增高时，糖和红细胞中的血红蛋白结合，使得全身组织缺氧，这时血小板凝集性提高，黏度变大，易促进血栓形成。

3. 动脉粥样硬化

正常情况下，人体动脉血管内壁表面非常光滑，无凹凸不平的现象，血液能够很容易地通过，血脂难以于动脉内壁聚集。然而当动脉内壁受损以后，那些平时无法渗进动脉内膜的血脂便可以乘虚而入，在动脉内膜损伤处聚积，血小板也会在此处聚集，2种因素合在一起，导致动脉内膜中层细胞大量繁殖。在这一过程中，血脂还会源源不断地补充进来，动脉内膜的斑块越来越大，渐渐向管腔鼓起，有的斑块还会出现钙化与纤维化，使动脉血管增厚、变硬、管腔变窄，最终产生动脉粥样硬化。所以，动脉粥样硬化通常取决于2个条件，一为血脂高，二为动脉血管壁受损。因而，降低血脂，尤其是LDL，能够有效预防动脉粥样硬化的过早形成，甚至还能使已有的动脉粥样硬化产生逆转，使已经硬化的动脉血管恢复正常。

动脉粥样硬化的危害是致命的。一是当动脉血管变脆、硬化、失去弹性以后，在高血压的压力下，动脉血管非常脆弱的部位，如眼底动脉、脑动脉尤其容易破裂与出血，轻者致盲，严重的会致人死亡。二是当动脉血管粥样硬化后，血管壁变厚、管腔变窄，加上血脂又过高，尤其容易形成血栓。由动脉粥样硬化引起的血栓，不仅会致残，影响人的生命质量，甚至还可能导致猝死。

随着人们生活水平的日益改善，高血脂发病呈逐年增多和低龄化趋势。所以，开展中医药防治高血脂的研究，开发安全高效降脂药物是当前的重要任务。因为海洋环境的特殊性和海洋生物的多样性，众多海洋生物中蕴藏着很多生物活性特异、化学结构新颖、对维系生态环境与生命的最佳状态具有重要意义的生物活性物质，在抗肿瘤、抗凝血、降血糖、降血脂、抗氧化、调节免疫等方面发挥重要作用。特别是对降血脂活性物质的研究，已经成为海洋药物领域的热点。

二、低脂食品与人体健康

脂类摄入不当会影响人体健康。若摄入脂肪过多，过剩的脂肪往往会诱发某些恶性疾病。另外，脂肪为能量的重要来源，也是必需脂肪酸的唯一来源，并且是脂溶性维生素的载体，如果单纯减少对脂肪的摄入量，同样不利于人体健康。

因此，低脂食品的研究重点应该是开发出适合各年龄段人群的不同种类的低脂食品，以满足各类人群特别是孕妇、哺乳期妇女、婴儿、儿童、青少年等对脂肪的需求。对改善血脂的功能食品进行合理设计，既要避免因过多摄入脂肪对机体造成的危害，又要保证机体对能量与营养物质的平衡摄入。

（一）低脂食品类型

实践证明，低脂食品可减少肥胖症、癌症以及心脏病的发病率，因此研究与开发低脂食品具有重要意义。营养与食品专家将低脂食品分为以下几种类型。

1. 极低脂肪能量膳食

极低脂肪能量膳食通常仅由含脂肪量极低的饮料构成，每天允许摄入的最高能量为3 334 J。某些极低脂肪膳食容许摄取一餐或两餐低脂肪能量的肉。

2. 素餐

由于素食者不食肉类产品，故素餐倾向于低脂，不摄入或极少摄入动物性食品。素食者主要有以下类型：

（1）严格素食者：不食用一切动物性食品。

（2）乳品素食者：只食用乳制品，不食用其他动物性食品。

（3）奶蛋素食者：只摄入乳制品和鸡蛋。

（4）半素食者：不食用某些动物性食品，如红色肉，但会食用禽类和水产品。

3. 限制脂肪膳食

通过减少对高脂肪和高能量食品的摄入量，严格或适度限制机体对脂肪的吸收和能量的摄取，由脂肪代谢产生的部分能量可用糖类产生的能量来代替。严格限制脂肪能量的膳食是指不食用任何来源的脂肪膳食；适度限制脂肪能量的膳食是指脂肪能量不超过总能量的30%，属于中等限制脂肪能量的膳食。

（二）不同人群的低脂食品

不同人群、不同生理阶段对低脂食品的要求有所不同，因此，根据不同人群和不同生理阶段，将低脂食品分为以下几类。

1. 孕妇的低脂食品

女性在怀孕期间为适应胎儿发育的需要，对能量、蛋白质、维生素和无机盐的需求量增加，其中以能量的需求量增加最为明显，营养物质的摄入量依赖于足够能量的摄入。若怀孕期能量摄入不足，则孕妇体重增加很小，易伴随着"小样儿"（出生体重低于2.5 kg）的出现。因此，低脂食品因不能提供足够的能量，可能会给孕妇带来不良影响。

2. 哺乳期妇女的低脂食品

哺乳期的低脂食品会影响母乳的分泌，所摄入脂肪的种类和数量以及可能获得的能量，也会极大地影响母乳分泌量及其中脂肪酸的成分。母乳中含有婴儿生长发育所需的全部营养物质，包括足量的水、脂质、蛋白质、糖类、维生素和无机盐，低脂食品对母乳中的维生素和脂质影响最大。

母乳中脂肪含量为3.0%～4.5%，来源于乳腺的合成、皮下脂肪的转移以及膳食脂肪的摄取。癸酸、月桂酸、肉豆蔻酸和棕榈酸可由乳腺合成，有些来自母体储备。母乳中的其他脂肪酸来源于血浆甘油三酯，而母乳所含的亚油酸全部来自膳食，且母乳的亚油酸含量与哺乳期妇女膳食中的亚油酸含量有关，但其相关程度在不同个体间变化较大。

无机盐的膳食摄入量与母乳无机盐含量之间的相互关系尚不清楚，但与传统的西式膳食比较，低脂食品含有更多的维生素和无机盐，有助于提高母乳中维生素和无机盐的含量。

3. 婴儿的低脂食品

婴儿对能量的需求是很大的，每千克体重的平均需求量为370~500 kJ，主要为婴儿的体重增加、生长发育及肢体活动提供能量。目前的推荐标准认为，婴儿从脂肪获取能量的最低限是30%，最高限是50%。

在母乳和配方食品中，脂肪所提供的能量占总能量的40%~50%，高脂肪含量的食品对婴儿的快速发育非常有益。婴儿所食的流体食品容量有限，而单位体积脂肪所能提供的能量最多。尽管脂肪摄入量明显增加，实际上被婴儿吸收的数量仍有限，但母乳中的脂肪明显较配方食品中的脂肪容易吸收。

与成年人相似，婴儿对亚油酸的需求量较少，占总能量的2%~4%，母乳中亚油酸含量较少，但未显示出必需脂肪酸的缺乏现象。亚麻酸和它的长链衍生物DHA对婴儿生长必不可少，特别在孕妇怀孕的最后3个月和婴儿出生后的最初3个月期间，DHA和花生四烯酸（亚油酸衍生物）对婴儿的大脑和视网膜发育有着非常重要的作用。

母乳中含有促进婴儿生长发育的DHA，母乳喂养的婴儿，血红细胞中的DHA含量较高；而用富含亚麻酸的配方食品喂养的婴儿，血红细胞中的DHA含量较少。一些婴儿奶粉添加了DHA的前体物质——亚麻酸，但亚麻酸转化为DHA的数量有限。

4. 儿童与青少年的低脂食品

能量是影响儿童和青少年生长速率的主要因素，缺乏足够能量的低脂食品不利于儿童和青少年的正常生长发育。儿童的身高和体重处在稳步增长期，食用低脂食品无法获得足够的能量，导致儿童体形瘦小。进入青春期，青少年的身体生长速率明显加快，如果能量不足，将延迟或阻碍生长发育。

低脂食品能降低高血脂儿童和青少年的血脂水平，但食品的脂肪含量至少要达到30%才能保证儿童和青少年正常的生长发育，脂肪含量低于30%的食品则可致生长迟缓。要保证低脂食品提供充足的能量、蛋白质、维生素和无机盐，满足儿童和青少年生长发育的需求，必须对低脂食品的营养结构做精心的调配。

5. 成年人的低脂食品

对于成年人来说，食用低脂食品降低血脂水平是非常必要的。低脂食品的总脂肪与饱和脂肪酸含量较日常膳食少25%~50%，但可以通过提高糖类含量的方法，来补充由于脂肪量的减少而造成的能量不足。研究表明，低脂食品可降低高脂血症患者和正常血脂者的总胆固醇水平和LDL的含量。然而，食品中糖类的增加通常会增加甘油三酯水平，对高脂血症患者不利。

三、具有辅助降血脂作用的海洋食品资源

最早从鲨鱼软骨中提取的药用成分是硫酸软骨素，主要治疗心血管疾病，可预防动脉硬化与血管内部斑块的形成，防止脂质沉积，抑制血栓生成，具有抗凝血与降血脂功能。另外，鱼油和鱼制品也具有明显的降低总甘油三酯与总胆固醇的功能。

海参为我国传统的补益药，含有酸性黏多糖、胶原蛋白、海参皂苷、脑苷脂和凝

集素等多种活性物质。研究显示，酸性黏多糖可以改善大鼠血脂水平，保护血管内皮细胞。关于其降血脂功能的机制，一般认为和其能提高毛细血管内皮脂蛋白脂酶的活性与促进该酶的释放有关系。

壳聚糖作为一种高分子物质，经动物、人体以及临床实验都已确证具有明显的降血清胆固醇和降血脂作用。由壳聚糖降解得到的壳寡糖对胆固醇的吸附能力能够使高脂血症小鼠血清中总甘油三酯含量、谷丙转氨酶（ALT）与谷草转氨酶（AST）的活性明显降低，HDLC与甘油三酯的比值明显升高，显著升高肝脏中总巯基的含量，降低肝脏中的MDA含量，说明壳寡糖具有显著降血脂与保护肝脏的功能。目前利用壳聚糖生产的具有调节血脂功能的功能食品有10多种。

不饱和脂肪酸的作用之一是使胆固醇酯化，从而降低体内血清和肝脏的胆固醇水平。在没有亚油酸与亚麻酸等必需脂肪酸时，胆固醇会被更多的饱和脂肪酸所酯化，易在动脉血液中积聚，导致胆固醇的代谢程度降低，从而出现动脉粥样硬化症状。低熔点PUFA所形成的胆固醇酯熔点较低，易于乳化、输送与代谢，不容易在动脉血管壁上积聚沉淀物而诱发动脉硬化和冠心病。大量研究证实，使用富含PUFA的油脂（如谷物胚芽油、红花油、米糠油等）代替膳食中富含饱和脂肪酸的动物脂肪，可以显著降低血清胆固醇含量。摄入富含饱和脂肪酸的动物脂肪容易引起高血脂，这是因为饱和脂肪酸和血液中胆固醇形成酯的熔点高，极易沉积在血管内壁。但富含PUFA的功能性油脂在此方面正好与之相反。大量实验研究证实，ω-3型多烯脂肪酸，尤其是EPA和DHA，具有明显的辅助降血脂、降低血清胆固醇作用。发达国家为增加ω-3型多烯脂肪酸的摄入量，通常鼓励吃鱼、含鱼油膳食或纯鱼油。有些国家提出了ω-3型多烯脂肪酸在生命周期各阶段的推荐量，对深海鱼油摄入量与降脂作用的量效关系应该进一步研究。

海蜇糖胺聚糖、蛤肉酸解液和毛蚶水解液等对高脂血症小鼠血清总甘油三酯和总胆固醇均有显著的降低作用。

海洋药用植物种类繁多，绝大多数是各种藻类（包括褐藻、绿藻、红藻与蓝藻等）。人们早已发现一些海藻提取物具有降血脂等生物活性。

（1）褐藻多糖硫酸酯也就是褐藻糖胶，存在于褐藻细胞间组织中或黏液基质中。褐藻多糖硫酸酯在医药方面具有降脂、抗凝、抗肿瘤、解重金属毒与抗HIV的功能。从多种褐藻中提取的岩藻甾醇能够使血液中胆固醇含量下降83%，并可以减少脂肪肝与心脏内脂肪的沉积，其同系物异岩藻甾醇和马尾藻甾醇亦有降胆固醇功能。

（2）条斑紫菜及其提取液的主要成分是紫菜多糖和蛋白质，具有降血脂、防止动脉粥样硬化的功能。

（3）观察孔石莼热水提取的多糖与孔石莼乙醇提取物中的有效成分对小鼠实验性高脂血症水平的影响，发现孔石莼多糖高、中、低3个剂量组都具有降低小鼠血清总胆固醇、总甘油三酯与LDLC的功效，而高剂量组具有升高HDLC的作用，明显增加HDLC与甘油三酯比值。孔石莼乙醇提取物中的有效成分也具有降低血清总胆固醇、总甘油三酯与LDLC的作用，其降甘油三酯的作用稍微次于孔石莼多糖，但其降低总胆固醇、升高

HDLC与甘油三酯比值的功能优于孔石莼多糖。

（4）钝顶螺旋藻多糖除了能明显降低四氧嘧啶型糖尿病大鼠血糖水平以外，相同剂量的钝顶螺旋藻多糖还能显著降低四氧嘧啶型糖尿病大鼠血清总胆固醇、总甘油三酯、LDLC水平，并能明显提升大鼠血清HDLC。所以，钝顶螺旋藻多糖能显著降低四氧嘧啶型糖尿病大鼠的血糖和血脂。

四、辅助降血脂功能食品的评价

（一）评价指标

（1）血清总胆固醇含量。

（2）血清总甘油三酯含量。

（3）血清HDLC含量。

（4）血清LDLC含量。

（5）血清极低密度脂蛋白胆固醇（VLDLC）含量。

（6）动脉硬化指数。动脉硬化指数升高，意味着血液内LDLC相对浓度增高，而HDLC相对浓度降低，患动脉粥样硬化危险增加。

（7）LCAT活性。LCAT活性升高，意味着血清中胆固醇快速进入HDL表层而酯化成胆固醇酯。胆固醇酯因分子大而不易侵入血管内膜，从而降低了患动脉粥样硬化的危险性。同时，在HDL表层的胆固醇也形成胆固醇酯，进入内层而被HDL带到肝脏排出，加速了胆固醇的清除。

（8）血清载脂蛋白（Apo）含量。各种脂蛋白中所含载脂蛋白的种类与组成不同。载脂蛋白在脂质代谢过程中发挥关键性的作用，所以，对它的分析测定已引起人们的重视。在HDLC颗粒所含的蛋白质中，90%以上为载脂蛋白A_1（$ApoA_1$）和载脂蛋白A_2（$ApoA_2$）；在LDLC中，蛋白质总量的95%以上为载脂蛋白B（ApoB）。所以目前许多研究是用$ApoA_1$和$ApoA_2$含量反映HDLC的水平，用ApoB含量反映LDLC的水平。

（二）评价方法

1. 试验项目

（1）动物试验项目：体重、血清总胆固醇、甘油三酯、HDLC等。

（2）人体试食试验项目：血清总胆固醇、甘油三酯、HDLC等。

2. 试验原则

（1）动物试验与人体试食试验所列指标均是必测项目。

（2）动物试验选用脂代谢紊乱模型法，预防性或者治疗性任选一种。

用高胆固醇与高脂类饲料喂养动物，可以建立脂代谢紊乱动物模型，再给予动物受试样品或者在造模时同时给予受试样品，可以检测受试样品对高脂血症动物的影响，并可判定受试样品对脂质的吸收、脂蛋白的形成、脂质的降解或者排泄的影响。

"预防性"给受试样品：在试验环境下给大鼠喂饲基础饲料，观察5～10 d，然后取尾血，测定血清总胆固醇、总甘油三酯、HDLC水平。根据血清总胆固醇水平，进行随机分组，在给予高脂饲料的同时给予不同剂量的受试样品，定期称体重，从试验结束开始禁食16 h，测血清总胆固醇、总甘油三酯、HDLC水平。

"治疗性"给受试样品：在试验环境下给大鼠喂饲基础饲料，观察5~10 d，然后取尾血，测定血清总胆固醇、总甘油三酯、HDLC水平。自正式试验开始各组动物换用高脂饲料喂饲7~10 d，取尾血，测定血清总胆固醇、总甘油三酯、HDLC水平，与喂饲高脂饲料前比较上述指标是否发生显著变化，以确定是否已形成高脂血症模型。再根据总胆固醇水平，进行随机分组。试验组将受试样品经口灌胃，对照组给同体积的溶剂，继续给予高脂饲料喂养，并定期称体重。从试验结束开始禁食16 h后，抽血测定血清总胆固醇、总甘油三酯、HDLC水平。

（3）在进行人体试食试验之前，应先对受试样品的食用安全性做进一步的观察。

选择单纯血脂异常的人群，保持平常饮食，半年内采血2次。受试者如果这2次血清总胆固醇均为5.2~6.24 mmol/L或者血清总甘油三酯均为1.65~2.2 mmol/L，则可作为备选对象。受试者最好是非住院的高血脂患者，自愿参加试验。

受试期间保持平常的生活与饮食习惯，空腹取血测定各项指标。但以下人员不可作为人体试食试验对象：年龄在18岁以下或者65岁以上者，妊娠或者哺乳期妇女，对功能食品过敏者，有心、肝、肾与造血系统等严重疾病，精神病患者，短期内服用和受试功能有关的物品会影响到对结果的判断者，未按规定食用受试样品而无法判定功效者，资料不全影响功效与安全性判断者。

3. 结果判定

（1）动物试验。

辅助降血脂功能结果的判定：在血清总胆固醇、总甘油三酯、HDLC3项指标检测中血清总胆固醇、总甘油三酯2项指标阳性，可判定该受试样品辅助降血脂功能动物试验结果为阳性。

辅助降低甘油三酯结果的判定：① 血清总甘油三酯2个剂量组结果阳性；② 血清总甘油三酯1个剂量组结果阳性，同时HDLC结果阳性。符合任一条件即可判定该受试样品辅助降低甘油三酯动物试验结果为阳性。

辅助降低血清总胆固醇结果的判定：① 血清总胆固醇2个剂量组阳性；② 血清总胆固醇1个剂量组结果阳性，同时HDLC结果阳性。符合任一条件即可判定该受试样品辅助降低血清总胆固醇动物试验结果为阳性。

（2）人体试食试验。

血清总胆固醇、甘油三酯2项指标阳性，HDLC不显著低于对照组，可判定该受试样品具有辅助降血脂功能。

血清总胆固醇、甘油三酯2项指标中1项指标阳性，HDLC不显著低于对照组，可判定该受试样品具有辅助降低血清总胆固醇或辅助降低甘油三酯的作用。

第六节 辅助降血压作用

一、高血压的概念和分类

高血压为持续血压过高的疾病，会引起脑卒中、心脏病、血管瘤、肾衰竭等疾病。高血压是一种以动脉压升高为特征，可能伴有心脏、脑、血管与肾脏等器官功能性或者器质性改变的全身性疾病，它有原发性高血压与继发性高血压之分，按血压水平可分为1～3级。高血压发病的原因很多，可分为遗传与环境两方面。在未用抗高血压药情况下，高血压患者的收缩压≥140 mmHg和/或舒张压≥90 mmHg。收缩压≥140 mmHg与舒张压<90 mmHg的属于单纯性收缩期高血压。患者既往有高血压病史，目前正在用抗高血压药，血压虽低于140/90 mmHg，亦应诊断为高血压。

（一）高血压的分类

高血压按发病缓急与病程进展，可分为缓进型与急进型，以缓进型多见。

1. 缓进型高血压

（1）早期表现：早期多无症状，偶尔体检时发现高血压。血压升高，或者在精神紧张，情绪激动及劳累后有头痛、头晕、眼花、耳鸣、乏力、失眠、注意力不集中等症状，可能是高级精神功能失调所致。早期血压仅暂时升高，随病程进展血压持续升高，脏器受累。

（2）脑部表现：头痛、头晕常见。多由于过度疲劳、情绪激动、气候变化或者停用降压药而诱发，会导致视力障碍、剧烈头痛、恶心、抽搐、呕吐、昏迷、失语、一过性偏瘫等。

（3）心脏表现：早期，心功能代偿，症状不明显；后期，心功能失代偿，发生心力衰竭。

（4）肾脏表现：长期高血压致肾小动脉硬化。肾功能减退时，可引起多尿、夜尿，尿中含蛋白、红细胞或尿液管型。尿浓缩功能低下，酚红排泄和尿素廓清障碍。出现氮质血症及尿毒症。

2. 急进型高血压

急进型高血压也称恶性高血压，占高血压病的1%，可从缓进型突然转变而来。恶性高血压可能发生在任何年龄，但以30～40岁为最多见。血压明显升高，舒张压多在17.3 kPa（130 mmHg）以上，有口渴、乏力、多尿等症状。视力迅速减退，眼底有视网膜出血或者渗出，常有双侧视神经乳头水肿。迅速出现蛋白尿、血尿与肾功能不全。也可能发生心力衰竭、高血压脑病与高血压危象，病程进展迅速，多死于尿毒症。

（二）高血压的分期

第一期高血压患者血压达确诊高血压水平，临床无心、脑、肾损害征象。

第二期高血压患者血压达确诊高血压水平，并有下列一项：① 体检、X线、心电图或者超声心动图示左心室扩大；② 眼底检查，眼底动脉普遍或者局部狭窄；③ 蛋白尿或者血浆肌酐浓度轻度增高。

第三期高血压患者血压达确诊高血压水平，并有下列一项：① 脑出血或高血压脑病；② 心力衰竭；③ 肾功能衰竭；④ 眼底出血或渗出，伴或不伴有视神经乳头水肿；⑤ 心肌梗死、心绞痛、脑血栓形成。

（三）不同人群的高血压

1. 小儿高血压

原发性高血压在小儿少见，占20%~30%，但近年来有增加的趋势；继发性高血压较多，占65%~80%。在小儿继发性高血压中，肾脏疾病占79%，其次为心血管疾病、内分泌疾病、神经系统疾病和中毒等。

2. 妊娠高血压综合征

也是以往所说的妊娠中毒症、先兆子痫等，是孕妇特有的病症，多数发生在妊娠20周至产后2周，约占所有孕妇的5%。

3. 老年收缩期高血压

是指60岁以上的老年人收缩压高于正常水平而舒张压正常，是一种独立类型的疾病，是发生老年心血管疾病和脑卒中的独立危险因素，是影响老年人健康的重要疾病。

（四）原发性和继发性高血压

1. 原发性高血压

在绝大多数患者中，高血压的病因不明，称之为原发性高血压，占总高血压者的95%以上。

2. 继发性高血压

继发于其他疾病。最常见的是由肾脏与肾上腺疾病所致的高血压以及内分泌性高血压。

二、高血压的病理病因

（1）年龄：发病率有随年龄增长而增高的趋势，40岁以上者发病率较高。

（2）食盐：摄入食盐多者，高血压发病率高。有人认为食盐摄入量低于2 g/d，几乎不发生高血压，3~4 g/d的高血压发病率为3%，4~15 g/d的发病率为33.15%。

（3）体重：肥胖者发病率高。

（4）遗传：大约半数高血压患者有家族史。

（5）环境与职业：有噪音的工作环境、过度紧张的脑力劳动均容易诱发高血压，城市居民的高血压发病率高于农村。

三、血压调控机制

多种因素都可以引起血压升高。心脏泵血能力加强（如心脏收缩力增加等），使每秒钟泵出心脏的血液增加。另外，大动脉失去了正常弹性，变得僵硬，当心脏泵出血液时，大动脉不能有效扩张，因此，血流通过比正常大动脉狭小的空间，导致压力升高。这就是高血压多发生在动脉粥样硬化导致动脉壁增厚、僵硬的老年人的原因。受神经与血液中激素的刺激，全身小动脉可暂时性收缩，同样也引起血压的升高。可能导致血压升高的第4个因素是循环中血液容量增加。这常见于肾脏疾病，肾脏不能有效排出体内的钠盐与水分，体内血容量增加，导致血压升高。相反，如果心脏泵血能力受限、血管扩张或者过多的体液丢失，都可导致血压下降。这些因素主要是通过肾脏功能与自主神经系统（自动地调节身体许多功能的神经系统）的变化来调控。

四、高血压的疾病诊断

WHO建议使用的血压标准是：凡正常成人收缩压应该小于140 mmHg（18.6 kPa），舒张压小于90 mmHg（12 kPa）。收缩压在140～159 mmHg（18.9～21.2 kPa），舒张压在90～94 mmHg（12.1～12.5 kPa），为临界高血压。诊断高血压时，必须多次测量血压，至少有连续2次舒张压的平均值在90 mmHg（12.0 kPa）或以上才能确诊为高血压。仅1次血压升高者尚不能确诊，但需随访观察。

根据血压升高的不同，高血压分为3级：

（1）1级高血压（轻度）：收缩压140～159 mmHg，舒张压90～99 mmHg。

（2）2级高血压（中度）：收缩压160～179 mmHg，舒张压100～109 mmHg。

（3）3级高血压（重度）：收缩压≥180 mmHg，舒张压≥110 mmHg。

单纯收缩期高血压的收缩压≥140 mmHg，舒张压＜90 mmHg。

五、辅助降血压功能食品的配制原则

合理调配饮食是治疗高血压的重要措施之一。对高血压一期和二期患者，限制饮酒、限制钠盐、降低体重等方法可代替或促进药物疗法。在此，主要讨论原发性高血压的饮食疗法。辅助治疗继发性高血压的食品应该在原发病确诊后，配合临床治疗方法，针对原发病进行配制。

饮食治疗的目的是适当限制热量与食盐摄入、减缓脂肪与胆固醇的代谢，并给予含镁盐与维生素C丰富的食物，利尿、减轻体重、调节血管张力、保护心脏。

辅助降血压功能食品的配制要遵循以下原则：

1. 限制总热量

限制摄食的总热量，避免肥胖，因为体重增加，对高血压病不利。研究发现，体重每增加12.5 kg，收缩压可上升1.33 kPa，舒张压可上升0.93 kPa。因此，应设法使体重略低于标准体重。高血压患者每日每千克体重以供给105～147 kJ热量为宜。

2. 供给适量的蛋白质

高血压饮食中蛋白质含量究竟以多少为宜，说法不一。有人认为，蛋白质在肠道消化过程中可能产生胺、脂肪酸、氨、吲哚与甲基吲哚等对人体有害并引起血压波动的物质，应该严格限制蛋白质，尤其要限制动物蛋白的摄入，主张素食。但是，在制备辅助降血压功能食品时，还应全面考虑蛋白质生理功能的重要性。蛋白质是生命的物质基础，也是维持心肌正常机能所必需的营养物质，其生理功能不能用糖类和脂肪替代。若长期严格限制蛋白质，对机体和调节心血管机能的内分泌腺都将产生不良影响。而在心

血管疾患时，血管内出现不同程度的脂类浸润，内分泌腺机能低下将加重脂类代谢的紊乱。因此，应选择优质蛋白质食物以维持内分泌腺的正常功能。每日饮食中蛋白质含量以每千克体重1.0 g为宜，其中动植物蛋白可各占50%。动物蛋白可选用鱼肉、鸡肉、牛肉、瘦猪肉、牛奶等。如果并发肾功能不全，血中非蛋白氮增高，必须适当限制蛋白质，以减轻肾脏负担。

3. 采用适量植物油

脂肪过多，可使体重增加，加重心脏的负担，影响心脏的收缩能力，对高血压不利，因此辅助降血压功能食品的脂肪供给量要比正常量略低，每日可供给脂肪40~50 g。且宜采用植物油，如豆油、菜籽油、芝麻油、花生油等。植物油有如下优点：不含胆固醇而多含不饱和脂肪酸，可降低血清胆固醇；多含有维生素E，能扩张小血管，具有抗凝血作用，对防止血栓塞有益；含有较多的亚麻酸，对增强微血管的弹性，预防血管破裂也有一定作用。

4. 运用复合糖类

食物纤维能促进肠道蠕动，促进胆固醇的排出，对高血压病的防治有利。因此，辅助降血压功能食品宜采用淀粉、糙米、玉米、小米等植物纤维较多的食物，避免摄入过多单糖及双糖（如蔗糖、果糖等），以防血脂增高。

5. 限制胆固醇

研究表明，饮食中胆固醇每增加100 mg，血浆胆固醇水平会升高3~5 mg。若长期进食高胆固醇的食物，可导致β-脂蛋白血症，促使动脉内膜的脂质沉积，加重高血压病的发展。因此，高血压患者每日饮食中胆固醇含量不应超过300~400 mg。辅助降血压功能食品应避免采用含大量胆固醇的食物，如卵黄、动物内脏、脑髓、肥肉、贝类、动物油等。

6. 供给充足维生素

实验证明，大量维生素可促使胆固醇氧化为胆酸而排泄，从而降低血胆固醇，防止高血压病的发展，且维生素C能影响心脏代谢，从而改善心脏的功能和血液循环。因此，辅助降血压功能食品宜多用绿叶蔬菜和新鲜水果，如橘子、大枣、柠檬、西红柿、芹菜叶、油菜、小白菜、莴笋叶等。

7. 选用降血压和降血脂的食物

降血压的食物有芹菜、胡萝卜、西红柿、荸荠、黄瓜、冬瓜、木耳、海带、苹果、香蕉、西瓜等，降血脂的食物有山楂、香菇、大蒜、洋葱、甲鱼、海水鱼等。

8. 减少食盐供给量

食盐中含有大量钠离子。人体摄入过多钠离子，会增加细胞外血液容量和心排出量，并能增加血液黏稠度，促使血管收缩、血压升高。钠离子过多还会增加肾脏负担。人群普查与动物实验证明，食盐摄入量越多，高血压患病率越高。饮食中限制食盐量，有助于降血压。高血压患者饮食中的食盐供给量以每日限制在5 g以下为宜。如有耳鸣、眩晕、心力衰竭或浮肿，或有急进型高血压，食盐供给量每日应限制在1 g以下。

9. 采用含镁盐

镁盐可降低血液中胆固醇含量，并能帮助血管舒张，加强肠壁蠕动，促使胆汁排空，促进废物的排出，降低血压。高血压病有血胆固醇增加与肠道机能障碍（习惯性便秘）时，可采用含镁盐高的食物，如高粱、小米、荞麦、白薯、芹菜、苋菜、豆类，每日供给镁盐含量应在300 mg以上。

10. 采用含钾食物

钾盐能促进胆固醇排出，增加血管弹性，利尿，有利于改善心肌收缩能力。高血压二期、三期伴有心脏机能不全及动脉硬化时，饮食中应采用含钾高的食物，如龙须菜、豌豆苗、土豆、芋头、莴笋、芹菜、丝瓜、茄子等。

此外，对高血压防治有益的食物还有荠菜、莼菜、刺菜、菠菜、海菜（如浒苔）、桑葚、柿子等。能防治高血压的中草药有松黄、淡菜、葫芦、灰条、灵芝、菊脑、茼蒿、梧桐、莠子等。长期饮茶具有防治高血压的作用。海带含有具有降血压作用的褐藻氨酸，所含的褐藻酸钾有调节钠钾平衡作用，因而是防治高血压的良好食物。有人用海带根治疗高血压，在接受治疗的158人中，显效的有86人，且患者的血脂也降低了，胆固醇降低者占58%，甘油三酯降低者占50.3%。海带等含糖量高达30% ~ 57%，能提供能量，且所含的岩藻多糖为海藻独特的黏性成分，是陆生蔬菜所不具有的，有阻止动物活细胞凝集反应的功能，可以防止因血液黏性增大而导致血压升高。

第七节　辅助降血糖作用

一、糖尿病的概念和分类

糖尿病是由遗传和环境因素相互作用而引起的常见慢性内分泌疾病，临床以高血糖为主要标志，常见症状有多饮、多尿、多食以及消瘦等。主要原因是体内胰岛素不足（绝对缺乏或相对缺乏）及胰岛素受体的不敏感或数量减少而引起的糖、脂肪、蛋白质代谢紊乱。

血糖是指血液中的葡萄糖，是糖类在体内的运输形式，是为人体提供能量的主要物质。一方面，正常人体每天需要很多的糖来提供能量，为各种组织、脏器的正常运作提供动力。所以，任何人在任何时间、任何情况下都离不开血糖。另一方面，血糖既不能高，也不能低，必须维持在一个正常范围内。正常情况下，人体内血糖浓度有轻度的波动。一般来说，餐前血糖略低，餐后血糖略有升高。但这种波动是保持在一定的范围内的。正常人空腹血糖浓度一般在3.89 ~ 6.11 mmol/L，餐后2 h血糖略高，但也应小于7.78 mmol/L。

在正常情况下，人体摄入的糖类在肠道内通过多种消化酶的作用，可分解为单糖，如葡萄糖、果糖、半乳糖等。血液中的葡萄糖除主要来自肠道吸收外，还有部分来自肝糖原分解或糖原异生（即由蛋白质和脂肪转化为糖）释放出来的葡萄糖。血液中的葡萄糖绝大部分经过氧化分解，即通过加磷酸作用和三羧酸循环等，最后转变为身体组织细胞所需的热能；一部分合成糖原储存于肝脏、肌肉等组织细胞内；还有一部分转化为非糖物质如非必需氨基酸等，以及合成脂肪。体内既有升高血糖的因素，也有降低血糖的因素，这两方面的因素彼此相互作用、相互制约、相互平衡，使人体的血糖维持在理想水平。

当空腹血糖浓度高于7.0 mmol/L时，称为高血糖。当血糖浓度达到8.89～10.00 mmol/L或更高时，已超过了肾小管的重吸收能力，就会出现尿中有葡萄糖的糖尿现象。持续性出现高血糖和糖尿就是糖尿病。

一般来说，糖尿病分为Ⅰ型、Ⅱ型、妊娠糖尿病和其他特异型4种，常见的有Ⅰ型和Ⅱ型。

1. Ⅰ型糖尿病

Ⅰ型糖尿病又称胰岛素依赖型糖尿病（IDDM），可发生于各年龄段，但多见于儿童和青少年。患者体内胰岛素分泌绝对不足，葡萄糖无法被利用而使血糖升高。临床症状为起病急、多尿、多饮、多食、体重减轻等，有发生酮症酸中毒的倾向，须依赖胰岛素维持生命。此类型糖尿病占糖尿病患者总数的5%左右。

2. Ⅱ型糖尿病

Ⅱ型糖尿病又称非胰岛素依赖型糖尿病（NIDDM），可以发生在任何年龄，但多见于30岁以上中老年人。胰岛素的分泌量并不低甚至还偏高，病因主要是机体对胰岛素不敏感（即胰岛素抵抗）。一般来说，这种类型起病慢，临床症状相对较轻，但是在一定诱因下也可发生酮症酸中毒或者非酮症高渗性糖尿病昏迷。患者通常不依赖胰岛素维持生命，但在特殊情况下有时也需要用胰岛素控制高血糖。此类型糖尿病占糖尿病患者总数的95%左右。

二、糖尿病对人体健康的危害

糖尿病无法治愈。其主要危害在于它的并发症，尤其为慢性并发症。有10年以上糖尿病病史的患者，78%以上都有程度不同的并发症，患糖尿病20年以上的人有95%出现视网膜病变。糖尿病患者较正常人患心脏病的可能性高2～4倍，患脑卒中的危险性高5倍，50%以上的老年糖尿病患者死于心血管疾病。除此之外，糖尿病患者还可能患肾病、消化道疾病、神经病变等。

（一）急性并发症

1. 糖尿病合并感染

糖尿病合并感染发病率高。糖尿病与感染互为因果，必须兼治。常见糖尿病合并感染包括肺结核感染、呼吸道感染、泌尿系统感染与皮肤感染。若皮肤感染反复发生，有时可酿成败血症。

2.糖尿病高渗综合征

糖尿病高渗综合征多发生于中老年，半数无糖尿病病史，临床表现包括脱水严重，有时可因偏瘫、昏迷等临床表现而被误诊为脑血管意外，死亡率高达50%。其原因是糖尿病患者胰岛素缺乏，引起糖代谢严重紊乱，脂肪及蛋白分解加速，酮体大量产生，血酮浓度显著升高，出现酮症酸中毒与高渗性非酮症昏迷。

3.乳酸性酸中毒

乳酸性酸中毒患者多有心、肝、肾疾病史，或者曾有休克、缺氧、饮酒、感染、大量服用"降糖灵"史，症状不特异，死亡率高。

（二）慢性并发症

1.对心脑血管的危害

对心脑血管的危害为糖尿病的致命性并发症。高血糖、高黏血症、高血脂、高血压使得糖尿病患者心脑血管病的发病率与死亡率呈指数性上升，为非糖尿病患者的3.5倍。这也是Ⅱ型糖尿病患者最主要的死亡原因。

2.对周围血管的危害

糖尿病对周围血管的危害主要是使下肢动脉粥样硬化。糖尿病患者因为血糖升高，可以引起周围血管病变，局部组织对损伤因素更敏感，在外界因素损伤局部组织或者局部感染时，较一般人更易发生局部组织溃疡。这种危险最常见的部位就是足部，故称为糖尿病足。其临床表现为下肢疼痛、溃烂，严重供血不足，可导致肢端坏死。糖尿病下肢血管病变造成截肢者要比非糖尿病患者多10倍以上。据统计，40%的Ⅱ型糖尿病患者可发生糖尿病足。

3.对肾脏的危害

因为糖尿病而导致的高血糖、高血脂、高血压，使肾小球微循环滤过压异常升高，促使糖尿病肾病发生与加重。尿毒症患病率比非糖尿病者高17倍，这是Ⅰ型糖尿病患者早亡的重要原因。患者可有蛋白尿、浮肿、高血压等症状，晚期则发生肾功能不全。

4.对神经的危害

糖尿病神经病变是糖尿病最常见的慢性并发症之一，是糖尿病致死与致残的重要原因，主要体现在对感觉神经、运动神经和自主神经的危害。其临床表现如下：四肢末梢麻木；灼热感疼痛或冰冷刺痛；感觉过敏，重者辗转反侧，彻夜不眠；局部肌肉可萎缩；排汗异常（无汗、少汗或者多汗）；站立位低血压；心动过速或过缓；尿失禁或尿潴留；腹泻或便秘；阳痿。

5.对眼球的危害

糖尿病视网膜病变和糖尿病性白内障是糖尿病危害眼球的主要表现。糖尿病还能引起青光眼与其他眼病。最终糖尿病患者双目失明的概率比非糖尿病者高25倍，是糖尿病患者残疾的主要原因之一。流行病学研究表明：Ⅰ型糖尿病患者在最初2年内发生糖尿病视网膜病变的占2%，有15年以上糖尿病病史的患者视网膜病变发病率高达98%；Ⅱ型糖尿病患者20年后，使用胰岛素与不使用胰岛素的患者糖尿病视网膜病变发病率分别为

60%和84%。早期糖尿病视网膜病变可表现为水肿、出血、微血管瘤、渗出等背景性改变，晚期则出现新生血管的增殖性病变。糖尿病视网膜病变通常不可逆，是导致糖尿病患者失明的主要原因。血糖控制得好虽然可延缓或减轻糖尿病视网膜病变的发展，但不能阻止糖尿病视网膜病变的发展。

由此可见，糖尿病对人体健康的危害是十分严重的。

三、辅助降血糖功能食品的开发原则

1. 控制每日摄入食物所提供的总热量在仅能维持标准体重的水平

糖尿病患者血糖、尿糖浓度虽然高，但机体对热能的利用率较低，机体仍然需要更多的热能，以弥补尿糖的损失。一般以每日每千克体重供给130~210 kJ热能。有研究表明，对大多数NIDDM肥胖患者，通过减轻体重6~20 kg，即使没有达到理想体重，其有利作用也十分明显，包括血糖控制改善、血脂水平降低等。因此，大多数NIDDM肥胖患者应进行中等程度的减重，应通过减少能量的摄入并增强体力活动来达到每天能量负平衡（−4 184~−2 092 kJ/d），直到达到理想体重为止。正常体重的NIDDM患者则不应过分限制饮食，但是总热能的摄入量也不宜过多，以保持正常体重。对于体重较轻或者体质虚弱的患者，应该提供足够的热能。

2. 限制脂肪的摄入，保证有一定数量的优质蛋白质

有人认为，脂肪代替糖类可避免胰脏负担过重。但脂肪会产生很高的热量，因此，摄入过多富含脂肪的食物将产生多余的热量，可能导致体重增加。长期采用高脂肪膳食可能患心血管疾病，这类疾病是现今美国糖尿病患者死亡的首要病因。已有很多研究表明，吃超量脂肪会降低身体内胰岛素的活性，使血糖升高，而减少脂肪（特别是饱和脂肪酸）的摄入会降低心脑血管疾病发生的风险。目前糖尿病患者的脂肪摄入量已由30~40年前的占能量40%以上降至20%~30%，目的是为了防止或延缓心血管疾病并发症的发生与加重。脂肪供给量按每日每千克体重计算应当不超过1 g，并减少饱和脂肪酸的供给，增加PUFA供给。多数人主张膳食中饱和脂肪酸、PUFA与单不饱和脂肪酸的比值为1:1:1。另外，胆固醇的摄入量要小于300 mg/d。

很早之前人们就已认为糖尿病患者需要更多的蛋白质，因为未加控制的糖尿病患者的蛋白质会过度降解，蛋白质供给量应较正常人适当增多。现在知道，膳食中过量的蛋白质可能刺激胰高血糖和生长激素的过度分泌，二者都能抵消胰岛素的作用。对于糖尿病患者，蛋白质的摄入也要求能够充分保证正常的生长发育、保持机体功能，一般推荐蛋白质的摄入占总能量的20%，老年人适当增加。有些研究指出，低蛋白质膳食可预防糖尿病患者肾病的发生或减慢糖尿病患者肾病的加重。但也有人提出，对没有确诊为肾衰竭的糖尿病患者这种膳食并无保护作用。每千克体重的蛋白质摄入量不足0.8 g会发生氮的负平衡。绝大多数情况下仍建议糖尿病患者每天摄入的蛋白质应达到总能量的10%~20%，确诊有肾衰竭时每千克体重应限制在0.8 g。

3.适当控制糖类的摄入

高糖会过度刺激胰脏分泌胰岛素，还会使血液甘油三酯水平增高，并伴随着糖类利用率的降低，可能还伴随着心血管病的发生。所以，应适当控制糖类的摄入，包括控制摄入总量、每次摄入量、摄入时间以及摄入糖类的组成。糖类摄入总量以每日摄入200～300 g为宜，所供热能应控制在总热能的50%～60%。增加餐次、减少每餐进食量，严格限制单糖和双糖的食用量，最好选用富含多糖的食品（如谷物等），并且加入一些芋头、马铃薯、山药等根茎类蔬菜混合食用。因为不同食物来源的糖类在消化、吸收、食物相互作用方面的差异及由此引起的血糖与胰岛素反应有区别，混合膳食使糖的消化吸收减缓，有利于对糖尿病病情的控制。

4.增加膳食纤维摄入量

膳食纤维摄入太少是西方人糖尿病发病率高的重要原因。增加膳食纤维的摄入量可改善末梢组织对胰岛素的敏感性，降低对胰岛素的要求，从而达到调节血糖水平的作用。增加纤维摄入量还可有效地降低血清胆固醇和LDL值，并使HDL值上升，对糖尿病患者也是非常有利的。近年来的研究证明，经常食用高膳食纤维食品的人，空腹血糖水平低于少吃食物纤维者。

5.补充维生素、微量元素

维生素C、B族维生素等在糖代谢中起重要作用，它们的量充足与否对糖尿病患者的血糖水平有很大的影响。微量元素如硒、铬、锌等对控制糖尿病患者的病情有很大的作用。

四、海洋生物活性物质辅助降血糖作用的研究

降糖药物通常包括胰岛素注射液、口服西药与中成药。临床验证，胰岛素注射液与西药虽短期降糖作用明显，但是治疗毒副作用大，易导致低血糖，且价格昂贵。所以，从天然药物中筛选与研究安全、有效、方便使用的降糖药物，已经为世界各国医药工作者所重视。

1.海藻降血糖活性物质

海藻为海洋中有机物的初级生产者与无机物（包括氯、溴、碘等卤素）的天然富集者，在海洋生态系统中处于"金字塔"的底层——被摄食的地位。海藻和寄生、共生于其中的微生物还存在着复杂的关系，因此海藻常能合成某些具有抗菌、细胞毒性等活性的次级代谢产物来保护自己。

螺旋藻中的糖蛋白成分能显著降低四氧嘧啶诱导的糖尿病小鼠血糖浓度，降低重症糖尿病小鼠的死亡率，和阳性对照药物盐酸二甲双胍相比，作用温和，即使增加提取物的用量，也不会出现低血糖的副作用。从螺旋藻中分离纯化的螺旋藻多糖对正常小鼠血糖无明显影响，而相同剂量的螺旋藻多糖对链脲佐菌素糖尿病小鼠的高血糖有显著的抑制作用，与模型对照组相比，100 mg/kg和200 mg/kg螺旋藻多糖组的血糖降低率分别为23.6%与30.1%，差异非常显著。螺旋藻多糖还能明显对抗肾上腺素的升血糖作用，可能

和其抑制肝糖原分解、增进外周组织对葡萄糖的摄取与利用有关。

多管藻总酚能明显抑制α–葡萄糖苷酶的活性，15 g/L多管藻总酚抑制率达到75%。多管藻总酚有显著的体外抑制蛋白质酪氨酸磷酸酯酶1B活性的功能，虽然对正常小鼠没有降血糖作用，但是可以使糖耐量曲线趋于平缓，能明显提高四氧嘧啶糖尿病小鼠糖耐量，减少实验性糖尿病小鼠的空腹血糖。这可能是由于多管藻总酚能促进已损伤胰岛B细胞的修复和再生，提高胰岛的分泌功能。

羊栖菜降血糖作用可能是羊栖菜中的羊栖菜多糖、膳食纤维与微量元素铬等活性物质综合作用的结果。羊栖菜提取物对正常小鼠没有降血糖作用，有防止糖尿病动物血糖水平上升的功能。羊栖菜高剂量多糖与醇提取物均能够显著降低四氧嘧啶糖尿病小鼠血糖水平。羊栖菜多糖能显著地降低大鼠的血糖浓度，有明显的剂量效应关系；能促进糖尿病小鼠的负荷糖耐量，显著提高糖尿病小鼠对糖的耐受能力。

海带多糖可以降低四氧嘧啶诱导的糖尿病小鼠的血糖，并且纯度越高，降糖作用越强。连续灌胃海带多糖3周，250 mg/kg、500 mg/kg、1 000 mg/kg组血糖值显著低于高血糖模型组。以海带提取物褐藻酸类为主要成分的褐藻精对正常小鼠血糖没有明显影响，而对四氧嘧啶糖尿病小鼠有明显的降血糖功能，用褐藻精0.25 g/kg连续灌胃7 d，可以使糖尿病小鼠血糖显著下降。

2. 海洋动物降血糖活性物质

毛蚶水解液具有降血糖、降血脂的作用，能明显降低糖尿病小鼠的血糖水平。将毛蚶肉绞碎，用盐酸水解，灌胃能够降低四氧嘧啶糖尿病小鼠血糖，和口服降糖药"优降糖"效果相似。给实验性高脂血症鹌鹑灌胃毛蚶水解液，能够降低其血清总胆固醇和甘油三酯，表明毛蚶水解液有降脂功能，可以用于糖尿病合并高脂血症的治疗。

文蛤提取物的降血糖功能早在《金匮要略论注》就有记载："渴欲饮水不止者，文蛤散主之。"消渴的临床特征是血糖高与糖尿，常常并发脂代谢紊乱，这和现代医学的糖尿病相似。文蛤的肉水煎剂对糖尿病小鼠具有治疗功效，文蛤多糖可以明显降低四氧嘧啶糖尿病小鼠的血糖，特别在高剂量（200 mg/kg）时对实验性高血糖小鼠的降血糖效果更为显著，给药7 d后血糖比给药前下降了14.17%。

鲨肝刺激物质是从幼鲨肝脏提取的一种能够刺激肝细胞有丝分裂与DNA合成的活性物质，具有降血糖的药理功效。鲨肝刺激物质能明显降低糖尿病小鼠糖化血红蛋白、空腹血糖、甘油三酯、游离脂肪酸、胆固醇与MDA含量，促进SOD活性，降低四氧嘧啶对胰岛B细胞的损伤，对四氧嘧啶诱发的小鼠糖尿病具有明显的缓解功能。

五、海洋生物活性物质辅助降血糖的机制

（1）提高糖尿病小鼠清除自由基的能力，抑制自由基损伤引起的血红蛋白水平代偿性升高，减少自由基对胰岛B细胞的损伤，增进胰岛B细胞的修复和再生，促进胰岛素分泌，提高胰岛素水平，进而降低血糖，抑制糖化蛋白的生成，降低胰岛素缺乏所致的血脂异常升高，改善糖尿病小鼠的糖脂代谢，降低糖脂毒性，延缓胰岛B细胞功能衰竭。

（2）提高对胰岛素的敏感性，改善胰岛素抵抗。例如，文蛤多糖可以提高外周组织对葡萄糖的利用，提高机体对胰岛素的敏感性，增加胰岛素受体数目，改善受体环节的胰岛素抵抗。

（3）促进外周组织与靶器官对糖的利用。鲨肝刺激物质通过直接或者间接的方式提高己糖激酶的活性，加快葡萄糖磷酸化的过程，从而促进葡萄糖在细胞中的代谢和利用，增强肝糖原的合成、贮存，减少血液中游离的葡萄糖，最终降低糖尿病小鼠的血糖。

六、辅助降血糖功能食品的评价

开发辅助降血糖功能食品，必须对它们的功能进行评价。在评价辅助降血糖功能食品的功能时，应先在糖尿病动物模型上进行试验，如有明显的降糖作用，再做人体试食试验，观察其效果，确定是否具有辅助降血糖的功能。

（一）动物试验

1. 实验动物的选择

选用健康成年动物，常用小鼠（20 g ± 2 g）或大鼠（180 g ± 20 g），小鼠每组10～15只，大鼠每组8～12只，单一性别。

2. 试验方法

（1）降低空腹血糖的试验。

建立糖尿病动物模型。常用四氧嘧啶或链脲霉素建立高血糖动物模型。这2种物质是特异性的胰岛B细胞毒剂，通过产生·O_2^-而选择性地破坏胰岛B细胞，从而减少胰岛素分泌，引起实验性糖尿病。

将动物禁食24 h后给予适当剂量的造模试剂（小鼠按体重给新鲜配制的四氧嘧啶35～50 mg/kg或链脲霉素100～160 mg/kg，大鼠按体重给四氧嘧啶50～80 mg/kg或链脲霉素200～250 mg/kg），5～7 d后禁食3～5 h，取血测血糖水平，如血糖值达到了10～25 mmol/L，则糖尿病动物模型建立成功。

给受试样品。选糖尿病模型动物按禁食3～5 h的血糖水平分组，随机选1个模型对照组与3个剂量组（血糖组间差不大于1.1 mmol/L）。剂量组给予不同浓度受试样品，模型对照组给予溶剂，连续30 d，必要时可延长到45 d。测空腹血糖值（禁食同试验前），比较各组动物血糖值和血糖下降百分率。

血糖下降百分率=（试验前血糖值 − 试验后血糖值）/ 试验前血糖值×100%。

高剂量受试样品对正常动物空腹血糖的影响。选健康成年动物禁食3～5 h，测血糖，按血糖水平随机分为1个对照组和1个高剂量组。喂饲到规定天数后，禁食24 h，测空腹血糖值，比较各组动物血糖值和血糖下降百分率。

（2）糖耐量试验。将糖尿病模型动物禁食3～5 h，剂量组给不同浓度的受试样品，对照组给同体积的溶剂。15～20 min后按体重经口给予葡萄糖2.0 g/kg或医用淀粉3～5 g/kg，测定给予葡萄糖后0 h、0.5 h、2 h的血糖值或给予医用淀粉0 h、1 h、2 h的血糖值。观察对照组和受试样品组给予葡萄糖或者医用淀粉后各时间点血糖曲线下面积的变化。

血糖曲线下面积=0 h血糖值×0.25+0.5 h血糖值+2 h血糖值×0.75。

3. 结果判定

试验数据用统计软件进行处理，试验前后的血糖值比较采用配对t检验，其他数据各组间比较采用两样本均数t检验。

（1）降空腹血糖的试验：在模型成立的前提下，受试样品剂量组与对照组比较，空腹血糖实测值降低或血糖下降百分率有统计学意义，可判定该受试样品降空腹血糖的试验结果为阳性。

（2）糖耐量试验：在模型成立的前提下，受试样品剂量组与对照组比较，在给葡萄糖或医用淀粉后0 h、0.5 h、2 h血糖曲线下面积减少有统计学意义，可判定该受试样品糖耐量试验结果为阳性。

空腹血糖和糖耐量2项指标中有1项指标呈阳性，且高剂量受试样品对正常动物的空腹血糖无影响，即可判定该受试样品辅助降血糖动物试验的结果呈阳性。

4. 注意事项

（1）为了使实验动物糖代谢功能状态尽量保持一致，也为了准确地按体重计算受试样品的用量，试验前动物应严格按规定禁食（不禁水），试验前后禁食条件应一致，鼠类在禁食的同时应更换衬垫物品。

（2）如用血清样品进行测定，应于取血后30 min内分离血清，分离后血清的含糖量在6 h内不变。用血清制备的无蛋白血滤液可保存48 h以上。

（3）高浓度的还原性物质（如维生素C）亦能与胆色素原竞争游离氧，干扰反应。血红蛋白能使H_2O_2过早分解，亦干扰反应，致使测得的血糖值偏低。故已溶血的全血或血清必须制备无蛋白滤液后，再进行测定。

（二）人体试食试验

1. 试验设计

在动物试验结果呈阳性后，必须进行人体试食试验。试验采用随机双盲法，按受试者的血糖水平随机分为试食组和安慰组，尽可能考虑影响结果的主要因素如病程、服药种类（磺脲类、双胍类）等，进行均衡性检验，以保证组间的可比性。每组受试者不少于50例，采用组间和自身2种试验设计。

2. 受试样品

受试样品必须是具有定型包装、标明服用方法和服用剂量的定型产品，安慰剂除功效成分与受试样品不同外，剂型、口感、外观和包装应与受试样品一致。

3. 受试者的选择

（1）纳入标准：受试者为经饮食控制或口服降糖药治疗后病情较稳定、不需要更换药物种类和剂量、仅服用维持量降糖药的成年Ⅱ型糖尿病患者，空腹血糖≥7.8 mmol/L或餐后2 h血糖≥11.1 mmol/L。也可选择空腹血糖为6.7～7.8 mmol/L或餐后2 h血糖为7.8～11.1 mmol/L的高血糖人群。

（2）排除标准：① Ⅰ型糖尿病患者；② 年龄在18岁以下或65岁以上者、妊娠或哺乳期妇女、对受试样品过敏者；③ 有心、肝、肾等主要脏器并发症或合并有其他严重疾病者、精神病患者、服用糖皮质激素或其他影响血糖药物者；④ 不能配合饮食控制而影响观察结果者；⑤ 近3个月内有糖尿病酮症、酸中毒或感染者；⑥ 短期内服用与受试功能有关的物品而影响对结果的判断者；⑦ 不符合纳入标准、未按规定服用受试样品或资料不全而影响观察结果者。

4.试验方法

试验前针对每一位受试者的性别、年龄、劳动强度、理想体重，参照原来生活习惯规定相应的饮食，试食期间坚持饮食控制，治疗糖尿病的药物种类和剂量不变。试食组在服药的基础上，按推荐服用方法和服用量每日服用受试样品，对照组在服药的基础上可服用安慰剂或采用空白对照。受试样品给予时间为30 d，必要时可延长至45 d。

5.观察指标

（1）安全性指标。观察受试者身体一般状况（精神、睡眠、饮食、大小便、血压等），检测受试者血常规、尿常规、便常规，做肝、肾功能检查。以上各项指标在试验开始和结束时各测一次。胸透、心电图、腹部B超检查仅试验前检查一次。

（2）功效指标。

症状观察。详细询问病史，了解患者饮食情况、用药情况、活动量，观察口渴多饮、多食易饥、倦怠乏力、多尿等主要临床症状，按症状轻重积分（重症3分、中症2分、轻症1分），于试验前后统计积分值，并就主要症状改善情况（每一症状改善1分以上为有效），观察临床症状改善率。

空腹血糖。观察试食前后空腹血糖值及血糖下降的百分率。

餐后2 h血糖。观察试食前后食用100 g精粉馒头后2 h血糖值及血糖下降的百分率。

尿糖。用空腹晨尿定性，按–、±、+、++、+++、++++分别积0分、0.5分、1分、2分、3分、4分，于试食前后统计积分值。

血脂。观察试食前后血清总胆固醇、血清甘油三酯、HDLC水平。

6.结果判定

（1）空腹血糖结果判定。满足下述2个条件，可判定该受试样品的空腹血糖指标结果呈阳性：① 空腹血糖试验前后进行自身比较，差异有显著性，试验后血糖平均下降的百分率≥10%；② 试验后试食组血糖值或血糖下降百分率与对照组比较，差异有显著性。

（2）餐后2 h血糖结果判定。满足下述2个条件，可判定该受试样品餐后2 h血糖指标结果呈阳性：① 餐后2 h血糖试验前后进行自身比较，差异有显著性，试验后血糖平均下降的百分率≥10%；② 试验后试食组血糖值或血糖下降百分率与对照组比较，差异有显著性。

（3）辅助降血糖作用判定。空腹血糖、餐后2 h血糖2项指标中任何一项指标呈阳性，即可判定该受试样品有辅助降血糖作用。

第八节　抗疲劳作用

一、疲劳产生的原因

人们工作或者运动到一定的时候都会出现组织、器官甚至整个机体工作能力暂时下降的现象，即疲劳。疲劳为一种生理现象，经过休息，疲劳消失，工作能力得到恢复。生理学对疲劳产生的原因有以下论述：

1. 神经系统的影响学说

学者们认为，无论是脑力劳动还是体力劳动引起的疲劳，都是大脑皮质的保护性作用。疲劳是中枢神经系统工作能力下降的指标。内环境变化是促进大脑皮质发生保护性抑制的因素。

2. 能源物质的耗竭学说

肌肉活动到疲劳时，能源物质（如糖原、三磷酸腺苷、磷酸肌酸等）的含量下降。因此有人提出疲劳是由这些物质的耗竭而引起的。

3. 疲劳物质的蓄积学说

肌肉或者血液中有些物质（如乳酸、丙酮酸等酸性物质）随疲劳程度的加深而升高。所以有人提出疲劳为肌肉收缩时代谢产物的蓄积所致。

4. 机体内环境稳定性的失调学说

运动中产生的酸性代谢产物使体液pH下降，pH下降到一定数值时，细胞内外的水分、离子的浓度就会发生变化，人体就不能继续从事运动。所以有人认为疲劳为机体内环境稳定性的失调所致。

总之，人体运动产生疲劳是一种综合性的生理过程。它是以中枢的作用为主导，在中枢与周围组织相互影响下发生的。疲劳时的生化变化带有全身性的特点，伴有机体内环境的变化与不同生理机能的失调。疲劳是一种保护性反应，这种保护性反应可使和机体生命攸关的机能免于过度衰竭。疲劳既标志着机体原有工作能力的暂时下降，又可能是机体发展到伤病状态的一个先兆。抗疲劳就是延缓疲劳的产生，加速疲劳的消除。

二、海洋生物活性物质抗疲劳作用的研究

（一）海藻活性物质抗疲劳作用的研究

1. 海带抗疲劳活性物质研究

海带多糖是海带提取物，具有抗病毒、调节免疫、抗肿瘤与抗血凝等多种生物学作用。动物缺氧时，吸入氧分压降低，动脉血红蛋白在肺内未能充分氧合，动脉血内氧分压不高，和组织之间没有足够的氧压差，造成组织缺氧，从而影响新陈代谢。海带多糖能够明显提高受试小鼠负重游泳时间，延长常压缺氧下小鼠的存活时间，并且加快小鼠氧合血红蛋白解离与氧的释放，促进缺氧小鼠组织对氧的利用，有效提高小鼠抗疲劳与耐缺氧能力。海带多糖还能够明显延长小鼠断头后喘息时间，减少脑的耗氧量，提高脑

组织的耐缺氧能力，从而增强小鼠抗疲劳能力。

2. 螺旋藻抗疲劳活性物质研究

体内乳酸及丙酮酸等酸性物质积累是引起运动性疲劳的主要原因之一。乳酸的减少有利于体能的恢复，运动后疲劳的消除依赖于LDH的催化作用。螺旋藻多糖能提高小鼠LDH活性，减少小鼠运动后血液中乳酸含量，提高机体对疲劳的耐受力。螺旋藻所含的维生素B$_3$、维生素B$_6$与钙化葡萄糖酸盐混合物，可以辅助运动员运动，提高激素的活力与神经系统的功能，维持体内肌糖原的储存，发挥抗疲劳功能。螺旋藻能有效增强小鼠肝糖原与肌糖原的储备能力，减少血清尿素氮的形成，显著延长小鼠在水浴中的游泳时间。螺旋藻还能有效地减轻小鼠由铅中毒引起的疲劳。

3. 其他海藻抗疲劳活性物质研究

在舟形藻藻液影响小鼠抗疲劳能力的实验中，中、高剂量组小鼠游泳时间延长，血糖、肝糖原含量都比对照组明显提高，血尿氮含量明显偏低，说明舟形藻能延缓游泳小鼠疲劳的发生。另外，琼脂对受试小鼠疲劳消除也有显著影响。

（二）海洋动物活性物质抗疲劳作用的研究

1. 贝类抗疲劳活性物质研究

糖类为机体重要供能物质，主要以肝糖原与肌糖原的形式储存。长时间紧张运动，体力的消耗总是和肌糖原减少同时发生，为了维持血糖水平，肝糖原就会相应减少，所以糖原的含量能表明疲劳发生的快慢及程度，提高糖原储备量有助于提高耐力与运动能力，有利于抵抗疲劳的产生。扇贝与翡翠贻贝提取物能够明显提升运动后小鼠肝糖原储备或者降低运动时肝糖原的消耗，从而为机体提供更多的能量，达到抗疲劳的目的。马氏珠母贝肉酶解动物蛋白能够明显延长小鼠负重游泳时间，降低运动中肝糖原的消耗，减少疲劳时血清尿素氮的含量。栉孔扇贝裙边经提取、分离而制成的"海脉冲营养素"能够明显提高小鼠的运动耐力与血液中LDH活力，加快乳酸的清除，提升小鼠体内肝糖原与肌糖原含量，维持运动小鼠血糖水平的相对稳定，降低运动小鼠体内血清尿素氮的合成。牡蛎能够增强小鼠机体运动能力，延缓疲劳发生，加速疲劳恢复。

2. 海参抗疲劳活性物质研究

海参为传统的名贵滋补珍品，具有生脉血、补肾阴、壮阳、健体及延缓衰老之功效。采用动物实验方法研究海参皂苷，结果显示海参皂苷具有一定的抗疲劳功能，可以显著延长小鼠爬杆时间，减少小鼠运动后血清尿素氮与血乳酸含量，提高血糖与肝糖原含量。"海参营养素"能够延长小鼠的游泳时间，升高小鼠肝糖原含量，降低小鼠血乳酸含量，对小鼠LDH、血清尿素氮、血糖的作用不明显，对小鼠的体重没有显著影响，表明"海参营养素"具有一定的抗疲劳功能。

3. 尖海龙抗疲劳活性物质研究

尖海龙有很好的抗疲劳功效，能够明显延长小鼠负重游泳时间，升高肌肉与肝脏中的糖原含量，有效降低运动后乳酸生成，并加速乳酸代谢，从而提高机体的运动能力，延缓运动性疲劳的出现，促进疲劳消除。用复方海龙口服液给小鼠灌胃能延长小鼠在常压下耐缺氧的时间。"深海龙"产品对人体有氧功能与无氧功能均具有显著的增强作用，可促进高强度运动后疲劳的消除，有明显的抗疲劳功能。

4. 其他海洋动物抗疲劳活性物质研究

方格星虫粉能显著延长小鼠负重游泳时间，降低血清尿素氮水平，加强小鼠运动耐力和抗疲劳能力。海星提取液可显著提高血红蛋白含量与有氧耐力，抑制脂质过氧化，加快疲劳消除与体能恢复。

鱿鱼核精蛋白提取物能够显著延长小鼠爬杆与负重游泳时间，降低小鼠运动时肝糖原的消耗和运动后的乳酸水平，具有抗疲劳活性。龟板、三斑海马等都能不同程度地延长小鼠负重游泳时间，有效降低游泳后血乳酸含量，均具有一定的抗疲劳功能。

海蛇乙醇浸出物能显著提高小鼠的运动耐力和血清LDH活性，增强小鼠肌糖原和肝糖原的储备，具有抗疲劳作用。海蛾鱼甲醇提取物能显著延长小鼠冰水中的游泳时间，并提高小鼠的耐饥渴能力，也具有抗疲劳作用。

人体含牛磺酸总量为12～18 g，其中75%以上存在于骨骼肌内。牛磺酸功能广泛，是动物（包括人）在应急情况下的必需营养物。研究发现皮下注射牛磺酸能够明显延长大鼠游泳至力竭的时间。每天饮水中补充牛磺酸对大鼠运动能力有一定的提升作用，且补充牛磺酸与训练在提高运动能力方面具有协同效应。牛磺酸的抗运动性疲劳机制与抗氧化、清除体内自由基、保护生物膜、提高机体运动能力、提高运动耐力等有关。牛磺酸在自然界广泛存在于各种鱼类、贝类中。

角鲨烯能够参与生物氧化还原反应，有加速机体新陈代谢的功能，服用角鲨烯后，LDH活性和铜蓝蛋白含量明显提高。实验显示角鲨烯能提高人体的耐力、消除疲劳。不同种类的深海鲨鱼肝油中，角鲨烯含量各不相同，为15%～69%。其他海洋鱼类如银鲛、沙丁鱼、鲑鱼等，体内也含有较丰富的角鲨烯，主要存在于鱼肝油中的烃类成分中。

三、缓解体力疲劳功能食品的评价

原卫生部在1996年颁发了《保健食品功能学评价程序与检验方法》，抗疲劳功能是允许申报的22项保健功能之一。抗疲劳功能食品在功能食品市场中占据着比较大的份额。2003年5月，原卫生部出台了《保健食品检验与评价技术规范》，把"抗疲劳功能"改为"缓解体力疲劳功能"，但是目前市场上很多功能食品仍标示具有"抗疲劳"功能。"抗疲劳"与"缓解体力疲劳"是不大相同的。"抗疲劳"功能食品并不能抵抗所有类型的疲劳，"缓解体力疲劳"是对这一类功能食品相对准确的阐述。

在抗疲劳产品的实际应用中，以下人群使用得比较多：

（1）中老年因身体虚弱引起疲劳者。针对这类人群的抗疲劳功能食品多含有提高人体免疫力的成分，常常同时申报了增强免疫力的功能。

（2）性生活引起疲劳者。针对这类人群的产品多为中草药制剂或者中草药提取物。

（3）考试人群和脑力工作者。此类产品的"抗疲劳"概念往往被少数商家偷换，用以误导消费者，扩大其产品的使用范围，宣称其产品可以适用于各种疲劳，尤其是脑力疲劳。

《保健食品功能学评价程序与检验方法》关于抗疲劳功能食品的试验项目、试验原则和结果判定的规定如下：

（1）试验项目：负重游泳试验，爬杆试验，血乳酸、血清尿素氮试验，肝糖原、肌糖原测定。

（2）试验原则：运动试验和生化指标检测相结合。在进行游泳或爬杆试验前，动物应进行初筛。除以上生化指标外，还可检测血糖、LDH、血红蛋白以及磷酸肌酸等指标。

（3）结果判定：若1项以上（含1项）运动试验和2项以上（含2项）生化指标为阳性，即可以判定该受试物具有抗疲劳作用。

之后，原卫生部于1999年又公布了如下补充规定：

（1）血乳酸测定必须有3个时间点，分别为游泳前、游泳停止当时及游泳停止30 min后。血乳酸的判定以升高幅度和消除幅度为标准，升高幅度小于对照组或消除幅度大于对照组均可判定为该项指标阳性。

（2）抗疲劳评价标准，考虑增加：① 游泳试验3个剂量组阳性，1项生化指标阳性；② 游泳试验阳性，2项生化指标阳性。

符合上述2项之一者可判定该受试物有抗疲劳作用。

从这些评价指标可以看出，抗疲劳保健功能的"抗"是指运动后缓解体力疲劳，故采用"缓解体力疲劳"的描述更为精准。

目前，我国缓解体力疲劳功能评价所要求的试验项目及试验原理如下：

（1）小鼠负重游泳试验。运动耐力的提高为抗疲劳能力改善后最有说服力的宏观表现，游泳时间的长短可反映动物运动性疲劳的程度。实验动物（小鼠）按一定剂量经口给予受试物，连续30 d。于末次给予受试物30 min后，置小鼠于游泳箱中游泳，鼠尾根部负荷重量为体重5%的铅皮，记录小鼠自游泳开始至死亡的时间，作为小鼠游泳时间。若受试物组的游泳时间显著长于对照组，则可判断该实验结果为阳性。

（2）小鼠爬杆试验。动物爬杆时间的长短可反映动物静用力时疲劳的程度。将爬杆架（直径0.8~1 cm、长约25 cm、经120目砂纸打磨过的有机玻璃圆棒）置于水盆中，上端固定于木板上，下端悬空，距底面约5 cm。在末次给予受试物30 min后，将小鼠头向上放在有机玻璃棒上，使肌肉处于静力紧张状态，记录小鼠由于肌肉疲劳从有机玻璃棒上跌落下来的时间，第3次落水时终止实验，3次累计的时间作为爬杆时间。若受试物组的爬杆时间显著长于对照组，则可判定实验结果为阳性。

（3）血清尿素氮的测定。当机体长时间因为运动而使正常的能量代谢平衡受到破坏，即不能通过糖或者脂肪分解获得足够的能量时，机体本身的蛋白质与氨基酸的分解代谢会随之增强。肌肉中的氨基酸通过一系列分解代谢作用最终可以形成游离氮，再经尿素循环生成尿素，从而使血中的尿素含量增加。另外，在激烈运动与强体力劳动时，核苷酸代谢分解加强，也会脱氨基而产生氨，并最终使血中的尿素含量提高。实验证明，当人体（特别是剧烈运动后的运动员）血中尿素含量超过8.3 mmol/L时，即使本人并没有疲劳的感觉，实际上，这时机体组织的肌肉蛋白等也已经开始分解而使机体受到损伤。因此，血中尿素的含量会随着劳动与运动负荷的增加而升高，机体对负荷的适应能力越差，血中尿素的增加就越显著。所以可以通过血中尿素氮含量的测定来判断疲劳程度与抗疲劳物质的抗疲劳能力。

为此，可用大鼠或小鼠按上述负重试验的方法喂养30 d，之后在末次给予受试物30 min后，在30℃温水中游泳90 min，立即采血（大鼠采尾血，小鼠拔眼球采血），加抗凝剂并分出血清。样品中的尿素在三氯化铁–磷酸溶液中与二乙酰一肟和硫氨脲共煮显色后，用分光光度计进行比色，读取OD值。若受试物组测定值高于对照组，且差异有显著性，则可判定为该受试物有减少疲劳大鼠产生尿素氮的能力。

（4）肝糖原的测定。肝糖原是维持血液中葡萄糖正常水平的重要储存物，也是肌纤维收缩时能量的来源，在营养充分的动物肝脏中含量可达10%，肌肉中可达4%。不同抗疲劳能力的样品对肝糖原储备能力的影响不同，将其给予受试动物，如果实验组的肝糖原高于对照组，表明该试样能够通过增强肝糖原的储备量，以保持运动时所需的血糖水平，从而为机体提供较多的能量来达到抗疲劳的作用。

为此可用大鼠或小鼠按上述负重试验的方法分组饲养，在末次给予受试物30 min后，让动物在30℃水箱中游泳90 min，然后立即处死，取一定量肝脏按规定处理后测定其中糖原含量。若受试物组的肝糖原含量高于对照组，且差异有显著性，则可判定该受试物有促进肝糖原储备或减少肝糖原消耗的作用，从而证明该受试物具有抗疲劳的功能。

（5）血乳酸含量的测定。动物运动时需要将肌肉中的糖原酵解成丙酮酸，同时获得能量。在剧烈运动时，由于氧的供应不足，这种酵解是在无氧条件下进行的，使产生的丙酮酸还原成乳酸。所以，肌肉在通过糖原酵解反应获得能量的同时，也形成了大量的乳酸，而由乳酸解离所生成的氢离子升高了肌肉中的氢离子浓度，使pH下降，从而引发一系列生化变化，这是导致疲劳的主要原因。乳酸积累越多，疲劳程度也越严重。

另外，肌肉活动开始后，随着乳酸在肌肉中的积累，它的清除过程也随即开始。乳酸在机体中积累的程度取决于乳酸的产生速度与被清除的速度。但这种清除作用须在有氧的条件下进行，即正常肌肉运动过程中由糖原分解而成的丙酮酸可完全氧化成CO_2与H_2O（而不是在无氧条件下还原成乳酸），同时也使在无氧条件下积累的乳酸通过体内LDH及同工酶的作用氧化成丙酮酸后，再氧化分解成CO_2与H_2O。因此，乳酸的清除与有氧代谢密切有关。升高肌肉剧烈活动时有氧代谢在能量代谢中所占的比例，将会使酵解过程产生的乳酸不容易在肌肉中积累，从而可延缓疲劳的发生。另外，有氧代谢能力的提高还会使在肌肉停止活动后的恢复期间肌肉中过多的乳酸被迅速清除掉，从而促进疲劳的消除。所以，可以通过测定动物剧烈运动前后不同时期的乳酸含量，对其疲劳程度与恢复情况做出评价。因为肌肉中的乳酸很快渗透进入血液，并且使血乳酸含量上升，直到肌乳酸与血乳酸之间的浓度达到平衡，这个过程需5～15 min，所以通过测定血乳酸也能达到同样目的。

测定血乳酸含量的基本方法是用大鼠或小鼠进行负重游泳试验。按上述负重试验的方法设置分组饲养，然后在末次给予受试物30 min后负重2%（体重），在25～30℃水中游泳60 min后停止，安静15 min后采血测定血中乳酸含量。若受试物组血乳酸含量明显低于对照组，且差异有显著性，则可判定该项试验为阳性。

第九节　辅助改善记忆作用

一、学习与记忆的基本概念

学习与记忆是人脑的高级机能之一。从生物学的角度看，任何一种动物都能接受经验教训而改变其行为。在物种之间，学习能力的差别只是在学习的范围、速度、性质与实现学习的生物学基础方面。没有哪种动物的生存环境是绝对不变的，动物能够改变行为以适应环境的变化，这就是为什么没有哪种动物的行为是不能改变的原因。没有学习、记忆与回忆，既不能有目的地重复过去的成就，也不可能有针对性地避免失败。近年来，学习与记忆被人们看作是衰老研究的一项重要指标，也有学者利用衰老引起的学习与记忆的变化来研究学习与记忆的机制与规律。

经典的生理心理学认为：学习是指神经系统有关部位暂时建立的联系，记忆则指其痕迹的保持和恢复。从神经生理学的角度来看，学习与记忆是脑的功能与属性，是多阶段的动态神经过程。总的来说，学习主要是指人或者动物通过神经系统接受外界环境信息而影响自身行为的过程，记忆是指获得的信息或者经验在脑内储存与提取（再现）的神经活动过程。

学习和记忆密切相关，若不通过学习，就谈不上获得信息与再现，也就不存在记忆。所以，学习和记忆是既有区别又不可分割的神经生理活动过程，是人或动物适应环境的重要方式。

二、学习与记忆的分类

1. 学习的类型

学习的类型可分为以下几种：① 惯化；② 联合学习，包括经典性条件反射与操作性条件反射；③ 潜伏学习；④ 顿悟学习，包括期待、完性知觉、学习系列；⑤ 语言学习或第二信号系统的学习；⑥ 模仿；⑦ 玩耍；⑧ 铭记。

在上述学习类型中，惯化是普遍存在于动物与人类的一种学习现象。惯化指的是，当一个特定刺激单纯、反复地呈现时，机体对这个刺激的反应逐渐减弱乃至消失。这对适应环境、保护机体有重要意义。联合学习中的经典性条件反射，也就是巴甫洛夫创立的条件反射，指的是一个中性刺激和非条件刺激在时间上接近，随着反复结合，使机体对中性刺激逐渐产生和非条件反射所引起的相似的应答性反应。操作性条件反射是在巴甫洛夫条件反射的基础上发展起来的。它指通过机体自身的某个特定的操作动作而获取食物或者回避有害刺激的反射活动。有学者认为，"尝试错误"是人或动物学习的一种基本规律，即人或动物学习某一新鲜事物，总要通过若干次错误或失败，才能最终掌握。但是，也有人用实验证明，动物不总是靠着盲目地"尝试错误"来解决问题，有时动物可以突然抓到问题的关键，这种学习叫作顿悟。语言、文学与符号是人类所特有的、最重要的学习方式。语言能促使人们使用概念进行思维，而不用具体的东西进行思维，这就大大简化与促进了认识过程。人类的语言也有助于建立新的暂时联系。文字进一步促进了解的过程，使面对面的接触变得并非是不可少的，使人类把长时期积累的知识与精神财富储存起来，从一个人传给另一个人，从这一代传给下一代。虽然人类的学习是以语言与文字的学习为主的，但少年儿童的玩耍以及人或动物的模仿等也是不可忽视的学习方式。

2. 记忆的类型

根据记忆的内容，可将记忆分为形象记忆（表象记忆）、逻辑记忆（思想记忆、语义记忆）、情绪记忆（情感记忆）和运动记忆（动作记忆）。记忆最通常的分类方法是按照记忆时程的长短分为短时性记忆与长时性记忆。

外界通过感觉器官进入大脑的信息大约只有1%能被长期储存记忆，而大部分被遗忘。能被长期储存的信息都是对个体具有重要意义的，并且是反复运用的信息。所以，在信息储存过程中必然包含着对信息的选择与遗忘2个因素。在短时性记忆中，信息的储存是不牢固的。如你要拨一个不曾用过的电话号码，如果没有其他事情扰乱你，你在电话本上查到这个号码后，立即能在电话上拨出这几个数字，这说明你用了短时记忆。但如果对方占线，你等几分钟再拨时，就需要再看一次号码，是因为刚才的记忆保留的时间很短。但若通过长时间的反复应用，则所形成的痕迹将随每一次的使用而强化，最后可以形成一种非常牢固的记忆。这种记忆不易受干扰而产生障碍，即长时性记忆。

人类的记忆过程可以细分为4个连续的阶段，即感觉性记忆、第一级记忆、第二级记忆与第三级记忆。前2个阶段相当于上述的短时性记忆，后2个阶段相当于长时性记忆。感觉性记忆也称为瞬时记忆或者掠影式记忆，它是指感觉系统获得信息后，首先在脑的感觉区内储存的阶段。这一阶段储存的时间非常短，一般只有几百毫秒，若没有经过注意与处理就会很快地消失，如片刻即逝的景物印象或者某种已逝的声音在耳中的余响。这种记忆经常被认为是一种感觉的后放。若信息在这一阶段经加工处理，将那些不连续、先后进来的信息整合成新的连续的印象，就可从短暂的感觉性记忆转到第一级记忆。但是信息在第一级记忆中停留的时间仍非常短暂，平均大约几秒钟。通过反复运用学习，信息便在第一级记忆中循环，从而延长了信息在第一级记忆中停留的时间，这样就容易使信息转入第二级记忆。第二级记忆是一个大且持久的储存系统。发生在第二级记忆内的遗忘，往往是由先前的或者后来的信息的干扰所造成的。有些记忆的痕迹，如自己的名字与每天都在进行的手工操作等，经过长年累月的运用，是很难被遗忘的。这一类记忆是储存在第三级记忆中的。第三级记忆一般能保持数周、数月、数年，有的可终身不忘。

人类大脑可储存巨大的信息量。有人推算认为，人脑一生中大约可储存5亿册书的知识量。信息在流通中要经过筛选与大量丢失，也就是说，外界通过感觉系统输入的信息非常多，而到达长时性记忆的信息量很少。另外，人类有语言文字，更增加了进入人脑内的信息的多样性与加工处理的复杂性。

3. 学习与记忆的结构基础

目前研究学习和记忆的关系的实验通常采取切除或者损伤脑区。若脑内某个部位的破坏、切除影响学习和记忆，并不能认为未损伤部位在正常情况下和学习无关；若中枢神经系统某部位损伤后神经功能仍然存在，也不能认为是未受损部位在行使功能。一是由于某些类型的记忆和多个脑区有关，二是由于学习的神经通路可能有多余性。根据采取不同方法（包括切除脑的某个部位）的动物试验与临床研究所获得的结果，也可以对学习记忆的相关结构做出推论。

大脑皮层神经元的数量可以百亿计，皮层和皮层下、下丘脑、脑干间有直接的联系。若皮层大面积（50%以上）受损无疑会造成遗忘症；若损伤面积仅10%以下，则记忆几乎不受影响。在大脑皮层中，前额皮层占据了大脑皮层面积的1/4，它也是大脑半球形成过程中最晚出现的部分。人类额叶损伤或者病变可能导致一系列高级心理或智能障碍。额叶皮层位于外侧沟之下，顶枕沟之前，局部颞叶损毁会显著地影响短时间记忆。

海马是大脑边缘系统中最明显、最易确定的一个结构。海马可以分为4个区：CA1区、CA2区、CA3区、CA4区。临床资料显示，人脑边缘系统的主要结构——海马与乳头体受到损伤，可能导致一种极为显著的记忆障碍，即近期记忆丧失，或者叫瞬时性遗忘。从动物实验得到的资料认为海马具有辨别空间信息和抑制性调节的功能。还有实验结果表明，损毁双侧海马对学习记忆的影响依赖于记忆巩固水平，并认为海马在记忆形成的早期阶段更为重要。

三、营养物质对学习与记忆的影响及对记忆障碍的治疗

1. 营养物质与神经递质的合成

营养物质是机体的物质基础，是生命活动的能量来源。大脑有数量庞大的神经元和神经胶质细胞，神经元通过神经递质传递信息。至少有5种神经递质的前体不能在脑细胞内合成而必须来自食物。例如，色氨酸是5-羟色胺的前体，酪氨酸或苯丙氨酸是多巴胺和去甲肾上腺素的前体，卵磷脂和胆碱经胆碱乙酰化酶的作用生成乙酰胆碱。

这些不能在大脑内合成的神经递质前体在血液中的含量受食物供给量的影响。脑神经元对血液营养成分的变化是非常敏感的。色氨酸、胆碱、酪氨酸等对脑功能的影响是多方面的，缺乏时，人的精神状态、记忆力、思维、判断、感觉、语言和行为表现等都会受到影响，垂体和肾上腺激素的生成和释放也有所改变。食品的营养物质组成会直接影响中枢神经递质的合成及体内胆碱与大分子神经肽水平的高低，一般在进餐后数分钟

即能检测到这些方面的变化。

营养物质对神经递质合成的影响也有一定限度。由于食品中不仅含有有效的递质前体，也含有能中和前体效应的成分，功能食品中这些物质的用量不能随意提高。临床上使用递质前体以纯净物为宜，例如，进食蛋白质33～50 g可使血浆酪氨酸升高2～3倍，而如果用酪氨酸纯净物则只需要33～50 mg/kg。

2. 维生素与"记忆维生素"

维生素缺乏可引起可逆性痴呆。1942年，3万名美国战俘在吃新加坡白精米持续6周后，出现记忆减退、精神失常等中枢神经症状。维生素B_1是体内代谢反应的辅酶，缺乏时，丙酮酸合成的乙酰辅酶A减少，从而抑制脑乙酰胆碱的合成，影响学习记忆功能。维生素H和钙、镁相互作用可以调节突触前神经末梢释放乙酰胆碱，提示维生素H和胆碱能系统存在相互作用，且与老年记忆衰退有关。

维生素B_3缺乏导致记忆丧失，补充维生素B_3后记忆恢复。维生素B_6作为辅酶参与多种氨基酸的转氨、氨基氧化与脱羧作用，长期缺乏可能导致脑功能不可逆性损伤和智力发育迟缓。维生素B_{12}也是各种组织DNA合成中不可缺少的辅酶，缺乏时主要表现为大细胞性贫血（即恶性贫血），而记忆障碍的出现比恶性贫血的血液症状出现甚至要早几年。

3. 氨基酸与记忆

氨基酸和学习记忆的关系表现在氨基酸作为神经递质或者神经递质的前体直接参与神经活动，影响学习记忆功能。已被认为是神经递质的氨基酸有谷氨酸、甘氨酸和γ-氨基丁酸。谷氨酸广泛存在于哺乳动物的中枢神经系统，它在脑内的含量高于其他任一氨基酸。谷氨酸直接参与学习记忆过程，一般认为学习开始时细胞内谷氨酸释放，随后一系列神经活动导致突触直径增加，加速神经传递，从而有利于记忆。

甘氨酸与天冬氨酸可能影响记忆的巩固。大鼠饲以含9.5%赖氨酸和5.9%蛋氨酸的饲料能提高被动回避反应实验的记忆作用。实验表明L-脯氨酸损伤动物的记忆，目前认为这种损害作用可能和拮抗谷氨酸有关系。正常的血脑屏障能够防止L-脯氨酸进入脑组织。任何原因引起的血脑屏障功能减弱，都可以使脑内游离的L-脯氨酸量增加到损伤记忆的水平，并且使正常状态时被排除在外的营养物质渗入脑组织而危及脑的学习记忆功能。

4. 蛋白质与记忆

蛋白质为重要的营养物质，缺乏时对机体各系统均产生不良影响。出生早期蛋白质供应不足的小鼠脑重减轻，母鼠蛋白质缺乏可以使仔鼠神经系统发育不良。脑内5-羟色胺、去甲肾上腺素的升高，脑Na^+/K^+-ATP酶活性的降低，均可能使学习获得、辨别、长期记忆与再学习的能力下降。婴幼儿在出生头2年严重蛋白质不足可能影响其上学后的智力发展。

5. 微量元素与记忆

微量元素参与生物活性分子的构成，许多生命必需酶的活性和微量元素密切相关，缺乏某些微量元素可能妨碍学习记忆功能。

锌为DNA复制、修复与转录有关酶所必需的元素，锌缺乏可能损害神经元的DNA处理系统。大鼠出生早期缺锌则影响脑组织正常发育，可以损害长期记忆。额外补充锌能够防止或者延缓遗传性痴呆的发生。

严重碘缺乏所导致的地方性甲状腺肿大经常伴有智力发育迟缓，轻、中度碘缺乏导致甲状腺肿大的儿童智商也显著降低。碘缺乏还可影响辨别能力。

缺铁除可能引起贫血外，还可使婴儿神经发育迟缓，凝视时间、注意广度与完成任务的动力下降。学龄前缺铁性贫血儿童的智力明显出现障碍，注意力不集中，常进行无目的的活动。缺铁儿童因为辨别与复述能力降低，长期记忆能力受损，选择性地专心学习的能力降低。

6. 学习与记忆障碍的营养治疗

讨论单一营养物质与学习记忆的关系是为了便于研究，实际上常见的营养物质缺乏所致的学习记忆障碍是多种营养物质的中、轻度缺乏共同导致的。老年人由于自身的生理和代谢特点，出现营养不良现象更为普遍。有研究表明，老年人的记忆测试得分与核黄素和维生素C的血浓度显著相关，维生素B_{12}浓度低的受试者记忆测试得分亦显著低于维生素B_{12}血浓度高的受试者，且研究者发现记忆测试得分低的受试者每天从饮食中摄取的蛋白质、维生素B_1、核黄素、维生素B_{12}、维生素B_3和叶酸量亦较低。因此，由于营养物质缺乏所致学习记忆障碍的营养学处理，应以综合补充多种营养物质为宜。

临床研究显示，利用L-谷氨酸钠合并维生素B_1、核黄素、维生素B_{12}、维生素B_3和硫酸亚铁治疗老年人记忆障碍有显著疗效。谷氨酸钠使用中未见任何神经毒性，表明其安全性较高。治疗老年人记忆障碍还可以用胆碱类、苯丙氨酸、酪氨酸、色氨酸与5-羟色胺作为神经递质的前体。用酪氨酸与5-羟色胺治疗早期阿尔茨海默病患者，认识与记忆功能可获得部分改善。52名早期阿尔茨海默病患者服用含90%磷脂酰胆碱的卵磷脂后，精神测试及配对相关学习测试结果显著好转。研究表明，营养物质配合药物治疗有显著改善记忆的效果：用胆碱加吡拉西坦改善老年大鼠的记忆远比单独使用要强；卵磷脂加毒扁豆碱可增强早期阿尔茨海默病患者的记忆力，而单独使用时却无效；维生素B_3加戊四氮显著改善老年人的精神状态及记忆速率。

总之，营养供应是否充分和合理，可直接影响学习记忆。因此，适时而合理地提供人体必需的各种营养物质，对机体生长发育及智力发育至关重要，尤其应采取针对性措施，从营养方面保障婴幼儿的健康、延缓老年人的记忆衰退。

四、辅助改善记忆功能食品的开发

1. 考虑的因素

目前的营养学研究日益重视各类营养物质对记忆功能的影响。要保持良好的记忆和脑部的健康，充足的营养供给至关重要。开发辅助改善记忆功能食品时，应重点考虑以下几个方面的因素：

（1）提供能迅速转化成葡萄糖的能量，因为葡萄糖对脑细胞的供能最快。

（2）脑中的氨基酸平衡有助于脑神经细胞与大脑细胞的新陈代谢。如前所述，蛋白质中经分解的甘氨酸、谷氨酸与γ-氨基丁酸等可作为神经递质或者神经递质的前体参加神经记忆活动。因此，向大脑提供氨基酸结构比例平衡的优质蛋白质可以使大脑的智能活动活跃。

（3）大脑的构成物质中35%为蛋白质，60%左右为脂类，各种PUFA可增强记忆力，如脂肪中的卵磷脂和鞘磷脂可升高血中胆碱和神经元内乙酰胆碱水平。

（4）保证充足的维生素和无机盐。维生素A、某些B族维生素（核黄素、维生素B_{12}、维生素B_{11}等）以及碘、锌、铁、钙等无机盐的充足供给将有助于保持良好的记忆力。

（5）对老年妇女适当给予雌激素（或具有雌激素功能的大豆异黄酮），可缓解阿尔茨海默病。

2. 海产品中改善记忆功能的物质

很多海产品具有提高智力的成分，例如，海带含碘量高，牡蛎含锌很多，鱼类、贝类中含DHA、蛋白质尤其多，这些成分都是健脑益智所必需的。英国脑化学与人类营养研究所的Crawford教授研究认为，食用水产品有健脑功能，可使人变得聪明，人类祖先由于摄入以鱼为主的水产品，大脑逐渐发达起来；水产品中起健脑作用的主要物质是DHA，它广泛存在于海洋动植物中，在陆生动植物中含量极少或者没有。Crawford的这些观点引起了各国学者的极大兴趣，他们相继进行了很多研究，证明了这些观点的正确性，并推出了很多风靡世界的鱼油健脑产品。

美国拉什大学医学中心和荷兰瓦格宁根大学的研究员对915名80岁以上的老年志愿者进行了长达5年的跟踪研究。为了评估这些志愿者的记忆力，研究员测试了5种记忆能力：语义记忆、短期记忆、长期记忆、无意识记忆与感知记忆。研究期间，志愿者需要同时向研究员反馈他们的饮食习惯。研究发现，经常食用海鲜的人语义记忆与感知记忆都呈现良好的状态，这可能是由于海鲜中的PUFA起了重要作用，尤其是DHA与EPA 2种ω-3脂肪酸。人体无法自然合成PUFA，要从食物中摄取这类物质。

DHA和EPA能够保护脑血管，对大脑细胞活动有促进功能。人脑脂质重量占大脑重量的60%，其中DHA占脂质的10%。可看出DHA是大脑主要营养之一，对脑神经传导和突触的生长发育尤其重要。补充DHA可进一步加强脑细胞的运作机能，对提高大脑的记忆力与判断力具有重要作用。实验表明，DHA与EPA以4:1配比的营养物质能帮助受损的脑部机能及时恢复，并且使主管记忆的神经轴突粗壮发达，使传递信息的树突更加发达，从而激发脑细胞活力，达到增强记忆、消除大脑疲劳、减轻精神压抑、改善睡眠等效果。健康成年人补充DHA或者摄入富含DHA的食物可改善记忆力，对活跃大脑思维有帮助，降低日后罹患阿尔茨海默病的危险。因为人体无法有效产生DHA，所以必须通过饮食摄取。专家建议每周至少吃2次鱼，包括鲑鱼等富含DHA的"肥鱼"。DHA和EPA均可促进婴幼儿的脑部发育、增强记忆、提高婴幼儿的智商和视敏度，还可延长实验动物的寿命。目前我国生产的具有改善记忆功能的保健食品中有半数以DHA和EPA为主要功能成分。

人脑中含有大量乙酰胆碱，增强记忆力等大脑功能除靠积极的锻炼和掌握记忆的规律外，大脑中乙酰胆碱含量也至关重要。记忆力减退的人大脑中乙酰胆碱的含量显著下降，老年人更是如此。补充乙酰胆碱为改善记忆力的有效方法之一。鱼类和藻类含有丰富的胆碱，具有提高记忆力的功效。

我国卫计委批准具有改善记忆功能的物质包括卵磷脂、牛磺酸、DHA、EPA、脑磷脂、α-亚麻酸等。

五、辅助改善记忆功能食品的评价

学习与记忆方法的基础是条件反射，各种各样的方法均由此衍化出来。通过条件反射方法可以了解药物和保健食品对神经活动的影响和在药物、食物作用下机体对外界刺激的应答与适应性改变。

在突触水平上研究学习记忆十分重要，它克服了个体差异、影响学习记忆的非特异性因素等造成的假阳性或假阴性结果。现在研究学习记忆的发展趋势是既进行条件反射实验，又进行长时程增强（LTP）测定，这样将大大提高对药物或功能食品功能评价结果的可靠性，可以较有把握地做出结论。

为满足药理学研究的需要，一般采用记忆障碍动物模型，不但有助于评定药物或保健食品的作用，还可初步分析药物的作用机制。如果研究目的是提高正常人的记忆功能，必须采用正常动物。条件反射实验不要选用一次性训练的回避性条件反射，而要采用经数天或数周的多次性训练才能学会的实验方法。给药次数也应增加。

（一）经典性条件反射与操作性条件反射

经典性条件反射理论由巴甫洛夫创立，通过定量测定（如收集唾液）条件性反应下的某些参数得出结论，可用于从低等动物到高等动物的所有动物。兔瞬膜反射的建立就是一个很成功的例子。

操作性条件反射是在巴甫洛夫条件反射的基础上创立的。二者的区别在于经典性条件反射为刺激型条件反射，操作性条件反射为反应型条件反射。后者的行为模式有一个主动操作过程，涉及复杂的动机行为，不适用于学习记忆的研究。

（二）逃避或回避性条件反射

目前在学习记忆实验中，用得最多的是逃避或回避性条件反射。基本原理如下：当动物受到伤害性刺激（如电击）便会立即产生逃避反应，这一行为反应是被动的，如在伤害刺激之前结合条件刺激（如光或蜂鸣音），即可逐渐形成主动回避反应。

1. 跳台法（Step-Down Test）

对大鼠和小鼠较常采用跳台法。实验装置为一长方体反射箱，大小是10 cm × 10 cm × 60 cm，用黑色塑料板分隔成5间。底面铺以铜栅，间距0.5 cm，可以通电，电压由变压器控制。每间左后角置一高与直径均为4.5 cm的平台。将动物放入反应箱内适应环境3 min，然后立即通以36 V交流电。动物受到电击的正常反应是跳回平台以躲避伤害性刺激，多数动物可能再次或者多次跳至铜栅上，受到电击后又迅速跳回平台。如此训练5 min，并且记录每只动物受到电击的次数（称错误次数），以此作为学习成绩，24 h后重做测验。这就是记忆保持测试。测试中需记录受电击的动物数、第一次跳下平台的潜伏期与3 min内的错误总数。

本法优点如下：简便易行，一次可同时实验5只动物；既可以观察药物对记忆过程的影响，也可以观察对学习的影响；有较高的敏感性，特别适合初筛药物。缺点是动物的回避性反应差异较大。如果需要减少差异或者少用动物，可对动物进行预选或者按学习成绩好坏分档次进行测试。另外，如果在电击前对动物施以条件刺激，则跳台法可以同时观察被动与主动回避反应。

2. 避暗法（Step-Through Test）

避暗法是利用鼠类的嗜暗习性设计的。实验装置分明、暗两室。明室大小是11 cm×3.2 cm，其上方大约20 cm处悬40 W钨丝灯。暗室较大，大小为17 cm×3.2 cm。两室之间有一直径为3 cm的圆洞。两室底部均铺以铜栅，暗室底部中间位置的铜栅可通电。电压可以在一旋钮上任意选择，一般采用40 V电压。暗室与一计时器相连，计时器可以自动记录潜伏期的时长。将动物背向洞口放入明室，同时启动计时器。动物穿过洞口进入暗室受到电击，计时自动停止，取出动物。记录每只动物从放入明室至进入暗室遇到电击所需要的时间，即潜伏期。24 h后重做测试。测试中需记录进入暗室的动物数、潜伏期与5 min内的电击次数。

根据大量研究，小鼠平均潜伏期约为十几秒。训练期接受一次电击后，记忆的保持可持续1周之久。另有研究者在动物进入暗室后，即将洞口关闭，使动物在暗室受一规定时间与一定电流强度的电击，然后取出动物。经此电击的动物，记忆的保持更为牢固。

本法的优点如下：简便易行；反应箱越多，可同时训练的动物数也越多；以潜伏期作为指标，动物间的差异小于跳台法；对记忆过程特别是对记忆再现具有较高的敏感性。

3. 穿梭箱（Shuttle Box）

穿梭箱在学习记忆实验中较为常用。这里介绍日本小原医科产业制造的一种大鼠穿梭箱。该装置由实验箱与自动记录打印装置组成。实验箱大小为50 cm×15 cm×18 cm。箱底部是可以通电的不锈钢棒，箱底中部有一高1.2 cm的挡板，将箱底部隔成左右两侧。实验箱顶部有光源和蜂鸣音控制器。自动记录打印装置可以连续自动记录动物对电刺激或者条件刺激（灯光、蜂鸣音）的反应与潜伏期，并将结果打印出来。训练时，将大鼠放入箱内任一侧，20 s后开始呈现灯光和/或蜂鸣音，持续15 s，之后增加电刺激（交流电、100 V、0.2 mA、30 Hz），持续10 s。最初，大鼠只对电击有反应，即逃至对侧以回避电击。20 s后再次出现条件刺激并在动物所在侧施以电刺激，迫使大鼠逃至另一侧，如此反复。当蜂鸣音和/或灯光信号呈现时，大鼠立即逃至对侧安全区以躲避电击，即认为出现了条件反应（或称主动回避反应）。隔天训练一回，每回100次。训练4～5回后，大鼠的主动回避反应率可达80%～90%。

此法可同时观察被动与主动回避性反应，并可自动记录与打印结果。另外，通过动物的反应次数也可了解动物处于兴奋还是抑制状态。

（三）迷宫学习模型

迷宫用于学习记忆实验已有几十年之久，至今仍然经常采用。迷宫种类与装置繁多，但是有3个基本组成部分：① 起步区，放置动物；② 目标区（安全区），放置食物；③ 跑道，有长有短，或直或弯，至少有一个交叉口，供动物选择到达目标区的方向或者径路。下面介绍几种迷宫装置。

1. Y形迷宫

该装置一般分成3等份，分别称为I臂、II臂与III臂。如以I臂为起步区，则II臂（右侧）为电击区，III臂（左侧）为安全区。训练时将动物放入起步区，操纵电击控制器训练动物，动物遭遇电击时直接逃避至左侧安全区为正确反应，反之则为错误反应。评价方法有以下几种：① 固定训练次数（10~15次），记录正确与错误反应次数；② 记录动物连续获得2次正确反应前所需的电击次数；③ 动物学习成绩以达到9次或10次正确反应前所需的电击次数表示。24 h后测定记忆成绩。这是一种最简单的、属一次性训练的空间辨别反应的测试。

稍复杂一点的训练，是按上述方法训练完成后，改用II臂为起步区，动物遭遇电击后直接逃至I臂（左侧）为正确反应，逃至III臂（右侧）为错误反应。训练达到要求后，再以III臂为起步区，动物于电击后逃至左侧（II臂）为正确反应，逃至右侧（I臂）为错误反应。以动物在3臂训练均达到规定标准所需电击次数的总和作为学习成绩，记忆成绩的测定在24 h或48 h后进行。

更为复杂的训练是选以I臂为起步区，动物于电击后到达III臂（左侧）安全区，随即以III臂为起步区，电击后，动物必须从III臂继续逃向左侧即II臂，在此臂施以电刺激，动物仍逃往左侧I臂，即达到训练要求。不过，要完成这一训练要求，每日训练1回，至少要训练1周时间。

使用此方法要注意以下问题：① 若在目标区放置食物，则动物须于测试前禁食，使其体重减至原体重的85%，此时动物才具有摄取食物的动力或者动机；② 在目标区停留的时间不能太短，否则失去强化效果；③ 每天训练结束后要对实验箱进行清洗，以消除动物留下的气味；④ 每天训练次数以10~15次为宜。

2. 水迷宫

Y形迷宫水箱的一侧分支端装有吊灯与平台，动物游泳到此能得到休息并获得记忆。本法常用于观察受试动物对学习记忆的影响。

水迷宫装置分1个长臂与2个短臂。一侧短臂端装有平台作为小鼠栖身之处，平台上方设有灯光照明。另一短臂用木板盖上作为暗道。水深100 mm，水温25~30℃。

将小鼠随机分为正常对照组、模型组和实验组。实验组每天摄入一定量的受试物，其余组以等量生理盐水代替，持续若干天。训练前30 min，模型组和实验组小鼠分别腹腔注射戊巴比妥钠15 mg/kg。训练时将小鼠从长臂端背向交叉口轻轻放入水中，在15 s内抵达平台为正确反应。小鼠抵达平台后休息15 s再重复训练，每天训练10次，连续5 d。以每组平均正确反应率与抵达平台所需时间作为记忆指标。

3. Morris水迷宫

Morris水迷宫由一个漆成乳白色的圆柱水池和一个可调节高度、可移动位置的透明有机玻璃站台组成。水池的直径为100 cm，高为60 cm，水池的水深为40 cm，站台直径8 cm。在水池的上缘等距离地设东、南、西、北4个标记点，作为动物进水池的入水点，以这4个入水点在水面与水池底部的投影点，将水体分成均等的4个象限，按实验要求，可以任意地将站台设置于某一象限的中间。

水池上空设一台摄像机，与监测电视、计算机相连。动物在水池中的全部活动情况可在监测电视看到，并利用计算机软件对其活动进行全程跟踪，在显示屏上显示整个活动轨迹。当设定的训练时间已到或者动物已爬上站台，计算机停止跟踪并记录下游泳轨迹，自动计算出动物在水池中所游过的路程、找到站台所需的时间即潜伏期、寻找站台所采取的策略和朝向错误角度（即动物躯体长轴所指的方向和动物入水点与站台连线间的夹角）。

测试前，先在水池里注入清水，然后加入溶有1 000 g新鲜奶粉的水溶液，使池水成为不透明的乳白色，再注入清水使水面高出站台2 cm，水温控制在（22±0.5）℃，并使计算机成功地跟踪动物的活动。测试在隔音的房间内进行，水池、日光灯、动物笼等各种物件的位置保持不变。主要程序如下：

（1）每只动物每天训练4次，每天分别从东、西、南、北4个入水点将动物面向水池壁轻轻放入水池，立即计时并记录动物找到站台的潜伏期、朝向错误角度和游泳轨迹。

（2）动物爬上站台后，让动物在站台上站立10 s。若动物在入水后60 s以内未能找到站台或者未能爬上站台，可以将动物放置于站台上站立10 s后，将动物从站台上拿下来，休息30～60 s以后，再进行下一次训练。

（3）从第7 d开始，可将站台位置转移到另一个象限中进行站台迁移实验，此时除继续描记动物的运动轨迹外，应记录动物入水后找到迁移后的站台的潜伏期以及动物在原来放置站台的象限所逗留的时间。正常动物在站台的原来位置搜索不到目标时，会很快离开那里，迅速转移方向，会在新的方位重新找到站台。

Morris水迷宫法是Morris于1982年首次提出的，现已在国际上广泛采用。该法操作简便可靠，利用计算机建立图像自动采集和分析系统，制成相应的直方图和运动轨迹图，研究者可对实验结果做进一步分析和讨论。在实验过程中动物的粪便、排泄物和分泌的外激素等对其他动物的测试成绩无明显影响，因为Morris水迷宫的水容量大。也有一些因素会影响实验结果，其中实验环境是一个十分重要的因素，如仪器、工作台、椅子、门窗和灯具等陈设的位置和研究者进行操作时所站立的位置都会影响结果，因为动物常常会利用实验室内固有的环境作为搜索目标的参照物。

4. 八臂迷宫

八臂迷宫是1976年由Olton和Samuelson首先提出的，它采用的是一种食物奖励性的行为模式。常用的训练程序有2类：固定取食程序和插板延迟程序。固定取食程序是当动物学会到臂的末端取食后，固定在四臂放食，而另外四臂不放食，每天训练一次，记录每只动物进入放食臂和不放食臂的正确或错误次数。当动物学会到末端取食后，再经2周的训练即进行插板延迟训练，迷宫八臂末端均放食物，可随机选择四臂插板。

（四）实验方案与结果评价

1. 实验方案

采用不同的实验方案和不同类型的记忆障碍模型，可以分别观察受试物对学习效应、记忆获得、记忆巩固或保持、记忆再现的影响，从而可以更全面地了解受试物作用的性质与特点。

（1）训练前给受试物。训练前几天给受试物可观察对长期学习效应的影响，训练前几小时至几分钟内给受试物可观察对学习成绩与记忆获得的影响。

（2）训练后给受试物。训练后立即或短时间内给受试物可观察对记忆巩固的作用，训练后几天继续给受试物可观察对记忆保持的作用。

（3）重实验前给受试物。经训练动物于重实验前几小时至几分钟给受试物可观察对记忆再现的影响。

上述实验方案并不是绝对的。在有些学习记忆实验中，动物需经多次或多天训练才能学会执行某一操作，此时受试物的效果很可能是对学习、记忆获得与记忆保持综合作用的结果。

2. 结果评价

一种受试物是否有效，至少要满足以下3个条件：

（1）结果经得起重复试验。

（2）有剂量效应关系或有其作用规律。

（3）在不同类型的试验方法与动物模型中均显示效果，且在作用性质与作用方向上结果一致。

第十节　抗辐射作用

生物体对电离辐射比较敏感，当生物体的累积照射剂量达到一定的量，就会发生相应组织与细胞的改变。核能越来越广泛地应用于科技、生产和日常生活，不可避免地会给人们带来辐射伤害。接近辐射源的职业人员所受的辐射性伤害、临床上对癌症患者进行的放疗与航天飞行中航天员受到的空间辐射等已受到高度重视。人们一直在探索有效的防辐射药物。目前已知的一些具有防辐射作用的药物，多数毒性较大，因此期待生产相应的功能食品使机体免于辐射损伤。

一、海藻抗辐射作用的研究

1. 海藻多糖抗辐射直接保护机体

常见的辐射是电离辐射，指能够直接地使物质电离或通过某些次级辐射使物质电离而产生带电粒子的辐射。电离辐射可以分为电磁辐射与粒子辐射两大类。电磁辐射为一种波动的能量，它包括 X 射线、γ射线、紫外光、可见光与微波等。粒子辐射由一些组成物质的基本粒子产生，这些粒子具有运动能量与静止质量，通过消耗自己的动能把能量传递给其他物质，主要的粒子射线包括α射线，β射线，质子、中子、负π介子与重带电离子产生的射线等。

褐藻酸钠能够降低某些放射性元素在体内吸收量。例如，褐藻酸钠具有阻止^{90}Sr在动物肠道吸收并且能够使其很快排出体外的特殊功能。褐藻酸钠还可以和放射性锶在胃肠道内形成一种不溶性的褐藻酸锶凝胶，使人体避免对放射性锶的吸收，从而避免其对机体的毒害。褐藻酸钠在对放射性锶吸附过程中，不影响人体对钠、钾、钙的吸收。褐藻酸钠亦能够促进放射性元素^{226}Ra、^{140}Ba等从体内排出。

褐藻胶中含有的L-古罗糖醛酸与L-甘露糖醛酸，对^{89}Sr与^{90}Sr有较强的吸附作用，可以阻止70%～80%的放射性锶被人体吸收。实验表明海南产的数种马尾藻的褐藻胶对大鼠^{85}Sr阻吸效果优于海带褐藻胶，尤其以裂叶马尾藻的阻吸效果最明显。大叶藻多糖与紫菜多糖亦能够对抗^{60}Co射线的辐射。

用螺旋藻处理被^{60}Co的γ射线照射过的小鼠，结果显示，中、高剂量螺旋藻可以提高亚急性辐照小鼠外周白细胞数，并对亚慢性辐照所诱发的小鼠体细胞与生殖细胞染色体损伤均有缓解作用。螺旋藻多糖可以加快γ射线照射小鼠造血功能的恢复，对白细胞也具有防护与促进恢复功能，并可以增加受致死剂量照射小鼠的存活率。

海藻中的多糖对细胞辐射损伤具有缓解作用。它们抗辐射作用的机制可能与以下几个方面有关：首先，多糖为细胞膜的重要组分，海藻多糖可抵御射线对细胞膜的损伤；其次，巨噬细胞膜上含有多糖受体，海藻多糖与之结合，活化膜上相关分子，启动信号转导途径，从而增强巨噬细胞的活性和功能；再次，多糖也具有一定的清除自由基的功能，可降低辐射所致的继发性氧化损伤；此外，海藻多糖的防辐射作用也可能和淋巴细胞凋亡密切相关。

2. 抗氧化与清除自由基实现辐射防护

辐射可以使水发生辐解反应产生自由基，自由基造成损伤的主要表现是氧化。最近的研究发现多种海藻提取物具有抗氧化的功能。海藻提取物抗氧化的机制主要有抑制自由基的产生，直接对抗自由基对组织与细胞的损伤作用，直接去除自由基，促进机体抗氧化系统的功能，从多个环节预防自由基对机体的损伤。

多管藻提取物可以提高机体的抗氧化能力，作用机制与其所含酚类化合物的结构特点有关。酚类物质化学性质活泼，能有效地和强氧化剂反应，防止细胞膜与线粒体膜中的不饱和脂肪酸被氧化，从而保持膜的完整性与功能。

从红藻门凹顶藻提取的萜类化合物可以提高乙醇暴露大鼠体内的抗氧化酶活性，减少超微结构的病理损伤，对由乙醇引起的氧化损伤具有一定的保护效果。这可能和萜类化合物化学结构中含有丰富的烯键、易于发生加成反应、具有较强的还原性有关。

海藻多酚是由海藻合成的、用于抵御植食者的一类化学防御物质，是海藻体内最普遍存在的次生代谢物质。多酚是一种自由基清除剂、强抗氧化剂。它的抗氧化机制较复杂，一般认为酚羟基的解离、清除自由基、络合有催化作用的金属离子、吸收紫外光是主要因素。从昆布中提取的褐藻多酚的清除自由基能力、抗氧化活性比儿茶素、白藜芦醇、维生素C与维生素E更强，能有效清除DPPH自由基和$\cdot O_2^-$。马尾藻属的褐藻多酚与昆布褐藻多酚一样具有很好的抗氧化活性，甚至更强。马尾藻属海黍子中相对分子质量较大的褐藻多酚能清除$\cdot OH$、DPPH自由基，降低烷基自由基引发的亚油酸氧化。褐藻多酚能有效降低中波紫外线引起的氧化压力，阻止紫外线引起的皮肤炎症以及细胞增殖，保护电离辐射造成的细胞损伤并对DNA有修复作用。另外，近来有实验表明从红藻中分离得到的溴代多酚清除DPPH自由基的能力比二丁羟基甲苯高10倍。

从褐藻铁钉菜（*Ishige okamurae*）中分离得到了一系列褐藻多酚，对$\cdot OH$、DPPH自由基、烷基自由基等与超氧化物均有显著的清除作用。其中，二根皮羟基卡美洛清除烷基自由基和DPPH自由基的效果明显优于常用的维生素C等抗氧化剂。从多种红藻中得到质体醌类化合物具有显著的清除DPPH自由基的功能，同时具有抑制过氧亚硝基阴离子（$ONOO^-$）产生的潜能。从南极冰藻（*Berkeleya rutilans*）H-15中得到的活性物质H-15-P-5具有清除DPPH自由基的活性。从坛紫菜中分离得到的藻胆蛋白能够在一定浓度范围内增强血液中CAT与SOD的活性，并减少脂质过氧化物的含量，且具有较好的清除$\cdot OH$与$\cdot O_2^-$的活性，可见坛紫菜藻胆蛋白能够以多种途径发挥抗氧化功能，减少组织细胞的损伤。

对海藻抗辐射活性物质的研究还处在初级阶段，目前对于在研究中如何选择合适的海藻种类，以及寻找具有显著抗辐射功能尤其是抗空间辐射的次生代谢产物的某些关键性技术尚在探索当中，有待完善。已有的研究表明，海藻中确实存在着具有抗辐射作用的活性物质，且资源丰富，应用前景广阔，是海洋药物研究中不容忽视的重要领域。

二、海洋动物的抗辐射活性成分

海洋动物中富含Fe、Se、Zn、Cu，尤其是鱼、虾中富含微量元素Se。Se能够清除体内代谢过程中产生的自由基，通过阻止细胞膜脂质的过氧化，降低脂质过氧化物的产生，促进机体免疫功能，从而降低辐射损伤。鲍鱼、牡蛎、海蜇、鱿鱼、章鱼、鳗鱼、蛤蜊、海胆等都含有丰富的牛磺酸，为膳食中牛磺酸的重要来源。给小鼠注射牛磺酸，以研究牛磺酸对受辐射小鼠脂质过氧化作用的影响，结果表明，牛磺酸能显著减少组织中MDA的含量，说明牛磺酸可以有效清除辐射损伤产生的氧自由基，减轻组织细胞脂质过氧化反应。

三、抗辐射作用功能食品的评价

在2003年发布的《保健食品检验与评价技术规范》中，将"抗辐射功能"改为"对辐射危害有辅助保护功能"，在抗辐射作用较敏感的5个方面（血液系统、造血系统、抗氧化系统、遗传系统、免疫系统）分别设置了作用指标：外周血白细胞计数、骨髓细胞DNA含量或有核细胞数、血/组织中SOD活性、小鼠骨髓细胞微核率和血清溶血素水平。这些指标都是针对一次性全身射线照射引起的辐射损伤而设置的。下面介绍检测这5种指标的实验原理。

1. 外周血白细胞计数

外周血白细胞数减少是一次性全身γ射线照射引起辐射损伤的表现之一。在一定范围内，照射剂量和外周血白细胞数成反比，恢复时间和外周血白细胞数成正比，外周血白细胞数可以反映血液系统受损的状况。具有抗辐射作用的受试物对受辐射损伤机体的血液系统具有保护作用。

2. 骨髓细胞DNA含量或骨髓有核细胞数

骨髓细胞DNA含量或骨髓有核细胞数降低是一次性全身γ射线照射引起辐射损伤的表现之一。在一定范围内，照射剂量和骨髓细胞DNA含量或骨髓有核细胞数成反比，恢复时间和骨髓细胞DNA含量或骨髓有核细胞数成正比，骨髓细胞DNA含量或骨髓有核细胞数可以反映造血系统受损的状况。具有抗辐射作用的受试物对受辐射损伤机体的造血系统具有保护功能。

3. 小鼠骨髓细胞微核率

骨髓细胞微核率增高是一次性全身γ射线照射引起辐射损伤的表现之一。在一定范围内，照射剂量和骨髓细胞微核率成正比，恢复时间和骨髓细胞微核率成反比，骨髓细胞微核率可以反映机体染色体受损的状况。具有抗辐射作用的受试物对受辐射损伤机体的遗传系统具有保护作用。

4. 血/组织中SOD活性

血/组织中SOD活性降低是一次性全身γ射线照射引起辐射损伤的表现之一。在一定范围内，照射剂量和血/组织中SOD活性成反比，恢复时间和血/组织中SOD活性成正比，血/组织中SOD活性可反映机体氧化还原反应系统受损的状况。具有抗辐射作用的受试物对受辐射损伤机体的氧化还原系统有保护作用。$\cdot O_2^-$氧化羟基的最终产物是亚硝酸盐，亚硝酸盐在对氨基苯磺酸及甲萘胺作用下呈现紫红色，在波长530 nm处有最大吸收峰，可以用分光光度法进行测定，当SOD消除$\cdot O_2^-$后，形成的亚硝酸盐减少。

5. 血清溶血素

免疫系统对机体辐射损伤较敏感。在一定范围内，照射剂量和血清溶血素水平成反比，恢复时间和血清溶血素水平成正比，血清溶血素可以反映机体体液免疫系统受损的状况。具有抗辐射作用的受试物对受辐射损伤机体的免疫系统具有保护功能。

第十一节　抗病毒作用

病毒是一类主要的致病微生物。目前已知的许多病毒可直接攻击人类，或者在人与其他生物之间传递。世界范围内的统计结果表明，近年来病毒感染性疾病无论是在发病率上，还是在病种上均呈现快速上升趋势，且新病毒种类不断涌现，然而，长期以来病毒性疾病的相关治疗药物却发展缓慢。迄今，仅有为数不多的几种药物限制性地应用在临床。这一方面是由病毒结构、增殖与感染方式的特殊性造成的，另一方面，现有药源以陆地植物与微生物为主，能发现的新化合物与新结构越来越少。和陆地生物相比，海洋生物因为生态环境特殊，如低温（极地、深海）、高压（深海）、高温（海底火山口）与高盐等，含有结构新颖与功能独特的活性物质，特别是低等海洋生物。海洋生物的活性物质资源无论在种类还是在数量上都远多于陆地生物，并且远远未得到很好的开发。

自20世纪70年代以来，人们已从海洋中发现了5 000多种有开发价值的活性物质，其活性涉及抗菌、抗肿瘤、增强免疫、抗病毒、抗炎症等许多方面。目前，已经从海藻、海鞘、海绵动物、棘皮动物、腔肠动物、软体动物等海洋生物中分离出一系列有抗病毒作用的天然化合物，包括多糖、萜类、生物碱类、甾醇类、核苷等，其中有些已经成为抗病毒药物研究的导向化合物。基于现代分离与分析技术的发展，新实验模型的建立与病毒学、分子生物学研究的进展，从海洋生物中寻找新的抗病毒活性物质已经步入一个新的时代。

迄今已经在海洋生物中发现不少具有潜在应用价值的活性物质（表7.1）。

表7.1　部分海洋生物抗病毒活性物质

来源	活性物质	生物活性
山海绵	山海绵酰胺A	对单纯疱疹病毒I型（HSV–1）、疱疹性口炎病毒（VSV）在低浓度（2 μg/L）下即有显著抑制效果
海绵	胍类生物碱	抗HIV，通过阻止病毒糖蛋白 gp120和人T4细胞的CD4抗原分子选择性结合，避免T4细胞被感染
鲍鱼	鲍灵素	对猴肾组织中培养的病毒、甲型流感病毒和HIV–1均有明显的抑制作用
褐藻	硫酸多糖	抑制HIV逆转录酶活性，干扰病毒对细胞的吸附，对免疫系统有保护与增强作用（已经进入临床前研究）
海带	褐藻糖胶	对RNA病毒与DNA病毒均有抗性，明显抑制脊髓灰质炎病毒Ⅲ型、柯萨奇病毒B3与A16、腺病毒Ⅲ型与埃可病毒Ⅳ型，保护正常细胞
石莼	多糖	抗HIV和流感病毒
海洋微藻	硫酸多糖	对HIV–1、HSV–1、流感病毒、亚流感病毒等都有抑制作用。在100 μg/mL浓度下对宿主细胞无细胞毒作用

续表

来源	活性物质	生物活性
巨大鞘丝藻	多肽	抑制病毒逆转录酶活性
念珠藻	蛋白质	对HIV有明显抗性，阻止HIV-1对正常细胞的入侵，抗病毒谱较广，对肝炎病毒、疱疹病毒、麻疹病毒等也有不同程度的抑制
三膜海鞘	多肽	对HSV病毒的复制有显著的抑制作用，对马鼻肺炎病毒、柯萨奇病毒A21、流感病毒等也有效
海葵	多肽	具有抗HSV-1活性，能抑制小鼠肝炎病毒（MNV）A59毒株引起的肝细胞病变

一、海绵动物中的抗病毒活性物质

海绵为地球上最原始的多细胞动物，其生活方式独特，代谢产物丰富，是目前海洋生物抗病毒活性物质研究最多、收获最大的研究对象。国际上第一个抗病毒的海洋药物为阿糖胞苷，它来源于海绵动物中的核苷类化合物，经结构改造后获得，于1955年被FDA批准用于治疗因单纯性疱疹病毒、带状疱疹病毒感染导致的脑炎、眼炎和带状疱疹等疾病。目前，该药物主要从海洋微生物链球菌的培养液中提取，也可通过化学合成的方法获得。

从贪婪掘海绵（*Dysidea avara*）中分离获得的新型半萜氢醌化合物Avarol和Avarone能抑制HIV在人体内复制，抑制HIV基因的表达，并可以保护正常细胞，同时具有显著增强免疫的作用，诱导人外周淋巴细胞产生γ-干扰素，非常有希望用于开发治疗HIV感染的海洋药物。从红海海绵（*Toxiclona toxius*）中获得的Toximsol对多种病毒逆转录酶有抑制作用，还能影响DNA聚合酶的活性。

从海绵*Dysidea herbacea*和*Phyllospongia* sp.中分离出2种多溴代二苯醚类化合物，它们具有抗革兰阳性菌和革兰阴性菌的活性。从海绵*Discodermia kiiensis*中获得的14肽Discodermin A具有抗真菌、革兰阳性菌和革兰阴性菌的活性。由海绵*Plakina* sp.中分离到的甾体生物碱Plakinamine A和Plakinamine B能抑制金黄色葡萄球菌和白色假丝酵母菌的生长。

二、贝类中的抗病毒活性物质

鲍鱼、牡蛎中含鲍灵素，由多种黏蛋白组成。相对分子质量为5 000～10 000的"鲍灵Ⅱ"对猴肾组织中培养的病毒与甲型流感病毒有显著的抑制功能，但是目前其结构尚不清楚，有待进一步研究。贻贝的酸解液具有抗流感病毒的活性，对感染病毒的小鼠具有一定的保护功能，能提高染病小鼠的存活率。

三、藻类中的抗病毒活性物质

目前，从藻类中发现的抗病毒活性物质主要为多糖。多糖能强烈干扰病毒的初始侵染（吸附与入侵）过程，并最终和病毒颗粒形成无感染力的多糖–病毒复合物，对病毒在宿主细胞中的复制与包装也有一定的抑制效果。和海绵动物相比，藻类中发现的抗病毒多糖具有细胞毒性较低的优点，这可能和藻类多糖能激活机体的免疫系统或者改善机体的生物应答功能，从而保护正常细胞、提高整体免疫力有关。

从海藻中提取的一些硫酸多糖，能够干扰HIV吸附与渗入细胞，并和HIV形成无感染力的多糖–病毒复合体，是许多病毒逆转录酶的特异性抑制剂，能够抑制HIV的逆转录作用，而对正常细胞的生长没有影响。微藻硫酸多糖为海洋微藻产生的胞外多糖，有抑制病毒引起细胞病变的效应，对宿主细胞则没有毒性作用。

红藻中的琼脂、卡拉胶含有半乳糖硫酸酯多糖聚合物，这是一类抗病毒活性物质。

另外，还从海藻中发现了很多其他具有抗HIV活性的天然化合物，如海藻核苷类、绿藻磷脂、环醚类化合物、藻类蛋白、角叉藻多糖、免疫抑制脂肽等。

四、被囊动物中的抗病毒活性物质

被囊动物中存在很多功能独特的新结构化合物。膜海鞘素系列化合物是从加勒比海被囊动物三膜海鞘中分离得到的一组环缩醛酸多肽，除最初分离的膜海鞘素A、B、C外，又成功分离或者合成了10多种同类化合物。膜海鞘素系列化合物在抗病毒、抗肿瘤、抗感染等方面都表现出很强的药理活性。

虽然从海洋生物中分离纯化得到的抗病毒活性物质不少，但大多处于实验室研究阶段，进入临床实验阶段或者真正开发成药的非常少。从海洋生物中寻找病毒治疗药物面临着药效和毒性的难题。从海洋中发现的活性物质绝大多数具有很强的药理活性，有的甚至表现为特异性的抗病毒活性，但是同时也表现出对正常细胞的毒性。并且，绝大多数海洋生物活性物质结构复杂、含量极少、提取分离难度大、海洋样品采集尤其是深海样品采集异常困难、药源生物资源有限，这些都是开发海洋抗病毒药物须解决的问题。

课后训练

一、讨论思考题

（1）具有缓解体力疲劳作用的海洋生物活性物质有哪些？简述缓解体力疲劳功能食品评价的实验项目、实验原则和结果判定。

（2）具有增强免疫力作用的海洋生物活性物质有哪些？如何设计增强机体免疫力的功能食品？

（3）具有降血糖作用的海洋生物活性物质有哪些？简述辅助降血糖功能食品评价的实验项目、实验原则和结果判定。

（4）简述肥胖的机制。具有减肥作用的海洋生物活性物质有哪些？

（5）具有改善记忆的海洋生物活性物质有哪些？简述辅助改善记忆功能食品评价的试验项目、试验原则和结果判定。

二、案例分析题

40岁以上的人机体清除自由基的能力下降，自由基在体内慢慢积累，会对机体造成攻击与伤害。老张今年55岁了，为了增强自己的体质，他坚持每天早上长跑，但一个月过去后他发现自己并没有比以前精神，反而感觉腰酸背痛。他去医院就诊，医生了解他的情况后，认为老张有可能是每天运动太过剧烈造成身体不适。

问题：

（1）哪些海洋生物活性物质有消除体内自由基的作用？

（2）老张应该通过哪些措施清除体内过多的自由基？

知识拓展

新型海洋功能食品——海洋单细胞微藻

海洋单细胞微藻是35亿年前就已在地球上繁衍的生物。它们繁殖能力极强，不管是环境改变或者自然灾害都无法摧毁它们。它们的细胞呈圆形或者椭圆形，细胞壁薄。无性生殖时，原生质分裂生成2、4、8、16个似亲孢子，母细胞破裂将孢子放出成为新的藻体细胞。海洋中随处可见这些浮游生物，它们利用阳光和自身的叶绿素进行光合作用，滋养了其他生物。

海洋单细胞微藻是重要的药物资源，它们蕴藏着丰富的化学成分，能提供均衡的天然营养物质，包括18种氨基酸组成的优质蛋白质、多种维生素、叶绿素、无机盐、核酸、藻多糖、甾醇类、萜类、生物碱等。这些营养成分有助于诱导干扰素产生，促进NK细胞的免疫活性，增强免疫力。海洋单细胞微藻具有抗肿瘤、修复细胞、增强免疫、保护细胞不受外界损伤、调脂、降压、降糖等功能，使各器官的机能维持正常。这些天然成分具有低毒、无副作用等多方面的优点，既能补充平衡人体营养，维持健康，又可以提高机体对外界损伤的抵抗与适应能力。

模块四

海洋功能食品的开发利用

第八章　功能食品生产新技术

本章重点和学习目标：

（1）掌握超微粉碎和冷冻粉碎技术的原理，了解其在功能食品生产中的应用。

（2）掌握萃取新技术与膜分离技术的原理，了解其在功能食品生产中的应用。

（3）掌握微胶囊技术的基本概念和微胶囊的构成材料，了解该技术在功能食品生产中的应用。

（4）掌握生物工程技术的原理，了解这些技术在功能食品生产中的应用。

导入案例：

海洋食品调味料的加工技术

随着时代的发展，天然调味料特别是海洋食品调味料因含有丰富的多肽、氨基酸、糖、核苷酸、有机酸等呈味成分以及牛磺酸等保健成分而越来越受到人们的欢迎。海洋食品调味料是以海产品为原料，通过提取、分解、加热，有时也采用发酵、浓缩、干燥与造粒等手段来制造的调味料。海洋食品调味料按加工方法的不同大体上可分为提取型、分解型与反应型三大类。在调味品工业中应用的新技术主要有生物发酵技术、酶解技术、微胶囊技术、膜分离技术、超微粉碎技术、超临界流体萃取技术、干燥技术、真空浓缩技术、无菌包装技术等。

海产品尽管在生鲜状态时就携带自身的独特风味，但经加热后才能真正产生诱人的香味，这是由于只有经过加热过程，海产品中的风味前体物质才能通过Strecker氨基酸反应和美拉德反应产生理想的风味物质。利用这一原理，有人采用氨基酸、蛋白质和还原糖等，通过现代热加工技术使其发生美拉德反应等而生产海洋食品调味料。如以天然干鲍作为原料，经酶解，加入甘氨酸、丙氨酸、脯氨酸、还原糖等物质进行热反应，可以制得鲍鱼香精。

传统的风味剂或香精都是一些热不稳定、极易损失的成分，这很大地限制了调味品在食品工业中的应用，而微胶囊技术的运用很好地克服了这个缺陷。目前微胶囊化的粉末香料、香精油、酸味剂、氨基酸、维生素等产品均已经出现。我国的一些知名调味料企业采用了先进的微胶囊技术使氨基酸、肽类、蛋白质、核苷酸、糖类等风味成分与香辛料的特殊风味完美融合并作用持久，因此生产出的调味料风味特色极其突出。日本利用超临界二氧化碳提取法来提取木鱼调味料与海带调味料，可更好地保留原材料的风味。

　　超微粉碎可以使传统调味料粉碎成粒度均一、分散性好的优质超微颗粒。随着粒径的减小，调味料的溶解度、流动性与吸收率均有所提高，超大孔隙率使孔腔容纳的香气经久不散，所以超微粉调味料的香味与滋味极其纯正、浓郁，入味效果也更佳，适用于生产速溶与方便食品。美国运用分子筛技术从文蛤煮汁中成功地分离出风味物质，制得文蛤精调味料。

　　调味料加工技术是限制调味料工业发展的主要因素，新技术的利用为调味料的新品种开发提供了机遇，为海洋食品调味料的研制与海产品加工下脚料的综合应用提供了条件，为调味料的复合化、保健化提供了强有力的工具。

　　问题：
　　（1）以上案例给出了哪几种功能食品加工技术？它们分别有什么特点？
　　（2）还有哪些功能食品加工新技术？

教学内容

第一节　超微粉碎和冷冻粉碎技术

一、粉碎技术概述

　　粉碎是用机械力克服固体物料的内聚力，使物料破碎达到一定粒度的过程。根据被粉碎原料与成品的颗粒粒度大小，粉碎可以分为粗粉碎、中粉碎、微粉碎与超微粉碎4种类型（表8.1）。

表8.1　粉碎的分类

粉碎类型	原料粒度	成品粒度
粗粉碎	40～1 500 mm	5～50 mm
中粉碎	10～100 mm	5～10 mm
微粉碎	5～10 mm	<100 μm
超微粉碎	0.5～5 mm	<10～25 μm

粉碎前后的粒度比称为粉碎比或者粉碎度。它主要反映粉碎前后的粒度变化,同时近似反映出粉碎设备的作业情况。一般粉碎设备的粉碎比为3~30,但超微粉碎设备可以远远超出这个范围,达300~1 000或更高。对于一定性质的物料来说,粉碎比是确定粉碎作业程度、选择设备类型与尺寸的主要依据之一。对于大块物料粉碎成细粉的粉碎操作,若要通过一次粉碎完成则粉碎比太大,设备利用率低,所以通常分为若干级,每级完成一定的粉碎比。这时可以用总粉碎比来表示,即物料经几道粉碎步骤后各道粉碎比的总和。

二、超微粉碎技术

超微粉碎技术是指将直径为5 mm以上的物料颗粒粉碎至25 μm以下的过程。颗粒向微细化方向发展,导致物料表面积与孔隙率大幅度升高,使超微粉体具有独特的物理与化学性质,如良好的发散性、溶解性、吸附性与化学活性等,具有广阔的应用领域。在功能食品的生产中,某些微量活性成分(如硒)的添加量很小,若颗粒稍大就可能带来毒副作用,在这种工艺操作中超微粉碎技术就是一种非常有效的手段,能保证产品有足够小的粒度。所以,超微粉碎技术已成为功能食品生产的重要高新技术之一。

1. 超微粉碎的分类

微粒化技术有化学合成法与机械粉碎法2种。化学合成法能制得微米级、亚微米级甚至纳米级的粉体,但是加工成本高,产量低,应用范围窄。机械粉碎法成本低、产量大,是制备超微粉体的重要手段,现已大规模应用在工业生产。

机械法超微粉碎可以分为干法粉碎与湿法粉碎。依据粉碎过程中产生粉碎力的原理不同,干法粉碎有高频振动式、气流式、旋转球(棒)磨式、锤击式与自磨式等几种形式。湿法粉碎主要用于胶体磨与匀质机进行粉碎。

2. 超微粉碎在功能食品生产中的应用

超微粉碎技术应用在部分功能食品配料(如脂肪替代品、膳食纤维等),可以增加功能物质的生物利用度,减少功能物质在食品中的用量,超微粉体的微缓释作用,又可延长功能物质的功效。

膳食纤维被现代医学界称为"第七营养素"。膳食纤维虽然不被人体直接消化,但可以促进肠道蠕动,作为无能量的填充剂和营养物质的载体,可以平衡膳食结构,防治"现代文明病"。但膳食纤维的可食性差,直接补充很难被人们接受,通过超微粉碎将其制成超微粉后添加到食品中可有效解决这一难题。

在固体蜂蜜的加工工艺中,用胶体磨将配料进行超微粉碎可以提高产品的细腻度。并且,超微细海带粉补碘,加工时加入超微细海虾粉、骨粉补钙,也能够增加蜂蜜的保健功能。

三、冷冻粉碎技术

冷冻粉碎技术产生于20世纪初,在橡胶与塑料工业已经得到应用。日本从20世纪80年代开始研究食品的低温冷冻粉碎,欧洲、美国与我国也开展了一些工作。冷冻粉碎不仅能够保持产品的色、香、味和活性物质的活性，在保证产品微细程度方面也具有无法比拟的优势。

1. 冷冻粉碎技术的原理及特点

冷冻粉碎利用了物料在低温状态下的"低温脆性"，即物料随着温度的下降，其硬度与脆性升高，而塑性与韧性降低，在一定温度下，以很小的力就能将其粉碎。经冷冻粉碎的物料，其粒度可达到"超细微"的程度，可以产生被称为"21世纪食品"的"超细微食品"。

食品在冷冻粉碎时，首先低温冷冻到玻璃化转变温度或者脆化温度以下，然后用粉碎机将其粉碎。在食品快速降温的过程中，物料内部各部位不均匀的收缩会产生内应力，在内应力的作用下，物料内部薄弱部位产生微裂纹并且导致内部组织的结合力下降，外部较小的作用力就会使内部裂纹迅速扩大而导致物料破碎。

与常温粉碎相比，冷冻粉碎可以粉碎常温下难以粉碎的物质，可制成比常温粉粒体流动性更好、粒度分布更理想的产品，不会发生常温粉碎时因为氧化、发热造成的变质现象，粉碎时不会出现粉尘爆炸、气味逸散、噪声等。这些优点使冷冻粉碎技术尤其适用于由于油分、水分等缘故很难在常温中进行微粉碎的食品，或在常温粉碎时很难保持香味成分的香辛料。

2. 冷冻粉碎技术在功能食品生产中的应用

水产品、畜产品加工中产生的下脚料经冷冻粉碎干燥后，不仅可以回收利用，而且可以制成营养价值高的功能食品。如将贝类、鱼类制成干粉出售，将动物的皮、蹄壳、腱或者内脏等制粉用作增量剂、营养强化剂等添加剂。日本已经利用液氮冻结粉碎设备成功地将甲鱼加工成100%保持原风味的超微粉末，并且该食品具有的味、香、滋补成分等均没有损失。我国研究人员将冷冻粉碎技术用于骨粉、松花粉等的生产，得到营养成分和活性物质丰富的速溶营养产品。

在果蔬加工中采用冷冻粉碎技术，可以有效地保护蔬菜中的营养成分，使其不受损失，所得的微膏粉既保存了全部的营养成分，又因为纤维素的微细化而使产品口感极佳，还可以制成速溶饮品。

第二节　萃取新技术

一、微波萃取技术

1. 微波萃取的原理

微波是一种频率在300 MHz ~ 300 GHz之间的电磁波。它具有高频性、波动性、热特性与耐热特性四大基本特征。微波的热效应是基于物质的介电性质与物质的内部不同电荷极化不具备跟上交变电场的能力来实现的。微波的频率和分子转动的频率相关，因此微波能是一种由离子迁移与偶极子转动而引起分子运动的非离子化辐射能。当微波能作用于分子时，促进了分子的转动运动；若分子具有一定的极性，在微波电磁场作用下产生瞬间极化。当频率为2 450 MHz时，分子就以24.5亿次/秒的速度做极性变换运动，从而产生键的振动、撕裂与粒子间的相互摩擦、碰撞，促进分子活性部分（极性部分）更好地接触与反应，并且迅速产生大量的热能，使温度升高。

2. 微波萃取的特点及其与传统热萃取的区别

传统热萃取是以热传导、热辐射等方式由外向内进行，而微波萃取是通过偶极子旋转与离子传导2种方式内外同时加热。和传统热萃取相比，微波萃取具有以下特点：

（1）质量高，可以有效地保护食品中的功能成分。

（2）对萃取物具有高选择性。

（3）回收率高。

（4）省时，只需30 s ~ 10 min。

（5）加热速度快，易于控温。

（6）溶剂用量少（比传统热萃取少50% ~ 90%），能耗低。

3. 微波萃取在食品中的应用

（1）微波萃取香精油。应用微波萃取法可从莳萝籽、洋芫荽、蒿、茴茴香、龙蒿、甘牛至、牛草、丁香、百里香、大葱等萃取香精油。

（2）在油脂中的应用。对美国油葵籽、普通葵花籽进行微波正己烷萃取，在微波频率为2 450 MHz、功率为850 W、辐射时间为20 s的条件下发现美国油葵籽不饱和脂肪酸的含量比普通葵花籽的高，用微波萃取法的出油率比压榨法的高。

（3）在提取天然产物有效成分中的应用。微波萃取能够使萃取的植物有效成分效果好，萃取效率高，且有利于萃取热不稳定的物质。大蒜中的有效成分为大蒜辣素和大蒜新素，大蒜辣素不稳定，而大蒜新素则比较稳定。实验发现，微波辅助萃取大蒜有效成分效果很好，所用时间短，加热30 ~ 60 s就和索氏提取法6 h的效果一致。

二、超声提取技术

超声提取是应用超声波强化法提取植物有效成分的方法。当超声波振动时能产生并传递强大的能量，引起媒质以大的速度加速进入振动状态，使媒质结构发生变化，促使有效成分进入溶剂中，并且，超声波在液体中还会产生空化作用（即在有相当大破坏应力的作用下，液体内形成空化泡的现象）。空化泡在瞬间胀大并破裂，破裂时吸收的声场能量在极短的时间与极小的空间内释放出来，形成高温与高压的环境，并且伴随强大的冲击波与微声波，从而破坏细胞壁结构，使其在瞬间破裂，植物细胞内的有效成分得以释放，直接进入溶剂并充分混合，从而提高提取率。另外，超声波还产生很多次级效应，如热效应、扩散、乳化、击碎、生物效应、化学效应、凝聚效应等，也能加速植物有效成分在溶剂中的释放扩散，有利于提取。与常规提取法相比，超声提取可提高提取率，缩短提取时间，因此超声提取在植物多糖的提取中得到广泛应用。

三、超临界流体萃取技术

超临界流体萃取技术是目前国际上兴起时间不长的新技术之一，现已应用于化工、石油、医药、食品等工业领域。目前美国、日本、瑞士、德国等国家已经具备工业化生产能力，我国正处于研究和试用阶段。

1. 超临界流体萃取的原理

超临界流体萃取技术是利用流体（溶剂）在临界点附近某一区域（超临界区）内，与待分离混合物中的溶质具有异常相平衡行为与传递性能，同时它对溶质的溶解能力随压力与温度改变并且在相当宽的范围内变动的特性来分离溶质的一项技术。利用这样的超临界流体作为溶剂，可从多种液态或者固态混合物中萃取待分离的组分。超临界流体自扩散系数大、渗透性好、黏度小，可更快地完成传质，达到平衡，促进高效分离的实现。

超临界流体萃取的效果与被萃取物质的化学性质、操作温度及流体自身性质有直接关系。超临界流体与被萃取物质的化学性质越相似，操作温度越接近临界温度，溶解能力就越大。超临界流体对人体无毒害；具有适当的临界压力，可以减少压缩费用；具有较低的沸点，有利于从溶质中分离。

CO_2是现代食品工业中使用最广泛的超临界流体萃取剂。它不仅是很强的溶剂，可萃取食品加工中范围很广的化合物，而且相对来说性质稳定、不易燃、不易爆、黏度低、沸点低、表面张力低、临界特性合理、无毒、无害、价格便宜、可循环使用。CO_2特别适用于萃取易挥发与热敏性物质。和传统溶剂二氯甲烷、正己烷相比，具有显著的优越性。

从溶剂强度考虑，超临界氨气是最佳选择，但氨气很容易和其他物质反应，对设备腐蚀严重，且日常使用太危险。超临界甲醇也是很好的溶剂，但因为它的临界温度很高，在室温条件下是液体，提取后还需要复杂的浓缩步骤而无法采用。低烃类物质因为可燃、易爆，也不如CO_2那样应用广泛。

2. 超临界流体萃取的特点

（1）超临界流体具有较高的扩散性，从而减少了传质阻力，这对多孔疏松的固态物质与细胞材料中化合物的萃取尤其有利。

（2）超临界流体对改变操作条件（如温度、压力）尤其敏感，提供了操作上的灵活性与可调性。

（3）超临界流体可以在低温下进行，对分离萃取热敏性的物料尤为有利。

（4）超临界流体具有低的化学活泼性与毒性。

因此，超临界流体萃取技术最适用于分离价值高、很难用常规方法分离的化合物。

3. 超临界流体萃取技术在功能食品生产中的应用

（1）功能性脂类的提取。利用超临界流体萃取可从红花籽、月见草、米糠、玉米胚、小麦胚中提取功能性脂类，不但使油脂中必需脂肪酸与维生素不受损失，而且提高油的质量，避免常规提取溶剂的残留。超临界流体萃取用于鱼油的提取，可以防止PUFA的氧化。

（2）PUFA的分离。通过控制萃取条件，可使脂肪酸混合物得以分别萃取，可获得高浓度的DHA和EPA，作为保健食品应用。

（3）天然香料、食用色素的提取。利用超临界CO_2萃取技术从桂花、肉桂、辣椒、柠檬皮、红花等提取天然香料，质量更佳，可作为功能食品的调香剂。从辣椒中提取辣椒红色素，从红花中提取红花色素，其色价远远高于用普通溶剂提取的产品，已可进行批量工业化生产。

（4）植物功能成分的提取。植物的某些功能成分利用超临界二氧化碳萃取，可获得高纯度、高质量的产品。该技术应用于生姜萃取，萃取物中含有丰富的姜辣素，而使用蒸馏法所得的姜油中姜辣素含量很低。同时，该技术提取过程中姜酚不发生变化，姜油具有抗风湿功能，而普通姜油则由于姜酚的氧化而无此功效。

（5）超临界CO_2萃取磷脂的研究。超临界CO_2萃取磷脂的原料有大豆粗磷脂、蛋黄粉与饼粕等。工业化生产脱油磷脂的方法有化学、物理、酶解等方法。用丙酮处理粗磷脂获得脱油磷脂是目前工业普遍采用的方法，但此工艺后期干燥需要高温条件，并且有溶剂残留。

第三节　膜分离技术

一、膜分离的基本概念

用天然或者人工合成的高分子薄膜，以扩散、外界能量或化学位差为推动力，对大小不同、形状不同的双组分或者多组分的溶质与溶剂进行分离、分级、提纯与浓缩的方法，统称为膜分离法。膜分离过程的实质是物质依据滤膜孔径的大小透过或截留于膜的过程。

根据被分离成分粒子的大小，可将膜分离分为透析、微滤、纳滤、超滤、反渗透与电渗析等类型。另外，还有近年发展起来的膜蒸馏和渗透蒸馏等膜分离技术。

膜分离具有比普通分离方法更突出的优点。膜分离过程中，料液既不受热升温，又不汽化蒸发，功能活性成分不会散失或者破坏，易保持活性成分的原有功能特性。另外，膜分离有时还可以分离用常规方法难以分离的组分，如细胞等，且节省能量。

膜分离使用的膜，从相态上可分为固态膜与液态膜；从来源上可分为天然膜与合成膜，合成膜又可分为无机膜与有机膜。根据膜断面的物理形态，可将膜分为对称膜、不对称膜与复合膜。依照固态膜的外形，可分为管状膜、平板膜、卷状膜与中空纤维膜。按膜的功能又可以分为超滤膜、反渗透膜、气体渗透膜、渗析膜与离子交换膜。

膜性能对膜分离的应用与效果有较大影响。通常所称的膜性能是指膜的物化稳定性与膜分离透过性。膜的物化稳定性主要是指膜的耐热性、耐压性、适用的pH范围、机械强度、化学惰性，主要取决于构成膜的高分子材料。膜的物化稳定性主要从膜的抗水解性、抗氧化性、耐热性与机械强度等方面来评价。膜的分离透过特性主要从分离效率、渗透通量与通量衰减系数3个方面来评价。

对任何一种分离过程，总希望分离效率高，渗透通量大。实际上，通常分离效率高的膜，渗透通量小；而渗透通量大的膜，分离效率低。故在实际应用中需要在这二者之间寻求平衡。

二、膜分离技术的应用

膜分离技术是一种在常温下无相变的节能、高效、无污染的分离、提纯、浓缩技术。这项技术的特性适合功能食品的加工。

1. 在功能性饮料加工中的应用

用超滤可以脱除矿泉水中的铁、锰等高价金属离子胶体、有机物胶体与细菌。用超滤作为矿泉水的终端处理可以防止矿泉水的混浊与沉淀，并且能保证达到卫生标准。用高脱盐率（＞95%）电渗析加超滤两步法或用高脱盐率（＞95%）的反渗透一步法都可以达到饮用纯净水的标准。高氟地区的饮用水会引起骨质疏松等多种疾病，用反渗透法可脱除90%以上的氟，从而符合国家饮用水卫生标准。

可用超滤对果汁进行澄清、除菌，回收果汁中的蛋白酶、果胶等，也可用反渗透对果汁进行浓缩，浓缩浓度可达20～25波美度。可以用反渗透把速溶咖啡的固形物含量从8%浓缩至35%，速溶茶可以浓缩至20%左右。用超滤脱除罗汉果浸提液中的蛋白质、多糖等，再用反渗透进行浓缩，其浓缩浓度为20～25波美度。

2. 在发酵工程中的应用

用超滤与洗滤两步法可将酶浓缩10倍，纯度可以从20%提高至90%以上。超滤可去除黄原胶中的色素与蛋白质，并且可以将黄原胶从1 Pa·s浓缩至18 Pa·s。超滤可去除味精生产中的微生物，并用反渗透回收漂洗水中的谷氨酸钠。用反渗透法可以使普通啤酒中乙醇含量从3%降至0.1%。可以用微滤去除酵母，保证生啤酒的感官品质与保质期。用反渗透法可以将普通葡萄酒中乙醇含量降至1%～2%。可以用超滤去除低度白酒中的棕榈酸酯等，解决因低温引起的混浊。超滤还可以增加乙醇与水的缔合，使得酒的口感更加柔和醇厚。用超滤去除酒中的多糖、果胶、蛋白质等大分子物质，解决由这些物质产生的沉淀。用反渗透法可以将赖氨酸、丙氨酸、丝氨酸、苏氨酸、脯氨酸等浓缩2倍。用超滤可把固形物为20%的血浆浓缩至30%。超滤可使食醋清亮透明、无沉淀、无菌，并能改善风味。用超滤生产的白酱油，可以降低高价金属离子的含量，去除细菌与杂质，提高酱油对热与氧的稳定性。

3. 在色素生产中的应用

用超滤可以脱除焦糖色素中的有害成分——亚铵盐，并去除令人不愉快的味道。用超滤可以脱除天然食用色素水提取液中95%以上的果胶与多糖，并且可用反渗透法浓缩该浸提液到固形物含量20%以上，色价保持率极高。

4. 在蛋白质加工中的应用

用超滤法生产大豆分离蛋白，蛋白质回收率高于93%，蛋白质截留率高于95%，比传统的酸沉淀法提高10%。用反渗透浓缩蛋清，固形物含量可以从12%升高至20%。用超滤浓缩全蛋，固形物含量可从24%升高到42%。用超滤可以从马铃薯淀粉生产的废水、粉丝生产的黄浆水、水产品加工的废水、大豆分离蛋白加工的废水与葡萄糖生产中回收蛋白质，这样既充分利用了资源，又符合环保的要求。

5. 在乳制品加工中的应用

用反渗透法浓缩牛奶，用于生产奶粉与奶酪，牛奶的固形物可浓缩至25%。亚洲人普遍对乳糖过敏，用超滤法可以将牛奶中的乳糖去除，并且回收乳糖作为工业原料。用超滤法可以从干酪乳清中回收与浓缩蛋白质。

第四节　微胶囊技术

微胶囊（Microencapsulation）技术是一种发展迅速、用途广泛并且比较成熟的高新技术，目前已成为食品科技领域的研究热点之一。微胶囊技术在食品工业上的应用，极大地推动了食品工业由低级的农产品初加工产业向高级产业的转变，是我国21世纪重点研究开发的食品加工高新技术之一。

一、基本概念

微胶囊技术是采用天然的或合成的高分子包囊材料（壁材），将固体、液体甚至是气体的微小囊核物质（芯材）包覆，形成直径为1～5 000 μm（通常5～400 μm）的、具有半透性或者密封囊膜的微型胶囊的技术。

微胶囊可以呈现各种形状，如球状、粒状、块状、长条状等。囊壁有单层和多层结构。

微胶囊整体包括两部分，即外层的囊壁与包在里面的物质囊芯。微胶囊造粒的基本原理是根据不同被包埋物的性质与用途，选用一种或者几种复合壁材进行包埋。总的来说，油溶性包埋物应该采用水溶性壁材，而水溶性包埋物应该采用油溶性壁材。

二、微胶囊的构成材料

1. 微胶囊的芯材

微胶囊的芯材又称为芯料、核料。大多数的固体或者液体（甚至气体）主料均可以进行微胶囊化。但芯材的性质不同，所采用的微胶囊化工艺也不同。例如，采用水相分离工艺，芯材的直径大小和成囊后的外形与稳定性关系很大。液体芯材用复凝聚法包成的微胶囊大多为圆球形，不规则的大颗粒芯材包成的微胶囊和主料颗粒形态相近。制得的微胶囊可以是单核，也可为有数万个核的多核。一般要求芯材的直径不宜过大。芯材除了主料外，还可加稀释剂、稳定剂和控制释药速度的阻滞剂或者加速剂等附加剂，使得到的微胶囊达到预定的设计要求。

2. 微胶囊的壁材

微胶囊的壁材一般是成膜物质，既有天然多聚物，也有合成多聚物。壁材的组成决定工艺与产品的性质。

微胶囊的壁材主要为天然高分子化合物、合成高分子化合物及其衍生物。在食品添加剂微胶囊产品中，用作壁材的纤维素类有羧甲基纤维素、甲基纤维素、乙基纤维素，动植物胶类有卡拉胶、阿拉伯胶、海藻酸钠、明胶、酪蛋白等，碳水化合物类有β-环糊精、麦芽糊精、白糊精、单糖、双糖、多糖、淀粉、变性淀粉、蜡、脂类有石蜡、硬脂酸等，其他类有聚丙烯、聚乙烯醇、聚乙二醇等。.

一般根据所制备微胶囊的要求选择适宜的壁材。需快速释放的微胶囊可制成明胶膜，网孔比较大；为了防止渗油的封密式微胶囊，可选用明胶-阿拉伯胶膜，另在油相中加乙基纤维素沉积于油胶之间，形成封闭性良好的囊膜。所以，选用壁材时应考虑壁材的黏度、渗透性、吸湿性、溶解性、稳定性及透明度等，而且，为了使微胶囊具有一定的可塑性，通常还在壁材中加入适宜的增塑剂。例如，明胶作为壁材时，可加入体积分数为10%~20%的甘油或丙二醇。另外，在微胶囊化时，囊芯物与壁材的比例要适当，囊芯物太少则"囊中无物"，即空囊。

微胶囊产品的命名方式如下：根据芯材命名，如维生素C微胶囊；根据壁材命名，如阿拉伯胶微胶囊。更恰当的方式是结合芯材与壁材命名，如卵磷脂-明胶微胶囊。

三、微胶囊的功能特性

胶囊化可改变产品原来的形状、色泽、质量、体积、反应性、溶解性、储藏性、耐热性等特性，微胶囊能储存微细状态的芯材物质并且在需要时将芯材物质释放出来。

1. 隔离物料之间的相互作用，保护敏感性物质

物料通过胶囊化后，可以免受环境中光线、氧气、高温、紫外线、水汽等外界不良因素的干扰，提高物料在加工时的稳定性并且延长产品的货架寿命。例如，茶饮料中的色素物质容易受到光、热、酸等因素作用而不稳定，经包埋后可以形成稳定的包埋物。

2. 改变物料的存在状态、质量和体积

液体芯材经胶囊化后可以转变为细粉状固体，其内部仍为液相，所以能保持良好的液相反应性。部分液相香料，经过包埋后转变为固体颗粒，便于加工、储藏与运输。物料经过胶囊化后，其质量有所增加，也可以制成含有空气的空气胶囊而使体积增加。

3. 掩盖不良气味，降低挥发性

有些食品添加剂，由于带有异味或者不同色泽，而影响食品的品质。若将添加剂胶囊化，可以掩盖其不良气味与色泽，改变其在食品加工中的使用性。容易挥发的食品添加剂，经过胶囊化后可以避免挥发，降低其在加工时的损失，减少成本。食品与饮料中的天然香气成分经包埋后，其挥发性、氧化性与热分解作用明显减缓，香气更持久、宜人。

4. 控制释放

物料经过胶囊化后，可以控制其释放速度与释放时间。利用这些特点，在食品工业

中可保留一些挥发性化合物，使其于最佳条件下释放。例如，饮料中加入的防腐剂（如苯甲酸钠）和酸味剂直接接触会失效，如果将防腐剂胶囊化，可提高对酸的稳定性，并且可以在最佳状态下发挥防腐作用，延长其作用时间。经预先设计并选用适当壁材，还可实现特殊的释放模式以达到特殊效果。

5. 降低食品添加剂的毒理作用

利用微胶囊控制释放的特点，可以通过适当的设计，控制芯材的生物可利用性。特别是化学合成添加剂，包埋对于降低其毒理作用显得尤为重要。

四、微胶囊技术在功能食品中的应用

1. 微胶囊化营养强化剂

用于生产各种氨基酸胶囊，维生素C、维生素E胶囊，各种无机盐如葡萄糖酸锌（钙）、硫酸亚铁胶囊。

2. 微胶囊化生物活性物质

用于生产各种膳食纤维胶囊、必需脂肪酸（亚油酸、亚麻酸、花生四烯酸、EPA、DHA）胶囊、各种活性多糖胶囊、各种活性肽胶囊、各种活性蛋白质胶囊、各种硒化物胶囊。

3. 香精香料的粉末化

用于生产柠檬香精、橘子香精、樱桃香精、水杨酸甲酯、薄荷油、芝麻油、姜油、辣油、食醋、酱油微胶囊等。

4. 食用油脂的粉末化

几乎所有油脂均可制成微胶囊。

5. 饮料的粉末化——固体饮料

用于生产各种蔬菜粉末冲剂、水果粉末冲剂、麦乳精、产气固体饮料胶囊等。

6. 酒的粉末化

用于生产白酒、葡萄酒等。

7. 胶囊化食品添加剂

用于生产微胶囊化的酸味剂、甜味剂、防腐剂、乳化剂、膨松剂、活性小麦面筋（谷朊粉）等。

8. 微胶囊化微生物细胞

用于微胶囊化乳酸菌、酵母菌、黑曲霉等。

9. 微胶囊固定化酶与固定化细胞

用于微胶囊化蛋白酶、淀粉酶、果胶酶、异构酶、氧化酶、转化酶、CAT、脂肪水解酶、酒化酶、乳糖酶等。

第五节　生物工程技术

生物工程技术是利用自然科学及工程学的原理，将动物、植物、微生物作为反应器将物料进行加工以提供产品来为社会服务的技术。生物工程技术包括所有具备产业化条件的生物技术，如发酵工程、酶工程、基因工程和细胞工程技术。这些技术在功能食品的生产中已经有所应用。

一、基因工程

基因工程是指在基因水平上，按照人类的需要进行设计，然后按照设计方案创建出具有某种新的性状的生物新品系，并能使性状稳定地遗传给后代。基因工程采用和工程设计十分类似的方法，既具有理学的特点，同时也具有工学的特点。

生物学家在破解了生物遗传密码后，还想从分子的水平去干预生物的遗传。1973年，美国斯坦福大学的科恩教授，把2种质粒上不同的抗药基因"裁剪"下来，"拼接"在同一个质粒中。当这种杂合质粒进入大肠杆菌后，大肠杆菌就能抵抗2种药物，且其后代都具有双重抗菌性。科恩的重组实验拉开了基因工程的序幕。

DNA重组技术是基因工程的核心技术。重组，顾名思义，就是重新组合，即利用供体生物的遗传物质，或者人工合成的基因，经过体外切割后，与适当的载体连接起来，形成重组DNA分子，然后将重组DNA分子导入受体细胞或者受体生物构建转基因细胞系或转基因生物，该种转基因细胞或生物就可按人类事先设计好的"蓝图"表现出新的性状。

在改造食品原材料方面，基因工程技术得到了广泛应用，主要集中在改良蛋白质、糖类等的产量与质量上。例如，利用基因工程技术能够获得高产蛋白质或者高产氨基酸的作物，能够调节淀粉合成过程中特定酶的含量或者几种酶之间的比例，从而达到增加淀粉含量或者获得特性独特、品质优良的新型淀粉的目的。

二、细胞工程

细胞工程应用细胞生物学方法，按照人们预先的设计，有计划地保存、改变和创造遗传物质，是在细胞水平进行研究、开发、利用各类细胞的工程。在食品工业中应用较广泛的细胞工程技术主要是细胞培养技术、细胞重建技术、细胞融合技术和细胞代谢物的生产技术等。如利用曲霉生产的酱油，其品质和曲霉所产的蛋白酶息息相关。据《日本农艺化学会志》报道，采用原生质体细胞融合技术，可以选育出蛋白酶分泌能力强、繁殖速度快的优良菌株。

三、酶工程

酶工程是从应用的目的出发研究酶，在一定生物反应装置中利用酶的催化性质，将相应原料转化成有用物质的技术。

酶工程的研究内容可以分为两部分：一部分是如何生产酶，一部分是如何应用酶。

酶的生产大致经历了4个发展阶段：最初从动物内脏中提取酶；随着酶工程的进展，人们利用大量培养微生物来获取酶；基因工程诞生后，通过基因重组来改造产酶的微生物；近些年来，酶工程又出现了一个新的热门课题，那就是人工合成新酶，也就是人工酶。

酶在应用中也显示出一些缺点，如遇到强酸、强碱、高温就会失去活性，价格贵，生产成本高，实际应用中酶只能使用一次，等等。酶的固定化可解决这些问题。20世纪60年代初，科学家发现，很多酶经过固定化后，活性丝毫未减，稳定性反而有了提高。这一发现是酶的推广应用的转折点，也是酶工程发展的转折点。如今，酶的固定化技术日新月异。

酶工程在肉制品工业、乳化加工、焙烤工业、饮料果汁生产、淀粉与糖工业等领域均有所应用。例如，用蛋白酶强化的面粉制作的面包体积更大、更松软、风味更佳。

四、发酵工程

现代的发酵工程又叫微生物工程，指采用现代生物工程技术手段，利用微生物的某些特定的功能，为人类生产有用的产品，或直接把微生物应用于工业生产过程。发酵是微生物特有的作用，几千年前就已经被人类认识并用来制造酒、面包等食品。20世纪20年代主要是以酒精发酵、甘油发酵与丙醇发酵等为主。20世纪40年代中期美国抗生素工业兴起，大规模生产青霉素，日本谷氨酸盐（味精）发酵成功，大大促进了发酵工业的发展。

20世纪70年代，细胞融合技术、基因重组技术等生物工程技术的飞速发展，发酵工业进入现代发酵工程的阶段，不但生产酒精类饮料、面包和醋酸，而且生产干扰素、胰岛素、生长激素、抗生素与疫苗等多种医疗保健药物，生产细菌肥料、天然杀虫剂与微生物除草剂等农用生产资料，在化学工业上生产香料、氨基酸、生物高分子、维生素、酶与单细胞蛋白等。

从广义上讲，发酵工程由三部分组成：上游工程、发酵工程和下游工程。其中上游工程包括优良种株的选育、最适发酵条件（温度、pH、溶解氧与营养组成）的确定、营养物的准备等。发酵工程主要指在最适发酵条件下，发酵罐中大量培养细胞与生产代谢产物的工艺技术。下游工程指从发酵液中分离与纯化产品的技术。

课后训练

一、讨论思考题

（1）功能食品生产中常采用的新技术有哪些？各有何特点？

（2）什么叫超微粉碎？超微粉碎的食品与普通粉碎方法粉碎的食品有何不同？

（3）超临界流体萃取的原理和特点是什么？超临界流体萃取技术是如何应用在功能食品加工中的？

（4）什么是冷冻干燥？简述冷冻干燥技术在功能食品中的应用。

（5）什么是膜分离技术？简述膜分离的种类及区别。

（6）什么是微胶囊技术？微胶囊化的作用是什么？

（7）简述生物工程在功能食品生产中的应用。

二、案例分析题

牡蛎是高营养价值的经济贝类，也是有较高药用价值的海洋生物。牡蛎肉含有大量的生物活性物质如牛磺酸、小分子多肽和多糖等。我国牡蛎产量很大。某厂为了综合利用牡蛎，决定利用现代功能食品生产新技术提取其中的功能成分。如果你是该厂的一名技术员，厂领导给你提出以下问题，你会怎么处理？

（1）牛磺酸、牡蛎多糖和牡蛎多肽都有什么样的功效？

（2）请你设计出牛磺酸、牡蛎多糖和牡蛎多肽的提取方案。

（3）请你设计出牛磺酸在功能食品生产中的应用方案。

知识拓展

研发海参冻干粉

海参是珍贵海产品。为了最大限度地保留海参的营养成分，使之成为货真价实的高级营养滋补品，中国科学院沈阳应用生态研究所多年来致力于海参加工技术研究，和大连海离素生物开发有限公司一道，首次将超细粉碎破壁与真空冷冻干燥等方法应用于海参的深加工。采用该技术生产的海离素海参冻干粉弥补了即食海参的一些局限，可以使海参营养成分的利用提高到一个新的高度。实验数据证明：每100 g新鲜海参可测定的蛋白质含量仅为16.5%，而每100 g海离素海参冻干粉可测定的蛋白质含量最高可达80.2%，其中除了含有18种氨基酸与10多种无机盐外，还保全了一些特有的活性成分。

该技术从源头上保持海参的营养成分不损失，营养价值不变，热敏感与易氧化的活性物质不变性，综合考虑了原料和在整个加工过程中各种工艺参数的优化组合。例如，冷冻干燥技术的加工条件是很严格的，先速冻海参原料，目的是维持海参的品质不变，特别是一些活性物质不流失、不变性，并且还要适度缓冻，使水分蒸发，因此温控要求极其严格。又如，超细粉碎应当关注海参粉颗粒的粒度，研究发现，在高倍显微镜下检测，当海参粉颗粒分解到极细微的状态时，其活性物质就会发生质与量的明显变化。粉碎的目数低了，达不到有效释放海参营养成分的目的；目数太高，则会导致海参营养成分受到破坏，使其失去原有功效。所以保持营养成分的功效最大化应当是研究加工技术的基本原则。实验表明，海离素海参冻干粉细度达到2 000～2 500目时，能够使其营养成分的溶出率达到最佳状态，用这种方法制成的产品中总蛋白质含量一般达到65%以上，是整个海参可测定蛋白质含量的5.4倍、钙含量的17倍、磷含量的2.1倍。采用冷冻干燥与超细粉碎技术让海参这种高档补品的营养成分含量最大化，真正做到"物有所值"。

第九章　海洋功能食品加工工艺

本章重点和学习目标：

（1）了解鱼、虾、蟹、贝等海洋功能食品的种类及加工方法。

（2）熟悉海藻功能食品的种类以及加工方法。

（3）了解再生资源的类型以及加工方法。

（4）掌握鱼油、牛磺酸的提取以及在海洋功能食品生产中的应用。

导入案例：

海产品下脚料的利用

在藻、鱼、虾、贝等产品的生产过程中产生了大量的废弃物，如鱼皮、鱼头、鱼骨、鱼鳞、内脏、碎肉、虾头、虾壳、贝壳、蟹壳等。我国现有的水产加工企业，大多数只进行初级加工，因为缺乏相应的高附加值的加工技术，这些副产物常常只经简单加工处理就作为饲料或者肥料，更有甚者直接当作垃圾排放，给环境造成严重的污染。其实，这些副产物经加工综合利用，都可变废为宝，可以利用它们开发功能食品、调味品、保健品、医药品、化妆品与化工产品等高附加值的产品。例如，在鱼品加工过程中，鱼的骨刺是最多见的下脚料之一，但它们含有能增进人体生长发育的天然优质活性钙与多种微量元素，用它们制成的鱼骨粉是孕妇、婴幼儿与老年人补充钙质与微量元素的良好保健品。另外，鱼胆囊在鱼品加工中也常常作为废弃物被丢掉，实在可惜。胆囊里的胆汁经过加工可以制备胆酸盐、胆色素钙盐与牛磺酸等，这些胆囊制品也可以作为医药工业的原料，用于生产人造牛黄或抗生素制剂。还有鱼的精巢，俗称鱼白，往往也作为废弃物处理，但是成熟的鱼精巢中富含鱼精蛋白，可以作为食品防腐剂，用于延长面类、乳制品、果蔬等酸性食品的货架期。

从虾壳中可以提取几丁质。几丁质制成的保健食品、药物有增强免疫力的功能，制成的手术缝合线或者医用海绵不必拆线，还可以作为食品保鲜剂、废水处理剂、植物生长调节剂、黏合剂等。日本专家就研发了一种添加了贝壳粉的墙壁涂料，在10 min内就可使房间中的甲醛浓度下降到原来的1/5，并且还能吸收各种化学涂料散发出来的其他有害成分。

问题：

（1）根据以上案例，海产品下脚料中有哪些功能成分？

（2）你对海产品下脚料的利用有哪些认识？

教学内容

第一节　海洋功能食品的加工

一、鱼类食品

（一）鱼类浓缩蛋白

鱼类浓缩蛋白在国外被广泛用作食品添加剂。其形态为干燥（或半干冷冻）的颗粒或粉末，白色，无味。因其营养价值高，生产成本低，贮存性好，广泛用于香肠、面包、饼干等食品进行蛋白质的强化。鱼类浓缩蛋白的生产关键是脱油脂、脱异味和增加产品的亲水性。它以经济鱼类或捕获量大的低值鱼为原料，利用现代高科技生物技术，以特殊的加工工艺制作而成。

以往的鱼类浓缩蛋白制品，由于制作过程中鱼类的脂肪分解氧化和蛋白分解产生胺类，因此色泽发黄并且有鱼腥味。这类鱼类浓缩蛋白作为蛋白质强化剂，在饼干、面包等食品中的应用效果不佳，需要加以改进。

1.制作技术特点

现代高科技生物技术是以各种经济鱼类或者捕获量大的低值鱼类作为原料，采肉后粉碎、水洗、压榨脱水，然后用含酸的有机溶剂进行脱脂、脱臭与脱气处理，最后脱去有机溶剂，干燥后制成白色、无臭的鱼类浓缩制品。和以往的制作方法相比，新方法的特点如下：① 制品色白无臭；② 工艺简单，操作方便，宜于工业化生产；③ 成本低廉等。

2.制作方法

用分离机除去鱼类的鳞、骨、头、鳍、内脏等，将鱼肉用切碎机切碎，以10倍量的水洗涤后，压榨脱水。将脱水的碎鱼肉放进含酸0.3%～0.5%的有机溶剂中，在比溶液的沸点高大约10℃的温度下，进行回流脱脂、脱色与脱臭处理2～3次，每次2～4 h，再将处理后的鱼肉用离心机脱去溶剂，在70℃下干燥后，把干燥物粉碎成大小均一的粉末制品。离心机脱下的有机溶剂可以直接用蒸馏柱进行回收。

在有机溶剂中加入0.3%～0.5%的酸，其目的是加快碎鱼肉脱脂的速度，并且把鱼肉中的色素与胺类成分以盐的形式分离出来，可以使用柠檬酸、酒石酸、琥珀酸等有机酸或者盐酸、磷酸等无机酸，但以使用柠檬酸与酒石酸的处理效果为佳。使用浓度是溶剂质量的0.3%～0.5%，低于0.3%则脱脂速度慢，高于5%则损害风味成分。有机溶剂以使用卫生、无害的亲水性脱脂溶剂（如异丙醇或者乙醇）对鱼肉处理的效果最佳。同时，处理后回收的有机溶剂由于含有酸，所残留的鱼臭成分含量要比一般的加工方法少得多，所以用极少量的活性炭就可以清除，降低成本。

（二）海洋牛肉

海洋牛肉为一种复水率高，并且具有肉状组织的鱼肉蛋白质，它是生产鱼类浓缩蛋白的衍生产物。加工海洋牛肉的原料不受种类的限制，中上层鱼类、低值鱼类与水生贝类等均可以利用。高脂鱼类如沙丁鱼也可以作为海洋牛肉的原料。海洋牛肉的另一特点是不需要冷冻保藏，复水率高，浸水膨润后可以按照习惯口味烹调，富有营养，具有与鸡蛋一样的消化率，深受消费者的欢迎。

1. 加工工艺

（1）原料选择。以鱼类为例，选用新鲜的、肌肉纤维丰富的鱼类作为原料。如果用解冻后的冷冻鱼作为原料，则要求鱼肉蛋白质在冷冻变性时不影响肌原纤维蛋白在盐溶液中的萃取。

（2）采肉。原料鱼经去内脏、清洗后，用人工或者鱼肉采取机采取鱼肉。

（3）水洗与碱洗。狭鳕或者非洲鳕等低脂鱼类只需要水洗除去污物，而高脂鱼类如沙丁鱼、鲐鱼等，则要用0.4%的碳酸氢钠溶液漂洗。

（4）脱水。漂洗后的鱼肉用离心机或压榨机除去鱼肉中残留的水分，用精磨机精磨。

（5）调整。用占鱼肉质量0.5%～1%的碳酸氢钠调节鱼肉pH为7.4～7.8，并添加1%～2%的精盐。

（6）捏和。将调节pH、添加盐的鱼肉用捏和机捏和，直到变成黏糊状为止。

（7）挤压和乙醇处理。黏糊状鱼肉通过绞肉机挤压入冷乙醇（5～10℃）中，搅拌15 min。用挤压机将鱼肉挤压成细条状，之后用离心机除去乙醇。鱼肉再次通过挤压机并与冷乙醇混合15 min，用离心机除去乙醇。根据乙醇处理的次数、混合搅拌时间的长短和乙醇的温度，可以获得不同质量、不同复水率的产品。为除去多脂鱼肉中的脂肪，鱼肉用冷乙醇处理后还需在乙醇中煮沸。所有用过的乙醇经过蒸馏回收，可以重新使用。

（8）干燥。用30～45℃热空气干燥，使鱼肉含水量低于10%。

2. 食用方法

将海洋牛肉浸泡5～10 min，就可以按需配成菜肴。若放置于质量是其数倍的水中，并在室温下静置15 min～2 h，海洋牛肉可以膨胀至原有质量的5倍左右。食用前可以用布将肉中多余的水分挤出。可将这种含水75%～77%的复水海洋牛肉和1%的淀粉混合，添加不同量的碎牛肉，制成10 g重的海洋牛肉圆，蒸煮冷却后，经感官鉴定，此法制得的海洋牛肉圆比天然牛肉圆脆、软，且黏度也小。若用70%的复水海洋牛肉与30%的牛肉混合制成牛肉圆，则可以获得和天然牛肉圆相似的口感。

3. 产品特点

海洋牛肉产品灰白色、细粒状，长2～4 mm，直径为1～2 mm。不需要冷冻保藏，复水率高，浸水膨润后可以按习惯口味烹调。富有营养，有和鸡蛋一样的消化率。

（三）纤维状鱼肉干品

利用鱼肉蛋白成型特性制成的纤维状鱼肉干品与鱼肉冻干品类似，具有细小的网状结构，质地疏松如同海绵状，吸水后膨润柔软，可作为食品原料，经二次加工后制成各种食品。所采用的原料，可为水分含量较高的各种鱼类和鱼品加工中的鱼肉碎屑，还可采用冷冻鱼肉糜。

1. 加工工艺

先将原料鱼用采肉机采肉，然后用切碎机细切，用不少于2倍（最好为2倍）碎鱼肉体积的H_2O_2和氨水的混合溶液（浓度大于1%）浸渍30 min，再加以搅拌、揉搓、抄制、伸展或者制成砖形，最后用干燥机在温度35～40℃、风速1 m/s的条件下热风干燥即可。

2. 加工实例

实例1：

（1）浸渍处理。将鱼肉和2倍鱼肉体积的处理液混合，在室温下浸渍30 min，进行发泡、漂白、柔润处理，再用搅拌机搅拌10 min，对鱼肉纤维进行揉搓。

（2）抄制处理。将聚丙烯制的帘子（过滤网）放置在抄制台上，其上放上19.5 cm×25 cm×3 cm大小的木框，再将鱼肉糜倒入框内摊开，静置10 min，等水沥干后除去木框。

（3）干燥处理。将抄制沥干后的鱼肉按适宜的大小切成小块，移入干燥机内，在35～40℃、风速1 m/s的条件下干燥，即得成品。

实例2：

在100份高水分含量鱼肉中，加入200份0.2%H_2O_2溶液和0.2%氨水各半的混合溶液（液温6～18℃），浸渍30 min，然后搅拌10 min，对鱼肉纤维进行揉搓。再在帘子上将鱼肉摊开，抄制，接着移入干燥机中，在35～40℃、风速1 m/s条件下干燥，制成具有网状结构、黄褐色的鱼肉干燥食品。若要制成白色的制品，可以使用浓度大于0.4%的H_2O_2溶液。

实例3：

取经过添加磷酸盐、糖类处理的冷冻鱼肉糜100份，解冻后浸入200份的0.4%H_2O_2溶液中，浸渍1 h，然后用搅拌机搅拌20 min，放在帘子上抄制，制成砖形，送入干燥机中，在35～40℃、风速1 m/s条件下干燥。

（四）液化食用鱼蛋白

液化食用鱼蛋白，即可溶性鱼蛋白，其生产方法主要有化学法与酶法。化学法是用碱与酸处理，但这种方法生产的制品感官质量与营养都不理想。而采用酶法生产食用鱼蛋白因为制品的质量好而受到人们的重视。

1. 液化食用鱼蛋白的特点

液化食用鱼蛋白富含蛋白质，易溶于水，它的溶解特性（如可湿性、可溶性、弥散性与溶解速度）优于糖或者奶粉，可以用于制作调味品、鱼糊、人造牛奶、人造肉类制品与蛋白质饮料。有些液化鱼粉具有发泡能力或者乳化能力，其应用范围可以扩大到在食品工业中做乳化剂、发泡剂、填料等。因为加工过程中液化食用鱼蛋白含有的必需氨基酸没有被破坏，赖氨酸含量非常高（11.3%），所以它又是粮谷食品补充赖氨酸的理想补充剂，可以将它掺入面包、饼干、婴儿食品中，以提高食品的营养价值而不改变其物理特性。将10%的液化食用鱼蛋白加入面粉与大米中，面粉的蛋白质效价可以由0.66提高到2.5，大米可以由1.6提高至3.8。有试验证明，液化食用鱼蛋白的蛋白质效价高于牛奶酪蛋白，以液化食用鱼蛋白做儿童食品对儿童身体发育极为有利。

2. 制作方法

（1）制备鱼肉乳胶体。将全鱼磨碎就是制作液化食用鱼蛋白的初级原料，但如果需要无味、无臭、无有害成分的高质量产品，则应首先去鱼头、内脏等，捣烂后用水洗涤、萃取，使其成为鱼肉乳胶体。鱼肉乳胶体的产量因鱼的种类与大小而不同，一般是全鱼重的30%～40%，其干品蛋白质含量是95%。对于磨碎的鱼，可以先用水拌和（加5倍于鱼浆的水），再用网筛或者压榨机脱水，去掉有味的血液、类脂物等杂质，也可以除去造成鱼腥味的非蛋白氮（一般可以从12%减到1%）。非蛋白氮主要由肌酸、嘧啶与少量游离氨基酸等组成，其中的三甲氨被作为测定鱼腥味的主要指标。萃取中还会损失10%左右的蛋白质，主要为肌浆蛋白与血红蛋白。

（2）酶解。在鱼肉浆中加入适量的水与0.3%～0.5%的蛋白酶，在50～60℃条件下连续搅拌，使鱼蛋白酶解4 h。也可采用多次快速弱酶水解法（每次5 min左右），这种方法可以避免营养物质的损失，避免产生令人不快的臭味与微生物危害，提高产品的感官质量。

（3）制作鱼粉。酶解之后，鱼肉浆的温度上升到80℃左右，酶失去活性。用离心机或者压滤机将原料分成三部分：水溶性部分、鱼油与不溶性部分（主要是鱼骨与其他不溶物）。其中水溶性部分即可以直接用于制作液化食用鱼蛋白。脱脂、脱臭采用共沸蒸馏法。同时，向水溶性部分吹送二氧化碳或者使用有机溶剂（如环己烷）也可以去除部分不良的味道。再将得到的水溶性部分在60℃以下减压浓缩后，用喷雾干燥法制成粉末，至此，残存的鱼腥味就可以除净。

液化食用鱼蛋白的产量受酶浓度、酶类型、酶抑制剂与稳定剂的数量与溶解条件的影响非常大。用青鳕鱼肉乳胶体作为原料时，在自溶作用影响最小的情况下生产液化食用鱼蛋白，使用3种不同的酶，比较其总氮收率（酶浓度0.3%）。实验结果表明，灰色链霉菌蛋白酶（活力为35 000 U/g）溶解的总氮可以达到95%，而其他2种细菌蛋白酶（多黏芽孢杆菌与生孢芽孢杆菌）总氮收率只达到65%与45%。产品的苦味和酶的类型、原料的种类与溶解条件有关。使用灰色链霉菌蛋白酶可以大大减轻产品的苦味。选择酶不仅要考虑它的溶解能力，还要看它在最后的产品中是否会产生或者遗留气味。在鱼肉乳胶体中加入抑制剂（如氯化钠、聚磷酸盐）会降低液化食用鱼蛋白的产量。若预先蒸煮原料，会使大多数蛋白质留在不溶性部分中，而降低液化食用鱼蛋白产量。液化食用鱼蛋白储藏时，在产品中加入10%～30%鱼油（已氢化处理并且加入抗氧化剂，如丁基羟基茴香醚、丁基羟基甲苯等），可以避免残余脂肪快速发生类脂氧化。生产液化食用鱼蛋白的同时，还可以利用其下脚料生产许多副产品，提高经济效益。

有的液化食用鱼蛋白尤其是用预煮过的原料制作的产品，胱氨酸、异亮氨酸、酪氨酸或者色氨酸含量较低，但大多数产品都含有蛋氨酸与苯丙氨酸。根据研究，必需氨基酸不平衡而造成液化食用鱼蛋白营养价值低的主要原因是缺少色氨酸。液化食用鱼蛋白中的色氨酸含量在溶解初期比较低，这可能是热水萃取全鱼造成的。在溶解前蒸煮原料，会破坏蛋白酶，所以，应该避免在酶解前蒸煮原料。

（五）鱼露粉

鱼露，又称鱼酱油，是福建、广东等地常见的调味品，在闽菜、潮州菜与东南亚料理中常用，由早期华侨传到越南和其他东亚国家，如今在欧洲也逐渐流行。鱼露能延续至今，和它独特的风味密不可分，尤其是它的鲜味与咸味。鱼露是以小鱼、小虾为原料，经过腌渍、发酵、熬炼后得到的一种味道非常鲜美的汁液，一般呈现红褐色，澄明且有光泽，富含多种氨基酸和呈味性肽，含氮量高，有鲜味，还能够掩盖畜肉等的异味，减轻酸味。鱼露香气四溢，入口留香持久，具有鱼、虾等海产品原材料特有的风味。

鱼露为一种美味的液体调味料，受到消费者喜爱，但是其包装运输很不便。近年来研发出一种新型的固体产品——鱼露粉。

1. 加工工艺

（1）喷雾干燥。将鱼露过滤，去除沉淀物，调整其氨基酸态氮含量，再抽入高位槽中，用流量计控制流量，进入气流式喷雾干燥器的中心轴内管，利用压缩空气的压力，穿绕喷雾器中心轴，旋涡状地高速冲出喷嘴而形成雾状颗粒在热风干燥箱中流动。雾状颗粒在沉降的过程中得到干燥，湿空气则由出风口的袖袋过滤，强制排出，过滤后的产物即为鱼露粉成品。

（2）包装。鱼露粉在湿空气中容易回潮、发黏，所以鱼露粉成品应立即用密封桶储藏，按规定重量进行包装。包装物使用塑料薄膜。内销产品每袋成品净重50 g，再用纸箱包装，每件成品净重10 kg；出口产品每袋成品净重125 g，再用木箱包装，每件成品净重25 kg。

2. 成品质量

鱼露粉成品是白色松散的粉末，无异味，无外来夹杂物。用氨基酸态氮含量为0.45%～0.65%的鱼露加工而成的成品，每100 g含蛋白质17～21 g、氨基酸态氮1.2%～1.7%、氯化钠73%～78%、水不溶物0.3%、水分2.5%。

（六）鱼糜制造的食品

鱼糜为一种新型的水产调理食品原料。将鱼糜斩拌后，加精盐、副原料等进行擂溃，制成黏稠的鱼肉糊，成型后加热，变成具有弹性的凝胶体。此类制品包括鱼糕、鱼丸、鱼香肠、鱼卷等。因为鱼糜制品细嫩味美，调理简便，又耐储藏，非常适合城市消费者。这类制品既能够大规模工厂化制造，又能够家庭式手工生产，既可以提高低值鱼的经济价值，又能为人们所接受，所以是一种很有发展前景的水产制品。

鱼糜类产品，是以各种海水鱼鱼糜或者淡水鱼鱼糜为原料，经一系列加工制成的高蛋白、低脂肪、营养结构合理、安全健康的一类深加工食品，类型有蟹棒、鱼糜面包、炸花、鱼肉火腿、虾饼与鱼香肠等。这种产品可直接吃，也可作为寿司、拼盘、火锅的原料，深受国内外消费者的喜爱。

1. 鱼丸

鱼丸为我国最具代表性的传统鱼糜制品，根据原料鱼的种类、有无淀粉、有无包馅与加热形式而分成许多品种，其中福州鱼丸、花枝丸、鳗鱼丸等享誉盛名，目前已经由机器自动生产。

工艺流程：

原料鱼→去头、内脏→洗涤→采肉→漂洗→脱水→精滤→擂溃→成丸→加热→冷却→包装→冷藏

工艺要求：

（1）原料鱼选择和前处理。为确保鱼丸的良好质量，应该选用凝胶形成能力较强、含脂量较低与白色鱼肉比例较高的鱼种，如海鳗、白姑鱼、带鱼、梅童鱼等海水鱼以及鲢鱼、草鱼等淡水鱼。另外，一般海水鱼选用鲜活鱼或者具有较高鲜度的冰鲜鱼，而淡水鱼以鲜活作为基本要求。实际生产过程中在原料条件许可的情况下，常常可以依据原料鱼的品种与其鲜度状况进行必要的原料鱼搭配。

（2）擂溃。这一工序是鱼丸生产过程中相当关键的工序，直接影响鱼丸的质量。擂溃使鱼肉蛋白质充分溶出，形成网状结构，并且将水分包埋于其中，从而保证制品具有一定的弹性。为了保证鱼丸的质量，擂溃后的温度应该控制在10℃以下，因此在擂溃前一般都要预冷至3℃以下，冻鱼糜原料半解冻即能达到此要求。应注意添加配料的次序，首先加入2%～3%的精盐、0.1%～0.2%的磷酸盐与2%的糖等品质改良剂，然后再按序加入5%～12%的淀粉与其他调味料，期间将规定的20%～40%的水分次加入，擂溃至所需的黏稠度。这里要说明的是，油炸鱼丸较水发鱼丸加水量略少一些，使鱼糜略稠，以防止入油锅后散开。擂溃时间必须保证擂溃充分又不过度，以鱼糜的黏性达到最大为准，一般整个擂溃时间控制在20～30 min以内。在实际生产中，很多企业都以高速斩拌机代替擂溃机，只需要10 min左右，就可达到与擂溃同样的效果。

（3）成丸（成型）。现代大规模工业化生产时均采用鱼丸成型机连续生产，生产数量较少时也可以用手工成型，随即将表面光滑、大小均匀、无严重拖尾现象的成型鱼丸投入一盛有冷清水的面盆或者塑料桶中，使其收缩定型。夹馅水发鱼丸是以鱼肉、淀粉、精盐、味精等调制的鱼糜为外衣，以剁碎的猪肉（肥、瘦肉皆有）与糖、盐等制成的肉糜为馅心，用手工或者机械制作而成，一般每粒鱼丸重8～16 g。

（4）加热。鱼丸的加热有2种方式：水发鱼丸用水煮，油炸鱼丸用油炸。水发鱼

丸常用夹层锅。为确保升温快速，避免在60~70℃停留时间过长，每锅鱼丸的投放量要视供气量的大小而定，鱼丸中心温度必须达到75℃左右（以杀灭大肠杆菌为最低标准），此时水温保持在85~95℃。此过程中鱼丸逐渐受热膨胀而上浮。鱼丸全部漂起，表明煮熟，随即捞起，沥出水分。此外也可采用分段加热法，先将鱼丸加热到40℃，保持20 min，以形成高强度凝胶化的网状结构，再升温到75℃，这种方法比前者好。

油炸制品保藏性较好，且油炸时可消除腥臭味并产生金黄色。油炸开始时，豆油或者菜籽油的油温须保持在180~200℃。油炸1~2 min，待鱼丸炸至表面坚实、内熟浮起、呈浅黄色时即可捞起。如用自动油炸锅则经2次油炸，第一次油温120~150℃（物料中心温度50~60℃），第二次油温150~180℃（物料中心温度75~80℃）。另外，也可先在水中将鱼丸煮熟，沥干水分后再油炸，这样制品弹性较好，缩短了油炸时间，提高了出成率，并且可以减少或者避免成型后直接油炸而出现的表面褶皱现象，故常被采用，但该油炸制品的口味略差。

（5）冷却。鱼丸加热后应该快速冷却，可以分别采用水冷或者风冷等措施快速降温。

（6）包装。包装前的鱼丸应该凉透，同时应按有关质量标准检验鱼丸质量，剔除焦枯、油炸不透、不成型等不合格品，然后按规定分装于塑料袋中封口。如今为延长鱼丸的货架期，出现了鱼丸罐头（包括软罐头），其生产工艺必须完成包装前所述的各个操作，此处包装即装罐，可采用玻璃瓶或软包装。

（7）冷藏。包装好的鱼丸应在5℃以下保存，最好数日内能销售完，否则应冻藏或者采用罐藏。

2. 蟹棒

蟹棒是模拟阿拉斯加雪蟹蟹腿肉的质感与风味而制成的食品，肉质结实、有韧性，具有咸中略带甜的鲜美海鲜风味，极具仿真效果。蟹棒是日本于1972年研制成功的，以狭鳕鱼糜为原料，这种模拟制品在国际市场上十分走俏。

模拟蟹肉食品有2种加工工艺：一种是将鱼糜先涂成薄片，经蒸煮、火烤、轧条纹后再卷成卷状，成品展开后可将鱼肉顺着条纹撕成细条状，也称卷形蟹腿肉；另一种则是将鱼糜直接充填成圆柱形，然后经蒸煮而成，也称棒状蟹腿肉。目前国内外市场均以第一种产品居多，现将其加工工艺介绍如下。

工艺流程：

鱼糜解冻（或切削）→斩拌、配料→充填涂片→蒸煮→火烤→冷却→轧条纹→起片→成卷→涂色→薄膜包装→切段→蒸煮→冷却→脱薄膜→切小段→定量→真空包装→整形→冷冻→包装

工艺要求：

（1）原料选择与前处理。选用色白、弹性好、鲜度优良、无特别腥味的鱼肉为佳，在日本主要选用海上冷冻狭鳕特级鱼糜。较高级的模拟蟹肉食品，常加15%~20%的真蟹肉。由于我国淡水鱼资源丰富，目前正在摸索利用淡水鱼加工模拟蟹肉的可能性。

若使用冷冻鱼糜，一般可采用自然空气解冻，解冻的最终温度控制在-3 ~ -2℃为适宜。还可用切割机直接将冷冻鱼糜切成2 mm厚的薄片，直接送入斩拌机斩拌。

（2）斩拌、配料。将鱼糜和配料送入高速斩拌机斩拌磨碎，使盐溶性蛋白充分溶出的同时，又可使各种配料充分搅拌均匀。操作时，可用加碎冰或冰水代替加水，以保持低温。基本配比为：鳕鱼糜180 kg、土豆淀粉（漂白）10 kg、玉米淀粉（漂白）6 kg、精盐4.2 kg、白砂糖8.4 kg、调味料2.4 kg、蛋白（粉或新鲜）1.8 kg、清水123 kg、黄酒900 mL、味精1.32 kg、蟹味香料液（蟹露）1 kg、山梨酸适量。

（3）充填涂片。将鱼糜送入充填涂膜机的贮料斗内，贮料斗的夹层内放冰水，以防鱼糜温度提高。鱼糜在充填涂膜机的平口形喷嘴T形夹缝形成1.5 ~ 2.5 mm厚、120 ~ 220 mm宽的薄带，粘在不锈钢片传送带上。

（4）蒸煮。涂片随着传送带进入蒸汽箱，经温度90℃、时间30 s的湿热加热做促胶处理，鱼糜初步定型。

（5）火烤。涂片随传送带进入火烤箱，进行干热，火源为液化气，火苗距涂片3 cm，火烤时间为40 s，火烤前要在涂片边缘喷淋清水，以防涂片与钢板相粘连。

（6）冷却。涂片随着传送带的传送开始自然冷却，时间为2.25 min，冷却后的温度在35 ~ 40℃，冷却后涂片富有弹性。

（7）轧条纹。利用带条纹的轧辊（螺纹梳刀）与涂片挤压以形成深度为1 mm、间距为1 mm的条纹，使成品表面接近于蟹腿肉表面的条纹，令食品更美观。

（8）起片。白钢铲刀紧贴在正在转动的白钢传送带上将涂片铲下，制品进入下道工序。

（9）成卷。利用成卷器将薄片自动卷成卷状，卷层为4层。从一个边缘卷起的称为单卷（卷的直径为20 mm），也有从2个边缘同时卷起，称为双卷。

（10）涂色。色素的颜色与虾、蟹的红色素相似，色素可直接涂在卷的表面（占总表面积的2/5 ~ 1/2），也可涂在包装薄膜上，当薄膜包在卷表面时，色素即可附着在制品的表面上。

（11）薄膜包装。随着制品不断制出，聚乙烯薄膜会自动将其包装并热合封口。

（12）切段。将薄膜包装的制品切成段，段长50 cm，整齐地装在干净的塑料箱内，每箱2层。

（13）蒸煮。采用连续式蒸箱，温度98℃，时间18 min（或80℃、20 min）。

（14）冷却。先用淋水冷却，水温18 ~ 19℃，时间3 min，冷却后的制品温度为33 ~ 38℃，然后再经阶梯式低温冷却柜（0℃、-4℃、-16℃、-18℃）。制品通过冷却柜的时间为7 min，冷却后的温度为21 ~ 26℃。

（15）脱包衣（薄膜）。冷却后将制品表面薄膜脱去，脱膜时要防止制品断裂、变形。注意操作卫生，以免制品受到细菌等的污染。目前也有一些制品不脱包衣直接切段。

（16）切小段。有2种切法：斜切段，斜切角为45°，斜切刀距40 mm；横切段，一般段长100 mm左右，也可按不同要求切成不同长度的段。切段由切段机完成，以制品的进料速度和刀具旋转速度来调整刀距。

（17）真空包装。用厚度为0.04～0.06 mm的聚乙烯袋按规定装入一定量的制品，整齐排列，并进行真空自动封口包装。出口西欧国家的通常每袋净重470 g；销国内的规格为每袋8根，每根15 g。

（18）整形。经真空封口机封口后，塑料袋内容物被聚集在一起，影响产品的美观，故利用辊压式整形机整形。

（19）冷冻。将袋装制品装入铁盘，分上下2层，层间用铁板分开，送入平板速冻机，在-40℃条件下冻结2 h即可。

（20）包装。将冻品装入纸箱，箱外写产品名称、质量、生产企业和生产日期。

3. 鱼糕

鱼糕发源于春秋战国时期的楚国地区，今湖北省宜昌至荆州一带，俗称"楚夷花糕"。它是以鱼糜、鸡蛋与猪肉为主要原料加工蒸制而成，入口嫩滑，鲜香可口，营养丰富，老少皆宜，乃民间宴席待客之上品。

工艺流程：

原料鱼→去头、内脏→洗涤→采肉→漂洗→脱水→精滤→擂溃→调配→铺板成型→内包装→蒸煮→冷却→外包装→装箱→冷藏

工艺要求：

（1）原料。鱼糕属于较高级的鱼糜制品，对弹性、色泽的要求较高，因此应选用新鲜、含脂量少的原料。

（2）擂溃。擂溃对确保鱼糕良好弹性尤为重要。按配方比例称取鱼肉，置于擂溃机内，先进行空擂然后逐次加盐和适量水，以促进盐溶性蛋白质溶出，并形成一定黏性。再加其他辅料进行擂溃20～30 min。

（3）调配。在擂溃完成后，对于双色鱼糕、三色鱼糕，还应将鱼糜着色调配。如制三色鱼糕，需先将原先配料分成3份：一份加6%鸡蛋清、2.2%红米粉和适量胡椒粉，制成红色并具辣味的鱼肉糜；一份加8%鸡蛋黄制成黄色肉鱼糜；另一份为本色（白色）鱼肉糜。然后将红、黄、白3种不同颜色的鱼肉糜分别放置于三色成型机3个不同的料斗中，供铺板成型用。

（4）铺板成型。小规模生产时往往将调配好的鱼糜用菜刀手工成型，而目前工业化生产基本上采用机械化成型。如日本的K3B三色付板成型机，每小时可铺300～900块，其原理是由送肉螺旋把调配好的鱼糜按鱼糕形状挤出，连续地铺在松木板上，呈半圆形，再等距切断。

（5）内包装。白烤鱼糕（串烤鱼糕）在成型时常以专用聚丙烯袋进行初次包装，可有效防止二次污染和霉变发生，并使鱼糕加热后成为真空状态，以延长保存期。为了防止内部变质，可加入适量山梨酸。

（6）蒸煮。鱼糕加热方式有蒸煮、焙烤、油炸3种。最普遍的是以蒸煮方式加热，

目前已采用连续式蒸煮器，一般蒸煮加热温度在95～100℃，中心温度达75℃以上。加热时间视制品大小而定，控制在20～90 min。焙烤是将表面涂上葡萄糖的鱼糕以20～30 s的时间通过隧道式红外线焙烤机，使表面着色并且有光泽，然后再烘烤熟制。日本传统的烘烤鱼糕是先经火烤后再蒸煮，而白烤鱼糕则仅经烘烤而成，油炸鱼糕则是先蒸煮再油炸而成的。我国生产的鱼糕主要是蒸煮鱼糕。

（7）冷却。将蒸煮后的鱼糕立即放在10～15℃冷水中急速冷却，目的是使鱼糕吸收加热时失去的水分，在无内包装时还可防止因表面蒸汽散发而发生皱皮和褐变等，由此可以弥补因水分蒸发所减少的重量，并使鱼糕表面柔软光滑。此外，通常还要放在晾架上于空气中自然放冷或冷风吹冷。

（8）外包装。将冷却后的鱼糕加外包装，尤其是未经内包装的，在外包装前应当用紫外线杀菌灯对鱼糕表面进行杀菌，然后用自动包装机进行包装。

（9）冷藏。包装好的鱼糕装箱，放入冷库（0～5℃）中贮藏待运。一般制造好的鱼糕在常温下（15～20℃）可放3～5 d，在冷库中可放20～30 d。

4. 鱼卷

鱼卷是一种卷状鱼糜制品，起源于日本，因最初是将调制好的鱼糜用手卷在直径约1 cm左右的竹子上经火炙烤而制成，故又称"竹轮"。目前已可工业化生产，竹子也已被不锈钢管等金属管代替。鱼卷的特点是经调味与呈色后，不仅风味佳、口感好，且外观诱人。鱼卷虽是一种焙烤类食品，但是目前市场上仍主要以冷冻品的形式流通。

工艺流程：

原料鱼→去头、内脏→洗净→采肉→漂洗→脱水→擂溃→成型→焙烤→冷却→包装→冷藏

工艺要求：

（1）原料。一般选择以白色肉居多的鱼类为原料，如狭鳕、带鱼、海鳗、石首科鱼类与淡水鱼等，也可以用小杂鱼为原料。原料必须处理，以冰鲜鱼为佳，也可直接用质量较好的冷冻鱼糜。

（2）擂溃。将鱼糜按前述产品的工艺要求进行空擂、盐擂与拌擂，擂溃时间控制在20～30 min。

（3）成型。将擂溃后的鱼糜用手工在一根棍子上搓捏加工成长圆筒形，然后将一根根鱼卷排放在烤鱼卷机的架子上。或用自动成型机制成鱼卷，即将80～100 g调味鱼糜卷在金属管上，并由链条输送带输送到烤鱼卷机上。

（4）焙烤。在焙烤前可先在鱼卷表面涂上一层糖液，然后进行焙烤。焙烤机分为2段：前段为干燥部分，目的在于增强成品之弹力；后段为加火的结构（长约15 cm）。鱼卷以滚动方式前进，最初用文火，使鱼卷表面形成一层没有焙烤色的很薄的皮，然后用强火（150～170℃）烤制，使表面呈金黄色或深黄色。热源可用煤气、液化气或电，焙烤时间4～5 min。烤制完成后，卷管可自动拔出（脱管），以便反复使用。至此获得优质鱼卷。需要时还可在焙烤后的制品表面涂上食油。

（5）冷却、包装和冷藏。烤熟后的鱼卷，经空气或冷却机冷却后，包装、装箱、冷藏。

5.鱼香肠

鱼香肠是以鱼肉为主要原料灌制的香肠。它营养丰富、味道鲜美、风味独特，深受广大消费者喜爱，特别是老人和儿童。鱼香肠的优点是有外包衣（畜肠衣或塑肠衣），使鱼肉与外界隔绝，流通方便，卫生条件较好，加工后可长期保存。

工艺流程：

原料鱼→去头、内脏→洗净→采肉→漂洗→脱水→擂溃→灌肠/充填→结扎→加热→冷却→包装

工艺要求：

（1）原料。生产鱼香肠的原料鱼包括金枪鱼、明太鱼和淡水鱼等，鱼香肠的色泽不能受原料鱼肉色泽的影响。

（2）擂溃。与一般鱼糜制品生产基本相同，最好使用真空擂溃机。按工艺配方添加淀粉、植物蛋白、调味料、着色料等配料。实际生产中这一工序由高速真空斩拌机完成。

（3）充填和结扎。将上述鱼肉糜用充填机（灌肠机）压入肠衣内，所用的肠衣有天然肠衣（羊肠衣、猪肠衣）、人工肠衣（盐酸橡胶、聚偏二氯乙烯或Krehalon薄膜等制成的具有收缩性及透气性的肠衣）。人工肠衣通常由成卷的塑料薄膜在充填机上当场成型的同时进行鱼糜的灌注和结扎。一般使用中号或小号肠衣，其直径为18～35 cm，香肠每节长度则因规格不同而异。现有鱼香肠规格有30克/根、75克/根、130克/根、250克/根，天然肠衣通常是8根连成1串，仅需头尾用棉线结扎，每两根之间可将肠衣扭几圈，受热后便凝固而起到与结扎同样效果。

（4）加热。充填结扎后的鱼肉香肠用清水洗去表面的鱼糜黏着物和杂物等，以使肠衣表面光滑并具通透性，便于熏制时熏烟成分、水分的通透。天然肠衣型香肠加热时所用水温一般为85～90℃，水煮时间35～60 min；也可采用85℃水煮10 min后，再用90℃水煮50 min，这种梯度升温的两段加热方式，可以降低肠衣破损率。塑料肠衣型香肠则采用高温短时间杀菌，中心温度为120℃，时间4 min，以确保杀菌完成的同时制品的色泽、弹性无明显改变。

（5）冷却。经加热或杀菌后的香肠应及时于20℃水中迅速冷却。若需烟熏，则烟熏4～6 h。由于受热膨胀和冷却收缩的作用，肠衣产生很多皱纹。为使肠衣光滑美观，常采用95℃左右热水中浸泡20～30 s立即取出，自然放冷即可展皱。

（6）包装。将冷却展皱（整形）后的制品以冷风干燥表面，检验合格后贴上标签，然后装箱入库。天然肠衣制品则应尽快销售，并注意低温保藏，而塑料肠衣高温杀菌制品则可常温流通（10℃以下更佳）。

6.鱼面

鱼面以黄鱼或马鲛为主料。将鲜鱼去皮，肉剁至泥酱状，加一定比例的淀粉、精盐

揉搓成面，将面分成团，用擀面杖将面团擀成蒲扇大小的薄面饼，然后卷成卷，放蒸笼猛火蒸20～30 min，出笼后摊开，待冷却后用刀横切成薄饼，于日光下晒干即成。鱼面可单独炖，亦可加肉同炖，可作为火锅主料，亦可油炸食用。

自古无鱼不成宴，鱼以其高蛋白、低脂肪、美味、易吸收等特点，一直被人们所喜爱。科学研究表明：鱼为益智食品，对于儿童智力发育，中年人缓解压力、提神醒脑，老年人健康长寿等方面有着重要的作用。

二、虾、蟹、贝类食品

（一）虾味素

虾的头胸部大小约占整虾的1/3，含有丰富的蛋白质、类脂、PUFA、类胡萝卜素、多糖及人体所必需的多种微量元素，是可以利用的原料资源。以对虾头为原料，经加工处理，用适量添加剂进行风味和营养调配，研制出了调味新产品——虾味素。

1. 加工工艺

对虾加工后的副产品对虾头，经采肉机采出其中的虾黄、虾肉和虾汁，使之与虾壳分离，然后经加热、研磨调成浆状，再进行喷雾干燥、分离。由于虾味素的浆料是一种高蛋白、高脂肪的物料，用一般干燥方式是无法得到滑爽的粉状产品的，因此采用膏状物直接喷雾干燥技术。这种技术干燥所需时间短，且能保持虾味素成品的浓郁对虾风味。

2. 产品质量

虾味素为一种吸湿性较强的咖啡色滑爽细粉，对虾风味纯正，无异味，粗分析含蛋白质60%以上、脂肪18%以上、水分10%左右，可以广泛用于方便食品和调味食品，如龙虾片、虾味酱油、虾味糖果等。与用海虾米做的调味料相比，虾味素具有虾味浓、用量少、成本低等优点。如果直接用于家庭烹调，则是一种营养价值高的高档调味品。

（二）蟹香调料

1. 原料配比

日本发明的蟹香调料是以呈味氨基酸、核苷酸配以蟹壳提取物和低商品价值的小型蟹提取物制成。它虽然不含蟹肉，但具有蟹肉的天然鲜味和芳香味，而且使用时不受地域和季节的限制，十分方便。该调料的主要成分和组成配比为：氨基酸50%以上、无机盐约30%、5'-核苷酸约2%、糖分1%。蟹壳提取物占固形物总量的2%～20%。氨基酸中，以甘氨酸、精氨酸、丙氨酸、谷氨酸为必需成分，甘氨酸须不少于40%，丙氨酸应在10%以上。凡用发酵法、合成法、提取法、蛋白质水解法制成的氨基酸均可使用，但必须不含杂质。一般大豆蛋白、酪蛋白、明胶等动、植物性蛋白质的水解物均可作为廉价的氨基酸来源。核苷酸类可用5'-鸟苷酸、5'-胞苷酸、5'-肌苷酸，无机盐可用NaCl、KH_2PO_4、K_2HPO_4，糖宜用葡萄糖或含葡萄糖的转化糖。所用蟹壳提取物，可用食用蟹壳，经热水提取法、乙醇等有机溶剂提取法和稀酸抽提法等方法提取。

2.加工工艺

蟹香调料的调制无特别限制，只需将上述各成分制成粉末按比例配合即可。但为使制品有浓郁蟹香，最好将上述配料加热处理，以使香气挥发送出，即按比例制成调味液后以80～120℃加热30～120 min。经加热处理的调味液可直接使用，也可浓缩制成酱型调料，或添加味精等制成粉末型或颗粒型。

（三）贝类薄脆饼干

贝类薄脆饼干是以贝类的肉质部分与小麦粉为原料加工而成的口感酥脆、海鲜风味浓郁的饼干。与一般饼干相比，它含有丰富的贝肉蛋白，从而避免了因偏食饼干而出现蛋白质缺乏的现象。

1.原材料处理

取下新鲜贝类的肉质部分，磨成肉糜，添加小麦粉作为黏结剂，并根据口味添加辣椒、芝麻、杏仁、香料等，调制成料坯。

2.压片、烘焙

将料坯压制成片状，然后进行烘焙，使其达到半热变性状态，加热温度要适宜。烘焙时最好采用上、下两面同时加热的方式。然后再用蒸汽或具有一定水分含量的热风对烘焙后的半热变性料坯进行缓慢加热，一般需加热5～12 h。料坯经蒸汽加热后，可用远红外线对其表面进行短时间加热，加热时间为5～20 min，使添加的小麦粉进一步变性，并产生部分焦糖色，使饼干色泽更好，风味更佳。料坯经上述处理后，再用普通薄脆饼干的烘焙方式进行烘焙，即得到色、香、味俱佳的贝类薄脆饼干。

（四）牡蛎精粉

牡蛎食用方法除生食、油炸、涮火锅外，还可加工成罐头、牡蛎干、熏制品。制牡蛎干的煮汁还可用来加工牡蛎酱油。牡蛎不仅含糖原，牛磺酸，核黄素，维生素B_6、维生素B_{12}等B族维生素，还含钙、钾、镁、铁、碘等无机盐。用加热、水浸等方法提取牡蛎的营养风味物质可制成高档牡蛎精粉。牡蛎精粉既可用于各种加工食品，又可用作调味料、汤料。

1.浸渍加工工艺

为了有效地利用牡蛎所含的各种营养物质及其特有的香鲜味，可将提取液制成牡蛎精粉。但以往的牡蛎精粉制法一般是将牡蛎肉破碎，放入65～80℃的温水中瞬间浸渍，然后离心分离，去掉分离出的固体部分，再将其液体部分浓缩、干燥成粉末。这种方法是利用机械绞碎牡蛎肉，难免会有些不必要的成分和杂质混入制品中；另一方面，也可能有些有效成分未能提取出来，而随残渣一起扔掉。此外，在60～80℃的温水中瞬间浸渍，不可能达到完全杀菌。因此，用以往的制法所生产的牡蛎精粉，因混入杂质而着色，不但外观和风味差，就连其营养价值也不能达到要求。如果将牡蛎浸渍液在一定压力下煮沸、抽提，再将提取液真空浓缩成粉末，便可解决上述问题。

2.抽提浓缩工艺

将干牡蛎或鲜牡蛎放入高压锅中煮一定时间，将提取液真空浓缩后，利用喷雾干燥或冷冻干燥的方式干燥，制成牡蛎精粉。如果提取液的温度为70~80℃，浓缩真空度为0.1 MPa即可，应用时还可根据具体情况来选定真空度。在上述真空度保持30 min即可，也可视原料状态灵活掌握。最后将浓缩物用喷雾干燥法干燥。用上述方法制取的牡蛎精粉为浅黄色，外观、风味及卫生标准均能达到要求。该制品富含维生素等营养物质，可广泛用作调味料、汤料和牡蛎加工食品的原料。

（五）牡蛎肉松

牡蛎风味宜人，营养丰富，但因为水分含量高，不宜久藏。将其加工成牡蛎肉松后，既保持了天然牡蛎的风味，又可以长期保存。

1. 原料配方

脱壳牡蛎30 kg、白肉鱼肉糜10 kg、大豆蛋白或小麦面筋500 g、色拉油200 mL、调味料适量。

2. 加工工艺

（1）原料处理。取脱壳牡蛎放入冷水中，迅速洗净，取出后熏制48 h，在除去水分的同时，释放出牡蛎本来的风味，然后用搅拌机将牡蛎肉搅成肉糜。

（2）调配。将白肉鱼（如鳕鱼、石首鱼、海鳗等）肉糜，作为赋形剂加到牡蛎肉糜中，再加大豆蛋白或小麦面筋，并添加适量的卵黄、精盐、甜味料等。也可用鸡肉糜代替鱼肉糜。

（3）加热、杀菌。水煮加热2~3 h，制得水分含量为10%~30%的肉松状（直径1~3 mm）牡蛎混合物。为提高口感，可加入色拉油。趁热（约60℃）装入可加热的瓶或袋中，密封后，在100℃以上的温度加热杀菌45 min，即得牡蛎肉松。

三、海藻类食品

（一）绿藻晶

1. 功能作用

根据我国医籍《本草纲目拾遗》记载，石莼"味甘、平、无毒"，浒苔"下水、利小便"。这里所说的石莼和浒苔是2种我国近海潮间带中常见的食用绿藻。绿藻内含有蛋白质60%以上、碳水化合物20%、叶绿素5%，还含有大量的氨基酸、核苷酸、无机盐、维生素与其他生物活性物质。礁膜和浒苔能明显降低动物血浆中的胆固醇的含量，其干粉被广泛用于保健食品添加剂、医药等方面。许多绿藻含有丙烯酸，还具有抗菌作用。

但绿藻直接食用，腥味很浓，纤维较硬，不受欢迎。如果经过加工，则可以制出美味可口的绿藻晶饮料和以海藻多糖为主要成分的悬浊型乳白色海藻多糖饮料。因为原料来自优良的生态环境，产品有的还是天然的绿色，所以这类饮料被统称为绿色海藻饮料。

2. 工艺流程

原料绿藻→浸泡复水→清洗→沥干→烫漂→冷却→沥干→捣碎→浸提→过滤→滤液浓缩→混合（蔗糖粉、糊精、明胶、转化糖浆）→低温真空干燥→过筛→检验→包装

3. 加工工艺

（1）绿藻除腥、护色。把绿藻投入煮沸的稀碱液中片刻，捞起护色。经此处理后，能除去绿藻腥味。

（2）绿藻有效成分的提取与浓缩。将烫漂后的绿藻洗去残液，经高速组织捣碎机破碎，清水浸提过滤，取滤液，将滤液浓缩至含水量低于50%。

（3）转化糖浆制取。将盐、糖、柠檬酸、水按一定比例一起放入锅中，加热使盐和糖熔化，搅拌，温度达到115~116℃后，改用文火，保持温度为94~96℃，勿使液体剧烈沸腾，保持时间50~60 min，离火，加小苏打中和。

（4）混合。蔗糖应先粉碎成能通过80~100目的细粉。糊精应先筛出，然后继糖粉后投料。投入混合器的全部用水，须占全部投料的5%~7%，其中包括海藻液、糖浆、明胶液以及香料水。

（5）干燥。低温真空干燥，真空度为0.053~0.060 MPa，温度为60~65℃。

4. 产品特点

绿藻晶为颗粒状淡绿色固体饮料，以水冲溶后，为浅绿色半透明液体，口感酸甜，带有绿藻清新气味。

（二）海带全浆食品

海带除含有丰富的碘、钾、钙、甘露醇、褐藻酸外，还含有多种维生素、天然色素、纤维素等营养物质，其中甘露醇具有降血脂、降血压与抗凝血作用，褐藻酸能和金属铅、放射性元素锶结合而将其排出体外。海带全身是宝，多种成分具有医疗保健功能，所以海带全浆食品的开发具有重要意义。

海带全浆加工工艺流程如下：

干海带或鲜海带→浸泡→清洗→浸泡并加适量醋酸→切碎→沥干→捣碎→高压蒸煮（120℃、20 min）→浆体（备用）

海带要求无霉变、无泛白，有特殊香味，叶体平直、深褐色。清水浸泡时间不宜过长，以防可溶性成分如碘等的损失。清水浸泡主要目的是去除盐分，并使海带吸水膨润。水温以20℃左右为宜，一般浸泡10~15 h。加适量酸可减少腥味。

1. 海带香酥条

（1）加工工艺流程：海带浆、面粉、辅料→搅拌均匀→压延→切片→摊片→烘烤→油炸→沥油→冷却→称重、包装→封口→成品

（2）加工工艺要点：海带浆要求质地细腻，淡绿色至深褐色，具有海带特有的风味及香味。将盐、味精、NH_4HCO_3、蔗糖等，以适量的水溶解并和入面团中，面团的总含水量为30%~40%。切片应根据所需形状选择不同机型，切取所需的片形。烘烤温度为180℃左右，时间为10~15 min，见面片切口收拢即可停止烘烤。油炸时油温宜在180℃左右。

（3）产品特点：棕色条状，质地酥脆，芳香可口，无油腻感。

2. 海带营养辣酱

海带营养辣酱可以作为佐餐调料或食品工业辅料等，在我国北方与四川、湖南一带销量较大，对增进食欲、促进消化有重要作用。

（1）加工工艺流程：海带浆、辅料、熟油→拌匀→蒸煮→加熟芝麻→装罐封口→杀菌→冷却→成品

（2）配方：海带浆、辣椒酱、生姜、白砂糖、面粉、味精、芝麻、熟油、蜂蜜。

（3）加工工艺要点：面粉要用适量水调和打浆，均匀混合。蒸煮时间一般为15～30 min，达到一定黏稠度即可，时间过长会影响产品的色、香、味。芝麻要用热锅炒熟后研磨混匀。若酱太稀，可在蒸煮后适当加温浓缩。加入适量蜂蜜，会使海带营养辣酱风味更佳。

（4）产品特点：褐红色，鲜辣香甜，味道可口。

3. 海带膨化食品

在膨化食品中加入海带等，可制成具有海鲜风味的营养强化食品。

（1）加工工艺流程：淀粉打浆→糊化→调和（调味料、面粉、辅料等）→成型→蒸煮→老化→切片→干燥→膨化

（2）配方：淀粉、海带浆、调味料、蔗糖、精盐、味精、磷酸二氢钠、乳酸锌。

（3）加工工艺要点：先将一定量的淀粉加水调匀，然后加入热水，于70℃左右糊化至透明。按配方比例加入各种配料揉成均匀一致的面团，若加入适量食用色素，可按需调成各种颜色。将面团制成一定形状的面棒后，蒸煮至透明状且富弹性，时间一般控制在40～60 min。面团蒸熟后在2～4℃温度下存放1～2 d进行老化，使其中糊化的淀粉转变成淀粉，整体富有弹性。按产品要求切片，采用缓和热风干燥，一般干燥6～7 h，目的是除去多余水分，以形成半透明状、断面有光泽的薄片，水分含量5%～6%。

（4）产品特点：淡绿色、略带斑点，脆性好，有海带香味。因强化了锌，可作为儿童和老年人补充钙、碘、锌的营养食品。

4. 颗粒状海带食品

将海带浸出液通过冷冻干燥或喷雾干燥制成粉末，然后加入乳糖，制成颗粒状的食品。该食品含有碘、蛋白质和多种维生素。

（1）加工工艺：将天然干燥的无杂质海带在乙醇溶液中浸泡20～25 min，进行杀菌处理，然后放入2～20℃的水中（一般以3～5℃为好）浸泡10～30 h，浸泡后液体呈黏稠状，再把此浸出液通过冷冻干燥或喷雾干燥制成粉末状，在粉末中加入1～3倍质量的乳糖，做成直径为0.1～1 mm的颗粒状食品。

（2）加工实例：把刚从海上采来的海带，通过天然干燥除去大部分的水分（最终含水约20%），在95%酒精中浸30 min，取出后以1∶50的比例放入40℃恒温水中浸泡一昼夜，取出海藻，得到黏稠的浸出液。用冷冻干燥机冷冻干燥后，加入等重量的乳糖，制成直径约为0.5 mm的粒状物。

（3）产品成分分析：每克产品中含碘0.046 mg、叶绿素2.622 mg、维生素B_1 0.003 6 mg、

核黄素20.001 67 mg、维生素B$_6$ 0.553 mg、维生素B$_{12}$ 0.336 mg。

（三）新型海带茶

以往的海带茶是在海带粉末中加入白砂糖、精盐等调味料等混合而成，由于呈粉末状，因此很难在短时间内泡出海带香气，并且存在着盐味过重的缺点。还有的海带茶，为了在短时间内浸出香气，在上述粉末中添加一些海带丝。这种形式的海带茶，注入热水时不易软化，沉在杯底，不便于饮用。

日本发明了一种注入热水后即能迅速产生海带香气，海带丝又能迅速上浮的新型海带茶。其加工工艺如下：

将干海带切成宽度0.5 mm以下的海带丝，放入1～40℃的水中浸渍4～8 h，使之吸水膨润，当重量增加至原来的7倍以上时，放入70℃的水中浸渍1 h，然后进行冻结干燥，得到含水量4%以下的干海带丝。海带丝的宽度如果超过0.5 mm，充分吸水膨润后在干燥过程中易收缩，干品在复水时不能立即吸水膨润而沉入杯底。浸渍工序的水温必须在1～70℃范围内，只有这样，海带丝才能保持海带特有的香气，也才能充分吸水膨润。

以加工的粉末海带或者颗粒海带添加调味料作为基料，再将上述加工而成的海带丝和此基料混合，便成了香味、口感、营养均优的海带茶。

将这种海带茶放入杯中，注入热水后，海带丝便浮于上面或者悬浮于水中，同时产生海带特有的香气，而且海带丝易变软，很易饮用。

这种海带茶可将海带丝和基料混合包装，也可以将海带丝和基料分别包装，饮用时再定量混合或者根据需要混合。

（四）海带活性碘饮料

碘是人体必需的重要的微量元素，缺碘将导致多种疾病，迄今普遍采取的补碘措施是供应碘盐。碘盐中的无机碘不稳定、易挥发，90%的碘在储运与烹调中损耗，且无机碘不易被人体吸收，易导致过敏反应。海带含碘量高达200 mg/kg，其中80%是可以直接为人体吸收利用的有机活性碘。近年来，许多研究者致力于以海带为代表的海藻生物碘的研究与利用，制取海带饮料，但其腥味难以去除。无腥味的海带活性碘饮料加工工艺流程如下：

（1）原料预处理。挑选干燥、无霉变、藻体厚实、呈深棕红色的海带，以清水洗净表面泥沙等杂质，并切成5～10 cm长的段。

（2）高温处理。将海带段置于灭菌锅中，于120℃高温处理0.5 h。

（3）浸提。将海带段投入15～20倍质量的净化自来水中，于50～60℃下浸提10～15 h，每间隔1～2 h搅动一次。

（4）粗滤。此时捞出海带段，可加入其湿重2～3倍的净化自来水，捣碎、匀质后，加入糖、酸、香料等制成水果风味的海带果酱。也可用醋酸、乙醇（体积比1∶20）配制的脱色液将海带段脱色，切丝后调配成快餐海带丝。

（5）再次过滤。粗滤后的浊汁，以滤布过滤，得较清的滤汁。

（6）辅料浸提汁制备。将白砂糖热熔、过滤，得澄清的糖液。将八角60 g、桂皮

60 g、甘草200 g加入水2 kg，加热浸提，过滤后得到辅料浸提汁。

（7）勾兑。将海带汁和辅料浸提汁按比例配好，得无腥饮料液。其配方如下：澄清海带汁170 kg、辅料浸提汁1.7 kg、白砂糖13.6 kg、酒石酸362 g、精盐537 g、麦芽酚51 g、奶油香精49 mL。以除菌过滤板过滤饮料液，得澄清透明、色如琥珀、酸甜适口、风味独特宜人的海带活性碘饮料。

（8）脱气、灌装。将过滤后的饮料泵入真空脱气罐中，于65℃、负压0.065～0.7 MPa下真空脱气10 min，灌装封口。

（9）杀菌。在110℃下杀菌20 min。

（五）海藻豆腐

豆腐为许多国家与民族的传统食品，它含有丰富的植物性蛋白与脂肪，食用后易消化，是优良的滋补品。日本将各种食用海藻如海带、裙带菜、羊栖菜、紫菜等加入豆腐中，试制成功了含有海藻的豆腐。

1. 加工工艺

将大豆做的豆浆煮沸后冷却，加入卤水调制成含有卤水的豆浆。将生鲜或干燥的海藻与水共同加热，使海藻的部分成分溶解，然后加入明胶。将上述含有卤水的豆浆及含有明胶的海藻液一起混合后，注入容器中密封，浸入80～90℃的热水中凝固、杀菌，即得到海藻分散均匀的新型海藻豆腐。

2. 配方

豆浆以100份计，海藻至少0.5%，卤水0.25%～0.50%，明胶0.05%～0.08%。

所用的卤水为普通的卤水及$CaCl_2$、$CaSO_4$。所用的海藻可以是生鲜的或干燥的裙带菜、海带、石花菜、羊栖菜等，也可以将生鲜的与干燥的或多种海藻混合使用。干海藻可用切碎的或粉末状的。海藻的加入量以0.5%～10%为宜，多加会使豆腐的味道不足。加入明胶的目的是为了用明胶将海藻包裹，有助于海藻在豆浆中分布均匀。所用豆浆的浓度要高于一般豆腐的制作，因为海藻豆腐是将豆浆、海藻及水分全部凝固，这样可避免水溶性风味成分的损失。

3. 加工实例

实例1：

大豆1.8 kg，洗净后浸泡，磨成豆浆。将制成的豆浆加2倍体积的水稀释，用双层锅慢慢加热，煮沸30 min，过滤后得到18～20 L豆浆。待豆浆冷却到10℃时，加入100 g硫酸钙混合搅拌，即为含卤水的豆浆。这样的豆浆准备3份。

将鲜裙带菜、鲜海带及鲜甘紫菜各1 kg，用1～1.5 kg水煮沸，使各自的可溶性成分溶出。为了增加风味，在各自的海藻液中，加入80 g切碎的干裙带菜、干海带或干甘紫菜粉末，然后加入明胶10～15 g，放置冷却至10～15℃，即得到含有明胶的不同海藻的分散液。

将上述3份含有卤水的豆浆，分别同含有明胶的海藻分散液混合搅匀，制成3种混合物。用灌注机将混合物注入聚乙烯塑料袋中，可分别得到约70个300 g重的软罐头。将软罐头浸入85～90℃的热水中，浸渍50 min使其凝固后杀菌，即可得到3种加入不同海藻的豆腐制品。

海藻豆腐中，切碎的海藻同粉末状干品一样分散于其中，具有豆腐的美味及海藻特有的风味，并且同别的袋装豆腐一样，具有很好的保存性。在热处理过程中，温度超过90℃，聚乙烯袋则开始变形，口感不细腻；若温度低于85℃，则杀菌不彻底，制品的保存性差。

实例2：

将200 g盐渍裙带菜脱盐处理后切碎，加入1 g NaHCO₃、50 g水，搅拌加热，使裙带菜溶解，然后水煮使溶解液的黏度达到10 Pa·s后，冷却至10℃，在冷却液中加入1 800 g豆浆，用高速搅拌机混合均匀，加入8 g黏度为3～10 Pa·s的硫酸钙溶液，用高速搅拌机搅拌5 min，然后填入密闭容器中，于85℃下处理30 min，在杀菌的同时使混合物凝固，得到海藻豆腐。

4. 产品特点

呈淡绿色，无海藻腥味，具有独特的风味，营养丰富，既含有大豆中的赖氨酸、甘氨酸、亮氨酸等氨基酸及亚油酸、油酸等脂质，又含有海藻中的胱氨酸、精氨酸、蛋氨酸等氨基酸与褐藻酸等黏性多糖，此外，还含有多种无机盐及维生素。

（六）褐藻面条

面条是许多人日常喜食的面制品，需求量非常大。在各种面粉、面条或者其他面制品中，加入经过真空冷冻干燥的裙带菜等褐藻类，以补充面粉中的维生素与无机盐成分，制造出营养丰富、味道极佳的面类食品，做到日日餐餐补充碘等微量元素。对于缺碘地区解决补碘问题，褐藻面条无疑具有重大的意义。

1. 加工工艺

将裙带菜在-18～-4℃下冻结，然后在高真空中使冰晶升华而干燥，这样处理具有以下3个优点：① 可避免维生素等营养成分由于受热而损失；② 在干燥后也可保持裙带菜原有的风味与色泽；③ 干燥品复水快，且可恢复至原状。在通常制面条过程中加入这种干燥品，用水调和时吸水膨润速度快，并且对湿原料的附着性及在加压延伸时对小麦面粉谷朊网目组织、淀粉、荞麦粉的结合性都很好，可提高制作面条的效率。

用此法制成的面条煮熟后味道鲜美、口感滑爽，并因面条内添加的干海藻在短时间内吸水膨润，使面条的体积大大增大。

2. 加工实例（添加冻干裙带菜粉的面条）

原料配方：小麦粉24.5 kg、裙带菜粉0.5 kg、精盐0.5 kg、水8.25 kg。

在小麦粉中加入冻干的裙带菜粉（微粉化至0.25 mm）拌匀。将精盐用水溶解。在混合搅拌机中边搅拌边倒入少量盐水，搅拌12 min制成面坯，最后用制面机制成厚1.1 mm、宽1.5 mm的面条。

（七）褐藻糕点

褐藻含丰富的膳食纤维、维生素，以及碘、钙等无机盐，是烹制菜肴的重要原料，在饮食生活中占有重要地位。将褐藻进行适当处理后，脱去海腥味，可以作为生产糕点的原料。

1. 加工工艺

（1）海藻的软化、脱臭处理。将海带、裙带菜及其他种类的食用海藻加入柠檬酸、苹果酸、酒石酸等有机酸，其混合比例依有机酸的种类、所用海藻的种类、糕点的种类以及个人口味而灵活掌握。如果海藻以干料计算，有机酸以有效成分计算，通常有机酸的用量为干海藻质量的1/10左右。混合后，海藻气味还不能立即消失，经加热、冷却处理后方可使海藻软化、脱臭。

（2）糕点制作。糕点配料中，按需要量加入脱臭海藻后，其他制作工艺与普通糕点制作基本相同。海藻的加入量随糕点品种而异，一般用量为20%～40%。

2. 海藻软化、脱臭、脱腥实例

实例1：

取干海带100 kg，用水洗净后放入水中浸泡30 min，吸水后沥干，加入柠檬酸约50 L，加热沸腾后，继续在约100℃下加热约20 min，然后冷却至3℃，于低温下保存1周进行熟化即可。

实例2：

取盐渍裙带菜200 kg，用水洗净脱盐，沥水后加食用级酸8 kg、水100 kg，加热沸腾后继续煮约20 min，冷却后于3℃下贮存1周熟化。

（八）螺旋藻食品

螺旋藻是目前所知的营养成分最全面、均衡的保健食品之一。它含有丰富的优质蛋白质，维生素B_1、B_2、B_{12}，β-胡萝卜素，不饱和脂肪酸，钾、铁、镁、碘、磷、硒等无机盐，以及SOD、藻多糖、藻蓝素等活性物质，具有抗疲劳、降脂、增强免疫力、抗肿瘤、抗衰老、抗辐射等多种功效。

螺旋藻味道鲜美，已成为一些传统食品的上等配料或添加剂。有人将少量螺旋藻细粉与面粉、鸡蛋、葱等混合做成煎饼，味道鲜美可口。在螺旋藻中加入一定量的甜味剂、酸味剂及稳定剂等配成饮料，呈嫩绿色，酸甜适口。还有人将螺旋藻加配料制成固体饮料，速溶性良好，冲泡后为澄清的草绿色液体，并带有藻类特有的风味，特别适于儿童饮用。

利用生物工程手段，将螺旋藻干粉制成"螺旋藻原生液"。这种产品在保留螺旋藻原始营养成分的前提下，将其藻腥味变成清香味，由不易溶解变为易溶解，消除沉淀现象，可广泛用作饮品（含啤酒）、食品、调味品、药品等各种制品的新原料。而且，用这种原生液加工成的食品与保健品无藻腥味，制成的药品不再苦口。

1. 螺旋藻保健食品

这类食品大量添加螺旋藻粉，通过胶囊、糖衣或非嚼食服用的方式避免了藻粉的不良腥味。这类产品有螺旋藻胶囊、片剂及丸剂。

（1）螺旋藻胶囊。螺旋藻粉具有令人难以接受的腥味，将其装入胶囊服用，既方便食用又掩蔽了腥味。通常把螺旋藻粉单独作为内容物制成胶囊。也有以螺旋藻粉和牡蛎精粉为混合内容物的胶囊，其工艺流程如下：将牡蛎精粉与螺旋藻粉按4∶1比例混合均匀，制成颗粒，烘干后装入胶囊。

（2）螺旋藻片剂。生产工艺流程如下：螺旋藻粉→加入赋形剂与天然抗氧化剂→混合均匀→制成颗粒→干燥→过10或20目筛→压片→螺旋藻片。所用赋形剂可以是氧化镁、硫酸镁、碳酸钙、氢氧化铝、硫酸钙、磷酸氢钙或其混合物。所用天然抗氧化剂为五味子浸膏、2%~7%没食子酸丙酯、二丁羟基甲苯、维生素C、植酸溶液或其混合物。螺旋藻片基本保留螺旋藻原有营养成分和生物活性物质。

2.螺旋藻液体饮料

将钝顶螺旋藻离心、分离、洗涤后，加入甜味剂、酸味剂、抗氧化剂、稳定剂等配料，制成可口的饮料。工艺流程如下：螺旋藻藻种纯化→连续培养→离心分离→洗涤→称量→加入配料→灌装→脱气封口→灭菌→冷却→产品。我国已投产的螺旋藻饮料有"海龙宝""神得亨"等。

实例：配制10%的螺旋藻浆液，经2.5×10^4 ~ 3.0×10^4 kPa匀质处理，再加入蛋白酶酶解调配制成螺旋藻营养饮料。研究表明，该气压条件下匀质处理破壁效果良好。加入螺旋藻质量1%的木瓜蛋白酶于pH 6.5、55~60℃条件下水解24 h，导致20%的蛋白质降解，既降低藻腥味，保留螺旋藻的特有风味，又避免过度降解带来的不良风味。螺旋藻营养饮料最佳调配比例为酶解上清液稀释3~5倍后加入蔗糖8%，并添加20~30 mg的乙基麦芽酚调节风味。为避免产生沉淀和分层，调配时需加入适量稳定剂，用琼脂0.06%~0.08%先配制1%的溶液，溶解后加入效果最好。

3.螺旋藻冰激凌

将螺旋藻添加到冰激凌中，改善冰激凌的口感、风味，制成营养更加丰富均衡、具保健功能的冰激凌系列制品。

（1）原料与配方：全脂甜炼乳20%、全脂淡奶粉2%、白砂糖8.6%、明胶0.6%、螺旋藻1%、冰全蛋4%、人造奶油7.5%、奶油1%、香精0.1%、β-环状糊精0.1%、水55.5%。

（2）工艺流程：

混合原料→巴氏杀菌→冷却→加入螺旋藻、β-环状糊精、水→匀质→加入香精→冷却→成熟→搅拌→凝冻→灌装→速冻→入库→成品→检验→出售

（3）操作要点：

原料检验与称重。对一批原料进行检验后，按配方准确称取物料备用。

原料处理与混合。将冰全蛋和适量水搅拌均匀并稍加热，然后把白砂糖、炼乳、奶粉、奶油等与水混合搅拌均匀，再将明胶与沸水单独配制，使之完全溶解。把上述原料加到配料缸内，补水至配方规定水量的90%，充分搅拌，使其均匀。

料液杀菌。混合好的料液通过泵进入瞬时杀菌器，杀菌温度为90℃，时间为15 s，杀菌后冷却至55℃。

匀质。杀菌、冷却后的料液直接泵入匀质机内，同时把剩余10%的水和螺旋藻混匀后一起加入，进行匀质。控制匀质压力为18~20 MPa，温度为55℃左右，连续匀质2次，匀质时要控制料液的酸度在18~20°T。匀质压力过高时，料液黏度降低，影响冰激凌的膨胀率；匀质压力过低时，又造成冰激凌质地粗糙，稳定性降低。

冷却、成熟。冰激凌料液经匀质后及时输送到冷却缸内，同时加入香精，使之充分成熟，冷却成熟温度5℃左右，时间12 h。

搅拌、凝冻。经过充分物理成熟的冰激凌料液泵入冰激凌机内凝冻，搅拌2~3 min，料液温度降到2~3℃，并有大量空气混入，继续搅拌7~8 min，料液温度降到-6~-4℃，冰激凌内的空气含量已接近饱和程度时，即可灌装。整个过程要注意调整料液进入量和冰激凌产出量，控制好空气调节阀和冰激凌出口温度，才能生产出质地细腻、松软、润滑，膨胀率高的冰激凌。

灌装、速冻、入库。凝冻后的冰激凌立即灌装或包装，在-24℃条件下速冻3~8 h，然后转入-18℃冷库内贮藏、检验、出售。

（4）质量标准：

感官指标。色泽：均匀一致的鲜绿色，双色或多色时，颜色分明；气味：具协调的螺旋藻、奶香和香料复合香味；口感：细腻、润滑，无较大冰晶、奶油粒和螺旋藻粒存在；形态：外形整齐，膨胀率高，无变形及收缩现象；包装：清洁完整，无污染，无溢漏。

理化指标。总干物质35.5%、脂肪10%、糖17%，酸度≤20°T。

微生物指标。细菌总数≤3×10^5个/毫升，大肠杆菌数≤450个/毫升，致病菌不得检出。

4. 螺旋藻酸奶

（1）工艺流程：

原料混合→杀菌→匀质→加香→冷却、接种→发酵→成熟→分装→杀菌→检验→酸奶

（2）工艺要求：

原料混合处理。在原料乳中添加3%左右的螺旋藻干粉和3%的大豆蛋奶粉进行混合，经杀菌和二级匀质处理后加入一定比例的香精。

发酵。在匀质液冷却后，接入嗜热链球菌和保加利亚乳杆菌双菌种进行发酵，制品酸度为86°T，蛋白质含量高于5.6%，而脂肪含量低于1.2%。

成熟、杀菌。经成熟、分装、杀菌后即制成含有多种微量元素和维生素的螺旋藻酸奶。

通过二级匀质处理和严格控制发酵程度，可以解决螺旋藻干粉分散性差、易变黄等问题，制得的产品呈淡绿色，口感、风味独特，营养价值高。

第二节　海洋食品下脚料的开发

一、海洋再生资源活性成分及开发利用现状

海产品和农产品中的粮食、水果、蔬菜一样，为人类提供赖以生存的食物。海产品是人类食用蛋白质的主要来源之一。但在海产品加工过程中，必然有相当数量的不可食用部分要被舍弃，如头、鳍、内脏、鳞、皮、骨骼等。这些被舍弃部分往往在原料中占了相当大的比例，一般占30%上下，个别种类高达40%。这些不能通过一般食品加工方式加工成食品的部分，称为废弃物或者下脚料，但是它们又含有蛋白质、油脂、酶，及其他一些具有生物活性的物质如多糖、无机盐、维生素等，包括许多能起重要生理作用的微量元素。若不充分利用，这些易于腐败的原料至多成为肥料而用于农业生产；若成为垃圾，则是污染环境的重要因素。然而若通过加工技术将其改造，则可从中回收很多产品：有些可做成食品，且是含有许多营养成分的优质保健食品；有些可以成为很有价值的饲料；有些可成为工业上具有多种用途的原料再衍生出许多产品。许多各具功效的产品都是来自海产品加工产生的所谓"废弃物"，加工利用这些"废弃物"的方式称为副产品加工或综合利用。同时也说明了"废弃物"其实不"废"，而是宝贵的资源之一。

渔获物中还有一些个体较小、风味较差、含脂量高、自身消化酶的活力又较强的鱼类，这些鱼类往往群体较大，鱼汛季节一次捕获量也很大，被称为多获性鱼类。出于上述特点，它们不易保持鲜度，不适宜鲜销食用，并且经济价值较低，也不适宜全部作为食用加工的原料，因而常作为鱼粉、鱼油的原料。虽然这不是仅利用不可食用部分，而是将整条鱼都用于生产，但从宏观角度来看，这也是资源的综合利用。用于这类用途的渔获物在全世界渔获物总产量中占25%～28%。目前全世界渔获物总产量已达9 300万吨左右，换言之，每年2 500万吨左右的渔获物是用来生产鱼粉、鱼油的，这是一个相当可观的数字。鱼粉、鱼油工业也是水产品综合利用领域中一项较重要的内容，但近几年来，水产品加工方面的科技工作者们也开始研究利用这些原料为人类提供食用的鱼蛋白制品。

（一）甲壳类再生资源

甲壳类下脚料主要以蟹壳与虾壳为主，其可有效利用的主要成分宏观上可以分为几丁质、蛋白质与生物钙等3个组成部分。几丁质组分已得到最为有效的开发，我国有巨大的甲壳类资源和广阔的社会需求市场，对几丁质的开发亦已进入涵盖人造皮肤、医用吸收性手术缝合线、天然止血海绵的高新技术领域，这也从一个侧面充分体现了甲壳类资源下脚料综合开发利用的巨大价值。另外，还需重视甲壳类资源下脚料中蛋白质资源的利用。如前所述，虽然人们已认识到几丁质开发的潜在价值，但是在提取几丁质的过程中，其中的蛋白质却基本上与废水一同被排弃，这不仅是一种资源浪费，也对环境造成污染。几丁质提取时可以获得的甲壳蛋白回收物的氨基酸测定结果表明：甲壳蛋白回收

物含16种氨基酸，全部氨基酸总量为43.48%，必需氨基酸占总氨基酸量的47.72%，与非必需氨基酸的比值为0.912 7，符合甚至超过FDA与WHO的要求，完全可以作为优质蛋白资源。

（二）贝类再生资源

贝类加工业下脚料首推扇贝边和内脏（一般统称为扇贝边下脚料或扇贝边）。近年来扇贝养殖发展很快，产量逐年猛增，但在干贝加工过程中剔下大量的扇贝边，虽然数量大到以万吨计，但仍未能得到充分利用，有的甚至被作为垃圾扔掉，十分可惜。湿扇贝下脚料转化为干品得率为14%~16%，下脚料干品氨基酸分析结果示于表9.1。

表9.1　扇贝下脚料氨基酸测定结果

氨基酸名称	质量分数/%	氨基酸名称	质量分数/%
天冬氨酸	6.85	酪氨酸	2.40
苏氨酸	2.71	苯丙氨酸	2.21
丝氨酸	2.80	组氨酸	1.39
谷氨酸	9.52	精氨酸	2.39
脯氨酸	2.59	赖氨酸	2.93
胱氨酸	1.46	蛋氨酸	1.30
甘氨酸	8.21	异亮氨酸	2.52
丙氨酸	4.05	亮氨酸	4.90
缬氨酸	2.70	总量	61.0

可见扇贝下脚料干品全氨基酸总量高达61%，呈味氨基酸含量比较高，其中谷氨酸与甘氨酸分别占总氨基酸量的15.6%与13.4%，具有很高的潜在利用价值。如果将这部分海产蛋白资源弃置，不仅造成优质蛋白资源的浪费，而且严重污染生态环境。

（三）鱼类再生资源

鱼类资源加工业下脚料主要以鱼头、内脏、骨和皮等为主，目前大部分被用来提取鱼油，渣作为鱼粉原料。内脏部分下脚料提取鱼油后大多数被丢弃，有的被当作垃圾处理。这些现状表明，鱼类资源加工业下脚料具有的潜在利用价值尚需进一步开发，例如，鲨鱼加工余下的下脚料，骨可用于提取药用物质硫酸软骨素，鲨鱼肝提取鱼肝油后，肝渣中含有17种氨基酸，占总氨基酸量的69.67%，具有作为蛋白质资源的价值。该资源如果被进一步开发研制成蛋白金属螯合物，应用价值必将大为提高。

鱼类制品加工业下脚料的综合利用相当有潜力，有的已经成为制取某些药用活性物质的原料，如已从鱼类下脚料中提取出鱼精蛋白，利用下脚料鱼鳞提取珍珠精，用鳗鱼头的下脚料开发出滋补营养保健品，等等。但有的资源尚未得到充分利用。

（四）藻类再生资源

藻类加工过程的下脚料主要是废液与废渣。废液主要是藻类食品加工过程中的浸泡与洗涤液，这部分液体中含一些陆地植物稀有或者不含有的氨基酸与无机盐，特别是碘的含量丰富，其中很多是生物活性有机碘，是开发补碘食品的绝佳原料。废渣主要指的是由海带表面脱落下来的白色粉末，所含的主要是水溶性成分。因为在海藻（尤其是海带）的干制过程中，蒸发过程逐渐由表面扩散控制而转变为内部扩散控制，藻体内部的水分不断由内部逐渐迁移到表面而蒸发。随着水分的不断迁移，内部水溶性良好的无机盐（如K^+、Na^+、无机碘）以及甘露醇便随水分一同迁移至表面；而水溶性低的有机碘等则留于藻体内部。迁移至表面的水分蒸发后，在藻体表面留下了水溶性成分，随着干燥的不断进行，藻体表面及周围累积了越来越多的水溶性盐与甘露醇，呈白色粉末状附于藻体表面。此外，海带碎料含有较多的胶体，是开发增稠剂褐藻胶与制作果酱食品的原料，海带根与老的藻体可开发食用纤维，提取活性多糖、有机碘等物质。

（五）下脚料蛋白质资源的高附加值开发

综上所述，不同来源的下脚料有着不同的主要成分与用途，但它们共同的特点是均含有丰富的蛋白质，且均为优质动物蛋白。这些蛋白质的共同特点有2个：一是所含氨基酸种类全面，且含量丰富；二是含有大量的人体必需氨基酸，尤其一些特殊氨基酸，如精氨酸含量较高。以这些价廉质优的下脚料蛋白质为原料，无论开发高蛋白营养食品还是全氨基酸食品添加剂，都将具有广阔前景。

二、海产品下脚料制造的保健食品

（一）鱼类下脚料制造的保健食品

鱼类下脚料，主要包括加工后的鱼头、内脏、骨和皮，还包括食用价值很低的低值鱼类，这些原料含有PUFA、活性钙等成分。

1. "脑黄金"食品

（1）鱼油的生产。鱼油具有很好的医疗保健作用，是一种医药原料，因而利用低值鱼及鱼类下脚料生产鱼油显得尤为必要。广义的鱼油应包括鱼体油和鱼肝油。其中，鱼体油是生产鱼粉的副产品，用压榨、萃取等方法提取。

（2）ω-3系列PUFA的提取方法。从鱼油中提取ω-3多烯酸即EPA、DHA的方法主要有以下几种：

低温结晶法。利用饱和脂肪酸的凝固点高于不饱和脂肪酸的特性，将混合脂肪酸中的饱和与不饱和脂肪酸分离开来；利用脂肪酸在不同溶剂中的溶解度不同，再结合低温处理，可以得到更好的分离效果。但这些方法只适用于粗分离，一般多用于DHA和EPA浓缩的第一阶段，以制备粗品。

脂肪酸盐结晶法。利用脂肪酸不同的盐类（或脂类）在不同溶剂中的溶解度差异来分离脂肪酸，具体方法有铅盐酒精法、锂盐（或钠盐）丙酮法、钡盐法等。

尿素络合法。饱和脂肪酸能与尿素络合，从溶剂中析出结晶，而不饱和脂肪酸仍溶于溶剂中。此法在浓缩EPA和DHA方面得到广泛应用，也常和分子蒸馏法联合用于制备高浓度的EPA与DHA。

减压蒸馏与分子蒸馏。由于脂肪酸的沸点较高，在常压下蒸馏易分解，因此必须在减压条件下蒸馏。通常是将脂肪酸酯化（甲酯化或乙酯化）后再蒸馏。因为脂肪酸酯的沸点较相应的游离脂肪酸低，而且不同脂肪酸酯可因沸点不同而区分开。利用高真空分子蒸馏（0.013 Pa）分离脂肪酸，可收到浓缩、分离和精制（如脱臭）等多方面效果，已成功地应用于DHA和EPA的分离精制上。

超临界气体萃取法。当流体处于临界状态附近时，会同时具有气体和液体的特征，既有气体的良好扩散性，而密度及黏度又接近液体。利用这种特性自物料中萃取脂质等成分，调节温度与压力可使脂质等与溶剂分离。这种工艺已在若干领域得到应用，包括自油料中萃取油脂。日本东北大学将尿素络合法与超临界萃取法联合运用，获得了高纯度的EPA和DHA。二氧化碳是此方法比较理想的溶剂，耗能少、无极性、不燃烧、化学性稳定、价格低廉。

（3）DHA配合调制"脑黄金"乳粉。分离提取DHA的最终目的，是将其作为添加剂用于制造DHA强化食品，即所谓的"脑黄金"食品。

新生婴儿的最佳食品为母乳，但有些情况下，由于母亲的身体状况以及环境因素的影响，母乳的数量与质量难以保证，这时调制乳粉就显得尤为重要了。这种调制乳粉必须添加营养物质等多种成分，以使其尽量接近母乳。母乳中含有婴儿必需的多种不饱和脂肪酸，是设计调制乳粉配方的重要参考。

缺乏ω-3系列PUFA对幼小动物影响较大，血浆中DHA明显降低者，视力下降较为严重，同时智力也受到较大影响。

DHA在鱼类等水产品中含量丰富，陆地动物中含量极少，因此以鱼油中的DHA等来强化母乳将是非常合理而有效的。考虑到母乳中的DHA对婴儿的重要性，含有适量DHA的调制乳粉便应运而生了。

（4）EPA与DHA开发和利用需解决的关键问题。鱼油的开发与利用已受到世界各国科学家的普遍关注。美、日等国将富含EPA的鱼油或浓缩后的EPA或DHA直接添加到婴儿食品中，或制成各种药剂胶囊供人们服用。EPA和DHA的精制方法已基本解决，但也有一些有待改进的方面和需要注意的问题。

首先，目前普遍使用的方法是分子蒸馏法。该法主要是根据物质的相对分子质量来分离的，故只能将一些比EPA和DHA更小或更大的分子除去，但不能有效地将相对分子质量和EPA、DHA相近的脂肪酸，如二十碳、二十二碳的饱和酸以及它们的一、二、三烯酸除去。长碳链饱和酸与一烯酸都是不希望有的，尤其是C22：1（芥酸类）被认为是对人体有害的。欧美等国家规定食用油脂中的芥酸类总量不能超过5%，而有些鱼油中芥酸类的含量高达20%。用酸盐法、低温结晶法或尿素络合法与蒸馏法相结合，就可解决这个问题。

再者，高浓度的EPA和DHA极易被氧化。氧化后的DHA与EPA不但失去了营养与医用价值，且极为有害。过氧化物能破坏人体中的DNA以至于引起癌变，而氧化产物，特别是MDA能使体蛋白质交联，肌肉失去弹性，黑色素增多，这些是人体老化的重要因素。脂类氧化物还能够使心血管粥样硬化，破坏血管内壁使之变脆，容易导致高血压与脑出血。

所以EPA和DHA开发和利用的关键是产品的抗氧化问题。现在我国所用的提高EPA、DHA产品氧化稳定性较普遍的方法是将EPA和DHA浓缩后尽快制成胶囊，或充氮保存。当然，这些措施能起到一定的保护作用，但不能从根本上解决问题。因为空气中的氧在极化脂类物中的溶解度是相当大的，仅溶解在EPA和DHA中的氧就足以使其过氧化值（PV）从0提高到10以上。有公司生产的EPA和DHA浓缩物的胶囊PV达到11。充氮不失为一种提高大容量EPA和DHA氧化稳定性的经济有效的方法，但大容量被分装或进一步加工制成成品时，照样有氧溶解在其中而使EPA和DHA氧化。

最为经济、方便且行之有效的方法是使用高效抗氧化剂。它们的特点是加入量很小，一般为0.01%～0.05%。更为重要的是，这些抗氧化剂能随EPA和DHA进入人体，在体内进一步发挥抗氧化的作用，有益于人体健康。

目前，一些保健品企业关于PUFA对人体健康有益的宣传较多，且很重视这方面的研究工作，但却忽视了这些PUFA的氧化产物所引起的负面作用，宣传时易引导顾客走向误区，似乎只要摄入这些PUFA，对人体就有益无害。其实不然，须知服用不含任何抗氧化剂的高浓度EPA和DHA会引起较多副作用，有时弊大于利。

所以，尽管EPA和DHA对人体是有益的，但必须含有足够的高效抗氧化剂，否则，危害不浅。

2. 鳗鱼骨PUFA微胶囊的制备

烤鳗生产过程中产生了大量的下脚料鳗鱼骨，其比例占鲜活鳗的7%以上。过去鳗鱼骨除小部分用作饲料以外，大多数被当作废弃物丢弃，造成严重的资源浪费和环境污染。鳗鱼骨含有丰富的蛋白质和脂类等营养成分，脂类含量高达23%以上，其中EPA和DHA总含量为7.5%左右，数量多而集中。除此之外，鳗鱼骨还含有丰富的生物钙，是制作补钙食品的绝好原料。因此鳗鱼骨是极有开发价值的资源。

鳗鱼骨脂肪酸微胶囊的生产工艺如下：

（1）鳗鱼骨油的提取。将原料绞碎，加入适量水和助溶剂，置于反应锅中，按设定条件蒸煮、过滤，滤液部分经离心分离得到精制骨油，添加适量抗氧化剂，于低温保存备用。

（2）鳗鱼骨油PUFA的制备。首先对鱼油中DHA、EPA等PUFA进行分离纯化，除去非必需成分。适用于工业制备的方法主要有盐形成法和尿素络合法。前者是将鱼油皂化冷却，利用饱和度不同的脂肪酸盐在乙醇中溶解度的不同而除去低度不饱和脂肪酸；后者是根据碳链短或双键多的脂肪酸不易与尿素形成稳定络合物，而饱和及低度不饱和脂肪酸均易形成尿素络合物的特点达到纯化目的。盐形成法除去$C_6 \sim C_9$低度不饱和脂肪酸效果较好，而尿素络合法适于分离$C_{20} \sim C_{22}$低度不饱和脂肪酸。分离纯化的基本步骤如下：

鳗鱼骨油中加入适量比例的氢氧化钠乙醇溶液，在氢气下回流皂化30 min左右，以酸值变化来检查皂化是否完全。皂化液在搅拌下冷却至20℃，压滤去除结晶，滤液加等量水，用盐酸调pH至2，经离心收集上层油相，得到PUFA（Ⅰ）。

将第一次分离纯化所得PUFA（Ⅰ）加入适当比例的尿素甲醇溶液中，加热搅拌使其溶解，于常温下搅拌2 h并静置12 h，抽滤除去结晶。滤液减压回收部分甲醇，加水、酸化、静置后离心。收集上层液，水洗、干燥得PUFA（Ⅱ）。

（3）鳗鱼骨油PUFA的喷雾干燥、微胶囊化：喷雾干燥法制备微胶囊时，囊芯物质和包囊材料混合物在热气流中被雾化成无数微小液滴，使溶解囊材的溶剂迅速蒸发，促进囊膜形成并固化。因为囊膜的筛分作用，小分子的溶剂能顺利地不断移出，而分子较大的囊芯物质则滞留在囊膜内，被包覆成粉末状固体微胶囊。因为干燥过程极短，物料中水分吸收热能而快速蒸发，使囊芯物质始终处于较低温度的状态而免遭破坏。微囊化后，鱼油PUFA被包覆在固体囊膜内，与外界不良环境因素相隔绝，从而起到提高稳定性、分散性及掩蔽异味的目的。

3. 生物钙珍珠鱼骨

钙对人体的重要作用已得到人们广泛认可，各种补钙食品应运而生。以前制造补钙食品所用原料主要是蛋壳和畜骨。由于生物污染的日趋严重和人工饲养的畜、禽类体内大量抗生素的摄入，蛋壳和畜骨等食用钙资源中含有过多的污染物和药物成分，其应用安全性受到了挑战。生活于海洋中的鱼类，鱼骨中含有丰富的易于吸收的生物钙，且鱼类极少受到抗生素、农药的污染，因而鱼骨钙是目前公认的最好的食用钙源。以往的生产方法是将鱼骨粉碎制成补钙剂，消费者难以确定产品是否真由鱼骨制成。珍珠鱼骨是一种全新食品，是鱼的脊柱骨经过脱腥、酥化、挂糖而制成的保持鱼骨原状、形为短柱、表观晶亮、入口酥而酸甜的休闲食品。

（1）工艺流程：

蒸煮鱼排→软化→去刺→浸泡→烘干→糖液熬煮→烘干→装袋

（2）操作要点：

冷冻鱼排解冻后，放锅内蒸煮，煮沸后保持沸腾约20 min，至鱼排上的肉容易分离下来为止。冷却后去掉鱼肉另做处理，鱼骨洗净、称重。

加鱼骨重量5%的精盐、2%的味精，加香料水（鱼骨质量与香料水体积比为3∶1）和水浸没鱼骨，120℃高压软化40 min。

香料水的制备：水、八角、桂皮、花椒、小茴香的质量比为100∶2∶2∶1∶1，加热煮沸，保持沸腾约20 min（至料液体积减小20%）。

高压软化后的鱼骨冷却后去掉鱼刺，分离成单个鱼中骨，用水淘洗后，在2%小苏打溶液中浸泡45～60 min，再用水淘洗，沥干水分后于70℃干燥约6 h，至鱼骨干燥、不粘牙为止。

用小苏打溶液浸泡鱼骨，对除掉鱼骨的部分腥味有一定的效果，并可淡化鱼骨烘干后带有的褐色。

鱼骨烘干温度不可过高，一般不超过80℃，温度过高会使干燥后的鱼骨发黄。

按100 g白砂糖、0.8 g柠檬酸、0.02 g香兰素、30 mL水解淀粉、10 mL猪油的比例配制糖液。白砂糖、柠檬酸、香兰素、水解淀粉混合搅匀后，加热至125℃后加入猪油，于128～130℃加入鱼骨，糖液温度会降低（降温幅度与加热状况、加入的鱼骨量有关），控制糖液温度在120～130℃间，熬煮3.5～4.5 min，最好控制温度在124～127℃，熬煮3.75 min左右，至鱼骨呈淡金黄色为止。

水解淀粉的制备：淀粉与水按1∶10的质量比混合，搅拌后加热糊化，冷却至60℃时加入20目小麦麸皮（淀粉与小麦麸皮的质量比为5∶1）搅匀，封口（防止水分蒸发），放入60℃培养箱中约4 h，至水解淀粉液糖度为8波美度，用粗、细纱布各过滤一遍，加热至沸腾灭酶，备用。

糖液温度必须控制在120～130℃间。温度过低，熬煮出的鱼骨带有褐色，外观较差；温度过高，鱼骨较硬。

糖液中加香兰素的目的是使鱼骨带有奶香味，以掩蔽鱼骨的腥味等异味。

捞出熬煮后的鱼骨，沥净部分糖液后，倒在筛网上，放入50～60℃的干燥箱中干燥5～6 h，至鱼骨表面的糖液基本干燥，不太粘手时，取出鱼骨。分开粘在一块儿的鱼骨，搅拌冷却后，装袋密封。

干燥温度不能过高，一般不超过60℃，温度过高会使鱼骨呈褐色。

4. 海洋胶原蛋白肽

海洋胶原蛋白肽是以海洋鱼类加工的下脚料作为原材料，提取其中的胶原蛋白，并且对其进一步降解，得到的不同相对分子质量级别的肽类物质。海洋鱼类下脚料除了含有胶原蛋白外，还含有脂肪等物质，这些物质的存在会影响胶原的提取率与纯度，所以在提取胶原之前必须进行预处理，除去杂质成分。提取海洋胶原蛋白的方法主要有热水浸提法、酶法、盐法、酸法和碱法等。随着酶制剂工业的迅猛发展，目前生物酶解技术已经成为制备海洋胶原蛋白肽的一种普遍、主流的方法。酶降解法比传统的酸法、碱法更加温和、专一、安全，不仅降解时间短，产品营养成分流失比较少，而且不造成环境污染。酶降解法主要有单酶法与多酶法，酶解条件应该考虑所开发活性肽的相对分子质量，相对分子质量较小的产品宜采用多酶法。海洋胶原蛋白酶解技术是目前国内外研究的热门领域，相关研究大都从酶种类、酶量、酶解时间、温度、pH和料水比等方面进行。制备海洋胶原蛋白肽常用的酶有胰蛋白酶、木瓜蛋白酶与胃蛋白酶等。采用酶法耦合膜技术制备鱼鳞胶原蛋白肽的工艺流程如下：鱼鳞→酸处理→碱处理→酶解→脱色、脱腥→膜分离→浓缩→干燥→产品。

（二）贝类下脚料制造的保健食品

贝类加工业的下脚料主要为两大部分。一部分为肉质部，如扇贝边，是扇贝柱加工过程中的下脚料，占整个可食部分的60%。扇贝边主要由三部分组成：扇贝的肉质斧足（外套膜边肉）、暗绿色至暗褐色的中肠腺（也叫内脏团）和生殖腺。另一部分下脚料的量也比较大，即贝壳。

扇贝边加工成食品时，外形难看，感官质量较差，又因为含水量较高，易于腐烂变质，贮存和运输很不方便。实际上扇贝边味道非常鲜美，营养价值相当高。湿扇贝边氨基酸含量高达90 g/kg，其中人体必需氨基酸占氨基酸总量的35%左右，而且扇贝边还含有丰富的牛磺酸、精氨酸、DHA、EPA等具有生物活性作用的成分，因而从某种意义上讲，扇贝边的营养价值不低于扇贝柱，丢弃它们相当可惜。

1. 牛磺酸及其添加食品

海产品中含有丰富的牛磺酸，其中毛蚶、海螺、杂色蛤等贝类中牛磺酸含量较高，每100 g新鲜可食部分中含量是500～900 mg，贻贝和扇贝牛磺酸含量分别是655 mg/kg与827 mg/kg，每1 kg扇贝边中的牛磺酸含量为3～4 g。

（1）牛磺酸的制备。天然牛磺酸可以从鱼、贝类的肉中提取，扇贝边是提取牛磺酸的良好材料。提取方法如下：

先将扇贝边清洗干净，冻存，用时直接解冻，勿水洗解冻，以防解冻时引起汁液损失。

将扇贝边破碎后，用水抽提其中的氨基酸，粗滤，去杂质。

将扇贝边进一步破碎，过滤除去固形物，得滤液。在滤液中加入1%～2%的活性炭脱色，过滤，得无色透明液体。

将脱色后的液体经过离子交换柱后，真空浓缩，冷却结晶，即得较纯的牛磺酸。

（2）用作食品添加剂的牛磺酸。目前牛磺酸广泛应用于婴幼儿奶粉、饮料和保健食品中作为强化剂。著名的红牛饮料的主要有效成分之一便是牛磺酸。

把扇贝边制成富含牛磺酸的食品添加剂，而不是纯品，其市场前景更为可观。打碎扇贝边，除去大部分固形物，脱去水分，可得到含有多种氨基酸（其中含牛磺酸20%）的添加剂干粉，添加于各种强化食品中，用量只为食品原料的0.2%即可满足强化要求（强化食品的牛磺酸用量仅为0.03%～0.04%），同时带入了其他有益氨基酸，使食品营养更为丰富，大大降低提取成本。

2. 保健调味料"扇贝珍"

扇贝边中含有丰富的氨基酸，其中不乏呈味氨基酸（甘氨酸、谷氨酸、天冬氨酸）和呈味核苷酸，将扇贝边制成调味料，味道鲜美，同时由于其含有牛磺酸、微量元素、精氨酸等，使调味料还具有很高的保健作用。

以扇贝边为原料、应用生物酶解法制取的富含牛磺酸的调味料"扇贝珍"，色棕红，似油状，晶莹透明，入口香鲜浓烈，回味悠长。含有18种氨基酸，氨基酸总量高达60 g/L以上，8种必需氨基酸含量达21 g/L，其中赖氨酸2.4 g/L。尤其适于凉拌菜肴，不仅风味好，且不改变菜肴天然颜色，其口感、风味及内在价值均与高品质的蚝油相仿。

制备工艺：

（1）收集新鲜的扇贝边，拣净碎壳及杂物。先用海水清洗扇贝边中夹带的泥沙等脏物，洗净后，用自来水冲洗2遍，以免过多的海水使制取的"扇贝珍"带有苦涩味。并且初次清洗时应当用海水，除了可以节约淡水，还可以避免新鲜扇贝边的溃烂，减少扇贝边含有的营养物质和鲜味物质的损失。如不立即加工，则将洗好的扇贝边沥水后冰冻存放。

（2）加工时将扇贝边由冰库中取出解冻，并进行加热脱水处理。加热温度以75～80℃为宜。温度过高则会导致扇贝边变性过度，不利于后续的酶解工序；温度过低则脱水不充分，给干燥过程带来困难。加热时间以10～15 min为宜，加热还有利于扇贝边各部位的分开剥离。然后将扇贝边冷却到30～40℃，捞出，余下的浓浊煮汁保留待用。

（3）捞出的扇贝边人工分离、分选。将斧足、中肠腺和生殖腺分开，以便分别加工处理。

将生殖腺清洗干净，以适量的亚硫酸钠–氯化钠溶液浸泡护色40 min后，在以糖、桂皮、八角、生姜、苹果酸、麦芽酚、味精等配制的调味液中浸泡过夜。取出后，于70℃干燥箱烘烤至含水量30%～40%，定量包装，真空封口，120℃下高压处理20 min后即成无腥味、风味宜人、口感细软、营养丰富的贝子脯。

用水洗去黄色斧足表面黏附的油状物，并于60℃鼓风干燥到含水量不超过15%，浸入1%的H_2O_2溶液中于50℃水浴保温2～3 h，H_2O_2溶液的用量以浸没斧足片使之不露出水面为宜。斧足裙边由褐黄色变为淡黄色到白色，取出以净水冲洗数次，浸入0.01%的亚硫酸钠溶液中1 h，再用自来水冲洗3次，烘烤至干。取出后为淡黄色斧足，形状类似于银耳，于加热后的棕榈油中炸5 s，膨化后取出，于离心机中甩干脱油，蘸以调配好的葡萄糖、盐、味精混合粉末，真空包装后，即为贝裙脆片。

（4）内脏团与煮汁合并，加入0.06%的蛋白酶，于40～45℃下保温3 h后，加入0.5%的蔗糖和1%的食用酒精，继续保温水解21 h后，将水解液煮沸，中止酶解。

（5）先以硅藻土为助滤剂过滤水解液，过滤后的滤液中加入0.5%的粉状活性炭，加热至80℃，保温1 h后过滤除去活性炭，得淡茶色澄清透明滤液。

（6）将滤液于0.08～0.1 MPa真空度下真空浓缩到原液的1/4～1/3备用。

（7）将干燥而干净的海带根，粉碎到20目，加入10倍重量的水，浸搅10 h后，沥出汁，再加入5倍质量的水浸5 h，合并浸提液，真空浓缩到原体积的1/10～1/8。

（8）测定海带根浓缩液中的碘含量，按适当比例加入扇贝内脏团浓缩液，并加入糖、盐、味精等调料，即可得到富含氨基酸、生物碘，色泽棕红透明，状如油脂的"扇贝珍"调味液。

3. 复合氨基酸粉

扇贝边和贻贝干粉中含有丰富的优质蛋白质，并且含有多种微量元素，以扇贝边和贻贝干粉为主要原料经酶解后制成的胶囊保健食品，具有明显抗疲劳、增强机体免疫力、改善心血管供血机能等生理作用。若将水解液精制浓缩，可以制成氨基酸含量丰富、组成平衡、接近于理想模式的全营养复合氨基酸食品强化剂。

（1）工艺要点：

原料预处理。将提取脂肪后的干扇贝边或者贻贝干粉，加5倍质量的水浸泡搅拌，置于温度预控好的水浴锅中，待料温升至预定温度时，进行恒温酶解。

酶解。选择枯草杆菌中性蛋白酶、胃蛋白酶、胰蛋白酶进行联合水解，首先用胃蛋白酶水解，接着以枯草杆菌中性蛋白酶与胰蛋白酶进行水解。酶解的最佳工艺如下：向搅拌好的原料加入0.1%的苯甲酸钠防腐；用6 mol/L的盐酸溶液调pH到2.0～2.5，恒温50℃，加入2.2%（相对于干料的质量分数）的胃蛋白酶，不断搅拌4 h；用NaOH调pH至7.0，恒温50℃，加入1.3%的枯草杆菌中性蛋白酶，并不断搅拌；4 h后，调pH到8.5，加入3.5%的胰蛋白酶，50℃恒温搅拌酶解5 h；酶解完全后，加热升温到85℃，保持10 min，使酶失活；离心、去渣得到酶解上层液，水解度达到91%，游离氨态氮与总氮之比是84%。

超滤。由于酶解所得上层液为深褐色浑浊液体，为除去大分子物质、未水解蛋白、部分多糖并脱色，采用对热敏性物质几乎无影响的超滤分离法。将酶解原液以蒸馏水稀释3倍后直接加入超滤器中，加入0.1%的苯甲酸钠防腐，依次用PS-200M/PP、PES-8PP、PS-4/PP的超滤膜进行超滤，分别截留相对分子质量为20 000、8 000、4 000的物质。超滤时应该不断搅拌，并且充氮气加压到0.3 MPa，即得到浅棕黄色超滤液。

脱盐。用701#羧酸型的弱碱性阴离子交换树脂和氢型强酸性阳离子交换树脂调节氨基酸的带电状态，从而通过阴阳离子交换达到脱盐的目的。

脱色。脱盐后的复合氨基酸溶液颜色不够理想，须经过活性炭脱色处理。向脱盐后的水解液中加入质量分数为0.5%的活性炭，90℃保温搅拌2 h，取出冷却至4～10℃，沉降后抽滤除去活性炭即可。

复合氨基酸粉的制备。脱色液在70℃、66～80 kPa下浓缩后，冷却结晶，结晶用95%的酒精洗涤后，重结晶一次，在60～80℃下烘干，即得复合氨基酸粉。相对于干粉原料的质量来说，产品收率是20%，蛋白质得率是41%，纯度是90%，其中必需氨基酸（不计色氨酸）占总氨基酸的55.12%。

（2）营养价值分析。复合氨基酸粉中的精氨酸具有刺激正常细胞分裂增殖、延缓衰老的保健作用，还有促进开放式伤口细胞生成、加速伤口愈合的作用。食用鲍鱼能促进手术后切口快速愈合，也正是由于鲍鱼含有丰富的精氨酸。牛磺酸更是一种抗疲劳、提高机体免疫力的特殊营养成分。复合氨基酸粉中这2种特殊氨基酸的含量均高于母乳中的含量。

4. 甘油三酯型EPA

扇贝中肠腺为一暗绿色至暗褐色的内脏团，是扇贝加工下脚料——扇贝边的一个组成部分。扇贝中肠腺的脂质中，EPA含量比较高，并且以甘油三酯的形式存在，含量随季节的变动而变化。据报道，甘油三酯型EPA比乙酯型EPA更易被小肠吸收。

甘油三酯型EPA的提取工艺：将扇贝的中肠腺煮熟（90～100℃、4 min），取中肠腺2 kg（600～650个，含水46%），切细，加入8 kg水与40 g日本鳗鱼的鱼油（其重量为中肠腺重量的2%），再于90℃下煮30 min，过滤后将滤液于3 000 r/min条件下离心10 min，获得脂质，然后用硅酸柱分离甘油三酯型EPA。

5. 贝壳活性钙

近年来，国内外医学专家对钙在人体中的作用的讨论越来越多，补钙问题成了临床和基础医学的热门话题，围绕补钙推出多种保健食品和新药制剂。所以，人类食用钙源的开发利用，成了食品工业与医药工业急切需要解决的问题。

因为畜骨和蛋壳中含有重金属元素以及农药污染的可能性较大，所以人们把寻找优质钙源的目光转向海洋。在众多的海产品中，贝类的产量非常大。人们在享用时，食其肉，弃其壳，大量的贝壳被作为垃圾丢弃，既造成垃圾处理负担又浪费宝贵资源。对贝壳成分的分析表明，贝壳中含有大量的钙，主要成分为$CaCO_3$，占95%以上，另外含有少量有机物及微量元素Zn、Si、Fe等。将贝壳处理后，使之和有机酸反应，可制成活性钙——醋酸钙。

醋酸钙俗名醋石，分子式为$(CH_3COO)_2Ca$，是白色晶体，为制备多种有机产品的重要原料，更是一种优质的食用钙强化剂。据报道，可溶性醋酸钙被人体吸收利用的程度和全脂奶粉接近。因此，将贝壳用有机酸处理以后，将不溶性钙转变为可溶性钙，为贝类产品的综合利用提供了一种可行的方法。

贝壳本身无毒，重金属等含量又很低，醋酸也是人们日常食用的成分，所以用该法制取的醋酸钙无毒副作用，加之其吸收、利用率高，因此，是一种良好的生物活性钙剂。

（1）工艺流程：

贝壳→清洗→粉碎→烘干→烧烤→制成石灰乳→中和→过滤→浓缩→干燥→成品

（2）加工工艺：

将贝壳用自来水清洗，除去泥沙等杂质，粉碎后在干燥设备中烘干1 h。

将一定量的贝壳粉，于煅烧器中煅烧2 h，得白色贝壳粉CaO。煅烧温度为900～1 000℃。

将贝壳灰分研细后加入一定量的水，制成石灰乳，边搅拌边加入醋酸，至溶液澄清为止。

将醋酸钙溶液冷却过滤，蒸发浓缩得白色粉末，在干燥器中干燥脱水，即得产品醋酸钙。

6. 贝类煮汁新型调味料

贝类加工过程另一种下脚料为液体下脚料，即贝类的煮汁。无论是扇贝柱加工过程或是出口冷冻蛤的生产过程中，均产生大量的煮汁。煮汁含有多种多样的营养物质及呈味物质，它所具有的独特风味，主要是由氨基酸、糖类、有机酸、无机盐等多种成分产生的综合效果。其中有呈鲜味的谷氨酸、核苷酸，呈甜味的甘氨酸、丙氨酸，呈贝类特有风味的琥珀酸，另外还有一些低分子化合物如无机盐、还原糖和有机酸，都有良好的水溶性。煮汁风味、营养均佳，是制取天然调味料的良好原料，弃之极为可惜。

贝类煮汁新型调味料的加工工艺如下：

（1）原料选用鲜活蛤蜊或新鲜扇贝。活蛤蜊蒸煮至开口（100℃以上、5~10 min），分离壳、肉，蛤肉进行干制或冷冻。如为新鲜扇贝，则煮后分出肉柱。汤汁用网孔直径为0.15 mm滤网过滤后，盛入加热保温罐中，加热至60℃，保持此温度备用。但存放不能超过3 d，否则易变质。

（2）将上述汤汁抽入浓缩罐中，真空浓缩。通过视镜，调节真空度与加热速度，防止热泛。根据罐内液体的外观，判断液体的大体浓度，再利用折光仪及换算表，确定是否继续浓缩。

（3）为使产品质量保持一致，将几批产品投入匀质杀菌锅中，开动搅拌机，加热至80℃，保持50 min，用80目滤网过滤后包装即为成品。

（三）虾、蟹下脚料制备的保健食品

1. 对虾虾头制备食品

从对虾的外部形态及内部结构可以看出，虾头集中了虾体内绝大部分器官，不仅在长度和重量上占整虾的相当一部分，而且营养十分丰富。虾头不但含有丰富的蛋白质、钙、磷等，而且也含有具有特殊生理保健作用的脑磷脂、维生素以及人类必需的微量元素。所以虾头既有很好的食用性与营养价值，又具有良好的保健功能，为开发营养保健食品的首选原料。

由于离水后虾头中的某些氧化酶活性提高，使虾头逐渐变黑，因此对虾加工中必须去掉虾头。虾头占整个对虾体重的30%~40%，由于捕捞对虾的活动非常集中，短时间内这部分下脚料的量相当大。只有合理利用，才能将虾头变废为宝。虾头原料的基本成分见表9.2。

表9.2　虾头中的基本成分

成分	蛋白质/%	脂肪/%	水分/%	灰分/%
含量	10~13	1~2	80~85	3~4

虾头可用来制备以下食品：

（1）虾头汁酶解液。将新鲜虾头用鱼肉采取机脱壳，向虾头汁加入一定量的中性蛋白酶，在一定温度及pH下水解适当时间，将滤液稀释250倍。这种酶解液可配制强化饮料和调味液，其残渣可以做鲜虾酱。

（2）虾头蛋白。由于虾头蛋白质丰富，虾头蛋白可以做成多种食品添加剂，以便增加食品中的营养成分。蛋白质在等电点时以两性离子的形式存在，溶解度小，会沉淀析出。根据这个原理，将虾头加入一定量的水中，用酸调pH，加热，使其蛋白质沉淀。静置一段时间，将沉淀干燥，即得黄色虾头蛋白。1 t虾头提取的蛋白质相当于200多千克鲜对虾可食部分蛋白质含量的20.6%。

（3）氨基酸复合粉。虾头含18种氨基酸。鲜虾头汁加入一定量的盐酸，加热回流、减压蒸馏、干燥，得复合氨基酸粉。这种复合粉可作为食品添加剂或饲料。

（4）虾头壳产品。虾头经机械脱壳后的残渣，经酸、碱处理制成壳聚糖。对虾壳经有机溶剂萃取后，可得类胡萝卜素的混合物，再经柱析，可得β–胡萝卜素。类胡萝卜素中某些化合物本身即为维生素A原，也可以用作食用天然色素、化妆品用混悬剂、乳化剂、洗涤剂。在对虾加工过程中，1 t虾头脱壳后得到300～400 kg虾头汁，剩余的虾壳可提取50～60 kg壳聚糖，因此其综合利用价值相当可观。

（5）虾头高钙营养液。该产品不仅含有丰富的优质钙，且含有丰富的氨基酸与人体必需的微量元素，以增香剂乙基麦芽酚等掩蔽、去除腥味，特别适合儿童、老人饮用，为一种理想的补钙佳品。

（6）虾头调味品。

例1：海鲜汤料和海鲜虾油

虾头原料要求新鲜、无异味、无杂质。虾头绞碎的大小控制在0.5～1 cm之间。提取有用成分时，应加入适量的水和少量精盐，煮沸1 h后用尼龙网过滤，并将滤液浓缩。

如果是生产海鲜汤料，可将滤液直接喷雾干燥，所得干粉为海鲜汤料的主要成分——虾味素。将虾味素与精盐、鲜味剂、糖粉、葱粉、辣椒粉等辅料按适当比例混合，包装即得海鲜汤料成品。

如果是生产海鲜虾油，滤液浓缩最好采用真空浓缩，以保持汤汁原有的色、香、味。当浓缩程度达到固形物含量为25%时，加入淀粉、糖、鲜味剂及少量的葡萄糖等辅料，同时用适当的酸味剂调节浓缩汁的酸碱度，使其pH在5～6之间，然后加入适量的苯甲酸钠，再经胶体磨研磨，使其细度在0.3 μm以下，并在70～90℃的温度下加热增稠，趁热装罐，即为海鲜虾油成品。

为了使海鲜虾油在保存过程中有更好的稳定状态，不出现分层现象，也可在增稠后进行匀质乳化，匀质压力在13～15 MPa。在匀质过程中根据具体情况，可添加适量乳化剂，以便提高匀质效果。经过这样处理的海鲜虾油具有很好的稳定性，在很长时间内（一般至少半年）不会出现分层现象。

例2：虾脑油和海鲜酱

虾头原料要新鲜、无异味、无杂质。绞碎后的虾头糜的颗粒大小为5～6 mm。在虾头糜中加入等体积的水和25%的植物油，加热煮沸15 min，然后静置3～5 h。静置后分上下2层，将上层在5 000 r/min的油水型离心机上离心5 min，可得到深红色透明的虾脑油粗制品，再加热除去其中的微量水分，可得虾脑油的精制品，包装即得成品。

将提取虾脑油后的全部汤汁用20目纱网过滤，在滤渣中加入0.5倍的水和适量的辣椒、大蒜等，一起煮沸20 min，再过滤，并将2次得到的滤液合并，加入鲜味剂、白砂糖、琼脂、淀粉等辅料，用酸味剂调节pH至5～6，再加入适量的苯甲酸钠，最后加热增稠，趁热包装即得海鲜酱成品。

2. 从虾、蟹中回收酶类

在海洋生物的加工过程中可回收很多种类的酶。例如，在利用回流水或再循环水喷雾来融化冰冻的虾块时，可收集含有多种消化酶的水，再经过氯化铁澄清和相对分子质量临界值为10 000的超滤浓缩，就可以65%～100%的回收率和17%～86%的比活性增幅，回收透明质酸酶、β–N–乙酰葡糖胺、几丁质酶。用上述方法分离出来的酶在生物技术中的靶标性应用是很有前景的。此外，也可以从甲壳动物中分离出胃肠酶类，包括几丁质酶、脱乙酰几丁质酶、脂酶和蛋白酶，并应用于各个领域。

3. 虾、蟹甲壳制备壳聚糖

虾壳、蟹壳的主要成分为几丁质，是一种大分子物质，虽然不能直接食用，但其衍生物壳聚糖在食品工业中应用非常广泛，并且可以直接用于制造各种海洋食品，为一种重要的食品添加剂。

作为几丁质原料的虾壳、蟹壳，含有10%～12%的水分、25%～45%的无机盐与43%～65%的有机物（以自然干物计算）。在有机物中，几丁质占75%～85%，蛋白质占12%～22%，色素占0.1%～0.25%，其余是少量油脂等。几丁质的生产工艺主要是根据原料中非几丁质成分的性质与含量，采用化学方法顺次破坏并且去除这些成分，以制得纯的几丁质，然后用浓碱处理，脱去乙酰基即得壳聚糖。

工艺流程如下：

虾壳、蟹壳→捣碎→浸酸→水洗→碱液煮→水洗→脱色→水洗→还原→水解→脱水→几丁质→浓碱保温→水洗→脱水→壳聚糖

实际上，生产单位根据原料和产品要求，对工艺流程进行了不同程度的调整。例如，对产品的颜色要求不严格时，就省去脱色工序，或者改用日晒的方法进行脱色。还有的采用二次碱处理的方法即能达到目的。

（1）原料处理。用来生产几丁质的虾壳、蟹壳应力求新鲜，附着的虾、蟹肉及污物力求去尽，可采用机械压榨和水洗的方法，如果要长时间贮藏，则应洗净后晒干。

（2）浸酸。旨在去除原料中的磷酸与磷酸钙等，一般用工业盐酸。酸的浓度因原料种类而异：虾壳用5%，河蟹壳用10%，海蟹（如梭子蟹）壳用10%～15%。浸酸过程中应经常搅拌，如发现原料并未浸软已无气泡产生，说明酸量不足，应补加一些浓酸或浸入新的酸液中。浸酸通常需2～3 d。

（3）浸碱。旨在除去蛋白质及油垢，一般是在8%～10%的氢氧化钠溶液中煮沸1～2 h。其间一部分色素会遭到破坏。

（4）脱色。虾壳、蟹壳中的主要色素为虾青素。在上述酸、碱处理后并不能全部去掉，产品颜色要求严格者，尚需氧化脱色，通常用1%的高锰酸钾溶液浸渍1～2 h。若在阳光下曝晒，亦可以达到脱色目的，成本可降低，但是时间较长。当采用氧化剂脱色时，最后用还原剂（如草酸、硫代硫酸钠、重亚硫酸钠等）处理是必不可少的，因为残留的高锰酸钾将使产品微泛紫褐色。还原剂通常用浓度为1%～1.5%的重亚硫酸钠。

（5）脱乙酰基。经过以上工序所制得的白色不溶性几丁质，要经浓度为40%的氢氧化钠溶液于60～80℃保温20～24 h，脱去乙酰基才能成为可溶于醋酸的壳聚糖。检验乙酰基是否脱去的方法是取出一部分保温中的几丁质，洗去碱液，沥干后浸入1.5%～3%的

醋酸中，如能溶解，即说明脱乙酰基完成。

4. 类胡萝卜素的回收

海产食品中的类胡萝卜素主要为氧合形式的β-胡萝卜素，如叶黄素，即胡萝卜醇。利用酶协助分离技术，可以从甲壳动物的加工废弃物中分离出类胡萝卜素。表9.3总结了海蟹和海虾的加工废弃物中类胡萝卜素的含量，主要组分是虾青素及其单酯、二酯。此外，也有少量的叶黄素和玉米黄质。软壳蟹还含有少量的角黄素，即裸藻酮。

表9.3　海虾和海蟹加工下脚料中类胡萝卜素的分布

类胡萝卜素种类	海虾/%	海蟹/%
虾青素	3.95 ± 0.19	21.16 ± 1.15
虾青素单酯	19.72 ± 0.19	5.11 ± 0.23
虾青素二酯	74.27 ± 0.38	56.57 ± 1.60
叶黄素	—	8.21 ± 0.30
玉米黄质	0.62 ± 0.05	4.64 ± 0.76
角黄素（裸藻酮）*	—	2.66 ± 0.11
其他	—	0.22 ± 0.05

＊存在于软壳蟹的外骨骼

来自甲壳动物的类胡萝卜素可以在提取后加入食用油，也可以用作养殖鱼类的饵料成分。鲑科海鱼如红点鲑与大麻哈鱼，以及甲壳动物海虾，都不能够从头合成类胡萝卜素，须从食饵中摄取，而酵母、细菌、霉菌和高等植物则可从乙酸合成类胡萝卜素。

（四）藻类下脚料制备的保健食品

海带下脚料有表面粉末、洗涤液和浸泡液等。干海带表面的粉末是在海带干制过程中形成的，主要为易溶于水的无机盐和甘露醇。洗涤液中同样具有大量的水溶性成分，其组成大体与表面粉末相同。浸泡液中除了含有各种水溶性成分，突出特点是含有海带藻体中的碘，而且是一种特殊的生物活性碘，可用作活性碘饮料。

1. 海带下脚料提取甘露醇

（1）甘露醇的结构性质及应用。干海带表面的粉末和海带洗涤液中都含有甘露醇，值得开发利用。甘露醇是一种六元醇，可用作糖尿病患者的食糖代用品，制成糖尿病患者专用的保健食品。以它为原料制成的六元醇硝酸酯，有扩张血管的功效，可利尿，治痉挛、哮喘等，既可用作医药原料，又可广泛用于食品行业，作为生产保健食品的添加剂。

（2）加工工艺。将海带洗涤液蒸发浓缩至近干，放冷后加入少许酒精，将浓缩物刮起继续烘干，然后与海带表面粉末合并，加入其干重5倍的90%热酒精，溶解后过滤，收集滤液，将残渣再次用其干重3倍的90%热酒精提取，合并2次得到的滤液，将滤渣留用。将合并后的滤液放冷至0～10℃，出现大量甘露醇结晶，沥去酒精后，烘干。再以其干重3倍的90%酒精溶解，冷却重结晶一次。产品纯度可达93%，吸收率可达72%，用作食品添加剂已足够。

回收提取甘露醇后的酒精，残液可制取含生物活性碘的高无机盐保健调味料。陆地动物干重中含无机盐5%～15%，海带却含7%～34%，这与海带生活于海水中有关。海带无机盐含量非常丰富，是多种功能食品的原料。

自古以来在多种仪式、庆典上，日本人都重用海带，习惯于用海带煮汁供肴馔调味使用。1908年池田菊苗博士就是从海带煮汁中发现鲜味的本质是谷氨酸钠，从而开发出风行世界的味精。但是日本至今还有一些人嫌憎味精，而宁愿多花时间，直接利用海带煮汁。

日本Fujikko公司根据传统经验，运用膜分离技术和现代设备，提取精制海带中宝贵的无机盐和呈味成分，开发出富含无机盐、低盐而又美味的海带无机盐新产品，有RML-5、KML-11和KMP-505等类型。

RML-5是海带热水提取液经过超滤装置的粗滤，把滤液浓缩到固形物含量20%，以无机盐（12%～13%）、甘露醇（4%～5%）为主要成分，还含有丰富的氨基酸，有较浓的鲜美滋味，呈黄褐色，液态，无异味、怪味，具海藻清香。该产品可以在各种酱菜、畜肉或水产加工中，煮汁、面汤等不太追求色调的加工食品中应用，赋予食品以鲜美滋味，并补给无机成分等。

KML-11是将RML-5用活性炭脱色处理而成的近于无色透明的清液。成分及用途大体上都和RML-5相似，最适合用于不追求浓重色调的食品，像调味醋、纳豆、面包等。

KMP-505是将RML-5喷雾干燥制成的淡褐色粉末，处理方便，最适宜在不能加水的食品生产过程中使用。

（3）产品的功效。

增进健康。海带提取物可作低钠、鲜美、咸味食品，广泛用于各种肴馔的调味，还可以通过补充20多种常量、微量无机成分，维持人体无机盐平衡，增进健康。

增强呈味。由于海带提取物中糖类、氨基酸和无机盐三者的相互作用，从而进一步提高美味程度。经过超滤法处理，消除了海带的涩味和异味，而且无机盐的味感和谷氨酸的鲜味发挥了突出食品素材固有美味的效果，较圆满地体现出海带煮汁的美味。

促进微生物繁殖。海带提取物用于传统发酵食品、调味品，如酱油、酱、酱菜、纳豆等，有促进微生物繁殖、提高酶活性、增强香气和风味等作用。它不利于大肠杆菌生长，具有一定的抗菌作用，因而可以广泛利用，能够取得相当好的效果。用于细胞、组织培养中，也有促进细胞增殖的效果，不仅可在饲料、肥料等农业领域，还将在生物技术等领域加以应用。

纳豆菌属于枯草杆菌属，不是嗜盐菌却有较好的耐盐性。实验在培养基上添加0.1%的KMP-505，于660 r/min条件下振荡培养74 h后的吸光度为无添加组的2.5倍。这表明，海带提取物确有促进纳豆菌增殖的功能。实验用KMP-505灰化后的灰分0.06%，添加于培养基中培养，结果也证明灰分具有促纳豆菌增殖作用。

纳豆菌分泌的酶，除蛋白酶、淀粉酶外，还有同黏丝有关的γ-谷氨酰转肽酶和具有血栓溶解作用的纳豆激酶。培养基添加0.1%的KMP-505，37℃振荡培养，分别观察蛋白酶、γ-谷氨酰转肽酶和纳豆激酶的活性：蛋白酶和纳豆激酶在开始16 h的培养中，没有差异；16 h后无添加组的酶活性下降，而KMP-505添加组活性持续上升；γ-谷氨酰转肽酶在无添加组培养中途未见活性下降，而KMP-505添加组的酶活性则保持高值。

2. 海带根的综合利用

海带晒制过程产生一种废料——海带根，即海带的固着器。海带根本身没有食用价值，含胶量较少，多为纤维素。但海带根与海带的其他部位一样，自海水中吸收同化利用了各种无机盐，形成自己独立的含盐体系。

海带根富含生物活性碘，其含碘量高于可食部分柄和叶。因此，以海带根代替海带整体，无论制取活性碘饮料还是制取无机盐保健调味料，均非常适宜。

除此之外，海带根本身还具有独特的药理作用，其水浸提液具有扩张心血管、减慢心跳的作用，对高血压患者有良好的疗效，经过与海带饮料相似的去腥、调味处理，可以制作高血压患者专用的保健饮料。

课后训练

一、讨论思考题

（1）简述鱼糜制品的加工工艺。
（2）列举5种利用海藻开发的功能食品。
（3）虾味素的加工工艺是什么？
（4）有哪些海洋食品的下脚料用于开发功能食品？
（5）列举5种利用虾头开发的功能食品。

二、案例分析题

某食品厂计划开发一款降糖功能性饼干。从饮食的角度出发，以韧性饼干为载体，添加具有降糖作用的海洋天然物质，在食用韧性饼干满足饱腹感的同时，又起到降糖的作用。

问题：

（1）应选择什么海洋天然物质作为添加剂？
（2）请设计出降糖功能性饼干的生产工艺。

利用海洋生物资源开发各类营养酒

一、海藻酒

海藻营养价值很高，海藻酒的制作过程主要分为以下2个阶段。

1. 海藻提取液的制备

海藻酒是用海藻的提取液酿制成的，因此，先要用水抽提海藻。抽提的温度、时间与pH要适当。温度太低，抽提时间较长，提取不完全，而温度太高，海藻中的多糖类等物质又会发生分解；pH对海藻抽提物的分解也有很大影响；提取时间也要把控好。以上三方面控制得当，提取就会快速而彻底。但是海藻中的海藻酸却提取不出来，仍然留在海藻的抽提残渣中，这些残渣可作为制备海藻酸的原料加以利用，或者进一步加工处理。

2. 抽提液的配制和发酵

向抽提液中加入一定量的糖（有的海藻含维生素与氨基酸较少，因此可以根据情况稍微补加些这些物质），再接种葡萄酒酵母，进行发酵。发酵快要结束时，再补加一定量的糖，然后移置冷库中停止发酵，这时便酿制成低酒精度甜海藻酒。如果延长发酵时间，再移到冷库，便可以酿成酒精度较高的海藻酒。酒的浓度和酒精度，可根据个人爱好与习惯进行调节与控制，但这样酿制的海藻酒的香味不太浓，为了提高其香味与质量，需要陈酿和后熟，从而酿制出具有浓郁果香味的海藻酒。

实例1　干裙带菜60 kg，切碎后浸入3 L水中，除去盐分与杂质，去水，然后用乳酸调pH到3.0，加入6 L热水，90℃保温抽提3 h，保温抽提期间要常搅拌，使营养成分抽提出来，冷却后可制得6 L黏稠的抽提液。抽提液用氢氧化钠调pH至4.0后，加入1 kg葡萄糖与20 g的葡萄酒酵母，在15℃发酵，发酵至第13天，再补加1 kg葡萄糖继续发酵，第18天时进行粗滤，然后移到5℃的冷库内陈酿3个月。这时所酿制的海藻酒酒精含量11%、还原糖8%、总酸（滴定酸）5 mL、碱度20，具有浓郁的果酒香味。

实例2　干海带10 g，切碎浸入水中，除去杂质与水后，用90℃的热水1 L保温3 h，期间要经常搅拌，以使海藻的营养成分完全抽提出来，冷却过滤便可得到1 L黏稠的抽提液。将抽提液用乳酸调pH至4.0后，加入150 g葡萄糖、15 g酵母膏与20 mL葡萄酒酵母培养液，在15℃发酵，发酵至第14天补加100 g葡萄糖，再降低温度滤出沉淀物，移至5℃的冷库陈酿4个月。这时酿成的海藻酒品质高，酒精含量9%、还原糖8%、总酸（滴定酸）4.5 mL、碱度18，与实例1的酒相比，香味稍淡，但酒味醇厚。

所用的糖类有饴糖、粉状饴糖、谷物糖化液等。各种海藻都可酿制海藻酒。利用海藻酿酒，不仅开拓了海藻的新用途，促进水产业的发展，且增加了新型酒类的品种。

二、海参酒

首先通过低温酶解技术从海参中提取蛋白质、氨基酸、酸性黏多糖及皂苷等活性物质，再按一定比例和酒精体积分数低于60%的基质酒配制，或利用鲜海参经预处理、灭菌、防腐处理后，将其整体或切割后置于酒精体积分数低于60%的基质酒中泡制而成。

三、海龙酒

用95%以上食用酒精浸泡海龙1～30 d，然后加黄酒浸泡1～30 d即成海龙酒。将此酒加水蒸馏除去乙醇、加入蜂蜜，还可制成海龙口服液。

四、鲟鱼酒

取新鲜的整条鲟鱼宰杀并洗净、切块状，用机器绞碎匀质，放入发酵罐内，加入2倍体积的水，以及白砂糖、淀粉、营养物质等，采用巴氏消毒法消毒，调节pH为6，加入酵母发酵72 h。然后将鲟鱼发酵混合物过滤去渣，滤液经离心、过滤，将分离出的液体浓缩并配成各种浓度的鲟鱼营养提取液。鲟鱼营养提取液与白酒混合，即得到不同酒精度的鲟鱼酒。

第十章 功能食品的开发过程

本章重点和学习目标：

（1）功能食品研发的选题思路是什么？

（2）功能食品的种类标准有哪些？

导入案例：

海洋肽产品的研发

海洋肽系列原料（包括海洋蛋白肽、海洋胶原肽、海洋骨原肽）为中国食品发酵工业研究院继大豆肽产业化开发成功后又一项产业化成果，是用未受污染的深海鱼类的肉、皮、骨为原料，采用生物工程技术的方法生产的系列产品。它们是由2～6个氨基酸组成、相对分子质量为200～1 000的小分子混合肽类，能够被小肠、皮肤等直接吸收。海洋肽具有一定的抗氧化、降血脂、降血糖、促进生长发育、增强免疫力、保持皮肤水分、增加骨密度、祛斑等保健功能，并且具有强大的营养特性。因为其功能明显与易吸收的特点，可以广泛应用在高档健康食品、运动营养食品和高档日化产品中。

因为海洋肽采用深海鱼类，既具有陆地原材料所不具备的无污染的特性，又为深海鱼类的深度加工与利用提供了一条有效途径。另外，肽类有明确的功效依据，市场尚未形成竞争格局，产品生命周期较长，与市场上热销的概念产品相比具有较大优越性，因此，得到许多健康产品生产企业的青睐。

功能肽产业在我国刚起步，虽然整体的技术水平与研发能力并不比欧美落后多少，但在商品化过程中却遇到一些问题，海洋肽类产品是典型的例子。某保健品生产企业曾经试图上马海洋肽类保健食品的项目，咨询了数家海洋肽原料生产商，给出的原料样品与技术标准都不统一，且没有产品功能评价与技术保障，最后，这家企业只能放弃该项目的开发。

同很多肽类产品一样，国内海洋肽的发展要达到与国际接轨的肽类原料产业化开发存在技术与资金两大门槛，而且面临着两方面的问题。一是目前还没有海洋肽的相关行业标准，很难阻止一些劣质产品进入市场，导致市场上的海洋肽产品中有很大一部分产品的生产条件较差、纯度不高。二是缺乏相关系统的原料产品评价体系支持产品应用技术与市场开发，应用企业无法形成完整的营销体系，肽类产品销售没有形成自己的特色，就难以大规模走向市场。

因此，中国食品发酵工业研究院牵头与国内外权威营养机构共同合作，组建了北京中食海氏生物技术有限公司，以北京大学医学部营养与食品卫生学系为基础，结合中国中医科学院等权威研究机构，构建肽类营养学基础平台，对肽类原料产品基础营养代谢方面进行了充分的研究，涵盖海洋肽产品营养、细胞、生理、分子与代谢等多学科。中食海氏和台湾多肽生物技术公司形成战略合作伙伴，以台北医学大学为基础组建了多肽基础和应用研究中心，两岸携手进行多肽营养、保健与日化保养方面的基础理论和应用研究。中食海氏和具国际化OEM与ODM水准的日本在华独资企业时代（中国）有限责任公司建立战略合作伙伴关系，为国内外保健食品企业提供与国际接轨的海洋肽营养食品、保健食品与日化产品系列化方案。

同时，中国食品发酵工业研究院还进行了大量的临床试验，包括海洋胶原肽增白、抗氧化、祛斑试验，海洋糖肽临床营养观察，等等，雄厚的基础试验为产品的应用开发提供了有利的基础保障。为了保证品质，中食海氏的生产基地配备了与国际接轨的理化测试中心，现代化监测装置可对农残、药残、重金属、微生物等各种项目进行监测，对生产原料、生产过程、产品品质进行控制，保证了产品质量的安全稳定。

问题：

（1）根据以上案例，海洋肽有哪些功效？

（2）根据以上案例，开发海洋肽功能食品面临的问题是什么？如何解决？

（3）请分析海洋肽产品的发展前景。

◖教学内容◗

第一节 功能食品研发的选题

中华民族有着源远流长的养生之道。随着国民经济的快速发展和居民生活水平的逐渐提高，人们的饮食已经不仅仅是为了饱腹和维持生存，还希望它具有调节人体生理活动的作用。这种观念的转变为我国功能食品的研发提供了广阔的空间。功能食品在我国发展有着得天独厚的优势：完善的传统保健理论与丰富的养生经验，原材料天然，食用安全，资源丰富。在此基础上，需要开发具有特色的功能食品来满足人们对生活质量的追求。

根据功能食品食用对象的不同，我国现有功能食品可以分为两大类：第一类是营养素补充剂，即日常功能食品，其功能可描述为"具有补充……的保健功能"；第二类是特定功能食品，针对某些特殊消费群，如血压偏高者、血糖偏高者、肥胖人群与便秘者等，强调在预防疾病与促进康复方面的辅助调节功能。第二类功能食品要严格围绕功能食品可受审理的27类功能（表10.1）开展研发工作。

表10.1　功能食品的保健功能与相对应的适宜人群、不适宜人群

保健功能	适宜人群	不适宜人群
1. 增强免疫力	免疫力低下者	
2. 抗氧化	中老年人	少年儿童
3. 辅助改善记忆	需要改善记忆者	
4. 缓解体力疲劳	易疲劳者	少年儿童
5. 减肥	需要减肥者	孕期及哺乳期妇女
6. 改善生长发育	生长发育不良的少年儿童	
7. 提高缺氧耐受力	处于缺氧环境者	
8. 对辐射危害有辅助保护功能	接受辐射者	
9. 辅助降血脂	血脂偏高者	少年儿童
10. 辅助降血糖	血糖偏高者	少年儿童
11. 改善睡眠	睡眠状况不佳者	
12. 改善营养性贫血	营养性贫血者	
13. 对化学性肝损伤有辅助保护功能	有化学性肝损伤危险者	
14. 促进泌乳	哺乳期妇女	
15. 缓解视疲劳	视力易疲劳者	
16. 促进排铅	接触铅污染环境者	
17. 清咽	咽部不适者	
18. 辅助降血压	血压偏高者	少年儿童
19. 增加骨密度	中老年人	
20. 调节肠道菌群	肠道功能紊乱者	
21. 促进消化	消化不良者	
22. 通便	便秘者	
23. 对胃黏膜有辅助保护功能	轻度胃黏膜损伤者	

续表

保健功能	适宜人群	不适宜人群
24. 祛痤疮	有痤疮者	儿童
25. 祛黄褐斑	有黄褐斑者	儿童
26. 改善皮肤水分	皮肤干燥者	
27. 改善皮肤油分	皮肤油分缺乏者	

随着功能食品市场的发展和人类疾病谱的改变，现有保健功能将不能满足消费者的需求，新的保健功能会逐步增设，所以研发单位可依据市场需要，协调产品的功效，发挥已有保健功能间的相互促进作用，扩大功能食品适用范围。但同一配方功能食品申报的功能不能超过2个。

一、糖脂代谢紊乱方面

辅助降血糖与下列保健功能的组合：
（1）辅助降血脂（糖脂代谢紊乱相伴生）。
（2）辅助降血压（糖尿病多伴有动脉硬化、高血压并发症）。

二、亚健康方面

1. 缓解体力疲劳与下列保健功能的组合
（1）增强免疫力（亚健康状态出现疲劳综合征的同时常伴有免疫力下降）。
（2）改善睡眠（亚健康状态常表现类似神经衰弱的睡眠障碍和体力疲劳）。
（3）辅助改善记忆（亚健康常与健忘并存）。
（4）促进消化（劳倦伤脾）。
2. 改善睡眠与下列保健功能的组合
（1）辅助改善记忆（中医学认为不寐和健忘是"孪生兄弟"）。
（2）增强免疫力（失眠、焦虑、抑郁者免疫功能下降）。
（3）促进消化（思虑伤脾，失眠、焦虑、抑郁者常伴有胃肠功能改变）。

三、儿童生长发育方面

改善生长发育与下列保健功能的组合：
（1）辅助改善记忆（体质和智力发育并调）。
（2）促进消化（先天与后天并调，改善消化吸收功能与促进生长发育并举）。
（3）增强免疫力（发育不好往往导致抵抗力下降）。

四、老龄化方面

抗氧化与下列保健功能的组合：

（1）增强免疫力（脏器的老化可以导致免疫机能下降）。

（2）辅助降血压（脏器的老化可以导致循环功能障碍）。

（3）辅助降血糖（脏器的老化可以导致胰岛功能衰退）。

（4）辅助降血脂（脏器的老化可以导致脂代谢紊乱）。

（5）改善记忆（脏器的老化可以导致记忆障碍）。

（6）增加骨密度（脏器的老化，如肝肾不足，可以导致骨脆易折）。

五、美容方面

1. 祛黄褐斑与下列保健功能的组合

（1）抗氧化（增强抗氧化功能，减少黑色素形成，以达到祛斑的效果）。

（2）减肥。

（3）增加骨密度（补益肝肾，调节激素水平，既可减少黑色素的生成，又可改善骨钙代谢）。

2. 减肥和降脂功能的组合

3. 祛痤疮和通便功能的组合

六、职业病方面

1. 对辐射危害有辅助保护功能与下列保健功能的组合

（1）增强免疫力。

（2）抗氧化（增强体质，延缓衰老）。

（3）缓解视疲劳（辐射环境下的工作者多伴有视力疲劳）。

（4）缓解体力疲劳（辐射环境下的工作者多伴有体力疲劳）。

2. 缓解视疲劳和缓解体力疲劳功能的组合

3. 对化学性肝损伤有辅助保护功能与下列保健功能的组合

（1）增强免疫力（化学性肝损伤多伴有免疫功能下降）。

（2）辅助降血脂（肝功能损伤与脂代谢障碍相互影响，保肝和降脂相互促进）。

4. 促进排铅功能和增强免疫力功能的组合

第二节　功能食品的配方及质量标准

一、产品配方

（1）根据申报的保健功能，按照原料、辅料的功效作用、主次关系等顺序列出全部原料、辅料的名称及用量。辅料包括赋形剂、填充剂、成型剂、甜味剂、着色剂等。

原料、辅料名称应该使用规范的标准名称，原料还应注明不同的炮制规格（如生制、盐制、蜜制、煅烧等）。以提取物为原料的，配方中原料名称应以"……提取物"表示。

原料、辅料用量应以制成1 000个制剂单位的量作为配方量，如：以制成1 000粒、1 000片、1 000袋、1 000瓶、1 000 mL、1000 g等所用原辅料的量计算配方量。不得以百分比表示。

（2）营养素补充剂类功能食品，配方量除按第1条表述外，还应标出产品每种营养素的每人每日食用量，并与《中国居民膳食营养素每日参考摄入量》和《矿物质、维生素种类及用量》中相应营养素的每人每日推荐食用量一起，对应列表表示。

二、配方依据

（1）说明产品配方中各原料、辅料的来源及使用依据。参考国家标准（如2015年版《中华人民共和国药典》等）、各部委制定的行业标准或企业标准。例如，关于海马的来源及使用，依据《中华人民共和国药典》（2010年版，一部）记载："本品为海龙科动物线纹海马*Hippocampus kelloggi* Jordan et Snyder、刺海马*Hippocampus histrix* Kaup、大海马*Hippocampus kuda* Bleeker、三斑海马*Hippocampus trimaculatus* Leach或小海马（海蛆）*Hippocampus japonicus* Kaup的干燥体。夏、秋二季捕捞、洗净、晒干，或除去皮膜及内脏，晒干。"

（2）阐明配方中各原料的功效作用、有效剂量及安全食用剂量。参考国家标准（如2015年版《中华人民共和国药典》等）、各部委制定的行业标准或企业标准。《中华人民共和国药典》（2010年版，一部）记载："海马味甘，性温。归肝、肾经。具有温肾壮阳、散结消肿的功效。用于阳痿、遗尿、肾虚作喘、症瘕积聚、跌扑损伤，外治痈肿疔疮。每日常用量为3～9 g。外用适量，研末敷患处。"

（3）用传统的中医药养生保健理论或现代医学理论，详细阐述产品配方的科学性、合理性和食用安全性。

以我国传统中医保健理论组方的产品，应按中医理论阐明配方的依据；以现代科研成果组方的产品，应按现代科学理论阐明配方的依据；以我国传统中医保健理论和现代科研成果相结合组方的产品，应从2个理论范畴同时介绍，并说明两者结合组方的原因。

配方依据还应提供国内外相关的科学实验背景资料和文献，提供该配方与产品保健功能食用安全之间关系的科学文献资料和/或试验研究资料，包括各原料间的协同、拮抗等相互作用和用量的科学依据，并列在有助于审评的资料项下。

目前可以检索到营养补充剂相关资料，然而说明传统配方组成的功能食品协同、拮抗等相互作用的试验依据尚有阙如，有待今后逐步积累。目前只能用中医的增效减毒配伍规律进行阐述，如论述某种只有增强免疫力功能的产品配方的科学性、合理性和食用安全性。

（4）说明功效成分及用量确定的科学依据。传统配方组分中的有效成分和用量的确定是以其现代科学试验结果为依据，其功效含量的标记要与配方的原材料含量相一致。

（5）说明适宜人群、不适宜人群的选择及依据。可参考《保健食品检验与评价技术规范》（2003年版）。

（6）配方中的原料、辅料不在《保健食品注册管理办法（试行）》第六十三条规定范围内的，按有关规定提供相应的申报资料。按照《食品安全性毒理学评价程序和方法》（GB 15193—2014）的规定提供该原料和辅料相应的安全性毒理学评价试验报告及相关的食用安全资料。① 凡属我国创新的物质，一般要求进行四个阶段的毒理学试验。创新的物质是指国内外无食用历史的动植物及其组织或器官、新菌种，以及从某些可食动植物中提取出的纯品对其化学结构提示有慢性毒性、遗传毒性或致癌可能性者。② 以食物新资源为原料的功能食品，原则上应进行第一、二、三阶段毒性试验，以及必要的人群流行病学调查。

（7）配方中使用了真菌、益生菌、核酸、濒危野生动植物等有特殊技术审评规定的物品，应按照相应的审评规定提供资料。

相关评审规定有《真菌类保健食品申报与审评规定（试行）》《益生菌类保健食品申报与审评规定（试行）》《核酸类保健食品申报与审评规定（试行）》《野生动植物类保健食品申报与审评规定（试行）》，上述规定均于2005年7月1日起实施。

（8）以化学合成品为原料的产品，应提供可食用的依据、食用量及安全性评价资料，并列入其他有助于产品审评的资料项下。具体可参照《新资源食品管理办法》的有关规定。

（9）以提取物为原料的，应提供提取物的生产工艺及质量标准，并作为附录分别列在产品的生产工艺和质量标准项下。

注意不能混淆原料与提取物。配方中写原料的，生产工艺、质量标准来源均按照原料的相应标准处理；配方中写提取物的，生产工艺、质量标准来源均按照提取物的相应标准处理。严格避免配方、工艺、质量标准来源的不一致。购买提取物时，要提供真实的购销合同，生产工艺和质量标准。有些厂家为了避免麻烦，就自己编造工艺、标准等，这种弄虚作假的行为，必然会自食其果。

总之，功能食品是新世纪食品行业中最具前景、也最具挑战性的充满发展机遇的行业。我国功能食品的研发应坚持以中医药理论为指导，充分利用现代科学的先进方法和科研成果，加强发展创新，提高研制水平，同时要建立统一的质量评定标准、严格的管理规范、准确的市场定位，实事求是地宣传功效，积极与国际市场接轨，使我国功能食品尽快走向世界，打造精品，为人类健康事业和我国国民经济做出更大的贡献。

三、产品质量标准

产品标准中一般卫生要求：理化指标及微生物指标须按《保健（功能）食品通用标准》（GB 16740—1997）的规定加以确定，微生物指标中致病项目应分别列出。还应参照《保健食品检验与评价技术规范》中产品指标检测项目附表的规定。具体要求如下。

（一）内容要完整

（1）资料性概述要素（封面、目次、前言）。

（2）规范性一般要素（产品名称、范围、规范性引用文件）。

（3）规范性技术要素（技术要求、试验方法、检验规则、标志、标签、包装、运输、贮藏、规范性附录）。

（4）质量标准编写说明。

上述要素除目次外，均不得有缺项。封面主要内容为标准的类别、标准号、标准名称、标准的发布和实施日期以及标准的发布单位。前言应包括特定部分（说明标准的结构、采用国家标准的情况、标准附录的性质）和基本部分（首次发布日期、标准的提出与起草单位、主要起草人）。

（二）格式应规范

质量标准编写格式应符合《标准化工作导则　第1部分：标准的结构和编写》（GB/T 1.1—2009）的相关规定。

（三）各项要素应符合相应要求

1.范围

范围应写明产品名称及其所涉及的各个方面，包括技术要求、试验方法、检验规则、标志、标签、包装、运输、贮藏、全部原辅料、主要工艺步骤（包括灭菌工艺）等。

2.规范性引用文件

（1）排列顺序：国家标准、行业标准、地方标准、国内有关文件。国家标准按标准顺序号由小到大的顺序排列，行业标准先按标准代号的拉丁字母顺序排列，再按标准顺序号由小到大的顺序排列。

（2）全文引用时不注年号，部分引用时应注年号。例如，质量标准中"标志"内容引用GB 16740—1997中第8部分标签的规定，引用GB 16740—1997文件时须注年号，且引用年号应按最新版本标注。

3.技术要求

技术要求的项目应包括原料要求、辅料要求、感官要求、功能要求、功效成分或标志性成分、理化指标、微生物指标、净含量及允许负偏差。若产品生产过程中采用了辐照灭菌工艺，则应增加辐照项，标明辐照源及吸收剂量。

（1）原料要求。原料应符合相应国家标准规定。无国家标准则应符合相应行业标准、地方标准的规定或有关要求。

（2）辅料要求。辅料（如崩解剂、填充剂、着色剂、防腐剂、矫味剂、胶囊囊材、包衣材料等）应符合相应国家标准规定，无国家标准则应符合相应行业标准、地方标准的规定或有关要求。食品添加剂应符合相应食品添加剂国家标准或行业标准的规定。

（3）感官要求。感官要求应包括色泽、滋味和气味、性状、杂质等项目，并列表标示，且各项目指标应真实反映产品的生产工艺。

（4）功能要求。所列功能应与申报功能一致。

（5）功效成分或标志性成分。功效成分或标志性成分的选择及指标值的确定应在产品的研制基础上进行，可根据产品配方、保健功能、生产工艺的不同，选择不同的功效成分或标志性成分，尽量减少以一大类物质的混合体代表功效成分或标志性成分，不宜选用存在安全性问题的物质。其指标值由申请人自行提出。

若产品仅有1种功效成分或标志性成分，可直接以文字陈述其指标；若有2种或2种以上功效成分或标志性成分，应列表标示其项目和指标。质量标准编制说明中应详细提供功效成分或标志性成分指标值的确定依据及理由。

功效成分或标志性成分指标值的标示：① 功效成分或标志性成分一般以"≥指标值"标示，如总氨基酸、粗多糖、总黄酮、总皂苷、膳食纤维等。② 需要制定范围值的功效成分或标志性成分，应以"指标值±x%"标示限定范围，如蒽醌、芦荟苷等成分。x值的大小依据研制产品的检测资料等确定。

（6）理化指标。理化指标的项目应按照国家有关标准（如GB 16740—1997）、规范及同类食品的卫生标准确定，以表格形式列出重金属（如铅、砷、汞）等项目的限量指标。表格中应有项目名称及指标，量的单位不加括号，一律写于项目一栏右侧，而具体的限量值或数值则写在指标一栏。理化指标计量单位应符合我国法定计量单位的规定。

除上述一般要求外，理化指标还应根据产品剂型、原料及工艺的不同，依据《保健食品检验与评价技术规范》要求增加相应的项目。其余产品剂型、原料及工艺的补充项目应参照相应国家食品卫生标准的规定。

（7）微生物指标。微生物指标应包括菌落总数、大肠菌群、霉菌、酵母和致病菌项目，其中致病菌项目应分别列出，包括沙门氏菌、志贺氏菌、金黄色葡萄球菌和溶血性链球菌，微生物指标应按照GB 16740—1997的相关规定标示。

菌落总数、霉菌、酵母均以每1 g（固体）或1 mL（液体）中的菌落形成单位（CFU）标示，大肠杆菌的量以每100 g（固体）或100 mL（液体）所含的大肠杆菌最大或然数（MPN）标示。

（8）净含量及允许负偏差。净含量及允许负偏差的标示应按照GB 16740—1997的规定，列表标示产品最小销售包装的净含量及允许负偏差。净含量的单位可标示为克/盒、毫升/盒、克/袋等。

（9）辐照要求。根据具体产品的性质，分析其是否适宜进行辐照灭菌。对于适宜进行辐照灭菌的产品，其辐照源、吸收剂量等均应符合相应的国家标准、行业标准或有关要求。

4. 试验方法

试验方法应包括感官要求、功效成分或标志性成分、理化指标、微生物指标、净含量及允许负偏差等项目的检测方法，所列方法均应属于符合国家卫生标准、规范，国家药品标准，国家有关部门正式公布的或国内外正式发表的具有权威性的且适用于功能食品的测定方法，且与检验报告中采用的试验方法一致。

5. 检验规则

检验规则须完整，应包括原料、辅料入库检验、出厂检验、型式检验、组批、抽样方法、判定规则等项目。型式检验项目应包括质量标准技术要求规定的全部项目，并且不得有原料、辅料发生改变，生产工艺发生改变等影响产品质量及食用安全的内容。

6. 标志、标签、包装、运输、贮藏

标志、标签项下规定了如何标注产品的标志、标签，如生产者或销售商的商标、产品形式或型号等。

包装项下应列出该产品的包装规格、包装材料的名称（种类）及其质量要求等项目，其中包装材料的名称应为规范的名称，其质量标准应有明确的出处和标准号。

7. 规范性附录

对于未制定国家标准的功效成分或标志性成分的检测方法或原料、辅料的质量要求，应在规范性附录中给出规定。功效成分或标志性成分的检测方法列入附录A，并提供该方法的方法学研究结果及相关的验证报告。原料质量标准或要求列入附录B，其中，以提取物为原料的，应列出其详细的质量标准或要求。辅料质量标准或要求列入附录C。

另外，申请注册使用氨基酸螯合物生产的功能食品，应在规范性附录中提供氨基酸螯合物定性、定量的检测方法。申请注册使用微生物发酵直接生产的功能食品，应提供发酵终产物的质量要求（包括纯度、杂质成分及含量）。申请注册使用核酸类的功能食品，质量要求中应明确标出所用核酸各成分的含量、纯度和相应的定性、定量检测方法及质量要求。

8. 标准的终结线

在标准的最后一个要素之后，应有标准的终结线（1/4页宽）。

9. 编制说明

编制说明应对制定质量标准各项指标、试验方法的依据加以说明，对于未制定国家标准或部颁标准（规范）的检验方法应补充说明方法的来源。

课后训练

一、讨论思考题

（1）功能食品研发应如何选题？

（2）功能食品的配方依据是什么？

（3）功能食品的产品质量要求有哪些？

二、案例分析题

20世纪80年代兴起的第三代食品——功能食品被称为"21世纪食品"，代表了当代食品发展的新潮流。功能食品的概念在世界各国有所不同。但是一般认为它应该具有3个基本属性，即食品基本属性（营养、安全）、修饰属性（色、香、味）与功能属性（对机体的生理机能有一定的调节作用）。功能食品正是这3种属性的完美体现与科学结合，这3种属性也是功能食品研究中必须做到的基本要求。

功能食品的研发最重要的是要制定出合理的配方设计方案。制定配方时要根据中医食疗宝库并深入民间调查研究，运用现代生命科学研究成果，设计效果确切的功能食品。

问题：

（1）功能食品研发时要遵循的原则是什么？

（2）要研发出有中国特色的功能食品应该从哪些方面搜寻资料？

知识拓展

芝麻开门！——南极磷虾宝藏

说到海洋生物，人们就会想到藻、鱼、虾、贝等。以形形色色的鱼来说，海洋渔业的捕捞、加工技术，是我国近10多年来发展的重要领域。目前，我国的海洋渔业捕捞量、近海养殖量在全球均排名第一，青蟹、海参、鲍鱼、多宝鱼等酒店餐桌上的"常客"都已经实现人工养殖。不过，在渔业加工与高质化方面，我国与发达国家还有较大差距。日本、欧盟等国家和地区已经基本实现"全鱼利用"——鱼肉食用，鱼皮做胶原蛋白，鱼骨加工成治疗骨关节炎的硫酸软骨素，鱼内脏做鱼油与蛋白质产品。在欧洲人的餐桌上，鱼都是以鱼肉块形式出现的，几乎看不到整鱼，这是因为他们的全鱼利用率高达75%，其他部分都拿去做深加工了。

我国正在研究如何开发南极磷虾的巨大价值。WHO曾经将南极磷虾、对虾、牛乳与牛肉的氨基酸综合营养价值比较评分，结果磷虾获得100分，牛肉96分，牛乳91分，对虾71分。磷虾油富含$\omega-3$不饱和脂肪酸，对人的心脑血管、骨骼、关节、神经、视力和皮肤都具有很好的保健效果。除了作为医药、健康食品原料，磷虾体内的低温蛋白酶、脂肪酶等也是重要的工业原料。

在南极水域，磷虾的生物量大约为6.5亿～10亿吨，是人类可利用的最大的可再生动物蛋白库。在传统海洋资源锐减的今天，这种长度只有5 cm左右的虾已经成为各国竞相开采的资源。国际上，磷虾产业主要有3种模式。第一种是全面发展型的挪威模式，该国企业掌握了"水下连续泵吸捕捞"专利技术，可以一次性捕获大量磷虾，用于动物饲料的添加剂与磷虾油精炼加工。第二种是求专求精型的加拿大模式，该国磷虾产业的重点是加工、提炼高级磷虾制品，如保健品与医药级磷虾油。第三种是稳健发展的日韩模式。日本企业在以磷虾为人类食品方面具有优势，而且比较注重经济效益。韩国的磷虾捕捞量近年来也很大。

和这些国家相比，我国的磷虾产业尚处于起步阶段，缺少大型捕捞加工船。因为磷虾富含的蛋白质在常温条件下很容易降解，捕捞后若不能在船上迅速冷藏、加工，很快就会变成一堆空壳。因此，大型捕捞加工船须装有快速脱壳、清洗、冷冻设备，有很高的技术含量。此外，我国应大力发展蛋白粉、磷虾油等高附加值磷虾产业，它们既能为老百姓的健康造福，也具有很高的经济效益。

附　录

附录一　保健食品管理办法

（1996年3月15日，卫生部）

第一章　总则

第一条　为加强保健食品的监督管理，保证保健食品质量，根据《中华人民共和国食品卫生法》（下称《食品卫生法》）的有关规定，制定本办法。

第二条　本办法所称保健食品系指表明具有特定保健功能的食品。即适宜于特定人群食用，具有调节机体功能，不以治疗疾病为目的的食品。

第三条　国务院卫生行政部门（以下简称卫生部）对保健食品、保健食品说明书实行审批制度。

第二章　保健食品的审批

第四条　保健食品必须符合下列要求：

（一）经必要的动物和/或人群功能试验，证明其具有明确、稳定的保健作用；

（二）各种原料及其产品必须符合食品卫生要求，对人体不产生任何急性、亚急性或慢性危害；

（三）配方的组成及用量必须具有科学依据，具有明确的功效成分。如在现有技术条件下不能明确功能成分，应确定与保健功能有关的主要原料名称；

（四）标签、说明书及广告不得宣传疗效作用。

第五条　凡声称具有保健功能的食品必须经卫生部审查确认。研制者应向所在地的省级卫生行政部门提出申请。经初审同意后，报卫生部审批。卫生部对审查合格的保健食品发给《保健食品批准证书》，批准文号为"卫食健字（）第　号"。获得《保健食品批准证书》的食品准许使用卫生部规定的保健食品标志。

第六条　申请《保健食品批准证书》必须提交下列资料：

（一）保健食品申请表；

（二）保健食品的配方、生产工艺及质量标准；

（三）毒理学安全性评价报告；

（四）保健功能评价报告；

（五）保健食品的功效成分名单，以及功效成分的定性和/或定量检验方法、稳定性试验报告。因在现有技术条件下，不能明确功效成分的，则须提交食品中与保健功能相关的主要原料名单；

（六）产品的样品及其卫生学检验报告；

（七）标签及说明书（送审样）；

（八）国内外有关资料；

（九）根据有关规定或产品特性应提交的其他材料。

第七条　卫生部和省级卫生行政部门应分别成立评审委员会承担技术评审工作，委员会应由食品卫生、营养、毒理、医学及其他相关专业的专家组成。

第八条　卫生部评审委员会每年举行四次评审会，一般在每季度的最后一个月召开。经初审合格的全部材料必须在每季度第一个月底前寄到卫生部。卫生部根据评审意见，在评审后的30个工作日内，做出是否批准的决定。

卫生部评审委员会对申报的保健食品认为有必要复验的，由卫生部指定的检验机构进行复验。复验费用由保健食品申请者承担。

第九条　由两个或两个以上合作者共同申请同一保健食品时，《保健食品批准证书》共同署名，但证书只发给所有合作者共同确定的负责者。申请者，除提交本办法所列各项资料外，还应提交由所有合作者签章的负责者推荐书。

第十条　《保健食品批准证书》持有者可凭此证书转让技术或与他方共同合作生产。转让时，应与受让方共同向卫生部申领《保健食品批准证书》副本。申领时，应持《保健食品批准证书》，并提供有效的技术转让合同书。《保健食品批准证书》副本发放给受让方，受让方无权再进行技术转让。

第十一条　已由国家有关部门批准生产经营的药品，不得申请《保健食品批准证书》。

第十二条　进口保健食品时，进口商或代理人必须向卫生部提出申请。申请时，除提供第六条所需的材料外，还要提供出产国（地区）或国际组织的有关标准，以及生产、销售国（地区）有关卫生机构出具的允许生产或销售的证明。

第十三条　卫生部对审查合格的进口保健食品发放《进口保健食品批准证书》，取得《进口保健食品批准证书》的产品必须在包装上标注批准文号和卫生部规定的保健食品标志。

口岸进口食品卫生监督检验机构凭《进口保健食品批准证书》进行检验，合格后放行。

第三章　保健食品的生产经营

第十四条　在生产保健食品前，食品生产企业必须向所在地的省级卫生行政部门提出申请，经省级卫生行政部门审查同意并在申请者的卫生许可证上加注"××保健食品"的许可项目后方可进行生产。

第十五条　申请生产保健食品时，必须提交下列资料：

（一）有直接管辖权的卫生行政部门发放的有效食品生产经营卫生许可证；

（二）《保健食品批准证书》正本或副本；

（三）生产企业制订的保健食品企业标准、生产企业卫生规范及制订说明；

（四）技术转让或合作生产的，应提交与《保健食品批准证书》的持有者签订的技术转让或合作生产的有效合同书；

（五）生产条件、生产技术人员、质量保证体系的情况介绍；

（六）三批产品的质量与卫生检验报告。

第十六条　未经卫生部审查批准的食品，不得以保健食品名义生产经营；未经省级卫生行政部门审查批准的企业，不得生产保健食品。

第十七条　保健食品生产者必须按照批准的内容组织生产，不得改变产品的配方、生产工艺、企业产品质量标准以及产品名称、标签、说明书等。

第十八条　保健食品的生产过程、生产条件必须符合相应的食品生产企业卫生规范或其他有关卫生要求。选用的工艺应能保持产品的功效成分的稳定性。加工过程中功效成分不损失，不破坏，不转化和不产生有害的中间体。

第十九条　应采用定型包装。直接与保健食品接触的包装材料或容器必须符合有关卫生标准或卫生要求。包装材料或容器及其包装方式应有利于保持保健食品功效成分的稳定。

第二十条　保健食品经营者采购保健食品时，必须索取卫生部发放的《保健食品批准证书》复印件和产品检验合格证。

采购进口保健食品应索取《进口保健食品批准证书》复印件及口岸进口食品卫生监督检验机构的检验合格证。

第四章　保健食品标签、说明书及广告宣传

第二十一条　保健食品标签和说明书必须符合国家有关标准和要求，并标明下列内容：

（一）保健作用和适宜人群；

（二）食用方法和适宜的食用量；

（三）贮藏方法；

（四）功效成分的名称及含量。因在现有技术条件下，不能明确功效成分的，则须标明与保健功能有关的原料名称；

（五）保健食品批准文号；

（六）保健食品标志；

（七）有关标准或要求所规定的其他标签内容。

第二十二条　保健食品的名称应当准确、科学，不得使用人名、地名、代号及夸大容易误解的名称，不得使用产品中非主要功效成分的名称。

第二十三条　保健食品的标签、说明书和广告内容必须真实，符合其产品质量要求，不得有暗示可使疾病痊愈的宣传。

第二十四条　严禁利用封建迷信进行保健食品的宣传。

第二十五条　未经卫生部按本办法审查批准的食品，不得以保健食品名义进行宣传。

第五章　保健食品的监督管理

第二十六条　根据《食品卫生法》以及卫生部有关规章和标准，各级卫生行政部门应加强对保健食品的监督、监测及管理。卫生部对已经批准生产的保健食品可以组织监督抽查，并向社会公布抽查结果。

第二十七条　卫生部可根据以下情况确定对已经批准的保健食品进行重新审查：

（一）科学发展后，对原来审批的保健食品的功能有认识上的改变；

（二）产品的配方、生产工艺以及保健功能受到可能有改变的质疑；

（二）保健食品监督监测工作需要。

经审查不合格或不接受重新审查者，由卫生部撤销其《保健食品批准证书》。合格者，原证书仍然有效。

第二十八条　保健食品生产经营者的一般卫生监督管理，按照《食品卫生法》及有关规定执行。

第六章　罚则

第二十九条　凡有下列情形之一者，由县级以上地方人民政府卫生行政部门按《食品卫生法》第四十五条进行处罚。

（一）未经卫生部按本办法审查批准，而以保健食品名义生产、经营的；

（二）未按保健食品批准进口，而以保健食品名义进行经营的；

（三）保健食品的名称、标签、说明书未按照核准内容使用的。

第三十条　保健食品广告中宣传疗效或利用封建迷信进行保健食品宣传的，按照国家工商行政管理局和卫生部《食品广告管理办法》的有关规定进行处罚。

第三十一条　违反《食品卫生法》或其他有关卫生要求的，依照相应规定进行处罚。

第七章　附则

第三十二条　保健食品标准和功能评价方法由卫生部制订并批准颁布。

第三十三条　保健食品的功能评价和检测、安全性毒理学评价由卫生部认定的检验机构承担。

第三十四条　本办法由卫生部解释。

第三十五条　本办法自1996年6月1日起实施，其他卫生管理办法与本办法不一致，以本办法为准。

附录二　保健食品评审技术规程

（1996年7月18日，卫生部）

第一章　总则

第一条　根据《保健食品管理办法》（以下简称《办法》）的有关要求，为使保健食品的评审工作科学化、规范化、标准化，特制定本技术规程。

第二条　本技术规程旨在规范保健食品的申报和评审工作，并使保健食品的研制、申报和评审有章可循。有关"安全性毒理学评价"和"保健食品功能学评价"技术要求，须依据《食品安全性毒理学评价程序和检验方法》《保健食品功能学评价程序和检验方法》执行。

第二章　保健食品审批工作程序

第三条　国内保健食品审批工作程序

（一）国内保健食品申请者，必须向其所在省、自治区、直辖市卫生厅（局）提出申请，填写《保健食品申请表》，并报送《办法》第六条所规定的申报资料及样品。

（二）受理申请的省、自治区、直辖市卫生厅（局），负责组织省级食品卫生评审委员会初审，初审通过后上报卫生部。

（三）申报资料及样品必须在每季度第一个月底前寄送至卫生部卫生监督司，逾期上报的产品将列入下一季度评审。

（四）卫生部卫生监督司负责受理上报的申报资料，并组织召开卫生部食品卫生评审委员会会议，对申报产品进行评审。

第四条　进口保健食品审批工作程序

（一）进口保健食品申请者，必须向卫生部提出申请，填写《进口保健食品申请表》，除提交《办法》第六条所规定的有关资料外，还应提供出产国（地区）官方卫生机构出具的允许生产或销售的证明文件等资料，代理商还应提交生产企业提供的委托书。

（二）卫生部卫生监督司负责受理进口保健食品的申请并组织召开卫生部食品卫生评审委员会会议，对申报产品进行评审。

（三）受理申请截止日期为每季度第一个月底前，逾期申请的产品将列入下一季度评审。

第五条　通过卫生部食品卫生评审委员会评审的产品，报经卫生部批准后，由卫生部颁发《保健食品批准证书》或《进口保健食品批准证书》。

第三章　评审委员会工作任务及制度

第六条　省级评审委员会对申报的保健食品进行初审。

（一）根据《办法》第六条规定，全面审查申请者提供的资料是否完整，有无缺、漏项，各种评价、检验报告的出具单位的资格是否符合《办法》及有关规定的要求。

（二）重点对产品的安全性进行审查。

（三）省级评审委员会必须对初审的产品提出具体的初审意见，上报卫生部。

第七条　卫生部评审委员会负责对进口保健食品及省级卫生行政部门初审上报的产品进行终审，重点审查保健功能及说明书、标签内容的真实性，为卫生部审批保健食品提供技术评审意见。

第八条　卫生部评审委员会每年召开四次会议，会议时间在每季度最后一个月。

第九条　评审会议由主任委员或副主任委员主持，无特殊原因，评审委员应出席评审会议。

第十条　评审会议必须在有2/3以上委员出席时方可召开，并必须有全体委员的2/3以上委员同意方可认为评审通过。

第十一条　被评审产品如涉及某评审委员，评审时若需要回避的，该委员应该回避。

第十二条　评审会议结束时，评审委员应将全部评审资料交评审委员会秘书处，并必须对被评审产品的配方和工艺保密。

第四章　保健食品的评审

第十三条　保健食品名称的审查

产品命名应符合《办法》第二十二条和《保健食品标识规定》的要求。申报资料中应包括命名说明。

第十四条　保健食品申请表的审查

申报者应采用卫生部统一印发的《保健食品申请表》或《进口保健食品申请表》，按"填表说明"填写，不得将需填写的内容复印后粘贴到表上。

第十五条　保健食品配方的审查

（一）产品所用原料应满足《办法》第四条第（二）款的要求。

（二）产品配方应满足《办法》第四条第（三）款的要求。

（三）配方含量必须真实，并提供配方依据。

（四）以菌类经人工发酵制得的菌丝体或菌丝体与发酵产物的混合物为原料的，必须提供所用菌株的鉴定报告及稳定性资料。

（五）以微生态类为原料的，必须提供菌株鉴定报告及菌株的稳定性试验报告，同时应提供菌株是否含有耐药因子等有关问题的资料。

（六）以藻类、动物及动物材料等为原料的，必须提供品种鉴定报告。

（七）以从动植物中提取的单一有效物质或生物、化学合成物为原料的，需提供该物质的理化性质、毒理学试验报告及在产品中的稳定性试验报告等资料，并尽可能地提供该物质的化学结构式。

（八）产品所用加工助剂及食品添加剂必须符合国家食品卫生标准。

（九）对具有抗疲劳作用、改善性功能作用、促进生长发育等作用的产品，需提交有关兴奋剂和激素水平的检测报告。

第十六条　生产工艺审查

（一）生产工艺应合理，必须符合《办法》第十八条的规定。

（二）生产工艺应包括各组分的制备、成品加工过程及主要技术条件。

第十七条　质量标准审查

（一）产品质量标准应符合国家有关标准制订原则。

（二）所有能反映产品内在质量的指标均应列入标准。

（三）质量标准应对产品的原料、原料来源、品质等作出规定。

（四）质量指标中属于国家强制性标准的，应符合国家有关食品卫生标准。

（五）原则上应制订特异功效成分指标，并附定性、定量检测方法。

（六）制订编制说明，说明质量标准中各项指标制订的意义及依据。

第十八条　安全性毒理学评价报告的审查

（一）产品必须完成安全性毒理学评价试验，这是评审产品安全性的必要条件。

（二）安全性毒理学评价试验必须严格按照《食品安全性毒理学评价程序和方法》（GB 15193.1—1994～GB15193.19—1994）的规定执行。

（三）保健食品原则上必须完成《食品安全性毒理学评价程序和方法》规定的第一、二阶段的毒理学试验，必要时仍需进行进一步的毒理学试验。

（四）对以单一营养素为原料的产品，在理化测定的基础上，若用量在安全剂量范围内，一般不要求做毒理学试验。但对以多种单一营养素为原料加工生产的产品，仍需进行安全性评价。

（五）对以生物提取物及化学合成物为原料的产品，若国内外已有大量的安全性评价资料证明该物质是安全的，在证明产品所用该物质的理化性质和纯度与文献报道一致的前提下，一般不要求做毒理学试验。

（六）以普通食品原料和/或药食两用名单之列的物质为原料的产品，一般不要求做毒理学试验。

（七）卫生部已批准生产和试生产的新资源食品，在申报保健食品时，一般不再要求做毒理学试验。

第十九条　保健食品功能学评价报告的审查

（一）审查产品的动物和/或人群功能性评价试验，以评价产品是否具有明确、稳定的保健作用。

（二）产品的功能学评价试验必须在卫生部认定的机构进行，并应严格按照《保健食品功能学评价程序和检验方法》进行。

（三）进口保健食品的功能学评价试验或验证工作，须在卫生部指定的保健食品功能评价、检测和安全性毒理学评价技术中心卫生部食品卫生监督检验所进行。

（四）对以单一营养素为原料的产品，在理化测定的基础上，若用量在安全剂量范围内，且达到有效剂量，一般不要求做功能学评价试验。但对以多种单一营养素为原料加工生产的产品，仍需进行功能学评价试验。

（五）对营养强化食品，若宣传其功能，应按保健食品申报。

（六）未列入《保健食品功能学评价程序和检验方法》的功能学评价项目，在申请者提供方法的基础上，经卫生部食品卫生监督检验所或卫生部认定的其他功能学检验机构进行功能学评价试验，如试验结果肯定，该产品可申报保健食品，但必须提交具体试验方法及有关参考文献。评价方法的科学性和结果的可靠性，由卫生部食品卫生评审委员会会同有关专家评定。

第二十条　功效成分资料的审查

（一）原则上申报资料应提供产品功效成分含量测定报告。

（二）单一功效成分的应提供该成分含量测定报告。

（三）多组分产品，原则上应提供主要功效成分含量测定报告。

（四）因在现有技术条件下，不能明确功效成分的，则须提交食品中与保健功能相关的原料名单及含量。

第二十一条　产品稳定性资料的审查

（一）产品的稳定性是其质量的重要评价指标之一，是核定产品保质期的主要依据。

（二）申请《保健食品批准证书》或《进口保健食品批准证书》时，申请者须提交产品的稳定性资料。

（三）稳定性试验是将定型包装的产品置于温度37～40℃和相对湿度75%的条件下，选择能代表产品内在质量的指标，每月检测一次，连续3个月，如指标稳定，则相当于样品可保存两年。有条件的申请者，还可选择常温条件下进行稳定性试验，周期一年半，此法较前者更可靠。

（四）产品的稳定性试验，至少应对三批样品进行观察，所有代表产品内在质量的指标均应监测，并应注意直接与产品接触的包装材料对产品稳定性的影响。

（五）有明确功效成分的产品，必须提供功效成分的稳定性资料。

（六）稳定性试验报送的资料，应包括试验方法、数据、结论等有关资料。

第二十二条　产品卫生学检验报告的审查

（一）产品卫生学检验报告须由省级以上卫生行政部门出具。

（二）进口保健食品的卫生学检验报告须由卫生部食品卫生监督检验所出具。

（三）应提供近期三批有代表性样品的检测报告。

（四）所检指标应符合有关国家标准，无国家标准的，应符合产品的质量标准。

第二十三条　标签及说明书（送审样）审查

按《办法》第四章及《保健食品标识规定》要求进行。

第二十四条　国内外有关资料审查

应尽可能地提供国内外同类产品的研究利用情况及有关文献资料。

第二十五条　对申报资料及样品数的要求

（一）经初审合格后上报卫生部的申报资料，至少一式20份。

（二）《保健食品申请表》或《进口保健食品申请表》要求有3份原件，其余可用复印件。

（三）上报卫生部的所有检测报告必须有一份原件，其余可用复印件。

（四）上报卫生部的所有鉴定证书、委托书等必须有一份是原件，其余可用复印件。

（五）上报卫生部的样品需最小包装10件（不包括检验样品）。

附录三　食品安全国家标准　保健食品

（GB 16740—2014）

1　范围

本标准适用于各类保健食品。

2　术语和定义

2.1　保健食品

声称并具有特定保健功能或者以补充维生素、矿物质为目的的食品。即适用于特定人群食用，具有调节机体功能，不以治疗疾病为目的，并且对人体不产生任何急性、亚急性或慢性危害的食品。

3　技术要求

3.1　原料和辅料

原料和辅料应符合相应食品标准和有关规定。

3.2　感官要求

感官要求应符合表1的规定。

表1　感官要求

项目	要求	检验方法
色泽	内容物、包衣或囊皮具有该产品应有的色泽	取适量试样置于50 mL 烧杯或白色瓷盘中，在自然光下观察色泽和状态。嗅其气味，用温开水漱口，品其滋味
滋味、气味	具有产品应有的滋味和气味，无异味	
状态	内容物具有产品应有的状态，无正常视力可见外来异物	

3.3　理化指标

理化指标应符合相应类属食品的食品安全国家标准的规定。

3.4　污染物限量

污染物限量应符合GB 2762—2014中相应类属食品的规定，无相应类属食品的应符合表2的规定。

表2　污染物限量

项目	指标	检验方法
铅[a]（Pb）/（mg/kg）	2.0	GB 5009.12
总砷[b]（As）/（mg/kg）	1.0	GB/T 5009.11
总汞[c]（Hg）/（mg/kg）	0.3	GB/T 5009.17

[a] 袋泡茶剂的铅≤5.0mg/kg；液态产品的铅≤0.5 mg/kg；婴幼儿固态或半固态保健食品的铅≤0.3 mg/kg；婴幼儿液态保健食品的铅≤0.02 mg/kg

[b] 液态产品的总砷≤0.3 mg/kg；婴幼儿保健食品的总砷≤0.3 mg/kg

[c] 液态产品（婴幼儿保健食品除外）不测总汞；婴幼儿保健食品的总汞≤0.02 mg/kg

3.5　真菌毒素限量

真菌毒素限量应符合GB 2761中相应类属食品的规定和（或）有关规定。

3.6　微生物限量

微生物限量应符合GB 29921中相应类属食品和相应类属食品的食品安全国家标准的规定，无相应类属食品规定的应符合表3的规定。

表3　微生物限量

项目	采样方案[a]及限量		检验方法
	液态产品	固态或半固态产品	
菌落总数[b]/（CFU/g或mL） ≤	10^3	3×10^4	GB 4789.2
大肠菌群（MPN/g或mL） ≤	0.43	0.92	GB 4789.3 MPN计数法
霉菌和酵母（CFU/g或mL） ≤	50		GB 4789.15
金黄色葡萄球菌 ≤	25 g		GB 4789.10
沙门氏菌 ≤	25 g		GB 4789.4

[a] 样品的采样及处理按GB 4789.1执行

[b] 不适用于终产品含有活性菌种（好氧和兼性厌氧益生菌）的产品

3.7　食品添加剂和营养强化剂

3.7.1　食品添加剂的使用应符合GB 2760的规定。

3.7.2　营养强化剂的使用应符合GB 14880和（或）有关规定。

4　其他

标签标识应符合有关规定。

附录四　保健食品标识规定

第一条　为了加强对保健食品标识和产品说明书的监督管理，根据《中华人民共和国食品卫生法》（以下简称《食品卫生法》）和《保健食品管理办法》的有关要求，特制定本规定。

第二条　本规定适用于在国内销售的一切国产和进口保健食品。

第三条　本规定所用定义如下：

保健食品：系指表明具有特定保健功能的食品。即适宜于特定人群食用，具有调节机体功能，不以治疗疾病为目的的食品。

功效成分：指保健食品中产生保健作用的组分。

食品标识：即通常所说的食品标签，包括食品包装上的文字、图形、符号以及说明物。借以显示或说明食品的特征、作用、保存条件与期限、食用人群与食用方法，以及其他有关信息。

最小销售包装：指销售过程中，以最小交货单元交付给消费者的食品包装。

主要展示版面：指消费者选购商品时，在包装标签上最容易看到或展示面积最大的表面，一般的食品销售包装至少有一个表面可用作主要展示版面。

信息版面：是紧接"主要展示版面"右侧的包装表面。如果因包装设计原因，紧接"主要展示版面"右侧的"信息版面"不能满足标签标示的要求（如折叠的包装袋）时，则"信息版面"可选择右侧版面右侧的下一个版面。

保健食品专用名称：表明保健食品的主要原料、产品物理形态、食品属性的名称。

保健食品作用名称：在保健食品名称中，用于表明保健食品主要作用的名称部分。

保健作用声明短语：以短语形式，对保健作用的简单介绍或描述。

第四条　保健食品标识与产品说明书的所有标识内容必须符合以下基本原则：

1. 保健食品名称、保健作用、功效成分、适宜人群和保健食品批准文号必须与卫生部颁发的《保健食品批准证书》所载明的内容相一致。

2. 应科学、通俗易懂，不得利用封建迷信进行保健食品宣传。

3. 应与产品的质量要求相符，不得以误导性的文字、图形、符号描述或暗示某一保健食品或保健食品的某一性质与另一产品的相似或相同。

4. 不得以虚假、夸张或欺骗性的文字、图形、符号描述或暗示保健食品的保健作用，也不得描述或暗示保健食品具有治疗疾病的功用。

第五条　保健食品标识与产品说明书的标示方式必须符合以下基本原则：

1. 保健食品标识不得与包装容器分开。所附的产品说明书应置于产品外包装内。

2. 各项标识内容应按本办法的规定标示于相应的版面内，当有一个"信息版面"不够时，可标于第二个"信息版面"。

3. 保健食品标识和产品说明书的文字、图形、符号必须清晰、醒目、直观，易于辨认和识读。背景和底色应采用对比色。

4. 保健食品标识和产品说明书的文字、图形、符号必须牢固、持久，不得在流通和食用过程中变得模糊甚至脱落。

5. 必须以规范的汉字为主要文字，可以同时使用汉语拼音、少数民族文字或外文，但必须与汉字内容有直接的对应关系，并书写正确。所使用的汉语拼音或外国文字不得大于相应的汉字。

6. 计量单位必须采用国家法定的计量单位。

第六条　保健食品标识与产品说明书必须标示本《办法》附件1（参见保健食品标识与产品说明书的标识内容及其标识要求）所规定的各项内容，其标示方式必须符合本《办法》附件1所规定的相应要求。

第七条　凡保健食品标识和产品说明书的标示内容或标示方式不符合本《办法》者，依照《食品卫生法》第四十五、四十六条处罚。

第八条　本规定由卫生部负责解释。

第九条　本规定自颁布之日起实施。

附录五　保健食品标识与产品说明书的标示内容及其标示要求

保健食品标识和产品说明书必须标示以下内容，其标示方式应符合下列要求：

1　保健食品名称

1.1　必须采用表明保健食品真实属性的专用名称。当以原料或功效成分名称作为专用名称时，该原料或功效成分必须是产生主要保健作用的原料或功效成分之一。

1.2　在采用表明保健食品真实属性的专用名称的同时，可使用能表明该保健食品保健作用的保健食品作用名称。当有多项保健作用时，可同时采用多个保健食品作用名称，也可采用能综合性地表明所有保健作用的保健食品作用名称。保健食品作用名称应是词组或短语。

1.3　在采用表明保健食品真实属性的专用名称的同时，可使用"新创名称""牌号名称"或"商标名称"，还可同时使用按1.2规定所采用的保健食品作用名称。

1.4　当国家标准、行业标准中已规定了某食品的一个或几个名称时，应选用其中的一个。

1.5　不得使用国家已规定使用的药品名称；不得使用人名、地名、代号及夸大或容易误解的名称。

1.6　保健食品名称应标于最小销售包装的"主要展示版面"的明显位置。当同时使用按1.1、1.2和1.3规定所采用的专用名称、保健食品作用名称和其他名称时，这些名称应平行排列，字体可大小有别，但都应以宽大或粗体字书写，应端正、清晰、醒目，并大于其他内容的文字。

2　保健食品标志与保健食品批准文号

2.1　当"主要展示版面"的表面积大于100平方厘米时，保健食品标志最宽处的宽度不得小于2厘米。

2.2　保健食品批准文号分为上下两行，上行为"卫食健字（　）第　号"，下行为"中华人民共和国卫生部批准"。

2.3　由卫生部颁发的保健食品标志与保健食品批准文号应并排或上下排列标于"主要展示版面"的左上方。

3　净含量及固形物含量

3.1　按以下计量单位标明食品的净含量：

液态食品：用体积，单位为毫升、升，或mL、L；

固态与半固态食品：用质量，单位为克、千克，或g、kg。

3.2　销售包装中含有固、液两相物质的食品，除标明净含量外，还必须标明该销售包装中所有固形物的总含量，用质量或百分数表示。

3.3　同一销售包装中的保健食品分装于各容器或以相互独立的形态包装时，应在最小容器的包装上标示该容器中保健食品的净含量。同时，销售包装的保健食品净含量应标示为最小容器的数量乘以（×）最小容器中的保健食品净含量，或独立形态的保健食品数量乘以（×）单一形态的保健食品净含量。

3.4　净含量应标于"主要展示版面"的右下方，应与"主要展示版面"的底线相平行。

4　配料

4.1　各种配料必须按其使用量大小依递减顺序排列。食品添加剂列于后。

4.2　如果某种配料是由两种以上的其他配料构成的复合配料，标示该复合配料时，应在其名称后的括号内按使用量依递减顺序列出构成该复合配料的原始配料名称。

4.3　配料、复合配料、原始配料的名称必须使用能表明该配料真实属性的专用名称，或国家、行业标准中的规定名称。食品添加剂名称必须使用GB 2760《食品添加剂使用卫生标准》中的规定名称，营养强化剂名称必须使用GB 14880《食品营养强化剂使用卫生标准》中的规定名称。

4.4　配料应标于"信息版面"的上方或右侧，标题为"配料表"。

5　功效成分

5.1　所有功效成分均以每100克或100毫升，或每份食用量的保健食品计算其实际含量，实际含量可以用平均值表示，也可以用含量范围表示。实测值的允许偏差范围参照相应的国家标准、行业标准或企业标准执行。

5.2　能量

5.2.1　凡通过调整食品中的能量产生保健作用的保健食品，必须标示食品中的能量含量。

5.2.2　能量以kJ（kcal）表示。

5.3　营养素

5.3.1　已列入GB 14880《食品营养强化剂使用卫生标准》的营养素，其名称应使用该标准规定的名称。

5.3.2　各营养素的单位如下所列：

蛋白质、氨基酸及含氮化合物以克为单位；

脂肪及脂类物质以克或毫克为单位；

总碳水化合物以及分类碳水化合物以克为单位，应以百分比标示其中的蔗糖含量；

膳食纤维以克为单位；

维生素以毫克、微克或国际单位为单位；

矿物质以克、毫克、微克为单位。

5.4　其他功效成分

其他功效成分依不同物质以克、毫克、微克或其他单位标示。微生态产品需标示在保质期内所含每种活性生物体的数量。

5.5　功效成分应标于"信息版面"，位于"配料表"之后，标题为"功效成分表"。

5.6　"功效成分表"应以表格形式排列，各功效成分以产生保健作用的大小依递减顺序排列（见附件——功效成分表的标识方法）。

6　保健作用

6.1　保健作用应与卫生部颁发的《保健食品批准证书》所载明的内容相同。

6.2　不得用"治疗""治愈""疗效""痊愈""医治"等词汇描述和介绍产品的保健作用，也不得以图形、符号或其他形式暗示前述意思。

6.3　保健作用应标于"信息版面"，位于"功效成分表"之后，标题为"保健作用"。

6.4　可在"主要展示版面"的保健食品名称附近标示保健作用声明短语，短语的字体不能大于保健食品名称的最大部分。

7　适宜人群

7.1　适宜人群的分类与表示应明确。

7.2　当保健食品不适宜于某类人群时，应在"适宜人群"之后，标示不适宜食用的人群，其字体应略大于"适宜人群"的内容。

7.3　适宜人群应标于"信息版面"，位于"保健作用"之后，标题为"适宜人群"。

8　食用方法

8.1　应准确标示每日食用量和/或每次食用量。食用量可以质量或体积数表示如××克，××毫升。也可以每份量表示，如只、瓶、袋、匙……

8.2　如销售包装中有小包装时，食用量应与小包装的净含量有对应关系。如小包装的净含量为10毫升，食用量可标示为每次10毫升。

8.3　如不同的适宜人群应按不同食用量摄入时，食用量应按适宜人群分类标示。如儿童每日食用量：10克，成人每日食用量：20克。

8.4　应标示保健食品食用前的调制、勾兑、加工等方法，可用图形或符号辅以说明。

8.5　当保健食品的食用量过大会对人体产生不良影响或不适宜于发挥保健作用时，应在食用方法后，标示不适宜的食用量，其字体应略大于"食用量"的内容。

8.6　必要时，应标示食用保健食品时的食物禁忌或其他注意事项。

食用方法应标于"信息版面"位于"食用量"之后，标题为"食用方法"。

9　日期标示

9.1　保质期的标示可采用下列方式：

A. 保质期……个月

B. 保质期至……

C. 在……之前食（饮）用

D. ……之前食（饮）用

9.2　日期的标示为年–月–日，如1996–08–12。

9.3　生产日期和保质期应标于"信息版面"，位于"食用方法"之后，标题为"生产日期"和"保质期"。

10　贮藏方法

如保健食品的保质期与贮藏方法有关，应标示其贮藏条件与贮藏方式。

保健食品的贮藏方法应标于"信息版面"，标题为"贮藏方法"。

11　执行标准

必须标示所执行的标准代号和编号。

执行标准应标于"信息版面"，标题为"执行标准"。

12　保健食品生产企业名称与地址

12.1　保健食品制造、分装、包装的企业名称和地址，进口保健食品的国内进口商或经销代理商的名称和地址必须与依法登记注册的相一致。

12.2　进口保健食品必须标示原产国、地区（港、澳、台）名称及国内进口商或经销代理商的名称。

12.3　保健食品制造、分装、包装的企业名称，进口保健食品的制造企业及其原产国（地区）的名称可标于"主要展示版面"，也可标于"信息版面"。在"主要展示版面"时，应标于"主要展示版面"的下方，并与底线相平行。

保健食品制造、分装、包装企业的地址，进口保健食品的国内进口商或经销代理商的地址应标于"信息版面"，位于"执行标准"后。

13　特殊标识内容

13.1　经电离辐射处理过的保健食品，必须在"主要展示版面"的保健食品名称附近标明"辐照食品"或"本品经辐照"。

13.2　经电离辐射处理过的任何配料，必须在配料表中的该配料名称后标明"经辐照"。

13.3 应在"主要展示版面"的右下方的明显位置标示卫生部颁发的《保健食品批准证书》中载明的"警示性标识内容"。

附件: 功效成分表的标识方法

示例1 功效成分表

每100克（100毫升或每份食用量）中：

人参皂苷 500毫克

香菇多糖 40毫克

维生素C 100毫克

…………

示例2 功效成分表

每100克（100毫升或每份食用量）中：

人参皂苷 500~1 000毫克

香菇多糖 30~40毫克

维生素C ≥100毫克

…………

参考文献

［1］李八方.海洋生物活性物质［M］.青岛：中国海洋大学出版社，2007.

［2］刘景圣，孟宪军.功能性食品［M］.北京：中国农业出版社，2005.

［3］王淑君，宋少江，彭缨.保健食品研发与制作［M］.北京：人民军医出版社，2009.

［4］迟玉森.新型海洋食品［M］.北京：中国轻工业出版社，1999.

［5］邵俊杰.保健食品［M］.长沙：湖南科学技术出版社，1999.

［6］李八方.功能食品与保健食品［M］.青岛：青岛海洋大学出版社，1997.

［7］张全军.功能性食品技术［M］.北京：对外经济贸易大学出版社，2013.

［8］白新鹏.功能性食品设计与评价［M］.北京：中国计量出版社，2009.

［9］刘洪滨，刘康.中韩海洋药物和保健食品发展现状及合作方案研究［M］.北京：海洋出版社，2002.

［10］中国海洋学会海洋生物工程专业委员会.海洋生物活性物质研究与开发技术［C］.青岛：青岛海洋大学出版社，2000.

［11］刘承初.海洋生物资源利用［M］.北京：化学工业出版社，2006.

［12］童裳亮.海洋生物技术［M］.北京：海洋出版社，2003.

［13］边防军.海洋世纪：中国海洋生物健康产业创新之路［M］.北京：海洋出版社，2008.

［14］管华诗.中华海洋本草：海洋药源微生物［M］.上海：上海科学技术出版社，2009.

［15］孟宪军，迟玉杰.功能食品［M］.北京：中国农业大学出版社，2010.

［16］徐贵发，蔺新英.功能食品与功能因子［M］.济南：山东大学出版社，2005.

［17］彭增起，刘承初，邓尚贵.水产品加工学［M］.北京：中国轻工业出版社，2010.

［18］李玉环，徐波.水产品加工技术［M］.北京：中国轻工业出版社，2010.

［19］樊振江，李少华.食品加工技术［M］.北京：中国科学技术出版社，2013.

［20］冯士筰，李凤歧，李少菁.海洋科学导论［M］.北京：高等教育出版社，1999.

［21］李太武.海洋生物学［M］.北京：海洋出版社，2013.

［22］谢宗墉. 海洋水产品营养与保健［M］. 青岛：青岛海洋大学出版社，1991.

［23］吴园涛，孙恢礼，李君. 海洋生物型肠内营养制剂的研究进展［J］. 肠外与肠内营养，2007，14（5）：301-304.

［24］陈曦，陈秀霞，陈强，等. 海洋生物活性物质研究简述［J］. 福建农业科技，2012（2）：83-86.

［25］苏镜娱，闫素君，蓝文健，等. 南海海洋生物中的萜类和神经酰胺［A］//中国生物化学与分子生物学会海洋生物化学与分子生物学分会. 中国海洋生化学术会议论文荟萃［C］. 北京：科学出版社，2005：4-6.

［26］祝浩淼，祝文浩. 我国主要药用海洋鱼类及药用价值［J］. 河北渔业，2014（10）：48-58.

［27］郭雷，阎斌伦，王淑军，等. 我国已获批准的海洋保健食品现状分析及其开发前景［J］. 食品与发酵工业，2010，36（1）：109-112.

［28］李新正. 浅谈我国海洋生物多样性现状及其保护［A］//中国科学院生物多样性委员会. 生物多样性保护与区域可持续发展——第四届全国生物多样性保护与持续利用研讨会论文集［C］. 北京：中国林业出版社，2000：8-14.

［29］张坤，王令充，吴皓，等. 活性海洋多糖的功能及结构研究概况［J］. 中国海洋药物，2010，29（3）：55-59.

［30］刘欣，李晓晖，修志龙. 海洋中抗感染活性物质的研究进展［J］. 中国天然药物杂志，2006，4（5）：390-396.

［31］刘志鸿，程力，牟海津. 海洋微生物活性物质的研究概况［J］. 中国水产科学，1999，6（4）：99-103.

［32］倪学文. 海洋微藻应用研究现状与展望［J］. 海洋渔业，2005，27（3）：251-255.

［33］崔文萱，曾名勇，赵元晖. 海洋生物中抗病毒活性物质的研究进展［J］. 食品工业科技，2005，26（11）：173-176.

［34］尹利端，石丽花，王桐，等. 海洋胶原蛋白肽在功能性食品中的应用［J］. 明胶科学与技术，2013，33（2）：55-58.

［35］周锐丽，陈轶. 甲壳素、壳聚糖的保健功能及应用展望［J］. 中国食物与营养，2013，19（11）：65-69.

［36］罗世芝. 食品加工领域的高新技术革命［J］. 食品与药品，2005，7（1）：59-62.

［37］李越中，陈琦. 海洋微生物资源多样性［J］. 生物工程进展，1998，18（4）：34-40.

［38］刘朝阳，孙晓庆. 龙须菜的生物学作用及应用前景［J］. 养殖与饲料，2007（5）：55-58.

［39］常耀光，薛长湖，王静凤，等. 海洋食品功效成分构效关系研究进展［J］. 生

命科学，2012，24（9）：1012-1017.

　　［40］黄益丽，郑天凌. 海洋生物活性多糖的研究现状与展望［J］. 海洋科学，2004，28（4）：58-61.

　　［41］张岩，吴燕燕，李来好，等. 酶法制备海洋活性肽及其功能活性研究进展［J］. 生物技术通报，2012（3）：42-48.

　　［42］李光壁，王昶，刘占广. 海洋药物研究进展与展望［J］. 盐业与化工，2009，38（5）：43-47.

　　［43］王长云，耿美玉，管华诗. 海洋药物研究进展与发展趋势［J］. 中国新药杂志，2005，14（3）：278-282.

　　［44］张奕婷，迟海洋，张丽霞，等. 海洋微生物活性物质分离提取方法研究进展［J］. 大庆师范学院学报，2010，30（6）：121-124.

　　［45］付青姐，李明春. 海洋萜类化合物及其生物活性研究进展［J］. 中国海洋药物杂志，2009，28（6）：52-57.

　　［46］刘楚怡，李劲涛，钟儒刚. 海洋功能食品及高端生物制品现状分析［J］. 安徽农业科学，2015，43（11）：291-294.

　　［47］付秀梅，陈倩雯，王娜，等. 广西海洋药用资源现状及海洋药业发展对策研究［C］//第十二届海洋药物学术年会会刊，浙江，2015：249-260.

　　［48］朱路英，张学成，宋晓金，等. n-3 多不饱和脂肪酸DHA、EPA研究进展［J］. 海洋科学，2007，31（11）：78-85.

　　［49］黄耀坚，黄益丽，刘三震，等. 具有免疫活性多糖海洋细菌菌株的筛选［J］. 台湾海峡，2004，23（1）：38-42.

　　［50］郑晓冬，李宝珠，彭超，等. PCR技术在海洋生物多肽毒素研究中的应用［J］. 生物技术通报，2011（7）：46-53.

　　［51］向智男，宁正祥. 超微粉碎技术及其在食品工业中的应用［J］. 食品研究与开发，2006，27（2）：88-90.

　　［52］周卫东. 现代生物技术在食品工业中的应用［J］. 生物学通报，2010，45（6）：13-15.

　　［53］李炜炜，陆启玉. 酶工程在食品领域的应用研究进展［J］. 粮油食品科技，2008，16（3）：34-36.

　　［54］金青哲，逯良忠，王兴国，等. 海洋鱼油的生产与应用［J］. 中国油脂，2011，36（8）：1-5.

　　［55］姚东瑞. 浒苔资源化利用研究进展及其发展战略思考［J］. 江苏农业科学，2011，39（2）：473-475.

　　［56］林端权，郭泽镔，张怡，等. 海洋生物活性肽的研究进展［J］. 食品工业科技，2016，37（18）：367-372.

　　［57］袁美兰，赵利，刘华，等. 鱼头鱼骨的综合利用研究进展［J］. 现代农业科

技，2015（18）：284–286.

［58］李颖，王红育.海洋生物资源在军用功能性食品开发中的应用［J］.食品科学，2009，30（23）：470–472.

［59］刘楠，孙永，曾帅，等.海藻主要活性物质及其生物功能研究进展［J］.食品安全质量检测学报，2015，6（8）：2875–2880.

［60］曾庆祝，曾庆孝.海洋贝类（牡蛎、扇贝、文蛤等）功能性食品的开发利用［J］.氨基酸和生物资源，2002，24（3）：31–34.

［61］廖芙蓉.海洋贝类多糖的制备及生物活性研究概况［J］.饮料工业，2012，15（2）：12–14.

［62］宋茹.黄鲫（*Setipinna taty*）蛋白抗菌肽的制备及抗菌作用等生物活性研究［D］.青岛：中国海洋大学，2011.